U0038756

中　外　物　理　学　精　品　书　系

本　书　出　版　得　到　"　国　家　出　版　基　金　"　资　助

国家出版基金项目
NATIONAL PUBLICATION FOUNDATION

中外物理学精品书系

经典系列·16

高空大气物理学（上册）

重排本

赵九章 等 编著

北京大学出版社
PEKING UNIVERSITY PRESS

图书在版编目(CIP)数据

高空大气物理学:重排本.上册/赵九章等编著.—北京:北京大学出版社,2014.12

(中外物理学精品书系)

ISBN 978-7-301-25134-8

Ⅰ.①高⋯　Ⅱ.①赵⋯　Ⅲ.①高层大气物理学　Ⅳ.①P401

中国版本图书馆 CIP 数据核字(2014)第 272061 号

书　　　　名	: 高空大气物理学(上册)(重排本)
著作责任者	: 赵九章　等编著
责 任 编 辑	: 赵晴雪　陈小红
标 准 书 号	: ISBN 978-7-301-25134-8/O · 1020
出 版 发 行	: 北京大学出版社
地　　　　址	: 北京市海淀区成府路 205 号　100871
网　　　　址	: http://www.pup.cn
新 浪 微 博	: @北京大学出版社
电 子 信 箱	: zpup@pup.cn
电　　　　话	: 邮购部 62752015　发行部 62750672　编辑部 62752038
	出版部 62754962
印 刷 者	: 北京中科印刷有限公司
经 销 者	: 新华书店
	730 毫米×980 毫米　16 开本　21.25 印张　375 千字
	2014 年 12 月新 1 版(重排本)　2014 年 12 月第 1 次印刷
定　　　　价	: 57.00 元

序　言

　　物理学是研究物质、能量以及它们之间相互作用的科学。她不仅是化学、生命、材料、信息、能源和环境等相关学科的基础,同时还是许多新兴学科和交叉学科的前沿。在科技发展日新月异和国际竞争日趋激烈的今天,物理学不仅囿于基础科学和技术应用研究的范畴,而且在社会发展与人类进步的历史进程中发挥着越来越关键的作用。

　　我们欣喜地看到,改革开放三十多年来,随着中国政治、经济、教育、文化等领域各项事业的持续稳定发展,我国物理学取得了跨越式的进步,做出了很多为世界瞩目的研究成果。今日的中国物理正在经历一个历史上少有的黄金时代。

　　在我国物理学科快速发展的背景下,近年来物理学相关书籍也呈现百花齐放的良好态势,在知识传承、学术交流、人才培养等方面发挥着无可替代的作用。从另一方面看,尽管国内各出版社相继推出了一些质量很高的物理教材和图书,但系统总结物理学各门类知识和发展,深入浅出地介绍其与现代科学技术之间的渊源,并针对不同层次的读者提供有价值的教材和研究参考,仍是我国科学传播与出版界面临的一个极富挑战性的课题。

　　为有力推动我国物理学研究、加快相关学科的建设与发展,特别是展现近年来中国物理学者的研究水平和成果,北京大学出版社在国家出版基金的支持下推出了"中外物理学精品书系",试图对以上难题进行大胆的尝试和探索。该书系编委会集结了数十位来自内地和香港顶尖高校及科研院所的知名专家学者。他们都是目前该领域十分活跃的专家,确保了整套丛书的权威性和前瞻性。

　　这套书系内容丰富,涵盖面广,可读性强,其中既有对我国传统物理学发展的梳理和总结,也有对正在蓬勃发展的物理学前沿的全面展示;既引进和介绍了世界物理学研究的发展动态,也面向国际主流领域传播中国物理的优秀专著。可以说,"中外物理学精品书系"力图完整呈现近现代世界和中国物理科学发展的全貌,是一部目前国内为数不多的兼具学术价值和阅读乐趣的经典物理丛书。

"中外物理学精品书系"另一个突出特点是,在把西方物理的精华要义"请进来"的同时,也将我国近现代物理的优秀成果"送出去"。物理学科在世界范围内的重要性不言而喻,引进和翻译世界物理的经典著作和前沿动态,可以满足当前国内物理教学和科研工作的迫切需求。另一方面,改革开放几十年来,我国的物理学研究取得了长足发展,一大批具有较高学术价值的著作相继问世。这套丛书首次将一些中国物理学者的优秀论著以英文版的形式直接推向国际相关研究的主流领域,使世界对中国物理学的过去和现状有更多的深入了解,不仅充分展示出中国物理学研究和积累的"硬实力",也向世界主动传播我国科技文化领域不断创新的"软实力",对全面提升中国科学、教育和文化领域的国际形象起到重要的促进作用。

值得一提的是,"中外物理学精品书系"还对中国近现代物理学科的经典著作进行了全面收录。20 世纪以来,中国物理界诞生了很多经典作品,但当时大都分散出版,如今很多代表性的作品已经淹没在浩瀚的图书海洋中,读者们对这些论著也都是"只闻其声,未见其真"。该书系的编者们在这方面下了很大工夫,对中国物理学科不同时期、不同分支的经典著作进行了系统的整理和收录。这项工作具有非常重要的学术意义和社会价值,不仅可以很好地保护和传承我国物理学的经典文献,充分发挥其应有的传世育人的作用,更能使广大物理学人和青年学子切身体会我国物理学研究的发展脉络和优良传统,真正领悟到老一辈科学家严谨求实、追求卓越、博大精深的治学之美。

温家宝总理在 2006 年中国科学技术大会上指出,"加强基础研究是提升国家创新能力、积累智力资本的重要途径,是我国跻身世界科技强国的必要条件"。中国的发展在于创新,而基础研究正是一切创新的根本和源泉。我相信,这套"中外物理学精品书系"的出版,不仅可以使所有热爱和研究物理学的人们从中获取思维的启迪、智力的挑战和阅读的乐趣,也将进一步推动其他相关基础科学更好更快地发展,为我国今后的科技创新和社会进步做出应有的贡献。

"中外物理学精品书系"编委会　主任
中国科学院院士,北京大学教授
王恩哥
2010 年 5 月于燕园

原　版　序

　　高空大气物理学的研究对象,是从 30 公里高空一直到行星际空间所发生的
地球物理现象的物理过程。长期以来,地球物理学、气象学、天文学、物理学等方
面的学者,对于在这一广大空间所发生的物理现象,进行了一系列的研究,并把
研究的成果用之于生产实践;电离层的发现,以及以后的电离层物理学的研究,
对于无线电波传播的应用,便是一个很好的例子。在基础研究方面,如大气潮
汐,在拉普拉斯(Laplace)时代已经开始,经过将近二百年的继续研究,已获得了
不少成果,这些研究成果已联系到高层大气结构、地磁场日变化、电离层运动等
相关现象的研究;而大气潮汐的某些关键问题,尚有待今后进一步的研究。其他
如高层大气的光化反应、磁暴及极光的观测和理论的研究,都已有数十年的历
史。从科学发展历史来说,高空大气物理学可以算是一门较老的学科。

　　第二次世界大战以后,火箭已逐渐被利用于高空探测。1957 年,人造卫星
的发射成功,人类从此就进入了征服宇宙空间的时代。仅仅在六七年间,通过人
造卫星、宇宙火箭及载人飞船的发射,人们发现了大量的外空及星际空间的物理
现象,从而开拓了空间物理学的研究阵地,为保障宇宙航行提供了重要的环境资
料。高空物理学这一门古老学科,从此得到了新的生命力,进入迅速发展的时
代。

　　从现代科学发展来看,高空大气物理学是一门边缘学科。首先,由于外空及
星际空间的特点,需要一套特殊量度方法,因而必须充分运用现代新技术于高空
大气物理的探测。其次,空间发生每一个物理现象,往往表现为多种相关形态的
联系:一次太阳爆发,可以引起地磁层边界的变形、外辐射带内带电粒子分布的
调整、宇宙线暴及磁暴的爆发、极光的活动、电离层的骚扰以及高层大气结构的
变化。因此,进一步揭露高空物理现象的本质,必须充分运用现代技术,广泛积
累由高空及地面测量得到的日地空间相关现象的客观事实,并深入掌握高空大
气物理相关现象的变化过程,运用天文学、物理学、数学及地球物理学的成果,进
行分析研究,通过各学科之间的相互渗透,使其开花结果。这不但推进了高空大
气物理学的发展,反过来也推进了其他学科。目前各国都特别注意边缘学科,认
为边缘学科是学术上的生长点,常常可以开辟学术上的新领域,解决国民经济上
的重大科学问题。六十年代高空大气物理学的发展,充分证实了上面的论断。

　　1958 年以来,中国科学技术大学为了培养这方面的人才,开办了高空大气
物理专业,六年以来,我们查阅了逾一千篇文献,在中国科学院地球物理研究所

及中国科学技术大学,先后对高空大气物理所包括的内容,进行多次的系统报告及讲课,并经过多次整理修改,把讲义逐渐充实成为一本适用于教学与研究的参考书。但由于本学科涉及的范围极广,而它的发展又是十分迅速,空间物理现象每年每月都有新的发现,因此,本书所包括内容仍不免有许多遗漏和不妥之处,希望读者提出批评,以便今后修正。

本书共二十四章,分为上下两册,除第一章为绪论外,主要内容可以分为五个部分。第二章到第六章主要讨论高空大气的结构,第七章到第十二章讨论电离层物理学,第十三章及十四章讨论大气光化反应及气辉,第十五章到二十一章讨论日地空间物理学,第二十二章到二十四章介绍高空探测方面及有关的技术系统。全书各章都附有参考文献,上下册书后都附有人名及内容索引,以便读者查阅。

本书由笔者兼任主编,地球物理研究所及中国科学技术大学地球物理系有关同志分别编写各章节,其具体分工如下:绪论及高空大气结构,由赵九章等编写;电离层物理由李缉熙等编写,周炜等同志提出了许多指导性的意见;光化反应及气辉由范天锡等编写;日地空间物理由陈志强、刘传薪、章公亮、徐荣栏、赵九章编写;探测技术由赵九章等编写;陈英芳、王水、李缉熙编制全书索引;曾佑思、刘元壮绘制全书插图;赵九章最后对全书文字作了修改。

在整理编写过程中,北京大学有关同志提出了许多宝贵的意见,谨此致谢。

赵九章

1964 年 10 月 15 日

常用符号表

a	声速		$f_c^{(z)}$	z 分量临界频率
A	原子量,振幅		f_b	拍频
A_J	焦耳常数		f_n	鼻频
A_{pq}	矩阵元素		$\boldsymbol{F}$	力,场量
A_σ	吸收截面		F	微分算子
			$\boldsymbol{F}_W$	风力
c	光速		$\boldsymbol{F}_E$	电场力
C	均方根速度			
c_p	定压比热		g	重力加速度
c_v	定容比热		G	天线增益系数,声波衰减
C_r	分子的最可几速度			
C_D	阻力系数		h	高度,地面高度
			h,h_n	热力强迫振荡的大气等效深度
d	直径,恒星星等,地面跳跃距离		$\hat{h},\hat{h}_n$	大气自由振荡的本征值
d_0	分子直径		h_c	临界逃逸高度
$\boldsymbol{D}$	电位移矢量		h'	虚高度,等效高度
D	扩散系数		h_m	最大电子浓度的高度
D_{12}	双极扩散系数		$h^{(m)}$	最大电离速率的高度
D_s	色散常数			
			H	大气标高,电磁波磁场强度
e	电子电荷量		$H_n(\kappa_\lambda,x)$	汉开尔函数
E	能量		H_E	外(地)磁场强度
$\boldsymbol{E}$	电场强度		H_L	外(地)磁场强度纵向分量
			H_T	外(地)磁场强度横向分量
f	频率			
$f(v)$	分布函数		i	$\sqrt{-1}$
f_H	磁旋频率		I	光亮度,磁倾角
f_c	临界频率		I,I_0,I_λ	辐射强度
f_N	等离子体频率		Im	虚数部分
f_0	穿透频率		I_d	电子光分离系数
f_r	接收频率			
$f_c^{(0)}$	寻常波临界频率		$\boldsymbol{j}$	电流密度
$f_c^{(x)}$	非常波临界频率		J	热力激发因子,形状因子,电离速

	度
J_n	贝塞尔函数
$J^{(m)}$	最大电离速率
J_0	有效电离速率
k	玻尔兹曼常数,波数
k_{12},k_{13}	作用常数
$\boldsymbol{k}$	波矢量
K_m	分子热导率
K	湍流热传导系数
Kn	克努森数
$K_T(z),K_T(\boldsymbol{r},t)$	热传导系数
l	波包经过的路线长度
$l(x,y,z)$	长度参数
$\bar{l}$	平均自由路程
L	厚度,蒸发潜热,电子消失项
$L_2(p)$	太阳半日气压分波
m	质量
m_1	单个粒子质量
m'	动力米
m_t	总质量
M	克分子量,分子,分子质量,复数折射指数
Ma	马赫数
M_n	共振放大倍数
$\overline{M}$	平均克分子量
M_L	月球质量
M_{pq}	矩阵元素
n	中性粒子浓度,相折射指数
n_g	群折射指数
$n^{(m)}$	最大电离速率高度的 n 值
N	电子浓度
N_r	分子数
N_1	电子线密度
N_m	最大电子浓度

N_+	正离子浓度
N_-	负离子浓度
p	压力
$\overline{p}$	平均压力
$\overline{\overline{p}}$	大气平衡潮
$[p_n(0)]_{热}$	热力激发的地面气压变化值
$[p_n(0)]_{潮}$	潮汐激发的地面气压变化值
$P_n(z)$	勒让德函数
P_r	接收功率
P_t	发射功率
$\boldsymbol{P}$	电极化强度矢量
P_p	相路程
P_g	群路程
q	入射光量子数
Q	热量,电离指数
Q'	吸收光量子数
Q_T	横向传播
Q_L	纵向传播
r	距离,半径
$\boldsymbol{r}$	位移矢量
R	普适气体常数,太阳黑子数
R_E	地球半径
Re	雷诺数
$\mathscr{R}$	偏振度
Re	实数部分
$\mathscr{R}^{(0)}$	寻常波偏振度
$\mathscr{R}^{(x)}$	非常波偏振度
$|R|$	反射系数
$|R^{(0)}|$	寻常波反射系数
$|R^{(x)}|$	非常波反射系数
s	弧长
s_λ	反射太阳辐射
S	面积,太阳辐射强度
$S_1(p),S_1(T)$	太阳全日气压和温度分波
$S_2(p),S_2(T)$	太阳半日气压和温度分波

$S_3(p)$	太阳 1/3 日气压分波	w	速度分量
$\overline{S}$	平均能流	W	几率
S_n	能流	$\boldsymbol{W}$	风速
S_λ	入射太阳辐射	W_0	散射波总能量
S_E	吸收太阳辐射		
S_0	一天内入射太阳辐射	x	相当厚度,距离
S_B	垂直向太阳辐射	X	臭氧含量,$\dfrac{\omega_N^2}{\omega^2}=\dfrac{4\pi N e^2}{m\omega^2}$
S_e	地面放射辐射		
S_f	辐射通量		
S_z	臭氧放射辐射	Y	有效加热系数,$\dfrac{\omega_H}{\omega}$
S_a,S_a'	大气放射辐射	Y_L	Y 的纵向分量
$S(z)$	辐射差额	Y_T	Y 的横向分量
S_∞	$h\to\infty$ 的太阳辐射强度		
		z	高度
t	时间,地方时	Δz	水平层的厚度
t_L	地方太阴时	Z	地面天顶距,$\dfrac{\nu}{\omega}$
T	绝对温度	Z_c	$\dfrac{\nu_c}{\omega}$
$\overline{T}$	平均绝对温度		
T_l	电离层半厚度		
		α	赤经,方向余弦,复合系数,浑浊度
u	速度分量	α_m	调节系数
U	热力势	α_T	热扩散系数
$U(\varepsilon,y)$	函数	α_0	有效复合系数
U_c	常值风速	α_e	电子辐射复合系数
		α_e'	电子分解复合系数
v	速度,速度分量		
$\overline{v}$	平均速度	β	大气标高的垂直梯度,方向余弦,
v_f	特征速度		清晰度,$\dfrac{v_s}{c}$
v_r	相对速度	β_λ	散射系数
v_p	相速度	β_t	电子附着系数
v_g	群速度	γ	$\dfrac{c_p}{c_v}$,方向余弦,电子脱落系数
$\boldsymbol{v}_d$	双极扩散速度	γ'	温度递减率
$\boldsymbol{v}_t$	垂直漂移速度	Γ	珈玛函数
$\boldsymbol{v}_w$	水平风速		
v_0	不均匀体乱运动均方根速度	δ	赤纬,波矢与射线方向的夹角
v_s	带电粒子运动速度	δ_λ	大颗粒散射系数
V	体积		
V	水平漂移速度		

ε	介电常数	σ_0	纵向电导率
ε_i	换热效率系数	σ_1	横向电导率
$\varepsilon(h)$	臭氧浓度	σ_2	霍尔电导率
ε_{ij}	介电常数分量	σ_3	$\sigma_1 + \dfrac{\sigma_2^2}{\sigma_1}$
$\boldsymbol{\varepsilon}$	介电常数张量		
ε	气体的电离电位	Σ	积分电导率
ζ	高度参数,角度	τ	扩散时间,温度的原始变化,时间间隔,脉冲持续时间,时角
η	高度,滞性系数,台站之间距离	τ'	温度的派生变化
$\bar{\eta}$	海洋平衡潮	τ^*	亮度有效因子
		τ_i	积分臭氧量,切应力
θ	余纬	$\tau(h)$	沿光路的臭氧厚度
θ, θ_c	角度	τ_0	时间单位
Θ	电波对电离层平面分层介质的入射角	$\tau(x, y, z)$	时间参数
		τ_s	衰减时间
$\Theta_{i,n}^s(\theta)$	霍格函数	τ_e	回波持续时间
κ	$(\gamma-1)/\gamma$,吸收指数	φ	地理纬度
		ϕ	方向角
λ	波长,经度	Φ	位势高度,电流函数,地磁纬度
λ_i	N_- / N		
μ	流星的平均质量,$\sec\chi_h$,导磁率,$\cos\theta$	χ	天顶距离
		$\chi(z, \theta, \lambda)$	速度场散度
ν	碰撞频率,黏性率	ψ	粒子对磁力线的投掷角,大气潮汐速度势
ν_c	临界碰撞频率		
		$\psi_n(\theta, \lambda)$	特征函数
ξ	台站之间距离	ψ_s	水平静电场势
$\xi(z, t)$	高度参数		
ξ_0	不均匀体尺度	ω	角频率
		ω_N	等离子体角频率
ρ	密度	ω_H	磁旋角频率
$\bar{\rho}$	平均密度	ω_{HL}	ω_H 的纵向分量
ρ_A	相关函数	ω_{HT}	ω_H 的横向分量
σ	大气振荡频率,电导率	$\Omega(z, \theta, \lambda)$	潮汐位势
$\boldsymbol{\sigma}$	电导率张量	Ω	偏振面旋转角

目　　录

第一章　绪论 ··· 1
　　§1.1　高空大气物理学的研究对象和任务 ··········· 1
　　§1.2　高空大气物理学的研究方法 ·················· 3
　　§1.3　目前空间探测所取得的主要成果和存在的主要问题 ············ 7
　　参考文献 ··· 12

第二章　高空大气的结构及动力学和热力学特征 ········· 13
　　§2.1　大气的区界 ································· 13
　　§2.2　高层大气模式 ······························· 15
　　§2.3　高层大气的扩散过程 ························· 20
　　§2.4　高层大气的能量平衡 ························· 27
　　§2.5　外层大气结构与太阳活动的关系 ·············· 35
　　§2.6　外层大气 ································· 40
　　参考文献 ··· 47

第三章　大气振荡、高空大气中的潮汐现象 ·············· 49
　　§3.1　引言 ······································ 49
　　§3.2　大气振荡现象概述 ··························· 51
　　§3.3　大气振荡理论的基本方程及其边界条件 ········ 56
　　§3.4　大气的自由振荡 ····························· 63
　　§3.5　大气的强迫振荡 ····························· 68
　　§3.6　共振理论的讨论 ····························· 79
　　参考文献 ··· 84

第四章　大气中声波的异常传播 ······················· 86
　　§4.1　大气中声波异常传播概述 ····················· 86
　　§4.2　大气中声波传播的射线理论 ··················· 87
　　§4.3　大气中声能的传播 ··························· 93
　　§4.4　中层大气温度分布的计算 ····················· 99
　　参考文献 ··· 103

第五章　利用流星辉迹来探测高空大气的结构参数 ·············· 104

　　§5.1　流星的类别与组成 ····················· 104

　　§5.2　流星的观测——目测与摄影观测 ··········· 108

　　§5.3　流星的加热制动和游离理论 ··············· 111

　　§5.4　利用光学观测的流星数据计算高空大气密度 ··· 123

　　§5.5　流星观测的无线电方法 ················· 128

　　参考文献 ································ 134

第六章　大气的臭氧层 ·························· 136

　　§6.1　引言 ····························· 136

　　§6.2　臭氧的吸收光谱 ····················· 137

　　§6.3　臭氧层厚度的测量 ··················· 139

　　§6.4　大气臭氧的垂直分布 ················· 145

　　§6.5　臭氧垂直分布理论 ··················· 153

　　§6.6　臭氧对平流层大气的增温作用 ··········· 158

　　§6.7　平流层大气的热量平衡 ················· 160

　　§6.8　臭氧层的变化与天气的关系 ············· 164

　　参考文献 ································ 165

第七章　电磁波在电离层中传播的理论基础 ·········· 167

　　§7.1　引言 ····························· 167

　　§7.2　均匀磁离子介质的结构关系式 ··········· 168

　　§7.3　电磁波在均匀磁离子介质中的传播 ········· 172

　　§7.4　艾普利通-哈特里色散公式的分析(略去碰撞项) ·· 173

　　§7.5　艾普利通-哈特里色散公式的分析(考虑碰撞项) ·· 176

　　§7.6　电磁波的偏振 ····················· 181

　　§7.7　电磁波在电离层中传播的近似描写 ········· 183

　　§7.8　群速度 ··························· 186

　　参考文献 ································ 191

第八章　研究电离层的若干实验方法 ·············· 192

　　§8.1　脉冲方法垂直探测电离层 ··············· 192

　　§8.2　从频高特性曲线获得电子浓度随高度的垂直分布 ··· 198

　　§8.3　反散射探测 ······················· 203

　　§8.4　电离层吸收和电子碰撞频率的测量 ········· 209

　　§8.5　利用法拉第效应研究电离层 ············· 215

§8.6　利用多普勒效应研究电离层 ·················· 217
§8.7　探针方法 ··· 224
参考文献 ··· 225

第九章　电离层的若干探测结果 ····················· 227
§9.1　电子浓度的高度分布 ·························· 227
§9.2　正常 E 层 ··· 233
§9.3　正常 F 层 ··· 237
§9.4　正常 D 层 ··· 242
§9.5　E_s 层 ··· 243
§9.6　电离层的突然骚扰 ······························ 246
§9.7　电离层暴 ··· 248
参考文献 ··· 250

第十章　电离层形成理论及其动力学特征 ·········· 252
§10.1　卡普曼的形成理论.卡普曼层的性质 ······· 252
§10.2　关于卡普曼理论的若干讨论 ················ 257
§10.3　连续方程 ··· 261
§10.4　马丁的漂移理论 ································ 264
§10.5　电离层的电导率和半周日电流体系 ········· 271
参考文献 ··· 277

第十一章　电离层不均匀结构及其运动 ············· 279
§11.1　有关电离层不均匀结构的某些概念 ········· 279
§11.2　从电离层返回的无线电波的统计特性 ······ 283
§11.3　不均匀结构的相关分析 ······················ 286
§11.4　不均匀结构的某些观测结果 ················ 292
§11.5　有关电离层不均匀结构的某些理论解释 ···· 297
参考文献 ··· 299

第十二章　哨声和甚低频发射现象 ··················· 300
§12.1　哨声和甚低频噪声的分类 ··················· 300
§12.2　哨声理论 ··· 302
§12.3　吱声 ·· 306
§12.4　甚低频发射的行波管理论 ··················· 307
§12.5　甚低频发射的回旋加速器辐射理论 ········· 310

§12.6　利用哨声和甚低频发射现象研究外层大气…………………… 313

参考文献………………………………………………………… 314

内容索引………………………………………………………… 315

主要人名中外文对照…………………………………………… 318

重排后记………………………………………………………… 321

第一章　绪　　论

§1.1　高空大气物理学的研究对象和任务

高空大气物理学是研究平流层以上大气的结构、成分状态以及在其中发生的地球物理现象的物理过程的学科. 它虽有较长久的历史,但过去这些研究工作多半只有科学上的意义,与实际生活联系较少. 由于高空飞行技术及遥测定位技术的限制,过去只能用间接的方法进行研究,后来由于远距离无线电通讯和高空飞行研究的发展,为高空大气层的研究提供了有利条件,这门科学便进一步为人们所重视. 自从使用火箭进行直接探测之后,最近十多年来,高空大气物理学便有了较迅速的发展. 1957 年苏联首先成功地发射了人造卫星,接着又成功的发射了三个宇宙火箭,以及一系列的卫星和卫星式宇宙飞船;美国于 1958 年发射探险者卫星成功后,也不断发射各种类型的卫星,都收集到不少高空物理的资料. 由于探测技术的发展,为这门学科提供了新的内容[1],同时也大大地扩充了它所研究的领域;它不仅研究地球大气的物理现象,而且已经扩大到星际及行星际空间去了.

高空大气物理学是一门综合性的科学,就其所涉及的范围来讲,从地球起一直扩展至太阳和整个行星际空间;从研究方法来讲,又需要各种各样现代科学技术装备. 目前,有各种不同专业的学者都参加了这门学科的研究,如天体物理学、地球物理学、无线电物理学、空气动力学以及各种技术专业等.

高空大气物理学是联系着天体物理和地球物理的一门边缘科学,它所包括的内容概括地可以分为以下三个部分.

1. 大气结构

这部分的主要任务是研究地球、月亮和其他行星上大气的起源、发展、空间分布、大气的动力学和热力学、以及它们与行星际空间介质及太阳活动之间的关系;研究关于高能粒子,电磁场和物质间相互作用的大气现象;研究地球高层大气与其表层大气环流之间的关系;估计大气对仪器及空间飞行的各种影响. 根据目前这方面的发展状况,具体地又可以分为下面几个科学问题:

(1) 空间物理探测方法的研究.

(2) 高空大气的压力、密度和温度随高度的分布规律,以及这些结构参数随着纬度和季节的变化.

（3）高层大气的成分随高度的变化规律,包括扩散混合、光化分解及复合等过程,对高空大气成分分布的影响.

（4）研究太阳辐射远紫外线、软 X 射线部分,并确定这些辐射在中层大气中的传播、吸收、光化反应以及电离效应.

（5）高层大气的能量平衡.

（6）高层大气环流与低层大气环流之间的相互影响及扰动的传输过程.

2. 电离层

这部分的主要任务是研究行星际间电离层区域的结构(包括地球和行星的电离层)和电波的传播;研究电离现象与太阳短波辐射、高能粒子以及电磁场间的相互作用;估计电离层对于直接探测所使用的仪器和空间飞行的影响.具体进行下面几方面的研究工作:

（1）测定电离层的电子浓度.

（2）研究电离层的微观过程和形成理论.

（3）研究电离层的大小不均匀结构,探索如何利用它为通讯服务.

（4）大功率脉冲的远距离传播.

3. 日地空间物理

这部分主要研究地球及宇宙空间电磁场的起源及空间分布,宇宙空间电磁场与物质的相互作用过程;研究高能粒子的起源、运动特征、空间分布及瞬时变化;研究太阳微粒辐射与地球磁层及高空大气相互作用过程中所发生的各种现象,例如磁暴和极光现象;研究这种高能粒子对于空间飞行的影响.

自从人类发射宇宙火箭和宇宙飞船以来,现代科学技术已进入新的领域.许多过去所不能研究的重大科学问题,现在已开始成为研究的对象,并已取得了一些新的资料.宇宙空间已成为人类的一个广阔的科学实验园地,而这个广大实验园地的条件,是在地面所难以模拟的.例如稀薄气体的放电现象,由于碰撞而引起的气体电离,光化反应等都是在极大的空间尺度中进行的.物理实验室中,带电粒子在威尔逊(Wilson)实验室的轨迹不过几厘米,而在高空则伸展至数千公里.实验室内的气体放电现象,必须在玻璃器皿内进行,而在高空放电现象就不受器皿的影响.另外,高空中电子和离子存在的时期较长,它们所产生的效应也不容易在实验室观测到.宇宙空间中所发生的这些物理化学现象,已愈来愈引起天文物理学家、气象学家、地球物理学家、物理学家、力学家以及各种工程师们的重视.随着空间探测技术的迅速发展和科学数据的日趋丰富,高空大气物理学的领域及研究任务将会更快地扩大起来.

§1.2　高空大气物理学的研究方法

高空大气的研究方法,一般可以分为直接方法和间接方法两类.

1. 间接方法

在高空飞行工具和无线电遥测技术没有发展之前,研究高空大气所采用的方法一般都是间接的.这种方法是对许多与高空物理状态有关的地球物理现象,进行系统的研究,从大量资料的分析以及相关现象的研究中,可以间接推出高空大气的情况.例如:研究高空大气的间接方法之一是流星辉迹,这种方法是根据流星的速度、流星辉迹的出现和隐没的高度、流星的亮度等观测资料来推算大气中层的密度.根据这种方法所得到的密度,表现出一种很重要的现象,即在中层大气中约在 50 公里①处出现高温,该现象为其他间接方法及火箭探测所证实.这个高度上温度的增加,是由于臭氧吸收太阳辐射的紫外线部分而引起的.另外一种间接方法是声波的异常传播,这种方法是根据声波异常传播最高点的高度和特征速度,推算出 60 公里以下的大气温度,该方法同样也发现在 50 公里左右出现高温.此外,还可以根据极光、大气的气压振荡、气晖、地磁场变化以及太阳辐射的吸收光谱等间接方法,来取得高层大气的密度、温度和成分的资料.这些结果与用火箭直接探测所得的资料是相符的.

间接探测的另一种方法是无线电波传播法,它是目前最有效的一种间接探测方法.无线电波从地面投射入电离层而又返回地面的过程中,带给我们许多有关电离层物理状态的科学数据.这种方法可以在世界各地广泛的进行,因此,它所得到的电离层数据比火箭和人造卫星来得多.

2. 直接方法

人类处于大气底层,关于高层大气的结构以及在高空中所发生的各种自然现象,一直是地球物理学家所注意的对象.从 18 世纪中叶,人们就设想利用风筝或气球做为飞行工具来探测高空的情况.18 世纪末,各国都有人利用气球飞往低空进行观察.1887 年,俄国学者门捷列夫(Менделеев)院士曾经乘坐气球飞到 2.5 公里的高空,他带有气压计、磁强计来测量高空的压力和地磁场.但是在气球吊篮内进行工作,由于高空气压稀薄、气温剧降、工作条件是非常艰苦的.门捷列夫当时就指出,如要往更高处飞行,就必须用密封气球仓.这个理想一直到 1931—1932 年,才由比利时物理学家比加(Piccard)教授所实现,当时他所达到

―――――――――――

①　重排注:1 公里＝1 千米.千米俗称公里.

的高度是 16 公里左右. 此后, 在 1934 年苏联和美国都用气球升到 22 公里的高空, 这是人类搭乘气球所达到的最高记录. 可是不幸得很, 三位苏联探空专家都英勇地牺牲了.

为了保证生命安全, 为了又经济又方便地探测低空气象, 在 19 世纪末年, 气象学家就制出自动记录低空气象的探测仪, 将此仪器利用气球带到低空进行测量. 1901 年, 法国泰桑德博 (T. de Bort) 首先从这些探空资料中发现了同温层. 此后在 1928 年, 苏联气象学家莫尔恰诺夫 (Молчанов) 创造了无线电探空仪, 气球在上升过程中就可以通过无线电波把探测结果传送到地面上来. 这是无线电遥测技术在高空探测中最初的应用. 利用无线电探空气球进行高空探测, 目前已成为各国气象局的日常业务工作了, 这种探空气球一般只能达到 20 公里左右, 最高的记录是 47 公里.

气球能够上升是借助于空气的浮力. 但是随着高度的增加, 空气密度将按指数函数向上递减, 当到达 40—50 公里处, 空气已不能给气球以任何浮力. 再往高空探测, 就必须采用火箭.

随着高空飞行工具 (如火箭、人造卫星、宇宙火箭和宇宙飞船等) 的迅速发展, 空间探测技术也在飞跃的前进, 目前空间探测的范围, 已由地球低层大气跨进了宇宙空间. 下面我们将对这些探测工具的发展概况作一简要的介绍.

3. 探空火箭研究的进展概况

火箭是探测地球高层大气 (30 公里以上) 的重要工具, 近年来有了迅速的发展, 下面分别介绍苏联、美国以及日本的火箭探空的发展情况.

苏联: 早在 1929 年, 苏联即研制了第一个 OPM-1 型液体火箭发动机, 1933 年 8 月 17 日, 利用 ГИРД-1 型液体发动机发射了第一个火箭. 在不断改进火箭结构以及喷气技术的基础上, 于 1949 年初, 就利用气象火箭及地球物理火箭开始进行高层大气的探测. 苏联利用一种直接测量温度和压力的气象火箭, 在国际地球物理年期间, 共发射了 125 个, 取得了 80 公里以下的大气压力、密度和温度的资料. 为了探测较高一层大气的规律, 还发射了四种地球物理火箭, 取得了 110—470 公里间高空的许多宝贵资料.

美国: 早期, 在 1929 年首次发射了戈达尔德 (Goddard) 设计的液体火箭. 1945 年, 曾利用民兵 (Wac-Corporal) 火箭进行探空, 它载重 25 磅[①], 高达 44 哩[②]. 1946 年春开始, 采用德国的 V-2 火箭进行系统的探测, 由 1946 年至 1951 年, 共发射了 66 个, 取得了 120 公里以下大气的压力、密度和温度的资料. 1947

---

① 重排注: 1 磅 = 0.453 592 37 千克.

② 重排注: 哩为英里旧称. 1 英里 = 1.609 344 千米.

年冬,首次发射了空蜂(Aerobee)火箭,至 1957 年约发射了 250 多个.同时,还把空蜂火箭发展了许多型号.美国另外还发射了:海盗(Viking)液体火箭,奈克-凯君(Nike-Cajun)固体火箭,奈克-狄康(Nike-Deacon)二级固体火箭,及 ASP(Atmospheric sounding projectile)型火箭等.

日本:日本的火箭研究是在东京大学生产研究所系川教授领导下,从 1955 年 2 月开始的.1957—1958 国际地球物理年期间,利用卡帕(κ)型火箭进行探测.在此以前,先用"铅笔"(Pencil)火箭进行了一系列的实验.这是世界上公布的火箭中最小的一种,长度只有 9—12 吋[1],直径为 0.7 吋,重量小于半磅,速度为亚音速到跨音速,于 1955 年 4 月首次发射.卡帕型的第二步是"婴孩"(Baby)火箭,包括三个系列:Baby -S,Baby -T,Baby -R.第一次发射是在 1955 年 8 月份.卡帕系列火箭主要是用来探测电离层、宇宙线、地球磁场、气晖、大气压力、温度和高空风等资料.除卡帕系列火箭外,日本还在发展兰姆达(λ)系列火箭,在 1962 年末已可上升到 500 公里以上.缪(μ)系列火箭预计于 1964 年到 1965 年内发射,高度可达 1000—2000 公里,用来测量内辐射带.

目前即使在人造卫星发展迅速的情况下,利用火箭探空仍有其必要性,原因如下:

(1)可以对地球表面 30 公里到 150 公里范围作有效的科学研究.因为气球只能达到 30 公里左右的高度,而一般卫星不能低于 150 公里,再低会由于空气阻力而迅速坠入地面.故 30 公里到 150 公里间的剖面观测必须利用火箭进行.

(2)由火箭探空工作中所获得的初步资料,可指导试验设备的发展,以后可把这些技术应用到人造地球卫星中去,因为发射一次火箭的成本较发射一次卫星的成本要低得多.

(3)发射小型的探空火箭,要求地面设备较少,场地准备工作也较为简便,有可能在短时间内发射出去.探测出现时间短的地球物理及天文物理现象,例如太阳爆发、磁暴及日蚀等,就必须利用火箭.而发射人造卫星的准备工作时间是以天计算的.

火箭探测项目,大致归纳如下:

(1)大气结构参数:测量各高度上的大气压力、密度、温度及大气成分.

(2)光学特性:测量大气各层气晖的强度,研究在这些高度上气晖发生的原因,以及大气中光的散射等.

(3)紫外线及 X 射线:空气对于太阳辐射象一个过滤器,波长小于 0.29 微米的光波不能透过大气.火箭进入高层大气,可以测量太阳光谱的紫外线及 X 射线部分,确定这些辐射对于电离层形成的作用.

---

[1] 重排注:吋为英寸旧称.1 英寸＝2.54 厘米.

　　（4）太阳微粒辐射：测量太阳微粒辐射的强度，研究它和地磁场的强烈变化、电离层的扰动以及极光现象的关系.

　　（5）宇宙线：研究宇宙线的强度随高度的变化.

　　（6）电离层物理：测量电离层电子和离子的浓度，研究电离层结构.

　　（7）磁场：地磁场的短期变化是与高层大气的电流体系相联系的，因此必须研究高空电流环的存在，以及它的特征和形成原因.

　　（8）微流星和流星：通过流星在高层大气中的运动特征，可以了解某些高层大气的状态.研究速度达每秒 50—70 公里的粒子，对宇宙飞行的安全有重要意义.

　　（9）高层大气的物理和化学过程：将不同的化学试剂用火箭带到高层大气中，研究试剂与高层大气的化学反应过程，借此了解高层大气的化学性质.通过特种化学试剂的喷射，来改变大气的游离及辐射状况，为通讯和控制天气的研究开辟新的途径.

4. 卫星、宇宙火箭及宇宙飞船的探测

　　在国际地球物理年期间，苏联首先在 1957 年 10 月 4 日成功地发射了世界上第一个人造地球卫星，它重 83.6 千克，带有测量温度、压力的仪器，并利用两台无线电发射机传播信号，来研究电离层的结构. 从此，高空探测进入了一个新的阶段. 利用卫星可取得地球上大部分地区的资料，而且可以连续工作几天、几个月甚至更长. 若卫星的椭圆轨道很扁，还可以进行很大高度的剖面观测. 这些都是火箭在短短工作几分钟时间内所做不到的. 1959 年 1 月 2 日，苏联成功地发射了世界上第一个绕太阳运转的人造卫星［即第一个宇宙火箭（Космическая ракета-I）］，测量了宇宙线强度及其变化、宇宙线中的光子、原始宇宙线中的重核、珈玛（γ）射线、微流星、行星际物质的气体成分、太阳微粒辐射、月球的放射性强度、磁场、容器内的温度及压力；并通过对发射出的钠云的观测，来研究其运行轨迹及高空环境（宇宙火箭在离月球表面 7500 公里处经过）. 测量结果指出了外辐射带的存在. 1959 年 9 月 12 日，苏联发射了击中月球表面的第二个宇宙火箭. 1959 年 10 月 4 日发射了一个绕过月球背面的第三个月球火箭（Лунник），提供了占月球背面面积百分之七十的首批照片. 1961 年 2 月 12 日，苏联由轨道卫星上向金星第一次发射出一个金星探测器，试验了电波的远距离传播、制导及稳定性等问题. 1961 年 4 月 12 日以后，分别由加加林（Гагарин）及女飞行员捷列什科娃（Черешкова）等六人驾驶东方号（Восток）六个宇宙飞船绕地球飞行，并安全返回地面. 这些载人飞船作了长期飞行，进行了高空编队，证明人可以在较长时间的失重条件下进行工作.

　　美国在 1958 年 2 月 1 日首次发射成功重为 13.98 千克的探险者Ⅰ号

(Explorer-I)卫星,也证明了内外辐射带的存在.此后,美国还发射了多种类型的卫星.1960年4月1日首次发射泰罗斯(Tiros)气象卫星,传送到地面大量云层的照片.美国为了核爆炸及其他军事目的,曾发射了一些秘密卫星.1962年3月7日发射了轨道太阳观测卫星OSO,装有对太阳定向的望远镜等13种仪器.OAO及OGO分别为轨道天文观测站及轨道地球物理观测站,已射入轨道,作长期运转.在发射过的卫星中,测得科学资料最多的是探险者系列的卫星,水星(Mercury)计划载入宇宙飞船,曾进行过三次飞行,有三个宇宙航行员.

苏联、美国发射的卫星、宇宙火箭及飞船都相当重,卫星的种类也较多.苏联先后发射了5吨左右的卫星或飞船,1964年初美国把一个重达9.5吨的卫星送上了轨道.

目前,由发射卫星、宇宙火箭及飞船的目的性看,概括地可分为四大类:

(1)直接服务于国防:如美国的萨莫斯,迈连斯及泰罗斯,都对地面目标进行拍照,侦察导弹发射基地,并利用卫星对舰艇及飞机进行导航定位,为军事目的服务.

(2)作大量星际航行试验:如苏联的许多飞船,美国的发现者(Discover)、徘徊者(Ranger)、水手(Mariner)、水星-阿特拉斯(Mercury-Atlas)等卫星,试验人、动物(包括狗、猴子等)、植物、各种金属、及非金属材料对高空环境的适应性,实验掌握卫星飞船在轨道中的弹射、稳定及重返地球表面的一系列技术问题,由此也可检定发射及控制通讯技术,为实现月球着陆及其他星际航行取得必要的资料.

(3)研究人造卫星在国民经济中的一些应用:苏联许多卫星都对地球近表面层云层拍照,及与地面进行无线电通讯,美国泰罗斯卫星也拍摄了大量云层照片,为研究天气变化提供了新的资料,从而改善天气预告的现状.发射分布适当的通讯卫星,可组成价廉的通讯键,利用无源式通讯卫星还可扩大无线电波频率的应用范围.

(4)探测宇宙空间中的一些科学性问题:在苏联和美国发射的卫星、宇宙火箭、飞船上,都装有探测太阳风、宇宙辐射、内外辐射带、地磁场及星际磁场、电离层、微流星的仪器.通过许多实际测量,可研究及掌握行星际间物理现象的机制及规律.

据1964年底不完全的统计,苏联和美国共发射了336个人造卫星及宇宙火箭,在轨道上运转的卫星及宇宙火箭共有88个,继续发出无线电信号的有21个.

§1.3 目前空间探测所取得的主要成果和存在的主要问题

自从1957年10月4日苏联发射了第一个人造地球卫星以来,由于卫星、宇宙火箭及宇宙飞船的探测结果,已取得了大量的科学数据,在空间科学上获得了不少重要的成果.

1. 高层大气结构的研究方面

在高层大气的研究中,测量大气的密度是十分重要的.在第一个人造卫星发射之前,所获得的资料仅限于 150—180 公里的高度.而这些资料还是利用火箭的探测间接计算出来的.但愈往高层,火箭的喷射气体和高空带电离子对测量的影响愈大,故所得数据不可能正确.利用空气阻力对人造卫星的制动,观测人造卫星的轨道由椭圆变成圆形的过程,可以较准确地算出大气的密度[2].另外,苏联还根据钠云在高空中的扩散,来计算大气的密度[3],这种钠云是火箭到达顶点430 公里高度时喷出来的,利用扩散理论可以计算出上述高度的大气密度.以上两种方法所得结果是一致的,和美国观测人造卫星制动所得结果也相符合.根据这些结果,第一次准确可靠地确定了 200—800 公里高空的大气密度.

所得结果,根本上改变了过去对大气厚度的概念.根据过去不够准确和不完全的数据,假定大气层伸延到一千公里的地方.现在根据人造卫星的观测,在225—228 公里(第一、二个人造卫星近地点的高度)的密度和温度,比以前按间接方法(如极光、气晖、星的观测等)推出的(或自 1946 年至 1957 年期间由火箭所取得的密度和高度)要高一个量级.在几百公里的高空,密度比过去所假定的要大 4 至 9 倍,因此,大气层的高度要大大地往高处伸展.这里特别值得指出的是,在高层大气中高温的发现,由此提出了高层大气中加热能源这个十分重要的问题.目前有许多不同的学说来解释这一问题,其中如卡普曼(Chapman)认为高层大气的高温,可能是行星际炽热气体浸入加热的结果,这种气体是日冕的延续,其温度可达几十万度;另外有些科学家认为中层高空可能由吸收对流层传出的低声频波能而加热;苏联克拉索夫斯基(Красовский)教授[4]认为高层空气加热的原因是由于太阳粒子流被地磁场所捕获,在相互碰撞中发生聚变后释放出大量能量,其情况和热核反应相类似.以上所提出的原因还是初步的,真正深入解决这一问题,还有待于进一步的探测.

在高层大气结构方面,虽已取得了一些数据,了解到一些现象,但许多基本的重要问题还不清楚,需要进一步加强探测和研究.这里指出下面五方面的问题:

(1) 观测事实提出了这样一个重要问题,高层大气的主要能量来源是什么?它随着高度如何分布?

(2) 80 公里以上的平均大气结构是怎样的?结构参数随昼夜、地理纬度和季节的不同怎样变化?在 100 公里以上大气的详细组成成分是什么?各种成分随着高度如何分布?

（3）高层大气的动力学特征是怎样的？高层大气的变化如何影响到对流层，各种影响过程是通过什么机制而产生的？

（4）内外辐射带与上层大气的加热过程有什么关系？它通过什么机制来影响高层大气的状态？

（5）最后的一个根本问题，即地球大气的来源和发展历史是怎样的？

当然，随着宇宙空间探测的发展，我们所研究的范围还不只是地球，而且包括月亮、行星和太阳大气，以及行星际空间大气.

2. 地球附近和星际空间的宇宙辐射方面

高空内外辐射带的发现，是利用人造卫星及宇宙火箭进行空间探测的最重大科学成就之一. 1957 年 11 月 3 日，苏联发射的第二个人造卫星，在磁纬度 55°区域，首先记录到辐射增强百分之五十，而地面宇宙线强度并无相应的增加. 可以推断，这是由于未能到达地面的低能粒子所引起的. 在 1958 年 5 月 15 日，苏联发射的第三个人造卫星上，装有特殊设计的闪烁计数器，对这个现象作了更进一步的测量. 结果证明：无论在南北半球，一进入磁纬度 55°—65°区域，都测得较强的辐射. 维尔诺夫（Вернов）对这方面曾有全面的介绍[5].

美国在 1958 年 2 月 1 日发射的 1958 年珈玛（γ）（探险者 I 号）卫星，在赤道上空的 1000 公里处也测得了强大的辐射. 但因强度超出仪器的量程过多，仪器被阻塞而传不出遥测信号，以后在卫星上改装了仪器，才证实了辐射带的存在.

苏联科学家根据探测资料[6]，认为可能有第三辐射带（或最外辐射带）的存在. 根据苏联第三个宇宙火箭上安装的粒子捕获器所取得的资料表明，在距地心 55 000—75 000 公里的空间范围内，存在有能量约为 200 电子伏的电子，粒子通量约为 10^8/厘米^2·秒. 美国在探险者 VI 号上安装的磁强针，对磁场随高度的分布做了测量. 结果发现在离地心 5—7 个地球半径处有明显的异常，它可能是第三辐射带内电子形成的电流环所引起的. 但 1963 年，范艾伦（Van Allen）根据探险者 XIV 号及水手 II 号的磁场及低能粒子探测资料，认为 55 000—75 000 公里高空已在地磁层边界之外，低能粒子不可能被地磁场所捕获，因此怀疑第三辐射带的存在.

在高能量的粒子辐射方面，还存有许多问题，有待进一步研究. 在宇宙线方面最重要的问题是：原始宇宙线的来源，这样的粒子是通过什么过程取得高能量的，它们的密度和成分、空间分布及随时间的变化如何？

对于极光粒子方面，下述几个问题还是不清楚的. 如这些粒子的来源和加速机制，它们的详细成分，以及强度随着时间和空间的变化，与宇宙线和内外辐射带粒子、磁场、电离层及高层大气过程的关系等.

对于内外辐射带粒子方面值得今后深入研究的问题是：粒子的详细成分，

能量强度及其来源,粒子生存时间,及其在空间中分布,强度随时间的变化,它们与宇宙线和极光粒子、磁场、太阳以及与高层大气过程的关系等.

3. 电磁场方面

地磁场虽然很早就在我国发现了,但是地磁场的成因到现在还不清楚.根据现代的测量,地磁场可以分为三个部分:第一部分是短周期的地磁变化,这是由于高层大气中电流环的效应,以及大气中的运动(例如潮汐运动)对于电离层作用而产生的.在太阳发生剧烈活动,喷射出大量带电粒子时,可以引起强大的地磁扰乱,一般称为磁暴.磁暴可以使电离层发生变化,引起电波传播的中断.苏联第三个人造卫星在穿过 20 000—21 000 公里高空时,发现了地磁场的突然变化,证实了高空中有电流环的存在.美国探险者 X 号、XIV 号、水手 II 号在 60 000—70 000 公里高空发现地磁场的边界.在边界以内,磁场强度是按着距地心距离三次方成反比递减;在边界以外,磁场强度骤然减小很多,方向也有很大的改变[7].第二部分是由于地壳结构所造成的地磁场,地球在早期未凝固的时候,受到当时地磁场的磁化,在凝固后仍然保留下来,形成磁变很强、区域较大的地磁异常区域(苏联西伯利亚雅库特自治共和国).第三个人造卫星的地磁记录指出,在"西伯利亚最大的异常区域"上空,磁异常的变化量是很缓慢的.这一事实,在解决关于世界性地磁异常的潜藏深度以及地磁性质和结构的问题上,有着重大的意义.根据现在的观测数据,可以作出关于在西伯利亚地区存在着地磁异常区的结论.第三部分是所谓永久磁场,也是地磁场中最大的一个部分.根据现代的学说,这个部分是由于地球内核中半流体状态的运动所产生的电流所引起的.探测月球的磁场对于地磁的形成是有重要意义的.根据天文上的了解,有些人认为月球的内核是固体.从苏联宇宙火箭所发布的资料来看,月球上没有磁场,也没有和磁场相伴的内外辐射带的存在,这对于研究星球磁场的成因来源是有重要意义的.

4. 研究月球背面

由于月球的自转和它绕地球的公转周期完全相同,因此月球背面的详细构造我们是无法看得到的.这次月球背面照片的拍摄成功,使我们对于月球地形的构造得到全面的了解,对于月球寰形地形的形成提供了更多的资料.过去有人认为寰形山地是火山爆发所致,1958 年 11 月,苏联克里米亚天文台用 50 吋望远镜看到,火山爆发的形迹,引起了天文学界的极大重视;另一学者认为寰形山是由于流星撞击所致.1959 年 9 月 12 日,苏联的第二个宇宙火箭撞到月球表面时,从大望远镜里可以看到,撞击所造成的小寰形山,尘土扬起到很高的高空.究竟哪种学说是对的,还需进一步加以研究.

5. 试验研究行星际物质的气体成分

苏联宇宙火箭还对行星际物质的气体成分进行了试验研究. 根据初步的资料, 在 1500 公里的高空, 在不受日光照射的区域里的大气, 每立方米中正离子的数目为 1000 个; 在 2000 公里的高空(同样是在未受日光照射的区域内), 正离子的浓度约为上述的三分之二, 距地球表面 21 000—22 000 公里的地方, 正离子的浓度约等于 3000 公里高空处阴影区域内的离子浓度. 在距离为 11—15 万公里处的高空, 正离子的浓度约为每立方厘米 300—400 个.

此外, 苏联的第三个人造卫星上装有测量微流星的仪器, 根据微流星的能量与冲量之间的理论关系, 如假定粒子的平均速度为每秒 40 公里, 则在该仪器工作的期间内, 记录到了质量为 80 亿分之一克, 能量由 1 万尔格[①]到 10 万尔格数量级的粒子的撞击. 根据宇宙火箭所做的实验可以做出结论, 质量约为 10 亿分之一克的粒子, 可以每数小时与火箭表面碰撞一次. 正如从苏联第三个人造卫星和宇宙火箭的测量结果中可以看到的那样, 流星或者微流星的危险性是很小的.

1962 年美国水手 II 号, 在飞往金星的途中, 测得由太阳喷射出来的高速粒子流——一般称为太阳风; 太阳风的速度在每秒 300—800 公里之间变化着, 它的成分是氢原子及氦原子, 太阳风速度变化与地磁场骚扰起伏有密切的关系.

6. 电离层

美、英等国的火箭及人造卫星的顶端探测, 测得了从 60 公里至几千公里高度的电子浓度, 主要成果为:

(1) 电离层的主要结构有新的概念. 探测结果表明: 直到 F_2 层的最大值, 电离层的电子浓度几乎随高度单调的增加. 在 F_2 层的最大值以上, 电子浓度随高度的下降也比原来估计的慢得多.

(2) D 层(50—90 公里)的研究. 发现在一些高度上经常出现高电子浓度梯度. 利用盖尔顿(Gerden)电容器法得到的 D 层电导率的实验表明: ① 在正常状态下, D 层的主要电离因素是宇宙线, ② 导电率减少的高度, 恰与逆温区域(60—80 公里)相吻合, ③ D 层中的离子数大大超过电子数.

7. 紫外线及软 X 射线

利用探空火箭已测出太阳光谱中真空紫外光谱, 把紫外光谱的下限已扩展到 303Å. 此外, 还取得了太阳粒子辐射及 X 射线的资料.

随着宇宙航行技术的迅速发展, 高空大气物理这门新的学科, 必将扩大它的

---

① 重排注: 1 尔格 $= 10^{-7}$ 焦耳.

研究领域和内容.除了地球范围的物理现象外,将会逐步对月球、星际空间及行星际空间的问题加以研究,使这门学科更加迅速地发展和充实起来.

参 考 文 献

[1] 利用火箭和卫星研究宇宙空间,1959,科学通报,15,469.

[2] Paero Pares, H. K., 1959, *Space Sci.*, 2, 115.

[3] Шкловский, И. С., Курт, В. Г., 1959, *Искусственные слутники земли* Вып. 3, 66.

[4] Красовский, В. И. и. т. д., 1959, *Изв. АН СССР, сер, геофиз.*, 8, 1157.

[5] Вернов, С. Н., Чудаков, А. Е., *Услиехи Физических наук*, Т. 70, Вып. 4. 585.

[6] Гриигаус, К. И., и. т. д., 1961, *Искусственные слутники земли*, Вып. 6, 108.

[7] 赵九章,1963,科学通报,11,9.

第二章　高空大气的结构及动力学和热力学特征

§2.1　大气的区界

人类生活在地球大气的底层,高层大气中所发生的各种自然现象和物理过程,都直接或间接地与人类生活活动有密切关系.因此,高层大气的结构及其基本特征,一直是人们十分注意的问题.

整个地球大气可以分成若干层.但是根据大气的不同物理特征,可以有完全不同的分法,最常见的分法有下面几种.第一种是按大气的热状况来划分,即根据大气中温度随高度垂直分布的特征,把大气分为对流层、平流层、中层、热层和外层(或逃逸层).第二种是按大气成分来划分,把大气分为均匀层和非均匀层.第三种是按大气的电离现象来划分,把大气分为非电离层和电离层:根据电子浓度的不同,又可将电离层分为 D 层,E 层,F 层等.第四种是按特殊化学成分来划分,例如臭氧层等.根据目前对高层大气已有的知识,可以综合给出大气分层图(图 1).下面将对上述各层的主要特征作一概述.

(1) 对流层

这一层最贴近地面.由于地面吸收太阳辐射中的红外部分、可见光及波长大于 3000Å 的紫外光,将这些光能转化为热能,再从地面向大气低层传输,就发生了强烈的对流,这是该层的主要特征之一.地面所观测到的大部分天气现象,例如气旋、寒潮、台风、雷雨、闪电、冰雹等都发生在这一层中.根据气象探测资料:从地面开始,温度随高度向上递减,对流层顶处的温度可降到 190K(在赤道附近)或 220K(在极地).温度的递减率为 $6.5\text{K}/$公里.对流层顶的高度随着纬度而不同,在极区约为 9 公里,在赤道可达 17 公里左右.

(2) 平流层

在这一层内,大气的垂直对流不强,多为平流运动,而这种运动的尺度也很大.由于平流层中水汽的含量很少,在对流层中经常出现的气象现象就不大会发生.同时,由于空气尘埃的含量很少,大气的透明度很高.该层中,温度最初随高度缓慢递增;到 25 公里以上,温度才增加较快;在平流层顶,温度约升至 230—240K 左右.

(3) 中层

中层大气的区界是由平流层顶至 85 公里左右.从平流层顶开始,温度随高

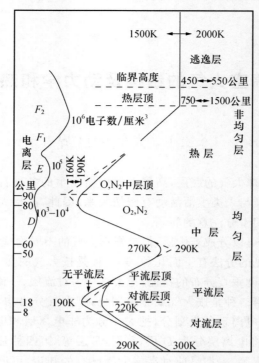

图1　大气的分层

度迅速递增,该段称为中层上升段;到了50公里附近,温度上升到最大值(270—290K),该点称为中层峰;再往上,温度又很快递减,到中层顶,下降至190K左右,这个区间称为中层下降段.在中层大气中,进行着强烈的光化学反应;研究这些光化学反应,对了解大气的电离过程以及太阳紫外辐射部分在大气中的变化过程,有十分重要的意义.太阳短波辐射在中层被大量吸收和散射,通常所观测到的夜天光(气晖)正是光化学反应的结果.

(4) 热层

在热层大气中,温度随高度迅速增加.火箭与卫星的观测资料都发现热层具有较大的温度梯度.因此,这层内分子热传导过程对温度的垂直分布起着重要的作用.在中层顶以上,所有波长小于1750Å的紫外辐射都被热层中的大气物质(主要是O_2)所吸收,而大部分吸收的能量都用于使该层加热.此外,太阳的微粒辐射及宇宙空间的高能粒子,对于热层大气的热状况也有显著的影响.这种影响的具体物理过程,目前正在研究中.

(5) 外层大气(逃逸层)

从热层顶开始的大气层统称为外层大气.在这里,大气大部分处于电离状态,质子的含量大大超过了中性氢原子的含量.由于大气已高度稀薄,同时地球引力场的束缚也大大减弱,大气质点不断向星际空间逃逸.逃逸层是地球大气的最外层,但逃逸层的最外边界又在哪里呢? 对于这个问题,目前还没有一致的结论.实际上,地球大气是逐渐向行星际气体过渡的,可以认为:这种过渡过程在1000公里以上就开始,其性质是相当复杂的.

(6) 均匀层

从地面开始一直到90公里处,大气成分是均匀的.在该层中,大气的平均克分子量[①]保持不变,等于28.966克/克分子[②].均匀层大气实际上包含着上面谈到的对流层、平流层和中层.在均匀层大气中,大气各成分间的混合效应起主导作用,这种混合效应是由大气中的风(气体质量的大尺度运动)、湍流(由于热力和动力学的不均匀性所造成的中小尺度运动)和分子扩散作用等动力和热力因素引起的.

(7) 非均匀层

约从90公里开始,由于光化离解作用(主要是 O_2 和 N_2 的离解)和扩散分离(也叫做重力分离)作用的影响,大气的相对成分开始随高度及时间而变化,大气的平均克分子量就成了十分复杂的高度及时间的函数.

(8) 非电离层

在60公里以下,大气各成分多处于中性状态,故称为非电离层.

(9) 电离层

60公里以上,在太阳辐射的影响下,大气物质开始电离.根据电离层对电磁波反射的不同效果,又可分为 D 层(60—90公里)、E 层(110公里处)、F_1 层(160公里处)和 F_2 层(300公里处)等.苏联火箭和人造卫星的观测资料表明:电离层中电子浓度在300公里左右有一个主要最大值.在这以上,电子浓度随高度递减,降减率较为缓慢.

(10) 臭氧层

由10公里到50公里的大气层称为臭氧层.臭氧层浓度的重心在23公里处.臭氧的存在对中层大气的热状况起着重要的影响.太阳光波辐射的紫外部分($\lambda <$ 2900Å),几乎完全被臭氧所吸收.中层大气温度的上升就是由于臭氧所造成的.

§2.2　高层大气模式

随着人类高空活动和宇宙航行的进展,对高层大气结构的研究逐渐为人们所重视.为了表征高层大气的平均结构及其热力学性质,至今已有不少作者建立了许多种大气模式.对高空大气模式的研究,不仅具有科学上的意义,同时也具

---

①　重排注:"平均克分子量"现一般称为"平均摩尔质量".

②　重排注:"克分子"现一般称为"摩尔".

有重大的实用价值(例如:国防上用于设计导弹和其他飞行装置,计算轨道,决定声波和电磁波的传播等).由于技术上的困难,目前还不能够用直接探测方法获得所有高层大气结构参数的确实资料,故建立完全基于实际资料的大气模式尚不可能.大气的主要结构参数有:温度 $T(z)$,压力 $p(z)$,密度 $\rho(z)$,大气质点的总浓度 $n(z)$ 和大气各成分分量"i"的浓度 $n_i(z)$ 等.按目前实际情况看来: $T(z)$ 的直接探测资料仅在数十公里以下较为可靠;100 公里以上,由于大气已较稀薄,普通测温仪的感应元件不再适用;同时数据处理也异常复杂.所谓"温度",已经超出了统计物理学的温度概念.在这里,温度测量实际上已变成了对各大气成分(电子、离子、分子、原子等)速度麦克斯韦(Maxwell)分布的测量.利用火箭探测的方法,$p(z)$ 也只能测到 120 公里左右;至于更大的高度上,虽在卫星近地点高度处可直接测得一些 $p(z)$ 的资料,但总起来说,$p(z)$ 的资料是不完整的.近几年来,根据人造卫星轨道参数和运转周期随时间变化的观测结果,已经得到了大气密度 $\rho(z)$ 随高度分布的可靠资料(高度可达 700—800 公里).关于大气成分,还缺乏定量的研究成果;就是采用射频质谱仪进行探测,也只能得到一些定性的情报.由于对大气成分知识的缺乏,在 90 公里以上,大气平均克分子量 $\overline{M(z)}$ 就是一个未知数.因为

$$\overline{M(z)} = \sum_i m_i n_i(z)$$

是直接由大气各成分的含量所决定的,其中 m_i 是大气成分"i"分量的质点质量,而各成分的浓度 $n_i(z)$ 是难于直接测定的.$p(z)$ 可由 $\rho(z)$ 的资料直接计算出来;而 $T(z)$ 则不能,因 $T(z)$ 还是 $\overline{M(z)}$ 的函数.这样一来,在模式的建立中,对大气的成分和温度分布就不得不作某些理论性的假定.

　　到目前为止已有十几种大气模式,其中不少已完全失去了实用价值.历史上第一种大气模式是金斯(Jeans 1916)[1] 提出的,他假定大气层中各种气体并不混合,分子并不分解,温度维持于 219K 不变.1952 年,美国高空大气火箭研究委员会(The Upper Atmosphere Rocket Research Panel)[2] 利用 1952 年以前发射的 68 支 V-2 火箭,63 支空蜂火箭和 7 支海盗型火箭的探测资料,整理出温度分布的数据(到达 220 公里高度).他们假设:O_2 的光化离解开始于 80 公里,在 120 公里处结束;N_2 离解的起始高度为 120 公里,最终高度为 220 公里.在上述高度区间内,O_2 和 N_2 的离解程度随高度线性地增加.根据上面这些假定,可求得大气平均克分子量随高度的分布;然后再由温度分布数据来计算由地面到 220 公里高空的大气压力和密度分布.

　　如上所述,100 公里以上的大气参数,一般都很难于直接测量.自从发射人造卫星以后,从卫星轨道参数的变化可以正确地测量出 800 公里以下的密度分布.因此,通过密度资料来建立高层大气的模式是比较可靠的.1959 年,卡尔曼

(Kallmann)[3]根据卫星观测得到的密度资料,应用静力学方程,并取 800 公里作为起始高度,从上向下进行数值积分,得到了较为准确的气压随高度的分布关系.

1960 年国际空间研究委员会(Commitee for Space Research,缩写为 COS-PAR)在法国尼思召开第一次学术会议,认为根据已有的火箭及人造卫星关于大气结构的资料,整理编制国际空间研究委员会参考大气模式(COSPAR International Reference Atmosphere,简称 CIRA)是必要的.会议决定成立第一工作组,聘请卡尔曼、普莱斯忒(Priester)等五人为委员[4],主持这项工作.研究的对象是从 30 公里到 800 公里的大气层.由于物理过程随着高度有显著的变化,以及自然现象的复杂性,工作组决定将高层大气再分为三层:① 30—90 公里,② 90—200 公里,③ 200—800 公里.对于每一层,将下列大气结构参数:密度、密度的对数、气压、标高、克分子量①、温度、数密度和重力加速度,按不同高度的间隔列入表内.对于 30—90 公里一层,除上述参数外,还加入声速一项;在 90—200 公里一层内,还考虑了太阳活动对于大气结构的影响;在 200—800 公里层内,须考虑昼夜的变化.由于大气的克分子量是建立大气标准模式的一个重要参数,工作组采用了表 1 的数值.

表 1　大气平均克分子量随高度的变化

高度 h(公里)	平均克分子量 M(克/克分子)
100	28.966(与海面值相同)
200	27.00
400	20.00
600	16.00
800	16.00

CIRA 模式是根据静压公式及气体状态方程来计算的,

$$\mathrm{d}p = -\rho g\,\mathrm{d}z, \tag{2.1}$$

$$\rho = \frac{pM}{RT}, \tag{2.2}$$

其中 R 为气体常数,g 为重力加速度.由(2.1)及(2.2)式可得

$$\frac{\mathrm{d}p}{p} = -\frac{gM}{RT}\mathrm{d}z = -\frac{\mathrm{d}z}{H}. \tag{2.3}$$

这样就把气压随高度的变化由标高 H 来确定,其中

$$H = RT/gM = p/\rho g. \tag{2.4}$$

这表示当气压可以从密度的观测资料推算出来后,$\dfrac{T}{M}$ 及标高 H 都可以求得.在

---

① 重排注:"克分子量"现一般称为"摩尔质量".

CIRA模式中,一般取位势高度 ϕ 作为高度的单位,它的定义如下:

$$\phi = \frac{1}{g_0}\int_0^h g\,\mathrm{d}z = \frac{1}{g_0}\int_0^h g_0\left(\frac{R_E}{R_E+z}\right)^2 \mathrm{d}z = \frac{R_E h}{R_E+h}. \tag{2.5}$$

它代表单位质量在高度 h 处相对于地球表面的位势,而这个位势是以地面重力加速度的绝对值为单位来衡量的. 位势高度的单位是动力米:

$$1\ 动力米 = 9.80665\ 米^2 \cdot 秒^{-2}.$$

在 90 公里以下,大气处于完全混合状态,克分子量 M 与高度无关,大气温度可以从气压或密度的测量求得. 在 90 公里以上,T 及 M 都随着高度而变,它们不能专凭密度的测量来确定. 如果要把 T 和 M 分别求出,必须引入新的假设.

在高度 h 处的气压 p,可以利用静压方程,通过由上到下的积分求得:

$$p(h) = p(800) + \int_h^{800} \rho(h)g(h)\,\mathrm{d}h. \tag{2.6}$$

在实际运算中,可采用下列数字积分法,对于相邻两个高度 h_1 及 h_2:

$$\int_{h_1}^{h_2} F(h)\,\mathrm{d}h \approx \frac{F(h_2)-F(h_1)}{\ln F(h_2)-\ln F(h_1)}(h_2-h_1). \tag{2.7}$$

在 CIRA 模式中,卡尔曼等采用 $h_2-h_1=2$ 公里的间隔.

从卫星轨道观测,发现大气结构和太阳活动有密切的关系. 一般说来,太阳活动强烈时,200 公里以上的密度、温度、气压均较正常时期为大,在太阳平静时期,这些参数均较正常为低,因此在编制 CIRA 表中,以正常太阳活动的数据为依据,制出了三个表. 第一个表列出正常太阳活动时期,由海面到 800 公里的大气层中(以 2 公里为间隔),大气结构各要素在一周日 24 小时内的平均值;第二表列出正常太阳活动时期,由 200—800 公里各要素的平均高值(发生在午后两小时);第三表列出各要素的平均低值(发生于黎明前两小时). 图 2 是 CIRA 模式中,大气温度随高度的分布;其中平均值、平均高值及平均低值曲线是分别按照 CIRA 第一、第二及第三表绘制的. 表 2 是从 CIRA-1961 模式所摘出来的简表.

表 2   CIRA-1961 大气模式简表(摘自 CIRA 表)

	平均值			平均高值			平均低值		
高度 h /公里	密度 ρ /克·厘米$^{-3}$	标高 H /公里	温度 T /K	密度 ρ /克·厘米$^{-3}$	标高 H /公里	温度 T /K	密度 ρ /克·厘米$^{-3}$	标高 H /公里	温度 T /K
0	1.23×10^{-3}	8.47	289.25						
10	4.19×10^{-4}	6.53	222.36						
16	1.70×10^{-4}	6.29	214.21						
30	1.84×10^{-5}	6.74	228.28						
40	4.07×10^{-6}	7.35	247.86						
50	1.02×10^{-6}	8.01	269.56						
60	3.04×10^{-7}	7.69	257.82						
70	8.84×10^{-8}	6.49	217.04						
80	1.94×10^{-8}	5.54	184.60						

续表

高度 h /公里	平均值			平均高值			平均低值		
	密度 ρ /克·厘米$^{-3}$	标高 H /公里	温度 T /K	密度 ρ /克·厘米$^{-3}$	标高 H /公里	温度 T /K	密度 ρ /克·厘米$^{-3}$	标高 H /公里	温度 T /K
90	3.12×10^{-9}	5.45	181.14						
100	4.78×10^{-10}	6.43	212.10						
120	2.44×10^{-11}	10.55	342.96						
140	3.07×10^{-12}	25.05	799.13						
160	1.11×10^{-12}	36.90	1155.26						
180	6.59×10^{-13}	38.94	1193.17				6.54×10^{-13}	1186.01	
200	3.61×10^{-13}	40.90	1226.77	4.09×10^{-13}	49.86	1492.44	3.83×10^{-13}	″	
250	1.03×10^{-13}	46.65	1301.45	1.43×10^{-13}	55.42	1546.16	1.08×10^{-13}	″	
300	3.34×10^{-14}	53.21	1358.51	5.26×10^{-14}	67.40	1720.95	3.27×10^{-14}	″	
350	1.23×10^{-14}	60.69	1401.28	2.35×10^{-14}	76.32	1762.93	1.10×10^{-14}	″	
400	5.09×10^{-15}	68.79	1436.16	1.16×10^{-14}	84.90	1773.10	4.21×10^{-15}	″	
500	1.17×10^{-15}	83.20	1474.15	3.37×10^{-15}	102.62	1811.11	8.24×10^{-16}	″	
600	3.45×10^{-15}	95.46	1474.15	1.23×10^{-15}	117.11	1833.70	1.99×10^{-16}	″	
700	1.19×10^{-16}	105.39	1474.15	5.15×10^{-16}	126.63	1833.70	5.55×10^{-17}	″	
800	4.60×10^{-16}	114.08	1474.15	2.34×10^{-16}	132.42	1833.70	1.73×10^{-17}	″	

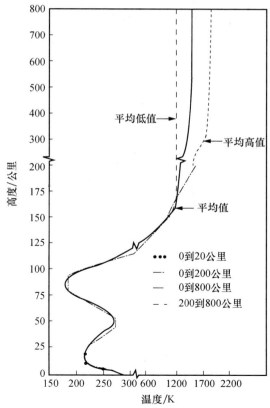

图 2　CIRA 模式中大气温度随高度分布

§2.3 高层大气的扩散过程

1. 高层大气的混合与扩散分离

　　大气是许多气体的混合体. 混合气体的状况及其随高度的变化,受重力场及大气中对流交换、湍流混合所控制. 在理想情况下,如果大气处于完全静止状态,没有对流交换和湍流混合作用,按照道尔顿(Dalton)定律,在重力场作用下,各种气体的分压将分别按静压状态随高度而分布;其结果是使混合气体中重的成分集中于低层,而在高层中轻气体居多,大气的平均克分子量应随着高度而递减,这种情况称为扩散平衡状态. 在另一种理想情况下,如果对流交换和湍流混合很强,各种气体成分根本没有机会在重力作用下按其轻重而调整分布. 这时,大气的平均克分子量为一常数,各种气体容量的相对比值不随高度而变化,这种情况称为完全混合状态. 在大气低层,由于天气变化的影响,地面附近强烈对流与湍流的作用,在 90 公里以下的大气完全处于混合状态. 在很高的大气层中,虽然大气仍有运动,但对流和湍流都较为微弱,大气处于扩散平衡状态之中. 因此,90 公里以上,大气状态逐渐由完全混合过渡到扩散平衡. 在该层中,研究大气的扩散过程是了解大气成分及不均匀性的一个重要关键.

　　大气中平均静压力一般可由理想气体状态方程表示:

$$p = nkT, \tag{2.8}$$

假定大气处于静压平衡,则大气中气压随高度的变化可由下式求得:

$$\frac{\mathrm{d}p}{\mathrm{d}z} = -\rho g = -nmg, \tag{2.9}$$

m 是大气分子的平均质量.

　　由于大气是许多种气体的混合体,按照道尔顿定律,各种气体的分压强 p_i 之和等于整个混合气体的总压强,

$$p = \sum p_i,$$

而每种气体分压随高度的分布为:

$$\frac{\partial p_i}{\partial z} = -n_i m_i g. \tag{2.10}$$

与(2.4)式相类似,引入相应于各种个别气体的标高:

$$H_i = \frac{kT}{m_i g},$$

则整个大气及各成分的压力随高度分布为:

$$p = p_0 \mathrm{e}^{-\frac{z}{H}}, \tag{2.11}$$

$$p_i = p_{i0} e^{-\frac{z}{H_i}}. \tag{2.12}$$

由此可见,标高 H_i 对气压分布有巨大的影响,它决定于温度 T、重力加速度 g 及大气各成分的分子质量 m_i. 在其他条件皆相同的情况下,m_i 愈小,标高 H_i 愈大,该气体的分压随高度的递减率也愈小. 因此,如无对流交换和湍流混合作用时,在扩散平衡状态下,随着高度的增加,重的气体成分愈来愈少,轻的气体成分愈来愈多. 最后,在极高层大气中只剩下最轻的气体氦及氢了.

尼克列(Nicolet)和孟格(Mange)[5]从扩散平衡状态出发,讨论了由两种成分组合的气体中的扩散过程. 他们假定标高 H 与温度的关系为:

$$H = H_0 + \beta z, \tag{2.13}$$

式中 β 是标高的垂直梯度. 根据这一假定,我们可以求得:

$$\frac{p}{p_0} = \left(\frac{H}{H_0}\right)^{-\left(\frac{1}{\beta}\right)}, \tag{2.14}$$

$$\frac{n}{n_0} = \left(\frac{H}{H_0}\right)^{-\left(\frac{1+\beta}{\beta}\right)}, \tag{2.15}$$

其中 p_0 及 n_0 分别指起始高度 $z=0$,标高 $H=H_0$ 时的压力及分子浓度. 引入新的变数 ζ:

$$\frac{H}{H_0} = e^{\zeta\beta}, \quad d\zeta = \frac{dz}{H}, \tag{2.16}$$

则

$$\frac{p}{p_0} = e^{-\zeta}, \quad \frac{n}{n_0} = e^{-(1+\beta)\zeta}. \tag{2.17}$$

现在我们来讨论空气组成中(假定仅有两种气体)的次要成分随高度的变化. 所谓次要成分是意味着不管它怎样分布,空气的平均克分子量将不会受到很大的影响. 以脚码 1 表示次要气体的参数,它的标高应为:

$$H_1 = H_{10} + \beta_1 z, \quad \beta_1 = \frac{m}{m_1}\beta. \tag{2.18}$$

因此,在扩散平衡中,次要成分的浓度随高度的分布为:

$$\frac{n_1}{n_{10}} = \left(\frac{H_1}{H_{10}}\right)^{-(1+\beta_1)/\beta_1} = \left(\frac{H}{H_0}\right)^{-\left(\frac{m_1}{m}+\beta\right)\big/\beta}. \tag{2.19}$$

可以推广到一般的情况,引入一个参数 X,

$$X = \left(\frac{m_1}{m} + \beta\right)\big/(1+\beta). \tag{2.20}$$

$X=1$,即相当于大气完全混合. 这样,(2.19)式可变为:

$$\frac{n_1}{n_{10}} = \left(\frac{H}{H_0}\right)^{-X(1+\beta)/\beta} = e^{-X(1+\beta)\zeta}. \tag{2.21}$$

由此可见,扩散分布受质量比例 $\frac{m_1}{m}$ 的影响很大. 表 3 为各种空气成分在扩散平衡

时的 X 参数数值.

表 3　分子扩散平衡时各成分的 X 数值

气体成分	氩(A)	O_2	N	完全混合	O	He	H_2	H
X	1.56	1.28	1.14	1	0.72	0.31	0.24	0.20

图 3 是这些气体成分在扩散平衡时的浓度分布曲线,其中假定大气在 110 公里以下完全混合. 在 110 公里以上,各种成分处于扩散平衡状态,其浓度 n_i 分别按表 3 中的 X 值随高度分布. 气体成分的分子质量 m_1 大于平均质量 m 时,它的浓度随高度递减较快;而 $m_1 < m$ 的成分,浓度随高度递减较为缓慢.

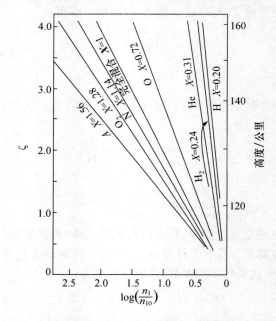

图 3　各种气体成分的浓度随高度的分布

2. 扩散方程

在建立扩散方程之前,我们先用近似的方法讨论一下分子的扩散速度. 在此仍考虑大气仅由两种成分组成. 在高度 z 处,设成分 1 在单位时间内通过单位面积向上扩散的分子数为:

$$(N_{1z})_D \uparrow = -D \frac{\partial n_1}{\partial z},$$

式中 D 是分子扩散系数. 由于 $\frac{\partial n_1}{\partial z} < 0$,故 $(N_{1z}) \uparrow$ 为一正值. 此外,在重力场作用

下,成分 1 在单位时间内通过单位面积向下降落的分子数为:

$$(N_{1z})_G \downarrow = v_1 n_1.$$

由此得出在单位时间内通过单位面积净向上的分子数为:

$$(N_{1z}) \uparrow = -D\frac{\partial n_1}{\partial z} - v_1 n_1. \tag{2.22}$$

(2.22)式中右端两项都是未知的. 但大气中的扩散过程一般皆在平衡状态附近进行,这就启示我们一个求 v_1 的近似方法. 在此,我们先假定大气处于平衡状态, $(N_{1z}) \uparrow = 0$,求得 v_1 的一级近似值为:

$$v_1 = \frac{D}{H}X(1+\beta).$$

再把这个近似值代入(2.22)式,得:

$$(N_{1z}) \uparrow = n_1 w_1 = -D\left[\frac{\partial n_1}{\partial z} + \frac{n_1}{H}X(1+\beta)\right], \tag{2.23}$$

式中 w_1 是成分 1 的分子垂直扩散速度.

若扩散过程从完全混合状态开始,则代入(2.23)式,可近似求得垂直扩散速度:

$$w_1 = \frac{D}{H}\left(1 - \frac{m_1}{m}\right). \tag{2.24}$$

利用卡普曼和柯林(Cowling)[6]关于扩散系数的公式:

$$D = \frac{3}{4}\sqrt{\frac{gH}{8\pi}}\frac{1}{nr_1^2}\left(1 + \frac{m}{m_1}\right)^{\frac{1}{2}}, \tag{2.25}$$

式中 $r_1 = 3 \times 10^{-8}$ 厘米,表示碰撞距离. 代入(2.24)式,求得向上的扩散速度为:

$$w_1 = 1.66 \times 10^{14}\left(1 + \frac{m}{m_1}\right)^{\frac{1}{2}}(m-m_1)g^{\frac{3}{2}}\frac{\sqrt{H}}{p}. \tag{2.26}$$

在一个完全混合的均匀大气中,如果让混合作用突然停止,则对于成分 1 而言,它的扩散速度的方向将取决于 m_1 与 m 之比,如 $m_1 > m$,则扩散向下进行;如 $m_1 < m$,扩散向上进行. 在混合大气中, $m = 39.8 \times 10^{-24}$ 克. 而氧分子的质量 $m_1 = 53.2 \times 10^{-24}$ 克. 故氧分子的扩散速度是向下的. 尼克烈[7]求得氧分子的扩散速度如表 4.

表　4

高度/公里	100	120	140	160	180	200
扩散速度/厘米·秒$^{-1}$	0.1	2	8	45	130	330

根据这个表,如果在 100 公里以上大气仍维持于混合状态,则向上的垂直混合速度必须大于表内所列的数值. 在 100 公里高空垂直混合速度的量级约为 1 厘米/秒,在 160 公里约为 1 米/秒.

埃泼司坦（Epstein）[8]、色吞（Sutton）[9] 及孟格[10] 从连续方程出发,较为严格地建立了扩散方程. 如果不考虑质量速度的影响,两种成分的连续方程可分别写为:

$$\left.\begin{array}{l} \dfrac{\partial n_1}{\partial t} = -\dfrac{\partial}{\partial z}(n_1 w_1), \\[2mm] \dfrac{\partial n_2}{\partial t} = -\dfrac{\partial}{\partial z}(n_2 w_2). \end{array}\right\} \qquad (2.27)$$

二元混合气体的垂直扩散速度方程为:

$$w_1 - w_2 = -\frac{n^2}{n_1 n_2} D\Big[\frac{\partial}{\partial z}\Big(\frac{n_1}{n_2}\Big) + \frac{n_1 n_2 (m_2 - m_1)}{n\rho}\frac{\partial}{\partial z}\ln p$$

$$- \frac{\rho_1 \rho_2}{p\rho}(F_1 - F_2) + \frac{n_1 n_2}{n^2}\frac{\alpha_T}{T}\frac{\partial T}{\partial z}\Big], \qquad (2.28)$$

其中 n 为混合气体的浓度,ρ 为密度,p 为静压力,w_1, w_2, n_1, n_2 和 ρ_1, ρ_2 分别为第一种和第二种成分的垂直扩散速度、浓度和密度,F_1 和 F_2 为作用于两种成分上的外力,α_T 为热扩散系数.

由(2.28)式可以看出,垂直扩散是由四种因素所引起的. 右端第一项表示浓度垂直分布不均匀的作用,第二项表示压力分布不均匀的作用,第三项是外力场的作用,第四项表示热扩散,是由于温度分布不均匀所致.

在我们考虑的问题中,包含有 n_1, n_2, w_1 和 w_2 四个未知数,但只有三个方程式,因此要解决两种成分大气的扩散,除了以上所给的三个方程之外,还需另一个方程(例如扩散速度之间的关系),这样才能把两种成分随高度和时间的关系求出来. 在 200 公里以下,大气中氮分子甚为充沛,氮分子的克分子量与大气的平均克分子量相差不多,这样就给了我们简化问题的办法. 我们设想大气中的主要成分氮分子浓度是按照完全混合状态分布的,其他次要成分的扩散是在大气主要成分分布维持于完全混合的状态下进行的. 亦即 $n = n_1 + n_2 \approx n_2, m = \dfrac{n_1 m_1 + n_2 m_2}{n_1 + n_2} \approx m_2,$ $w_2 = 0, w = w_1$. 同时,如果不考虑外力场及热扩散的影响,$F_1 = F_2 = 0, \alpha_T = 0$,则应用状态方程(2.8)及静力学方程(2.9),可将(2.27)和(2.28)式简化为:

$$\frac{\partial n_1}{\partial t} = -\frac{\partial}{\partial z}(n_1 w_1), \quad \frac{\partial n_2}{\partial t} = 0, \qquad (2.29)$$

$$w_1 = -D\Big[\frac{1}{n_1}\frac{\partial n_1}{\partial z} + \frac{1}{H_1} + \frac{1}{T}\frac{\partial T}{\partial z}\Big] = -D\Big[\frac{\partial \ln n_1}{\partial z} + \Big(\frac{m_1}{m} + \beta\Big)\frac{1}{H}\Big], \qquad (2.30)$$

式中扩散系数 D 如(2.25)式所示.

为了在数学上处理方便,引入新的变数:

$$y = e^{\frac{1}{2}(\frac{\beta}{2}-1)\zeta}, \quad u = n_1 e^{(\frac{m_1}{m}+\beta)\zeta}. \qquad (2.31)$$

把(2.29)及(2.31)式代入方程(2.29)中,得到新变数的微分方程:

$$\frac{1}{\delta^2}\frac{\partial u}{\partial t} = \frac{\partial^2 u}{\partial y^2} + \frac{2\xi+1}{y}\frac{\partial u}{\partial y}, \qquad (2.32)$$

式中

$$\xi = \frac{\dfrac{m_1}{m}}{1 - \beta/2} - 1, \quad \delta = \frac{(2-\beta)D_0^{\frac{1}{2}}}{4H_0},$$

D_0, H_0 分别为地面上的扩散系数及标高值.

为了求解方程(2.32),我们引入很高高空的边界条件:在 $z \longrightarrow \infty (y=0$ 处),通量 $n_1 w_1$ 趋近于零,即

$$y^{2\varepsilon+1} \frac{\partial u}{\partial y} = 0, \quad \text{在 } y=0 \text{ 处.} \tag{2.33}$$

微分方程(2.32)可以用分离变量法求解,令

$$u = e^{-\varepsilon^2 \delta^2 t} U(\varepsilon, y). \tag{2.34}$$

ε 为已知常数,则 $U(\varepsilon, y)$ 满足方程:

$$\frac{\mathrm{d}^2 U}{\mathrm{d}y^2} + \frac{(2\xi+1)}{y} \frac{\mathrm{d}U}{\mathrm{d}y} + \varepsilon^2 U = 0, \tag{2.35}$$

其通解为:

$$U_{\pm\xi}(y) = \left(\frac{y}{2}\right)^{-\xi} \mathrm{J}_{\pm\xi}(y). \tag{2.36}$$

利用贝塞尔(Bessell)函数渐近公式,得:

$$U_{\pm\xi}(y) = \frac{1}{\sqrt{\pi}} \left(\frac{y}{2}\right)^{-\xi-\frac{1}{2}} \cos\left(y - \frac{1\pm 2\xi}{4}\pi\right). \tag{2.37}$$

可以看出,$U_{-\xi}(y)$ 是不满足边界条件(2.33)的,必须除去.最后我们得通解:

$$u = \sum_0^\infty A_s e^{-\varepsilon_s^2 \delta^2 t} U_p(\varepsilon_s, y), \tag{2.38}$$

式中 A_s, ε_s 皆为已知常数,可根据贝塞尔函数的正交性及所给出的初始条件来求得.同样,根据这些条件,u 可简化为:

$$u = 2(4\delta^2 t)^{-\xi-1} \int_0^\infty u_{t=0}(\varepsilon) \varepsilon^{2\xi+1} e^{-\frac{\varepsilon^2+y^2}{4\xi^2 t}} U_\xi\left(\mathrm{i}\,\frac{\varepsilon y}{2\xi^2 t}\right) \mathrm{d}\xi, \tag{2.39}$$

式中

$$U_\xi\left(\mathrm{i}\,\frac{\varepsilon y}{2\xi^2 t}\right) = \frac{1}{2\sqrt{\pi}} \left(\frac{\varepsilon y}{\xi^2 t}\right)^{-\xi-\frac{1}{2}} e^{\frac{\varepsilon y}{2\xi^2 t}},$$

$u_{t=0}$ 表示 u 的初始值.由(2.31)式得知:

$$n_1 = u e^{-\left(\frac{m_1}{m}+\beta\right)\zeta} = u y^{2\left(\xi+\frac{2+\beta}{2-\beta}\right)}.$$

设扩散过程开始时($t=0$),混合气体的两种成分处于完全混合状态($X=1$),则

$$n_{10} = u_{t=0} y^{\frac{4(1+\beta)}{2-\beta}} \quad (\text{当 } t=0 \text{ 时}). \tag{2.40}$$

把上列关系式代入(2.39)式中,再应用(2.36)式,可求得扩散方程组中次要成分浓度 n_1 的分布:

$$n_1 = 2(4\delta^2 t)^{-\xi-1} y^{2\left(\xi+\frac{2+\beta}{2-\beta}\right)} e^{-\frac{y^2}{4\delta^2 t}} \int_0^\infty n_{10} \varepsilon^{\frac{(1+4\beta)}{\beta-2}} e^{-\frac{\varepsilon^2}{4\delta^2 t}} \left(\frac{\varepsilon y}{4\delta^2 t}\right)^{-\xi} I_\xi \left(\frac{\varepsilon y}{2\delta^2 t}\right) d\varepsilon, \quad (2.41)$$

式中 $I_\xi\left(\frac{\varepsilon y}{2\delta^2 t}\right)$ 是第一类虚数贝塞尔函数. 如果初始状态是"X 状态",则上式可用级数表示:

$$n_1 = n_{10} \xi^{-b} e^{-k} \sum_{s=0}^\infty \frac{\Gamma(\xi+k+s+1)}{s! \Gamma(\xi+s+1)} k^s, \quad (2.42)$$

式中 b 和 k 定义为:

$$b = -\xi + X \left| \frac{1+\beta}{1-\frac{\beta}{2}} \right| - \left| \frac{1+\frac{\beta}{2}}{1-\frac{\beta}{2}} \right|, \quad (2.43)$$

$$k = \frac{y^2}{4\delta^2 t}. \quad (2.44)$$

X 表示初始状态,Γ 是珈玛函数.

3. 扩散判据

1928 年,马利思(Maris)[11]指出,在等温的稳定大气中,次要气体成分的扩散过程先在高层开始,其结果使大气分为两层:上层处于扩散平衡,下层仍处于完全混合状态,两层的交界面甚为明显. 他称这个交界为扩散交界层. 同时,他还首先求得该交界层下降到某一高度的时间. 利用(2.23)式,大气中次要成分在扩散混合状态为 X 时通过单位面积的垂直扩散通量为:

$$n_1 w_1 = -\frac{D}{H}\left[-X(1+\beta)+\beta+\frac{m_1}{m}\right]n_1. \quad (2.45)$$

在完全混合情况下,$X=1$,上式变为:

$$n_1 w_1 = \frac{D_0 n_{10}}{(HH_0)^{\frac{1}{2}}}\left(1-\frac{m_1}{m}\right), \quad (2.46)$$

其中脚码 0 是指在任意参考高度 z_0 处的数值. 如果大气处于常温情况,则上式表明垂直扩散通量与高度无关. 马利思首先发现这个结果,他曾利用它来计算扩散交界层下降到某一高度大致所需要的时间. 这个高度与次要成分的分子量 m_1 有关. 他计算的要点,是估计由于通过交界面的扩散通量的作用,使交界面以上总分子含量由完全混合到扩散平衡所需的时间. 当然,这样的估计是很粗略的. 尼克列和孟格曾根据扩散速度来估计扩散时间,根据上面所取得的扩散速度公式(2.23),我们可以求得在 z_a 到 z_b 一层大气中,空气从完全混合到扩散分离所需的时间 τ:

$$\tau = \int_{z_a}^{z_b} \frac{1}{w_1} dz = \frac{p_a H_a^{\frac{1}{2}} - p_b H_b^{\frac{1}{2}}}{1.66 \times 10^{14} g^{3/2} \left(1+\frac{m}{m_1}\right)^{\frac{1}{2}} (m-m_1)\left(\frac{\beta}{2}-1\right)}. \quad (2.47)$$

以氧分子为例,扩散时间 τ 在 145 公里高空约为 1 天,在 115 公里约为 10 天,在 105 公里处约为 1 个月,在 97.5 公里处约为 100 天,在 200 公里高空,则减少至 1000 秒. 因此在这样的高度上,一般中性氧分子大多是维持于扩散平衡状态.

高层大气的扩散过程,虽有不少学者在这方面作了一些工作,但至今尚未满意地得到解决. 这是因为一些扩散过程的因子还未全部考虑在内,例如大气的运动及湍流的作用. 另外,上面我们只讨论了次要成分的分布,而假定主要成分是稳定的,依完全混合的状态分布. 这里还应指出,上面所讨论的也只限于中性的分子及原子,但对于较高层的大气,带电粒子不可忽略,就必须要考虑电磁场的影响.

§2.4　高层大气的能量平衡

高层大气的温度分布及其运动特征取决于高层大气中的能量分布状况. 高层大气热状况是高空大气物理学中一个十分重要的问题. 能够影响高层大气热状况的因子是很多的,并且这些因子在不同的大气层中,有着不同的贡献. 把所有这些因子的作用综合在一起进行讨论,是十分困难的. 这些因子牵联的科学范围非常广泛,比方说,要想彻底了解太阳的光波辐射的影响,就必须知道大气的成分和各成分分量的质点浓度随高度的变化情况,必须掌握大气物质对各种光波的吸收情况,以及太阳辐射在大气中的变换过程. 还有许多其他能源在某种情况下对高层大气(特别是最外层)的热状况发生十分重要的影响. 目前,这些因子影响大气热状况的具体物理过程还研究得很不够. 但是这方面的工作现在已成为高空大气物理学当中一个重要的研究课题.

在本节中,我们先扼要介绍一下高层大气能量平衡,然后再讨论太阳光波辐射影响高层大气热状况的物理过程. 这个因子的作用过程,目前人们已知道得比较清楚,同时它对于平流层大气、中层大气以及热层大气底部的热状况起着重要的作用. 除此以外,还将根据已有的试验资料和理论研究成果,分别论述平流层大气、中层大气和热层大气热状况的基本规律.

1. 高层大气能量平衡方程

在高层大气中的某体积 V 内,每单位时间内输入的总能量为:

$$E_i = \int_V E(\boldsymbol{r}, t) \mathrm{d}V, \tag{2.48}$$

其中 $E(\boldsymbol{r}, t)$ 为输入的能量密度. 我们可以把它写成:

$$E = \sum_j E_i = E_1 + E_2 + E_3 + E_4 + E_5 + E_6 + \cdots. \tag{2.49}$$

其中 E_1 代表以光波辐射的方式输入 V 的能量密度,E_2 代表太阳微粒流带入的能量密度,E_3 代表属于地球辐射带的带电粒子带入的能量密度,E_4 和 E_5 分别为宇宙射线和流星带入体积 V 的能量密度, E_6 是由于大气物质的垂直对流运动而带入 V 的能量密度.

与(2.48)及(2.49)式相类似, 还可以写出在单位时间内从体积 V 输出的能量为:

$$E_e = \int_V E'(\boldsymbol{r}, t) \mathrm{d}V. \tag{2.50}$$

同样可以写成:

$$E'(\boldsymbol{r}, t) = \sum_j E'_j = E'_1 + E'_6 + \cdots, \tag{2.51}$$

其中 E'_1 代表通过热辐射(主要是长波辐射)的方式, 在单位时间内从体积 V 输出的能量密度; E'_6 是通过对流运动从 V 输出的能量密度.

根据能量守恒定律, 由(2.48)及(2.50)式可得:

$$E_i - E_e = \frac{\partial}{\partial t} \int_V E_7 \mathrm{d}V + \int S_n \mathrm{d}S, \tag{2.52}$$

这里 E_7 为体积 V 中气体的不规则热运动能流密度, S_n 为穿过表面 S 由热传导过程引起的能通量密度(脚码 n 表示垂直分量).

(2.52)式告诉我们, 体积 V 的能量收支差额一方面用来改变体积 V 内的不规则热运动, 另一方面用来供给穿过表面 S 的热传导能量.

根据热力学的知识, 可写成:

$$E_7 = c(\boldsymbol{r}, t) T(\boldsymbol{r}, t),$$
$$\boldsymbol{S} = -K_T(\boldsymbol{r}, t) \nabla T,$$

其中 $c(\boldsymbol{r}, t)$ 为热容量, $K_T(\boldsymbol{r}, t)$ 为热传导系数. 应用高斯(Gauss)定理可把(2.52)式写成:

$$\nabla \cdot (K_T \nabla T) + E - E' = \frac{\partial}{\partial t}(cT). \tag{2.53}$$

如果在第一近似内, c 和 K_T 不随着时间变化, 则对于垂直方向来说, (2.53)式可写成:

$$\frac{\partial}{\partial z}\left(K_T(z) \frac{\partial T}{\partial z}\right) + E - E' = c(z) \frac{\partial T(z, t)}{\partial t}. \tag{2.54}$$

上式右边部分表示大气的温度分布随时间的变化. 如果所讨论的时间间隔不大, 则温度随时间的变化可忽略不计, 这样, (2.54)式可改写成:

$$\frac{\partial}{\partial z}\left(K_T(z) \frac{\partial T}{\partial z}\right) + E - E' = 0. \tag{2.55}$$

公式(2.54)和(2.55)表征着高层大气中的能量平衡过程. 由于目前我们对 $E(z, t)$ 和 $E'(z, t)$ 这些函数的知识还很少, 尚不能用来求得(2.55)式的解, 因而就不能求得大气温度随高度的确切分布.

2. 太阳光波辐射对大气热状况的影响

太阳光波辐射对高层大气热状况起着重要影响,这种影响在平流层、中层和热层底部表现得最为突出.早些时候,人们都用辐射平衡理论来解释对流层顶上面恒温区的存在.现在看来,辐射平衡理论并不能给出平流层大气以及中层大气热状况的完整概念.我们知道,太阳光波辐射进入地球大气以后,就不断地被大气物质吸收,主要的吸收物质有臭氧,二氧化碳,水汽等,它们对太阳光波的吸收具有很强的选择性.由于这些吸收物质,在大气中的分布随时间来说是非常定的,对空间(我们最感兴趣的是随高度)来说是不均匀的,因而给我们了解大气物质对太阳辐射的吸收效应带来了困难.

太阳光波谱的紫外和 X 射线部分,在大气中已完全被吸收.各高度上吸收这些波段的大气成分是不同的,在图 4 中可以很清楚地看到,$\lambda < 3000\text{Å}$ 的太阳辐射的被吸收情况.

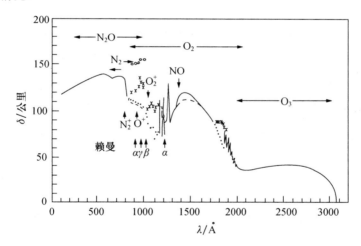

图 4　太阳紫外波段被大气的吸收情况

在可见光部分,只有臭氧的吸收谱带(4400—7500Å),除此以外,并没有其他大气成分的强吸收带.在红外波段,有许多吸收谱带,这些谱带多属于水汽、二氧化碳等.其中最重要的有水汽的 6.3 微米吸收带、臭氧的 9.6 微米吸收带及二氧化碳的 15 微米吸收带.

近几年来,克雷格(Craig)[12]、墨加吐德(Murgatrogd)和哥第(Goody)[13]等学者对大气吸收太阳光波辐射的问题,作了进一步的研究.

在某高度 z 上,辐射差额的公式可写成:

$$S(z) = S_f(z) \downarrow - S_f(z) \uparrow. \tag{2.56}$$

式中 $S_f(z)\downarrow$ 和 $S_f(z)\uparrow$ 分别为在高度 z 上向下和向上的辐射通量. 我们假设,大气的光学性质不变. 在大气中选择一个单位柱体,上下两截面的高度分别为 z_2 和 z_1,则穿过柱体的辐射能通量为:

$$\Delta S = S(z_2) - S(z_1). \tag{2.57}$$

如果 $\Delta S\neq 0$,则这表明,在我们所选择的柱体内有辐射能吸收. 被吸收的能量将要加热柱体中的大气,这时所引起的空气的温度变化为:

$$\frac{\mathrm{d}T}{\mathrm{d}t} = \frac{1}{c_p\rho}\frac{\Delta S}{\Delta z},$$

其中 c_p 为定压比热,ρ 为空气密度. 考虑到 $\Delta p = -\rho g\Delta z$,则上式可写成:

$$\frac{\mathrm{d}T}{\mathrm{d}t} = -\frac{g}{c_p}\frac{\Delta S}{\Delta p}. \tag{2.58}$$

如果 ΔS 用卡[①]/厘米^2·分表示,则每小时内温度的变化为:

$$\frac{\mathrm{d}T}{\mathrm{d}t} = -\frac{0.981\times 60\times \Delta S}{0.24(p_2 - p_1)} = \frac{245\Delta S}{p_1 - p_2}. \tag{2.59}$$

知道了 ΔS 便可求得大气各高度上的增温. ΔS 可以从各高度上的连续试验资料得到. 在理论上,如果知道了某大气物质的垂直分布,和该物质对太阳辐射某特定波长的吸收特征(最主要的是吸收系数和透过系数),便可计算出由于这个特定波长的吸收所造成的温度变化.

3. 平流层大气的热状况

平流层大气的热状况和中层大气热状况都受辐射因子的影响,因此这两层的热状况有许多共同点. 但为了讨论方便,还是分开叙述.

上面已谈到,在很长时期内,人们都试图用光辐射平衡理论来解释平流层大气的热状况. 但这种解释在实验资料与理论研究上都未得到进一步的证实. 测辐射的无线电探空仪发现平流层中辐射差额随高度有明显变化. 在对流层顶附近,有效辐射(向下与向上辐射之差)随高度增加,然后很快过渡为下降. 有效辐射随高度递增,这意味着辐射加温,反之,随高度减小即辐射降温. 有效辐射随高度的减小一直继续到中层大气中部.

近几年来,欧凌格(Ohring)[14]对支配平流层大气热状况的辐射过程进行了计算. 他应用最新的关于大气成分和结构以及太阳辐射被臭氧、水汽和二氧化碳所吸收的资料,计算了平流层大气的辐射差额(长波的、短波的和总辐射差额). 在平流层的边界,二氧化碳和水汽的有效辐射平均值为 0.016 和 0.006 卡/厘米^2·分,故平流层的辐射降冷主要取决于二氧化碳和水汽的长波辐射. 平流层中仅仅臭氧的辐射差额是正的,总的长波辐射差额是负的,且其绝对值随着纬度而增加(在低纬

---

① 重排注:1 卡=4.18 焦耳.

度近于零,在高纬度达 0.03—0.07 卡/厘米^2·分),其年变化在所有纬度(除中纬度)都是最大值在 7 月,最小值在 1 月.而在中纬度,最大值在 4 月,最小值在 10 月,年变化的振幅随纬度而增加.

臭氧对于太阳紫外辐射的吸收和水汽对于太阳红外辐射的吸收,是补偿平流层辐射降冷的重要因子,臭氧的吸收比水汽的吸收大四倍.总的短波辐射差额,在夏季半年具有最大值,且随着纬度而增加;冬季半年出现最小值,且随纬度而减小.在平流层中总的(包括长波和短波)辐射差额在 35°—45°N 以南是正的,其余纬度是负的.

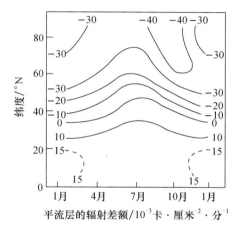

图 5　平流层辐射差额与纬度的关系

由图 5 看出,在北半球除了 35°—45°N 这一狭窄的过渡带外,所有纬度没有显示出辐射平衡,这表明在高纬度有热量流出,在低纬度有热量流入,这就使纬度间的平流现象成为热量交换的重要因子.

平流层温度的年变化,1 月最小,7 月最大.假若在平流层辐射过程是控制温度的唯一因子,那么可以推断,平流层的辐射差额在 4 月份是正的(开始增温),在 10 月份为负值(开始降温).但计算结果与上述结论并不符合,这可能是由于下面两个原因所引起:

(1) 除了辐射过程外,可能还有其他的因子控制了平流层的热状况;

(2) 计算的精确度不高.

在上面的计算中,是以对流层顶作平流层的下界.由于通过对流层顶的垂直热量传输,以及因对流层顶的倾斜而引起的平流交换,可能渗入了非辐射的因子.如果我们只研究平流层上层的辐射平衡,例如取极限为 21 公里,则对流层和平流层间的相互作用可能完全消除.

改变低界后,所得结果与前述显然不同(图 6).由图看出,在冬季半年辐射差额向北减小,在夏季平流层上层的辐射差额都是正的.上述结果表明:在冬季应该发生向极地的热交换,在夏季方向相反.可见,在平流层上部辐射过程是控制热状况的最主要因子.

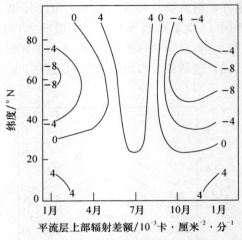

平流层上部辐射差额/10^{-3}卡·厘米$^{-2}$·分$^{-1}$

图 6　平流层辐射差额与纬度的关系

4. 中层大气的热状况

我们将 30—90 公里这一层大气称为中间层.在这一层内,除了臭氧吸收太阳紫外辐射外,分子氧是强烈吸收太阳辐射的第二个重要成分.根据彭道夫(Penndorf)[15]的研究,由于氧分子吸收而引起的最大热通量是发生在 100 公里左右,同时,最大吸收层所引起的温度变化在 12 小时内可达 12℃.最近墨伽吐德和哥第[13]较全面地计算了中间层(30—90 公里)辐射热通量.在这一工作中,

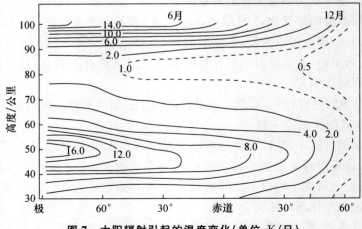

图 7　太阳辐射引起的温度变化(单位:K/日)

他们建立了北半球各月臭氧和氧分子吸收辐射的经向剖面图(图 7). 计算结果表明：最大的辐射加热是在 45—55 公里和 100 公里的高度处,最小是在 80 公里左右,这与温度的垂直分布是相符的. 他们利用臭氧、氧分子以及二氧化碳的能量吸收与长波辐射的数据,求出了 30—90 公里不同纬度,冬夏二至的热源和热汇的分布图(图 8). 由图 8 可以看出,在中间层自北纬 30°到南纬 60°很少超过 ±2K/日,所以地球上空中间层很大的一部分是接近于辐射平衡,因此在这一区域非辐射的垂直热交换应该是很小的. 此外,从图上可以看出,在中间层发生从夏极向冬极的平流热交换.

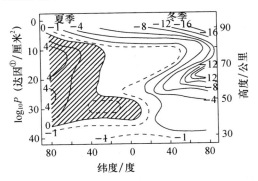

图 8　冬夏季热源和热汇按纬度的分布

从热源和热汇的分布,很难看出中间层温度垂直分布的规律性. 若热源和温度分布相一致,则在 50 公里处应当最大,在 80 公里附近最小. 由图 7 看出,由于臭氧和氧分子的吸收而引起的温度变化,与温度分布相当符合；但考虑了长波辐射源汇分布以后,就产生了很大差异,这是由于长波辐射资料不准确所引起的. 除此而外,中间层的热状况,还可能直接受到太阳活动的影响.

5. 热层大气和外层大气的热状况

　　在 §2.2 中已经谈到,到目前为止,用直接测量的方法只能测得 80 公里以下的温度. 在 80 公里以上,只能用间接方法(如用光谱法或电离层观测等)研究温度分布,另外还可以在理论上作某些假想估计.

　　对于热层大气,各种模式的温度分布曲线间存在着非常大的差异. 这种差异不仅表现在各模式的温度值量级上,而且还表现在温度分布的总趋向中. 某些模式认为,从某高度开始,温度不再随高度上升,大气成为恒温；有些模式认为,温度不断随高度上升. 这主要是各作者对该层大气热力学性质和能源的不同认识所造成的.

---

① 重排注：1 达因 $= 10^{-5}$ 牛顿.

我们知道,在强电离区(F_2 层,约 250—300 公里处)以下,吸收太阳辐射是维持高温的主要能量来源.在强电离区以上,由于大气高度稀薄,太阳辐射的吸收效应已经极其微弱.这样对高空大气物理工作者提出了一个很重要的问题:在这里温度是否能随高度继续上升? 若不能上升,则必然由某高度开始出现恒温,而恒温区的温度应当等于宇宙空间气体(行星际大气)的平均温度;相反地,若这里温度随高度继续上升,则必定有除太阳辐射外的其他能源存在.

远在 1949 年,斯必泽(Spitzer)[16]曾设想:热层大气在 F_2 层就结束了,大气温度不再升高,整个大气将过渡到恒温状态.1956—1957 年,卡普曼[17,18]提出了一个相反的观点:他认为地球及其大气浸没在炽热的行星际等离子气体中,它可能是炽热日冕气体的继续.在日冕高度上(距日表面为 1.06 个太阳半径)的温度 $\sim 10^6$ 度(K).热量从日冕高度不断地通过热传导过程被输送到地球大气中来,在地球大气周围的温度大约为 50 000—100 000K.根据这个概念,大气的温度将不断升高,一直过渡到行星际温度.

贝慈(Bates)[19]在 1959 年指出:由于地球大气周围和行星际气体的浓度很小,同时平均分子自由路程已大大超过了地球本身的尺度,日冕气体的热量很难通过卡普曼所设想的那种热传导过程输送到地球大气中来,因此在某高度上,不可避免地要出现恒温.由这个概念出发,贝慈假定了温度垂直分布的函数表达式为:

$$T(z) = T(\infty)[1 - \alpha e^{-\tau \zeta}], \tag{2.60}$$

其中 $T(\infty)$ 是恒温区的温度,

$$\zeta = \int_{z_0}^{z} \frac{g(z)}{g(z_0)} dz, \quad \alpha = 1 - \frac{T(z_0)}{T(\infty)}, \quad \tau = \frac{1}{T(\infty) - T(z_0)} \left(\frac{dT}{dz}\right)_{z_0},$$

且 $z_0 = 120$ 公里.

贝慈还得到了大气组成各分量的分布公式,并且计算出大气的密度.这样计算出来的大气密度值和卫星观测值是一致的.

为了解释热层大气中的高温,不少研究工作者还提出了其他能源.有人认为:来自太阳的高能粒子可以对外层大气(特别是极区附近)有显著的加热作用.一般说来,来自太阳的微粒流进入地磁场后,轨道要受到磁场的强烈曲折.一部分被地磁场所捕获,存在于捕获区内;另一部分受到地磁场的强烈曲折后,沿地磁磁力线冲入磁极上空的大气层内.侵入地球大气的高能粒子可通过三个机制影响上层大气的热状况:① 高能粒子和大气质点间发生弹性碰撞,把能量传输给大气;② 在高能粒子与大气质点相互碰撞时,引起短波辐射;这些短波辐射一部分进入宇宙空间,另一部分进入地球大气,并同时引起大气物质的电离过程;③ 微粒流本身的磁场要引起地磁场的显著变化,并产生感应电动势,该电动势是在大气高层产生电流的重要原因,同时会对大气加热.狄斯勒(Desseler)、派克(Parker)[20]等人认为：由于高层大气的高导电性和磁场的存在,可产生磁流体力学波,这种磁流体力学波在大气中要发生衰减,从而加热了大气.近几年来,利用卫星和火箭发现了辐射带,并对辐射带的基本参量进行了测量.克拉索夫斯基[21]提出：辐射带可能对高层大气的增温起重要作用.

§2.5　外层大气结构与太阳活动的关系

利用现代光学及无线电定位技术,可以精确地测定人造卫星的轨道和运动参数.从这些参数可以推算出高层大气密度的分布及其变化规律.按初期的卫星轨道观测,人们发现当卫星轨道接近地球时,它的加速度经常会发生快速的变化.从不同的卫星轨道的比较观测,可以证明这些变化的主要成分是同时发生的,不是区域性的变化(参看图9[22]).这些变化与太阳黑子、太阳20厘米及10.7厘米的电波放射强度有密切的相关关系[23].此后根据帕左特(Paetzold)[24]、加卡(Jacchia)[25]等更多的观测,又发现卫星轨道参数还有日变化、27日及半年的周期变化,在磁暴期间也表现出较大的变化[26].

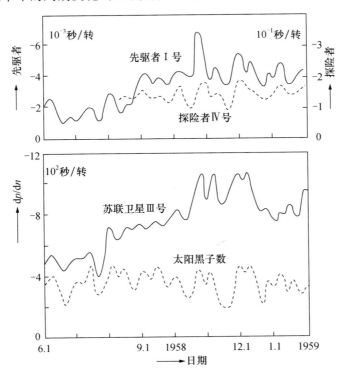

图9　卫星轨道参数与太阳黑子数的相关性

($\mathrm{d}p/\mathrm{d}n$ 表示每转的加速度变化)

太阳活动与密度的关系，主要是由于远紫外辐射在 150—300 公里高空中的吸收加热，而这种辐射与太阳 10 厘米波段的电波辐射都是导源于日珥的凝聚. 因此，大气密度与 10 厘米波段的电波放射强度的变化有着密切的关系. 密度的日变化幅度随高度递增，在 210 公里它只占百分之几，但在 650 公里高空它可达到百分之十；密度最大值出现在地方时 14 时，最小值在黎明前，这表明高层大气的密度变化是由热传导及太阳能的吸收效应所决定的. 至于高层大气密度的磁扰效应与半年变化，则是由于太阳粒子辐射加热所引起的.

随着高层大气温度的周日变化，大气发生膨胀及收缩，通过垂直向的质量流动产生热量的传输和重力位势的增减. 按热力学第一定律，大气温度及密度变化由下面方程式所决定：

$$\frac{1}{T}\frac{\mathrm{d}T}{\mathrm{d}t} - (\gamma - 1)\frac{1}{\rho}\frac{\mathrm{d}\rho}{\mathrm{d}t} = \frac{g}{c_v T}. \tag{2.61}$$

利用连续方程，

$$\frac{1}{\rho}\frac{\mathrm{d}\rho}{\mathrm{d}t} = \nabla \cdot \boldsymbol{v}, \tag{2.62}$$

(2.61)式可写为：

$$\frac{1}{T}\frac{\mathrm{d}T}{\mathrm{d}t} + (\gamma - 1)\nabla \cdot \boldsymbol{v} = \frac{g}{c_v T}. \tag{2.63}$$

大气中膨胀收缩运动是很缓慢的，伴随而生的温度和密度变化也是较小的. 我们可以把这些变量看做叠加于平衡态的一级微量，于是我们能将大气参量写成下面形式：

$$\left.\begin{aligned} T &= T_0 + T_1, \\ \rho &= \rho_0 + \rho_1, \\ \boldsymbol{v} &= \boldsymbol{v}_1, \end{aligned}\right\} \tag{2.64}$$

其中 T_0, ρ_0 是平衡态时的温度和密度，它们都仅是 z 的函数；T_1, ρ_1 及 $\boldsymbol{v}_1$ 是小扰动量，是 z 及 t 的函数. 代入(2.63)式，略去小扰动的高次项，并只考虑垂直方向的方程，则得：

$$\frac{\partial T_1}{\partial t} + w\frac{\partial T_0}{\partial z} + T_0(\gamma - 1)\frac{\partial w}{\partial z} = \frac{g}{c_v}, \tag{2.65}$$

其中 w 为大气的垂直风速，$\gamma = c_p/c_v$ 为比热率.

当大气膨胀收缩时，我们假定，在时间 $t + \Delta t$ 处于高度 $z + w\Delta t$ 的空气微团的气压和它在时间 t 处于高度 z 的气压相同，即：

$$p(z + w\Delta t, t + \Delta t) = p(z, t). \tag{2.66}$$

由于这种膨胀运动是极其缓慢的(在 500 公里高度，它的数量级约为 10 公里/时)，我们可以假定静压公式仍然适用，于是：

$$p_0(0)\mathrm{e}^{-\int_0^{z+w\Delta t} \frac{gM}{RT(t+\Delta t)}\mathrm{d}z} = p_0(0)\mathrm{e}^{-\int_0^z \frac{gM}{RT(t)}\mathrm{d}z}, \tag{2.67}$$

其中 $p_0(0)$ 是地面的气压. 把上式按 Δt 幂式展开, 略去高次项,

$$\frac{1}{T(t+\Delta t)} = \frac{1}{T(t)}\left\{1 - \frac{1}{T(t)}\frac{\partial T}{\partial t}\Delta t\right\},$$

得:

$$w = T\int_0^z \frac{1}{T^2}\frac{\partial T}{\partial t}\mathrm{d}z.$$

按 (2.63) 式的线性化方法, 上式需改写为:

$$\left.\begin{aligned}
w &= T_0\int_0^z \frac{1}{T_0^2}\frac{\partial T_1}{\partial t}\mathrm{d}z, \\
\frac{\partial w}{\partial z} &= \frac{\partial T_0}{\partial z}\int_0^z \frac{1}{T_0^2}\frac{\partial T_1}{\partial t}\mathrm{d}z + \frac{1}{T_0}\frac{\partial T_1}{\partial t},
\end{aligned}\right\} \tag{2.68}$$

代入 (2.63) 式, 最后得:

$$\frac{\partial T_1}{\partial t} + \frac{\partial T_0}{\partial z}T_0\int_0^z \frac{1}{T_0^2}\frac{\partial T_1}{\partial t}\mathrm{d}z = \frac{q}{c_p}. \tag{2.69}$$

方程式左边第二项含有因子 $\dfrac{\partial T_0}{\partial z}$, 它代表在非恒温大气中自由膨胀与收缩所引起的热传输. 方程右边的热源项, 可以写成下列形式:

$$q\rho = Q_1 + Q_2 + Q_3 + Q_4, \tag{2.70}$$

其中 Q_1 代表热传导项, 等于

$$Q_1 = \frac{\partial}{\partial z}\left(K_T(z)\frac{\partial T}{\partial z}\right),$$

$K_T(z)$ 为热传导系数:

$$K_T(z) = \sum A_i n_i(z)\Big/\sum n_i(z),$$

其中 A_i 是与气体成分有关的常数. Q_2 代表远紫外辐射的吸收, 它等于:

$$Q_2 = \sum \varepsilon_i n_i(z)\int_0^\infty \mathrm{d}\lambda S_\lambda A_\sigma(\lambda)\mathrm{e}^{-\tau_i(\lambda,z,t)},$$

$$\tau_i(\lambda,z,t) = \int_0^\infty A_{\sigma_i}(\lambda)\frac{n_i(z)}{\cos\theta}\mathrm{d}z.$$

A_{σ_i} 是气体成分对于波长为 λ 的远紫外辐射的吸收截面, S_λ 是入射于大气层顶的辐射通量, ε_i 是换热效率系数. Q_3 是氧原子在红外放射中所损耗的热量, 它可以写成:

$$Q_3 = -n_0 f(T).$$

按上面的讨论, 要说明大气密度的半年变化及地磁变化, 还必须考虑由于太阳粒子辐射而引起的第二种热源, 我们在基本方程 (2.69) 中, 暂时保留一项 Q_4 留待后面来讨论. 于是, 略去脚码, (2.69) 式可重写成下面的形式:

$$\frac{\partial}{\partial z}\left(K_T(z)\frac{\partial T}{\partial z}\right) - \rho c_p\frac{\partial T}{\partial z}T\int_0^z \frac{1}{T^2}\frac{\partial T}{\partial t}\mathrm{d}z + Q_2 + Q_3 + Q_4 = \rho c_p\frac{\partial T}{\partial t}, \tag{2.71}$$

其中

$$c_p = \sum n_i(z)kA_i,$$

k 为玻尔兹曼(Boltzman)常数,A_i 为一常数,它与大气成分有关. 对于二元气体,$A=7/2$;对于单原子气体,$A=5/2$.

哈里斯(Harris)和普莱斯忒[27]用电子计算机求得方程式(2.71)的数值积分,算出温度 $T(z,t)$,并利用静压公式求得数密度 $n_i(z,t)$:

$$n_i(z,t) = n_i(z_0)\frac{T(z_0)}{T(z,t)}e^{-\int_{z_0}^{z}\frac{m_i g(z')}{kT(z',t)}dz'}. \tag{2.72}$$

由此,可求得气压:

$$p_i(z,t) = n_i(z,t)kT(z,t) \tag{2.73}$$

及密度:

$$\rho(z,t) = \sum n_i(z,t)m_i. \tag{2.74}$$

哈里斯及普莱斯忒假定在 1000 公里以上的大气温度维持常数. 在计算过程中,发现大气每日膨胀所引起的加热作用不大,它只占全部热源的 5%. 氧气的红外放射按亨特(Hunt)及范桑特(Van Zandt)[28]的估计,对于温度分布函数影响也很小. 因此,哈里斯及普莱斯忒在第一次计算中,只考虑了远紫外辐射吸收一项,结果高层大气温度最大值出现于地方时 17 时,不是 14 时,而氧气红外放射的降冷作用是远不足以平衡远紫外线的加热,使高空大气温度的最大值出现于地方时 14 时. 此外,最高与最低温度的比值为 2.6,也比观测值 1.5 大得多. 为了进一步考察加热作用与边界条件的关系,普莱斯忒取下层边界为 120 公里,该处的大气成分如表 5.

表 5　120 公里高度处大气的成分

成分	第一组	第二组
数密度 N_2	5.80×10^{11}	5.95×10^{11}
数密度 O_2	1.20×10^{11}	3.13×10^{10}
数密度 O	7.60×10^{10}	2.57×10^{11}
数密度 He	2.50×10^{7}	2.50×10^{7}
数密度 H	4.36×10^{4}	4.36×10^{4}
温度	355°K	355°K

哈里斯及普莱斯忒对第一组边值取 $Q_2=1.8$ 尔格/厘米^2·秒,求得 $t=17$ 时时温度值为最大:$T=1959K$,$\rho=1.59\times10^{-15}$ 克/厘米^3;在 $t=6$ 时时温度值为最小:$T=849K$,$\rho=3.44\times10^{-17}$ 克/厘米^3. 对第二组边值,取 $Q_2=2.2$ 尔格/厘米^2·秒,求得 $t=17$ 时时 $T=2026K$,$\rho=3.81\times10^{-15}$ 克/厘米^3. 计算结果表

明,只考虑远紫外辐射吸收一种加热作用是不能解释外层大气的温度日变化的,必须考虑第二种加热源,它的最大值出现于上午 9 时,最小值出现在下午 4 时.他们在进一步计算中,考虑了第二种热源,其峰值出现于上午 9 时,数值为 1.03 尔格/厘米^2·秒,远紫外线辐射加热的峰值为 0.93 尔格/厘米^2·秒,出现于地

方时 12 时,其变化如图 10 所示.普莱斯试用这样的热源,并采用表 4 中的第一组边值,所计算出的密度日变化与观测值较为符合,参看图 11.此外,还值得提出:用第一组边值所计算出的 600 公里高度处最大及最小温度分别为 1770K 及 1160K,用第二组边值所计算出的最大及最小温度值分别为 1515K 及 975K.由此可见,120 公里处的边值,特别是 $\frac{O}{O_2}$ 比值对于外层大气温度是十分敏感的(在第一组边值中,$\frac{O}{O_2}$ 之比为 0.63,对于第二组,它的比值为 8.2).

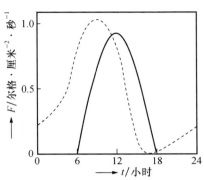

图 10　辐射通量的日变化

(实线表示远紫外热源,
虚线表示粒子热源)

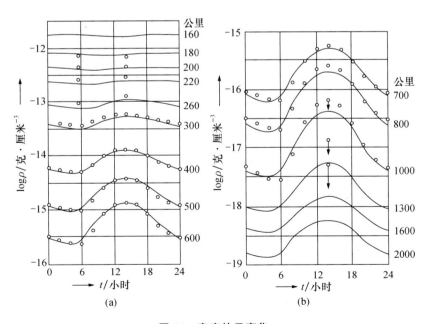

(a)　　　　　　　　　　(b)

图 11　密度的日变化

(a) 160—600 公里,(b) 700—2000 公里.实线表示计算值,圆圈表示观测值(1961 年)

表 6　外层大气物理参量的变化

S^*	远紫外辐射能流/尔格·厘米$^{-2}$·秒$^{-1}$	粒子辐射能流/尔格·厘米$^{-2}$·秒$^{-1}$	T_{14}/K	T_4/K	$T_{最大}$/K	$t_{最大}$/小时	$T_{最小}$/K	$t_{最小}$/小时
250	1.159	1.29	2121	1392	2135	15	1392	4
200	0.927	1.03	1768	1163	1768	14	1161	3
150	0.695	0.77	1409	943	1416	13	934	2
100	0.464	0.52	1046	737	1073	12	716	1
70	0.325	0.36	827	612	866	12	588	0

　　远紫外及粒子辐射强度在太阳活动 11 年周期内变化很大,为了进一步了解外层大气中热源如何随着太阳活动指数而变化,哈里斯与普莱斯忒等[29]取了五种不同的远紫外及粒子辐射加热源的总能流值,来计算外层大气物理参量相应的变化,其结果如表 6 所示.其中 S^* 的单位为 10^{-22} 瓦/米^2·赫兹,表中所列举的 5 个数据,相当于一个太阳活动周期中不同阶段的 10.7 厘米射电波能流强度.从这个表中的 $T_{最大}$ 和 $T_{最小}$ 数值,可以求得外层大气温度与 S^* 的关系式:

$$T_{最大} = (-4.47S^* + 275)K,$$

$$T_{最小} = (-7.05S^* + 372)K,$$

其中 $T_{最大}$ 和 $T_{最小}$ 代表外层大气温度日变化中的最高及最低温度,S^* 是 10.7 厘米波的平均能流.表中 T_{14} 及 T_4 代表地方时 14 时及 4 时的外层大气温度,$t_{最大}$ 及 $t_{最小}$ 代表外层大气温度最高值及最低值出现的地方时.随着太阳活动强度的减弱,外层大气的最高温度向正午推迟,最低温度向子夜推迟.此外,哈里斯及普莱斯忒的理论计算表明:在太阳活动较弱时,外层大气的成分在 600—700 公里开始氦就处于主要的地位,而在 1500 公里以上,氢气在夜间成为主要成分.

　　哈里斯及普莱斯忒理论计算的是在一个太阳活动周期中,外层大气模式的变化,和今后几年内卫星轨道的实际观测数据来比较,可以进一步了解外层大气加热源的情况,从而更确切地求出外层大气的结构.

§2.6　外层大气

1. 大气的逃逸及大气层的高界

　　在高空大气物理学中,最有兴趣的问题之一是大气的高界.就是说:在此高界之上,一般所理解的大气层含义不再存在.在绝热大气中,我们可从静压公式:

$$dp = -\rho g\, dz,$$

及绝热公式:

$$p = A_1 \rho^\gamma,$$

求得绝热大气中密度随高度的分布:

$$\rho = \rho_0 \frac{\left(T_0 - \frac{A_J g}{c_p} z\right)^{-\left(1 - \frac{c_p}{A_J R}\right)}}{T_0}; \qquad \frac{\mathrm{d}T}{\mathrm{d}z} = -\frac{A_J g}{c_p} \approx 10\,℃/\text{公里}, \qquad (2.75)$$

其中 $A_J = \frac{1}{J}$ 为焦耳(Joule)常数.

在恒温大气中,利用静压公式和气体状态方程,可以求得大气密度随高度的分布:

$$\rho = \rho_0 \mathrm{e}^{-mgz/RT} = \rho_0 \mathrm{e}^{-z/H}. \qquad (2.75a)$$

而在一个理想的绝热大气中,大气层应当有一个高界:

$$z_R = \frac{T_0 c_p}{A_J g} \approx 30\ \text{公里}.$$

在这个高界上,大气的密度等于零. 但是,大气的外层大致是处于常温情况,按照 (2.75a)式高界是没有的.

可以这样设想:在距地面某一高度上的分子向上运动时,由于上层气体的碰撞,阻止了分子的逃逸. 但是,当逐渐向上升时,大气的稀薄程度逐渐增加. 气体分子之间的碰撞机会愈来愈少. 最后必然会达到一个高度,在那里气体分子间的碰撞机会很小. 分子之间距离很大,以至于一个气体分子在最后一次被碰撞出这一层以后,很难有机会再被上层的气体分子碰撞回来. 到达这个情况的高度,可以称为大气的边缘. 在这个高度以上,气体分子将以最后碰撞所得的速度自由飞翔,它只受到地心引力的牵制. 按照它的速度可以决定该分子的轨迹为抛物线、椭圆线或双曲线. 如果它沿着双曲线的轨道运行时,这个分子将永远逃逸出地球大气,不再回来. 逃逸速度由下式给定:

$$v^2 > \frac{2g_0 R_E^2}{r}, \qquad (2.76)$$

其中 v 是气体分子的速度,g_0 为地球表面的重力加速度,R_E 为地球半径,r 为气体分子距地心的距离. 逃逸速度的最低限即所谓临界速度在高度为 1000 公里处,等于 11 公里/秒($r = 7378$ 公里,$R_E = 6378$ 公里,$g_0 = 980$ 厘米/秒^2).

米尔涅(Milne)[30]及琼斯(Jones)[31]从分子运动论出发,对大气高界进行了估计. 他们考虑到,高层大气中,平均自由路程比较大,密度向上递减的速度也较快,沿着一个分子的自由路程上,大气的密度很可能要发生显著的变化. 因此,分子碰撞的几率不仅是速度的函数,而且也是它的源地以及运行方向的函数. 因为大气密度沿着不同的方向有不同的变化,从而引导出逃逸锥体的概念. 对于逃逸锥体可作以下的说明:假定一观测者自一个密度稀薄,但是并不太小的空气层上升. 如果空气分子不透明,则覆盖于地面上的天空是完全不透明的,从他向上所作的沿任何方向的直线将贯串许多气体分子,一个连到另一个. 如果观测者继续向上高升,则覆盖在他上面的分子将逐渐更加稀薄,最后他将到达一个高度,上面的气体分子恰好足以覆盖上面的天空,就是说由这高度垂直向上所作的直线只能穿过一个分子,但沿其他方向仍可能穿过许多分子.如果从这个高度再往上升,他将发现上面的天空逐渐开朗,从他到天空开朗的边缘成为一个垂线轴的锥体.显然这个锥体将随着高度的增加而开展.而到了最后,当观测者出了大气层以后,他将发现全部天空是光明的. 这就是所谓逃逸锥体的说明,一个分子在这个锥体所圈围的立体角以内运动时,将有机会逃出大气层之外.

琼斯从众所周知的泰特(Tait)公式着手,这个公式给定了以速度 v 运行的分子,在时间 dt 内与其他分子碰撞的次数为:

$$f(v) = nd_0^2 \sqrt{\frac{m^3}{8\pi k^3 T^3}} \int_{\varphi=0}^{2\pi} \int_{\theta=0}^{\pi} \int_{v'=0}^{\infty} e^{-\left(\frac{mv'^2}{2kT}\right)} v'^2 v_r dv' \sin\theta d\theta d\varphi, \quad (2.77)$$

其中 d_0 是分子直径,v_r 是碰撞分子的相对速度($v_r^2 = v^2 + v'^2 - 2vv'\cos\theta$),$\theta$ 及 φ 是相对运动的方向角.对上式求积分,得:

$$f(v) = \frac{\sqrt{\pi} n d_0^2}{\frac{vm}{2kT}} \Phi\left(v\sqrt{\frac{m}{2kT}}\right), \quad (2.78)$$

其中

$$\Phi = xe^{-x^2} + (2x^2 + 1)\int_0^x e^{-y^2} dy.$$

一个气体分子在运行 ds 一段距离内和其他分子碰撞的几率为 $f(v)\dfrac{ds}{v}$,则分子在运行 s 距离中一定发生碰撞的条件,显然为:

$$\int_0^s \frac{f(v)}{v} ds = 1.$$

如分子密度为均匀的(n 对 s 来说是一个常值),同时还无外力作用,则碰撞路程 $\left(\bar{l}_v = \int_0^s ds\right)$ 显然等于 $\dfrac{v}{f(v)}$. 如 n 不是一常数时,则碰撞路程为:

$$\int_0^s n(s)ds = \frac{\frac{v^2 m}{2kT}}{\sqrt{\pi} d_0^2 \Phi\left(v\sqrt{\frac{m}{2kT}}\right)}, \quad (2.79)$$

其中 $n(s)$ 是分子的浓度,它是 s 的函数.考虑了重力加速度 g 和高度 z 的关系:

$$g = g_0 \left(\frac{R_E}{R_E + z}\right)^2,$$

求得:

$$n = n_0 e^{-\frac{mg_0}{kT}\left(\frac{R_E}{R_E+z}\right)z}. \quad (2.80)$$

如果还考虑到大气平均质量随着高度而变化,则得到较准确的公式:

$$n = n_0 \left(\frac{r_0}{r}\right)^2 e^{-\left[\left(1 - \frac{r_0}{r}\right)\left(\frac{mg_0}{kT}r_0 - 2\right)\right]}. \tag{2.81}$$

其中 n_0 是大气恒温层底部的分子浓度,它距地心的距离为 r_0;n 是在距地心为 r 的分子浓度.在这个高度上我们要研究分子的碰撞频率.令

$$\left(\frac{mg_0}{kT}r_0 - 2\right) = q'_0,$$

代入(2.81)式,则得:

$$n = n_0 \left(\frac{r_0}{r}\right)^2 e^{-\left(1 - \frac{r_0}{r}\right)q'_0}. \tag{2.82}$$

若一个气体分子在距地心为 r 的高度上碰撞后,获得了速度 v,它的运动方向与矢径成 θ 角度.如果它再和另一个分子碰撞所走的路程为 l,碰撞时距地心的距离为 r_c,则

$$r_c = r + l\cos\theta.$$

平均自由路程由下面积分式给出:

$$\int_0^l n(r_c)\mathrm{d}l = \int_0^{r_c} n(r)\frac{\mathrm{d}r}{\cos\theta} = \frac{\frac{v^2 m}{2kT}}{\sqrt{\pi}d_0^2 \Phi\left(v\sqrt{\frac{m}{2kT}}\right)},$$

其中 $n(r_c)$ 指在距地心 r_c 处的分子浓度.将(2.82)式代入上式,得:

$$e^{\left(\frac{q'_0 r_0}{r}\right)} - e^{\left(\frac{q'_0 r_0}{r_c}\right)} = \frac{q'_0 e^{q'_0} \cos\theta \frac{v^2 m}{2kT}}{\sqrt{\pi}n_0 d_0^2 r_0 \Phi\left(v\sqrt{\frac{m}{2\pi T}}\right)}. \tag{2.83}$$

由此可以求得 r_c,而自由路程 l 则可由下列关系求得:

$$l = (r_c - r)\sec\theta. \tag{2.84}$$

如果这个分子将逃逸于大气层之外,则 l 以及 r_c 都等于无穷大.这时必须满足逃逸条件:

$$e^{\left(\frac{q'_0 r_0}{r}\right)} - 1 = \frac{q'_0 e^{q'_0} \cos\theta \frac{v^2 m}{2kT}}{\sqrt{\pi}n_0 d_0^2 r_0 \Phi\left(v\sqrt{\frac{m}{2\pi T}}\right)}. \tag{2.85}$$

如果我们要估计逃逸高度最低可能的数值 z_c 时,可以在上式中,设 $v = \infty$,$\theta = 0$.即假定分子以无穷大的速度沿着矢径的方向向外飞出.由于 $x \to \infty$,$\frac{x^2}{\Phi(x)}$ $\to \pi^{-\frac{1}{2}}$(参看文献[1]).故

$$e^{\frac{q'_0 r_0}{z_c}} - 1 = \frac{q'_0 e^{q'_0}}{\pi n_0 d_0^2 r_0}. \tag{2.86}$$

再应用(2.82)式,即得到临界高度 z_c 处的分子浓度:

$$n_c = \left(\frac{r_0}{z_c}\right)^2 \left\{ n_0 e^{-q_0'} + \frac{q_0'}{\pi d_0^2 r_0} \right\}. \tag{2.87}$$

当 q_0' 很大的时候,上式可以简化为:

$$n_c \cong \frac{q_0'}{\pi d_0^2 r_0} \cong \frac{1}{\pi d_0^2 H}, \tag{2.88}$$

故

$$\bar{l}_c \cong \frac{1}{\pi d_0^2 n_c} = H.$$

因此,在临界逃逸高度 z_c 上,分子的自由路程与标高相等.在临界高度 z_c 上,一个分子要逃出大气层,必须沿着矢径方向以无穷大的速度向外运动.在临界高度以上,分子在一定方向内,即可以逃逸出大气层.引用(2.85)式,设 $v \to \infty$,得:

$$\cos\theta_r = \frac{\pi n_0 d_0^2 r_0}{q_0' e^{q_0'}} \left[e^{\frac{q_0 r_0}{r}} - 1 \right]. \tag{2.89}$$

再引用(2.86)式,得:

$$\cos\theta_r = \frac{e^{q_0' \frac{r_0}{r}} - 1}{e^{q_0' \frac{r_0}{z_c}} - 1}. \tag{2.90}$$

以 θ_r 为半顶角的锥体就是上面所引用的逃逸锥体.

总结上面所述,一个气体分子逃逸出大气层时,必须符合下列条件:

(1) 它的速度必须超过临界速度: $v^2 > \dfrac{2gR_E^2}{z_c}$;

(2) 它最后碰撞的高度必须高于临界高度 z_c;

(3) 它最后的运动方向,必须在逃逸锥体所圈围的立体角之内.

必须指出,即使符合上面三个条件,分子也不一定能够逃逸出大气层.因为我们所计算的角度 θ_r 是在假定 $v = \infty$ 时计算的.在 v 等于有限值时,这个逃逸角度也相应地减小,这个数值可以由(2.85)式求得.

在米尔涅及琼斯的研究论著中,他们认为氢 H 及氦 He 是高层大气可能的组成部分.在外层高空温度等于 219K 的假定下,他们计算得外层大气由氢组成时的逃逸高度为 1521 公里,外层大气由氦组成时的逃逸高度为 630 公里.这些高度都是从对流层顶(20 公里)算起的.米尔涅与琼斯对于高层大气组成及温度的假定,与后来的观测数据不合.我们知道在 100 公里以上,大气由氮分子 N_2 氧原子 O 以及氮原子 N 所组成.这些分子多少受到扩散分离的影响,它们处于较高的温度,温度的量级约为 1000K.从电离层的观测得到比较可靠的分子浓度数据约为 $n = 10^{13}$/立方厘米.如果我们以这个高度为起始高度,则大气随高度的分布情况可以按照温度分布计算出来.原子氧是外层大气的主要成分,它的逃逸高度的最小临界值 $z_c = 771$ 公里(假定 $d_0 = 263 \times 10^{-8}$ 厘米,$T = 1000K$).

2. 大气中氦的逃逸

上面所述,气体分子在逃逸高度以上,以大于临界速度的速度在逃逸锥体内向外飞行时,将永远脱离地球.我们知道,不管气体的平均速度(也就是不管它的温度)多大,总有一部分气体分子的速度大于临界速度,而这一部分气体将永远逃逸出地球之外.问题在于:一定速度的气体完全逃逸于地球之外的时间需要多长?这个问题的讨论对于较轻的气体,如氢与氦是有特别重要意义的.由于它们较轻,平均速度较大,它们逃逸出地球之外的机会就比较大.米尔涅与琼斯求得:若大气处于恒温$-54\,$℃时,氢的浓度由1.89×10^{13}降落到1.89×10^{8}的时间需要2×10^{24}年,金斯求得氢全部逃逸的时间不过28×10^{24}年.下面我们只介绍金斯的简单方法,对氦的逃逸问题作一概述.

在以z_c为半径的球体上,在单位时间内通过单位面积速度大于临界速度v_c的分子数目为:

$$n\left(\frac{m}{2kT\pi}\right)^{3/2}\iiint \mathrm{e}^{-\frac{m}{2kT}(v_x^2+v_y^2+v_z^2)}\,v_z\,\mathrm{d}v_x\,\mathrm{d}v_y\,\mathrm{d}v_z\,,\tag{2.91}$$

其中n是在临界高度z_c处的分子浓度,v_x,v_y,v_z(z沿外向矢径)是分子沿x,y,z轴的分速,分子速度应适合于下列关系:

$$v_x^2+v_y^2+v_z^2>\frac{2gR_E^2}{z_c}.$$

采用极坐标,对(2.91)式求积分,再引入(2.80)式,求得在单位时间内通过单位面积逃逸出大气层外的分子数目为:

$$\frac{n_0}{\sqrt{\dfrac{2\pi m}{kT}}}\mathrm{e}^{-\frac{mgR_E}{kT}}\left(1+\frac{mgR_E^2}{kTz_c}\right),\tag{2.92}$$

式中n_0指大气常温层底部的分子浓度.因此,把常温层底部1厘米厚度所包含的分子数n_0全部逃逸出大气层之外所需要的时间t_0,应为:

$$t_0=\frac{n_0}{\dfrac{n_0}{\sqrt{\dfrac{2\pi m}{kT}}}\mathrm{e}^{-\frac{mgR_E}{kT}}\left(1+\dfrac{mgR_E^2}{kTz_c}\right)}=\frac{\sqrt{\dfrac{2\pi m}{kT}}}{1+\dfrac{mgR_E^2}{kTz_c}}\mathrm{e}^{\frac{mgR_E}{kT}}.\tag{2.93}$$

如以$mC^2/3k$代替T,C是分子速度的均方根值,此外可设$R_E/z_c\sim1$,则:

$$t_0=\frac{4.34}{C\left(1+\dfrac{3gR_E}{C^2}\right)}\mathrm{e}^{-\frac{3gR_E}{C^2}}.\tag{2.94}$$

如H_0为均匀大气的标高,则全部大气逃逸出去所需的时圈$t_1=t_0\times H_0$.

从t_0的表达式,我们容易求得分子平均速度等于临界速度时,全部气体逃逸出去的时间仅为 1.4 小时.但逃逸时间随着分子平均速度的递减而很快增加.例如：分子平均速度为临界速度 $\frac{1}{5}$ 时,则全部气体逃逸出去的时间需要 1.9×10^{10} 年.我们可以利用以上的讨论来进一步研究大气中氦气的逃逸问题.

根据精确的测量,地面大气中氦气的体积百分比为 5×10^{-4} ％.按空气取样分析,这样的体积含量至少可维持到 70 公里高空而无变动.如以 7.9 公里为均匀大气的高度,则在单位大气柱体内所含的氦原子数目为 10^{20},这比在地质年代由地壳中含有铀及钍的火成岩里所放散出来的少得很多.按照林德曼（Lindeman）[32] 的估计,由于这种放散,大气中每单位柱体所含的氦原子数目应为 6×10^{21}.此外还应当考虑,由于北美自然气体所放出的氦气,每年放出 2×10^7 立方米.他认为它对于整个地质年代 10^9 年所放出的氦气平均含量影响不大.目前大气中氦气的含量大约为每单位柱体内含有 5×10^{20}.因此,至少有 5.5×10^{21} 个氦原子已从大气层逃逸出去.也就是说,在大气外层每单位时间通过每单位面积所逃逸出的氦原子数目为 10^5 个(1 年 $= 3.2 \times 10^7$ 秒,地质年代为 10^9 年,则有 3.2×10^{16} 秒).

有两种明显的原因可以使氦气消失：一个是化学组合,另一个是逃逸出大气.由于氦是一个化学惰性气体,因此第一个原因可以不必考虑.对于第二个原因,氦气只有在温度大于 1000K 时方能以 10^5 速率向外层空间逃逸出去.斯必泽[16] 经过适当校正后认为,在逃逸高度上温度的量级必须为 1500K.在讨论电离层温度时,也遇到一些其他高空大气物理现象,它们都指出在高层大气确是有这样高的温度的.

海格派特生（Helge-Peterson）[33] 曾根据扩散分离的计算来研究氦气的逃逸问题.他得到极有意义的结果：在一个有逃逸的大气中,氦气密度向上递减率比无逃逸情况下要快很多；按他的计算,氦气的密度是氦气在静压平衡的密度的 $1/10^5 - 1/10^{10}$ 倍.这样的结论,虽然在未经详细的计算之前看起来是不很清楚的,但通过这个结论,可以解释高层大气是缺乏氦气的.夜天光及极光光谱缺乏氦线这一事实,也可以推导出高层大气是缺乏氦气的.

由此可见,要使氦气能够逃逸出大气层,临界高度上的温度不能低于 1500K,但是斯必泽估计逃逸层的平均温度不会比 500K 高得很多.在太阳喷焰发生时,由于强烈紫外线炽射,300 公里以上高空的温度可以升高到 2000K,因此,大气中的氦可以趁紫外线放射及粒子流喷射的时间内逃逸出大气层.

上面我们全是讨论中性粒子流的逃逸问题,假设了这些粒子以热运动速度运动,彼此之间仅作弹性碰撞.但是,大气外层中的气体分子或原子,在太阳紫外辐射及其他电离源的作用之下,将被离解为分别带正、负电的带电粒子.带电粒子之间及带电粒子与中性粒子的碰撞,与中性粒子之间的碰撞是不相同的.同时,带电粒子的运动将显著地受到地磁场的影响.向外逃逸的中性粒子亦有被离化的可能,其离化机制可能是光化反应或是电荷交换.一般看来,磁场将限制带电粒子的逃逸,因此,就有必要讨论一下中性粒子在逃逸过程中被离化的可能性.在 600 公里高度上,逃逸速度约为 10.7 公里/秒,而按美国卫星"探险者"10号及 14 号的观测,磁层边界在向阳一面约距地心 10 个地球半径,故一个逃逸质点需要 2 小时的时间才能到达磁层边界.根据麦克唐纳(MacDonald)[34]的估计,若假定外层大气中每一立方厘米内有 10^3 个粒子,则可从电荷交换有效截面及大气分子的平均速度算出:一个中性原子在逃逸过程中需要一个星期的时间才有机会被电离.而由紫外辐射电离中性原子所需要的时间还需更长.因此,一般说来,中性原子可以逃出磁层而不被离化.

参 考 文 献

[1] Jeans, J. H., 1925, Dynamical theory of gases. 4th edition, Cambridge Univ. Press.

[2] Rocket Panel, 1952, *Physical Review*, 88, 1027.

[3] Kallmann, H. K., 1959, J. *Geophys, Res.*, 64, 615.

[4] CIRA (Cospar International Reference Atmosphere), 1961.

[5] Nicolet, M., Mange. P., 1954. *J. Geophys. Res.*, 59, 15.

[6] Chapman, S., Cowling, T. G., 1952, The mathematical theory of non-uniform gases. Cambridge Univ. Press.

[7] Nicolet. M., 1954, "Solar system", "The earth as a planet", Chicago.

[8] Epstein, P. S., 1932, *Beitr. Geophysik*, 35, 153.

[9] Sutton, W. G. L., 1943, *Proc. Roy. Soc.*, A182, 48.

[10] Mange, P., 1957, *J. Geophys. Res.*, 62, 279.

[11] Maris, H. B., 1928, *Terr. Mag.*, 33, 233.

[12] Craig, R. A., 1949, N. M. Harvard Univ., 39.

[13] Murgatroyd, R. J., Goody, R. M., 1958, *Q. J. Roy. Met. Soc.*, 84, 225.

[14] Ohring, G., 1958, *J. Met.*, 15, 440.

[15] Penndorf, R. B., 1950, *J. Met.*, 7, 243.

[16] Spitzer, I. Jr., 1949, "The atmospheres of the Earth and Planets", 211.

[17] Chapman, S., 1957, "Threshold of Space", Pergaman Press, 65.

[18] Chapman, S., 1960, "The physics of the upper atmosphere", Acad. Press, New York and London.

[19] Bates, D. R., 1959, *Proc. Roy. Soc.*, A253, 451.

[20] Desseler, A. J., 1959, *J. Geophys. Res.*, 64, 397.

[21] Красовский, В. И., 1958, Природа, 12, 71.

[22] Paetzold, H. K., Zachörner, H., 1960, *Space Res.*, I, 24.

[23] Jacchia, L. G., Slowey, J., 1962, *Smiths. Astrophys. Obs.*, *Spec. Rep.*, 84, 18.

[24] Paetzold, H. K., Zachörner, H., 1961, *Space Res.*, Ⅱ, 958.

[25] Jacchia, L. G., 1961, *Space Res.*, Ⅱ, 747.

[26] Groves, G. V., 1961, *Space Res.*, Ⅱ, 751.

[27] Harris, I., Priester, W., 1962, *J. Atmos. Sci.*, 19, 286.

[28] Hunt, D. C., Van Zandt, T. E., 1961, *J. Geophys. Res.*, 66, 1673.

[29] Harris, I., Priester, W., 1962, *J. Geophys. Res.*, 67, 4585.

[30] Milne, E. A., 1922—1923, *Trans. Camb. Phil.*, 22, 483.

[31] Jones, L. E., 1922—1923, *Trans. Camb. Phil.*, 22, 535.

[32] Lindemann, F. A., 1939, *Q. J. Roy. Met. Soc.*, 65, 330.

[33] Helge-Peterson pub., 1928, *Danske Meteorologiske Institute*, 6.

[34] MacDonald, J. F., 1963, *Review of Geophysic*, Ⅰ, 305.

第三章　大气振荡、高空大气中的潮汐现象

§3.1　引　　言

如果我们查看一下各地的气压自记曲线,很容易发现大气压力的起伏涨落(图 12).一般在上午 10 时及下午 10 时各有一个气压最大值,各地相同地方时间的振荡位相是差不多的.它的变化范围为 2 毫米汞柱高,约等于大气压力的 2.6‰.这种气压振荡虽然不大,但在两个世纪以前,已为拉普拉斯(Laplace)[1] 所发现.当时牛顿(Newton)的万有引力学说,已为伯努里(Bernoulli)、达朗伯(D'Alambert)等人所发展,取得了很大的成就,其中包括了海洋的潮汐理论.一般认为,导致海面涨落的潮汐力,同样地也可以引起大气的振荡,气压自记曲线上的正弦起伏可能就是由此产生的.但是大家都知道,由于月球与地球较近,太阴潮与太阳潮的比例为 11：5,在海洋里太阴潮就比较显著.因此,人们就不能理解为什么在大气振荡里只有太阳潮而无太阴潮.拉普拉斯认为大气振荡是由于加热而产生的解释,尚不能说明这种反常现象.

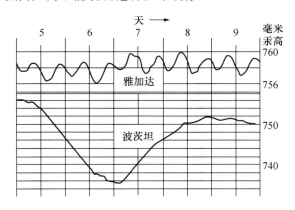

图 12　雅加达及波茨坦的气压变化曲线

此后,五十年内,世界各地系统地研究了由于太阳而引起的气压变化.1882 年开尔文(Kelvin)[2] 发表了世界上三十多个地点气压变化的简谐分析表,列举了各地 24、12 及 8 小时的谐振常数.他指出:特别在高纬度地带,半日振荡比全日振荡强得多,这是拉普拉斯理论所不能解释的.他认为这种现象是大气共振

的结果. 在大气的自由振荡类型中,可能有一个比较接近于 12 小时的振荡周期. 由于共振现象把温度的半日振荡放大,使它的气压反应比 24 小时的更为强烈. 他说:"气压变化中半日分波产生的原因,不可能由于太阳的潮汐力,因为性质相同而势力更强的还有太阴潮汐力;而实际上从气压变化中,我们很难觉察太阴潮汐波. 因此,似乎可以肯定:气压变化中的半日分波是由于温度所产生的. 但是,在各地温度变化的简谐分析中,全日分波一般都比半日分波强,所以在气压波的反应中,半日分波反而比全日分波强是很奇特的. 这个现象可以从整个大气的振荡来寻求. 为此,可以引用拉普拉斯'天体力学'一书中关于海洋潮汐的公式,拉普拉斯指出,它也可以应用于大气. 如果加热影响代替拉普拉斯公式中的潮汐力,研究大气振荡对全日及半日温度变化的反应,我们可能发现大气振荡周期与 12 小时相差不多,而距 24 小时则相差很远. 因此,虽然半日潮汐力很小,但其激发的半日周期气压分波可以远较全日分波为大. "

此后,人们为证实大气中存在一个接近 12 小时的自由振荡周期,而做了许多工作. 兰姆(Lamb)[3]、卡普曼[4]、泰勒(Taylor)[5,6]以及其他许多学者,都在流体力学基本方程组的基础上,对大气振荡问题作了详细的讨论. 他们分别假设大气温度的垂直分布是等温的、对流稳定的或是两层模式的,求得相应的自由振荡周期是 10.5 小时. 1937 年,帕格列斯(Pekeris)[7]采用五层模式,证明了大气第二个自由振荡周期接近 12 太阳时,这就初步证实了开尔文的设想. 后来威克斯(Weekes)[8]及威尔克斯(Wilkes)[9],加卡及柯柏(Kopal)[10]又进一步讨论了热力作用对大气振荡的影响,并比较了热力激发因子与潮汐激发因子的相对重要性.

但是,近几年来,西伯尔特(Siebert)[11],克尔茨(Kertz)[12]在研究热力振荡时,发现太阳 1/3 日及 1/4 日气压分波的放大倍数与半日分波放大倍数的数量级相同,因此从共振理论来说,半日气压分波并不比其他波型更为有利. 由于半日气压分波振幅特别大,1/3 及 1/4 日气压分波过去一直未被人们所注意. 对大气振荡现象更合理的解释仍然是值得我们重视的问题. 同时,另一方面,现代的大气潮汐理论引导出一个极为重要的推论:中层及高层大气是强烈的周期风场的发源地,其速度可以达到或超过每小时 200 公里. 该风场伸展到极高的大气层中,可以引起太阳宁静期的地磁变化及相应的电离层变化,这在电离层物理及日地空间物理中都是重要的问题.

在本章中,我们将首先介绍实际观测到的一些大气振荡事实;然后在流体力学方程组的基础上,求出描述大气振荡各参数的形式解;继而在给出不同大气模式的假设下,进一步讨论大气的自由振荡、潮汐力强迫振荡及热力强迫振荡;最后再对共振理论进行必要的讨论.

§3.2 大气振荡现象概述

我们分析大气压力自记曲线时,初看起来,特别在中纬度及高纬度上是比较混乱的.但通过必要的校正,消去由于天气系统及其他因素引起的不规则变化部分以后,进行简谐分析,将发现各地气压变化皆可由下列级数的前几项表示:

$$\sum A_n \sin(nt + \alpha_n),$$

其中 t 是从子夜算起的地方时,A_n 为振幅,α_n 为相角,$360/15n$ 表示周期(以小时为单位),n 是相应于不同的波型.$n=1$ 代表以 24 小时为周期的全日气压分波,$n=2$ 代表半日气压分波等,即气压波可看成周期为全日、半日、1/3 日……的简谐波的叠加.实际计算指出,气压波中除 24 小时及 12 小时两个主要分波,还存在 8 小时及 6 小时的分波,不过相应的振幅要小得多.图 13 表示的是这四个主要分波的相对振幅及其相位的一个例子.

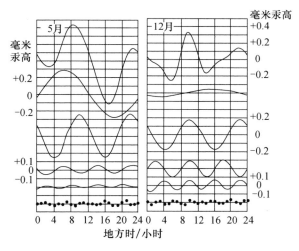

图 13 波茨坦 5 月及 12 月气压变化的各种
分波(全日、半日、1/3 日及 1/4 日波)

气压波动中除去这些太阳全日及太阳半日分波外,还存在相应的太阴半日气压分波.萨宾(Sabine)[13]首先于 1842 年及 1847 年,利用赤道地区 Hoiona 岛的资料成功地求得.不过太阴半日气压分波的振幅很小,仅为太阳半日气压分波的 1/16.高纬度的太阴半日气压分波直到 1918 年才由卡普曼定出[14].他巧妙地应用噪音理论,只选用格林威治①气压资料中气压周日变化小于 2.54 毫米汞

---

① 重排注:现译为格林尼治.

柱高的资料,而大于这个数值的资料全部摒弃.通过这种选择方法,可以把噪音大大降低.他得到太阳半日气压分波的振幅为 0.01 毫米汞高. 目前,应用卡普曼的方法,已有 54 个台站定出了太阳半日气压分波.

　　除此之外,各种气压分波尚有季节变化;伴随着各波型还存在相应的风场.下面我们对各种分波作一简要介绍[15].

1. 太阳全日气压分波 $S_1(p)$

　　$S_1(p)$ 的振幅约为 0.3 毫米汞柱高,它的地区分布是很不规则的. 在赤道地带及热带海洋岛屿上甚为显著;而在高纬地区,振幅与相位将随着下垫面的不同(如地形的不同,海陆的不同等)而出现显著的差异. 例如,在赤道一般可表达为:

$$S_1(p) = 0.30 \sin(t + 0);$$

而在匈牙利平原中的卡尔维萨(Kalvesa,47°N),

$$S_1(p) = 0.36 \sin(t + 340°);$$

在波仑山城(Boren,海拔 180 米,47°N),

$$S_1(p) = 1.38 \sin(t + 19°).$$

以上各式中单位是毫米汞柱高,t 是地方时. 由这些公式的形式看来,$S_1(p)$ 是由东向西围绕地球运行的行波.

　　$S_1(p)$ 随着季节亦将发生显著的变化,夏季 $S_1(p)$ 的振幅比冬季时的要大些. $S_1(p)$ 的振幅和相位也将随着天气的不同而有所变化.

2. 太阳半日气压分波 $S_2(p)$

　　$S_2(p)$ 是大气气压振荡中最重要的分波,同时,它的振幅与相角的分布和变化也是比较有规律的. 施密特(Schmidt)[16]首先在前人工作的基础上,发现太阳半日气压分波 $S_2(p)$ 可以分成两个部分,其中一个是行波分量 $S_2^2(p)$,另一个是驻波分量 $S_2^0(p)$.辛浦逊(Simpson)[17]根据全球 214 个观测台站的气压记录进行分析,得到太阳半日气压分波新的表达式:

$$S_2(p) = S_2^2(p) + S_2^0(p)$$
$$= 0.937 \sin^3\theta \sin(2t + 154°)$$
$$+ 0.137\left(\cos^2\theta - \frac{1}{3}\right)\sin\{2(t-\lambda) + 105°\}.$$

式中气压单位是毫米汞高,t 是地方时,$(t-\lambda)$ 为世界时,λ 是经度. 由这个表达式可以清楚地看出两个分波的性质. 第一分波占的比例较大,是一个由东向西传播的行波(图 14),在 12 小时之内绕地球运行一周. 该分波的振幅随着纬度的增加按 $\sin^3\theta$ 递减;在赤道地区振幅达到最大值,在两极该分波则完全消失. 第二分波是一个驻波,波节圈与南北 35° 纬圈 $\left(\cos^2\theta = \frac{1}{3}\right)$ 相重合. 因为 $\sin[(2 \times$

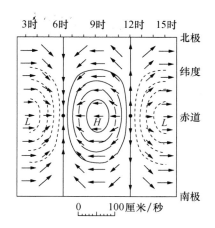

图 14　太阳半日气压分波的行波及其风系

$11.5 \times 15°) + 105°] = 1$，故在格林威治上午和下午 11.5 时，从波节圈到两极的区域中出现最高气压值，而从波节圈到赤道的区域中则出现最低气压值. 可以看到，$(t - \lambda)$ 即格林威治时间，故驻波的时角在世界各地皆相同. 因此，在某同一格林威治时间内，由驻波所产生的气压变化在各地是完全相同的. 从辛浦逊表达式还可以看出，行波分量及驻波分量相对于赤道都是对称分布的.

辛浦逊半日气压分波公式与实际观测是相当符合的. 在低、中纬地区，平均误差很小：相位仅差几度，振幅也仅差百分之几. 然而，观测表明，在 $\theta = \cos^{-1} \cdot (1/\sqrt{3})$ 纬度地方，驻波振幅并不完全消失；同时，由极地到赤道的相位变化仅为 110°，而不是 180°. 因此，威尔克斯[18]提出了另一个关于驻波的表达式：

$$(0.07 - 0.1 \mid \cos\theta \mid) \sin2(t - \lambda) + 0.075 \mid \cos\theta \mid \cos2(t - \lambda).$$

近几年来，随着许多新观测台站的设立，获得了更多新的资料. 哈维茨 (Haurwitz)[19]根据全球 296 个台站的观测资料，进一步研究了 $S_2(p)$ 的地理分布.

太阳半日气压分波的季节变化也是相当有规律的. 月平均最大振幅出现在冬季，月平均最小振幅出现在 7 月份. $S_2(p)$ 年变化的振幅随着纬度的增加而递减. 应用巴特尔斯 (Bartels)[20]所提出的谐振规，$S_2(p)$ 的季节变化清楚地由图 15 表示出. 其中矢径的长度表示振幅，角度代表出现最高气压的地方时.

最后，我们还要提到，伴随着太阳半日气压分波的世界分布，还存在一个全球性的风系. 在对流层中，该风系与天气系统内的不规则风系相比是很微弱的，这也是我们后面用小扰动方法处理振荡问题的必要前提. 但是，在高空电离层中，伴随着这种波动的风场可以是很大的，且直接影响到地磁场及高空电离层的变化. 卡普曼[21]将大气水平运动方程式通过微幅振动给予线性化，再借助于辛

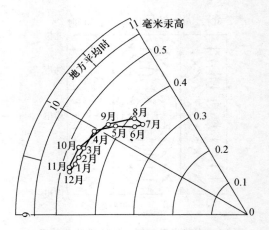

图 15　太阳半日气压分波的季节变化

浦逊半日分波表达式,求得相应的水平风场为:

$$u = \frac{a + b\cos\theta}{2\sin^2\theta} \cos[2(\omega t + \lambda) + 154°],$$

$$v = -\frac{b + a\cos\theta}{2\sin^2\theta} \sin[2(\omega t + \lambda) + 154°],$$

u, v 分别表示向南及向东的风速. 式中

$$a = \frac{R\overline{T}}{\overline{p}R_E\omega} \frac{\partial A}{\partial \theta},$$

$$b = \frac{2R\overline{T}}{\overline{p}R_E\omega \sin\theta} A,$$

$\overline{p}, \overline{T}$ 表示平均压力及平均温度, R_E 是地球半径, ω 是地球自转角速度, R 是单位空气质量的普适气体常数, A 是辛浦逊公式中波的振幅,它是余纬 θ 的函数,即:

$$A = 0.937\sin^3\theta.$$

根据 u, v 表达式可绘出相应于 $S_2^2(p)$ 的全球风系,如图 15 中矢线所示.

3. 太阳 1/3 日气压分波 $S_3(p)$

$S_3(p)$ 的振幅是比较小的,约 0.1 毫米汞高. 振幅和相位随着地区和季节都有显著的变化. 施密特根据前人的资料,将南半球夏季与北半球冬季的振幅表示为:

$$0.46\cos\theta \cdot \sin^3\theta + (0.02 + 0.07\cos^2\theta)\sin^3\theta,$$

及

$$-0.36\cos\theta\sin^3\theta + (0.02 + 0.07\cos^2\theta)\sin^3\theta,$$

其中气压仍以毫米汞高作为单位.

$S_3(p)$ 的季节变化是比较有规则的,最大振幅出现在 7 月. 冬夏相位恰好相差 180°,且南北半球上 $S_3(p)$ 的位相相对于赤道正好相反,振幅相对于赤道是接近于反对称分布的.

除以上谈到的太阳全日、半日、1/3 日气压分波外,在 S 分量中还发现有太阳 1/4 日气压分波. $S_4(p)$ 的振幅约为 0.02 毫米汞高,其振幅及相位的分布远不如 $S_2(p)$ 及 $S_3(p)$ 那样规则. 两个半球上 $S_4(p)$ 相对于赤道的分布既不是对称的,也不是反对称的. 振幅与相位随着季节也有相应的变化;总的看来,在冬季,$S_4(p)$ 的变化比在夏季较规则些.

4. 太阴半日气压分波 $L_2(p)$

在引言中已经提到,大气振荡中太阴波是很不显著的,以至于在相当长的时间中,人们无法从资料中分析出来. 直到 1918 年以后,卡普曼及其同事们应用噪声理论才求出了世界上 54 个台站的太阴气压分波. 他们指出,太阴全日气压分波微弱得很,比较重要的太阴分波只有太阴半日分波 $L_2(p)$,最大振幅区在赤道附近,其值约为 0.06 毫米汞高. 最大值出现在月球穿过各地子午面的时刻,即月球位于上中天或下中天时. $L_2(p)$ 的振幅随着纬度的增加而递减;在格林威治,振幅仅为 0.009 毫米汞高,相位是 114°[22].

太阴半日气压分波存在显著的季节变化,但其中很多现象目前在理论上是无法解释的. 对于热带区域,在夏季四个月中及春秋分前后四个月中,$L_2(p)$ 的平均振幅和相位是接近相同的;但在冬季的四个月中,平均振幅和相位有显著的降低,振幅约减少平均值的 25%,相位约减少 30° 到 50°. 卡普曼根据 1897—1932 年我国台湾的气压记录,分析了 $L_2(p)$ 分波的季节变化,如图 16 所示. 图中弧度上的数字代表太阴时,12 时表示月球穿过子午面的时间. 图中 OY 矢径表示年平均值振幅,J,D,E 分别表示夏至前后、冬至前后、以及春秋分前后四个月中的平均振幅和相位,图中小圆圈表示误差的可能范围. 从图 16 我们可以很清楚地看出 $L_2(p)$ 的季节变化. 这种变化不能用季节性来解释,因为南北两半球的变化并不恰好相反. 同时,月球的潮汐力在一年之中的变化并不很大,因此任何大规模的大气潮汐变化,必须是由于大气结构本身在一年四季中的变化所引起的.

太阴半日气压分波虽然很微弱,但是伴随着它出现的全球性风场仍相当明显. 卡普曼[21]利用毛里求斯岛(Mauritius)16 年的观测资料

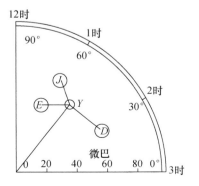

图 16　台北太阴半日潮振幅及相位角的季节变化

(1916,1917,1920—1933 年),得到该地相应于年平均值 $L_2(p)$ 的风场,用谐振规作出图 17. 图中大圆上的刻度表示太阴时,E 和 N 的矢线分别表示东风和北风的风速值及其方向,小圆圈表示可能的误差范围.$L_2(p)$ 风场的振幅约为 1 厘米/秒. 数值虽小,但对地磁半日变化的作用是很重要的. 另外,艾普利通(Appleton)与威克斯[23]还测量了电离层 E 层(110 公里)的太阳半日分波,发现它将引起电离层底面高度的升降. 并且得到,由于 $L_2(p)$ 的作用而出现的 E 层底面高度的变化关系式:

$$0.93\sin(2t_L + 112°) \text{ 公里},$$

式中 t_L 是地方太阳时.他们还发现,在 110 公里高空的气压波相位与地面气压波相位相同. 这些观测结果,对潮汐理论的发展及电离层的研究都有重要的参考价值.

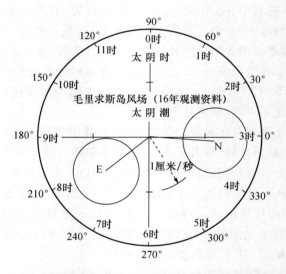

图 17　相应于太阴半日气压分波 $L_2(p)$ 的风场

§3.3　大气振荡理论的基本方程及其边界条件

处理大气中性质点的运动问题一般属于流体力学及空气动力学的范畴. 因此,讨论大气振荡现象显然应以流体力学的基本方程组作为基础. 为了数学处理的简便起见,我们暂且略去大气的黏滞性及分子热传导的影响,将大气视为理想流体.同时,考虑到地球的扁率仅 1/300,故可近似地把地球看成半径为 $R_E = 6378$ 公里的圆球体. 再将重力加速度 g 看成常数,而不考虑它随纬度及高度的变化. 这样,在地球以等角速度 ω 旋转的情况下,大气运动的基本方程组为:

运动方程：
$$\rho^* \frac{\mathrm{d}\boldsymbol{v}^*}{\mathrm{d}t} = -\nabla p^* + \boldsymbol{g}\rho^* - \nabla\Omega - 2\boldsymbol{\omega}\times\boldsymbol{v}^*, \tag{3.1}$$

连续方程：
$$\frac{\mathrm{d}\rho^*}{\mathrm{d}t} + \rho^*\chi = 0, \tag{3.2}$$

状态方程：
$$p^* = \rho^* R T^*, \tag{3.3}$$

热流方程：
$$\delta Q = c_v \mathrm{d}T^* + p^* \mathrm{d}\left(\frac{1}{\rho^*}\right), \tag{3.4}$$

式中 p^*, ρ^*, T^*, $\boldsymbol{v}^*$ 分别表示压力、密度、温度及空气质点的速度；$\boldsymbol{g}$, $\boldsymbol{\omega}$ 表示重力加速度及地球的自转角速度；R, c_v 表示单位质量空气的普适气体常数及定容比热；χ 表示速度场的散度，在球坐标系中

$$\chi(z,\theta,\lambda) = \nabla\cdot\boldsymbol{V}^* = \frac{1}{R_E\sin\theta}\frac{\partial}{\partial\theta}(u^*\sin\theta) + \frac{1}{R_E\sin\theta}\frac{\partial v^*}{\partial\lambda} + \frac{\partial w^*}{\partial z}, \tag{3.5}$$

u^*, v^*, w^* 分别表示向南、向东及向上的速度分量. $\Omega(z,\theta,\lambda)$ 表示潮汐位势；δQ 表示单位质量空气在单位时间内所吸收或放出的热量，在考虑热激发力作用的情况下：

$$\delta Q = J\mathrm{d}t, \tag{3.6}$$

J 代表热力激发因子.

要想求得方程(3.1)—(3.4)六元非线性微分方程组的精确解是困难的，有必要根据我们所讨论问题的特点加以简化.

如前所述，大气振荡的振幅是极微弱的，地面气压变化的范围仅 2 毫米汞高，即约为大气压力的千分之二点六. 因此，我们完全可以应用小扰动理论将方程组线性化. 设：

$$p^* = \bar{p} + p,$$
$$\rho^* = \bar{\rho} + \rho,$$
$$T^* = \bar{T} + T,$$

$\bar{p}$, $\bar{\rho}$, $\bar{T}$ 分别表示平均状态的压力、密度及温度值，它们仅是 z 的函数，与 θ, λ, t 无关. p, ρ, T 表示叠加于平均值上的振荡值，都是一级微量. 因此它们的二次项及彼此的乘积皆为二级以上的微量，在方程组中可以略去. 我们仅讨论由于振荡所产生的速度场，故 $\boldsymbol{V}^* = \boldsymbol{V}$，即 $u^* = u$, $v^* = v$, $w^* = w$，它们都是一级微量，相应地略去了二次项及彼此的乘积项.

进一步假设垂直加速度 $\partial w/\partial t$ 及科里奥利（Coriolis）力的垂直分量 $(-2\omega v\sin\theta)$ 与重力加速度相比都是小量，可以略去. 这样，在球面坐标系中大气振荡的运动方程式可简化为：

$$\frac{\partial u}{\partial t} - 2\omega v\cos\theta = -\frac{1}{R_E}\frac{\partial}{\partial\theta}\left(\frac{p}{\bar{\rho}} + \Omega\right), \tag{3.7}$$

$$\frac{\partial v}{\partial t} + 2\omega u\cos\theta = -\frac{1}{R_E\sin\theta\partial\lambda}\left(\frac{p}{\bar{\rho}} + \Omega\right), \tag{3.8}$$

$$\frac{\partial w}{\partial t} + 2\omega v \sin\theta = -\frac{\partial p}{\partial z} - g\rho - \bar{\rho}\frac{\partial \Omega}{\partial z} = 0. \tag{3.9}$$

连续方程简化为：

$$\frac{\partial \rho}{\partial t} + w\frac{\partial \bar{\rho}}{\partial z} + \bar{\rho}\chi = 0, \tag{3.10}$$

状态方程为：

$$\bar{p} = \bar{\rho}R\bar{T}, \tag{3.11}$$

p^*, ρ^*, T^* 的个别微分可简化为：

$$\left. \begin{aligned} \frac{\mathrm{d}p^*}{\mathrm{d}t} &= w\frac{\partial \bar{p}}{\partial z} + \frac{\partial p}{\partial t}, \\ \frac{\mathrm{d}\rho^*}{\mathrm{d}t} &= w\frac{\partial \bar{\rho}}{\partial z} + \frac{\partial \rho}{\partial t}, \\ \frac{\mathrm{d}T^*}{\mathrm{d}t} &= w\frac{\partial \bar{T}}{\partial z} + \frac{\partial T}{\partial t}. \end{aligned} \right\} \tag{3.12}$$

在上述的讨论中，仅考虑了动力激发因素——潮汐的影响. 这种略去摩擦阻力及垂直加速度来讨论大气振荡问题的方法，索尔伯格（Solberg）[24] 称为准静力法. 它仅适用于处理大气低层——对流层及平流层中的振荡问题. 在 100 公里以上，空气已经相当稀薄，因此小扰动的假设，摩擦阻力及垂直加速度的影响都有进一步考虑的必要. 特别是在高层大气中，介质的物理状态亦有所改变，应当考虑磁场的作用. 这些问题都有待进一步研究.

下面我们再继续讨论热流方程（3.4），即考虑热力激发因素在大气振荡方程中的作用，大气振荡问题中的温度变化共包括两部分：由于大气外界热力激发而产生的原始温度变化，以及由于大气振荡而导致的派生温度变化. 我们实际观测到的温度波是二者的叠加. 下面所讨论的热力激发因子仅是原始温度变化部分.

把方程（3.6）代入（3.4），考虑到 $R = c_p - c_v$；再应用状态方程（3.3）及关系式（3.12）和（3.10），最后得到：

$$\frac{\partial T}{\partial t} = \frac{\kappa}{R}\left(\gamma J - \gamma g H\chi - \frac{wg}{\kappa}\frac{\mathrm{d}H}{\mathrm{d}z}\right), \tag{3.13}$$

及

$$w\frac{\partial \bar{p}}{\partial z} + \frac{\partial p}{\partial t} = \bar{\rho}[(\gamma - 1)J - \gamma g H\chi], \tag{3.14}$$

式中

$$\kappa = \frac{\gamma - 1}{\gamma} = \frac{c_p - c_v}{c_p} = \frac{2}{7}, \tag{3.15}$$

其中 $\gamma = c_p/c_v$ 表示定压比热与定容比热之比，对于干空气 $\gamma = 1.40$；H 表示大气的标高：

$$H = R\overline{T}/g, \quad 且 \quad \frac{\mathrm{d}H}{\mathrm{d}z} = \frac{R}{g}\frac{\mathrm{d}\overline{T}}{\mathrm{d}z}. \tag{3.16}$$

我们再应用静力平衡方程式:

$$\partial\overline{p}/\partial z = -\overline{\rho}g, \tag{3.17}$$

把方程(3.14)化为:

$$\frac{\partial p}{\partial t} = \overline{\rho}[wg + (\gamma - 1)J - \gamma gH\chi]. \tag{3.18}$$

至此,通过一系列简化条件,已经将方程(3.1)—(3.4)的六元非线性方程组简化为方程(3.7)—(3.11)及(3.13)(或方程(3.18))的六元线性偏微分方程组,这对问题的求解显然是大大地方便了. 我们可以根据这个方程组来进一步讨论大气的振荡问题.

因为我们所感兴趣的是大气周期性的变化,故可以假设每个变数都是时间 t 的周期性函数,即

$$u, v, w, p, \rho, T, \chi, \Omega, J, \propto \mathrm{e}^{\mathrm{i}\sigma t}, \tag{3.19}$$

其中 σ 为振荡的角频率. 利用方程(3.7)(3.8)(3.13)及(3.18)分别求得:

$$u = \frac{\sigma}{4R_{\mathrm{E}}\omega^2(f^2 - \cos^2\theta)}\left(\mathrm{i}\frac{\partial}{\partial\theta} + \frac{\cot\theta}{f}\frac{\partial}{\partial\lambda}\right)\left(\frac{p}{\overline{\rho}} + \Omega\right), \tag{3.20}$$

$$v = \frac{\mathrm{i}\sigma}{4R_{\mathrm{E}}\omega^2(f^2 - \cos^2\theta)}\left(\frac{\mathrm{i}}{f}\cos\frac{\partial}{\partial\theta} + \frac{1}{\sin\theta}\frac{\partial}{\partial\lambda}\right)\left(\frac{p}{\overline{\rho}} + \Omega\right), \tag{3.21}$$

$$T = -\frac{\mathrm{i}\kappa}{\sigma R}\left(\gamma J - \gamma gH\chi - \frac{wg}{\kappa}\frac{\mathrm{d}H}{\mathrm{d}z}\right), \tag{3.22}$$

$$p = -\frac{\mathrm{i}\overline{\rho}}{\sigma}[wg + (\gamma - 1)J - \gamma gH\chi], \tag{3.23}$$

式中

$$f = \sigma/2\omega.$$

将方程(3.20)(3.21)代入方程(3.5)中,得:

$$\chi - \frac{\partial w}{\partial z} = \frac{\mathrm{i}\sigma}{4R_{\mathrm{E}}^2\omega^2}F\left(\frac{p}{\overline{\rho}} + \Omega\right), \tag{3.24}$$

其中 F 代表微分算子:

$$F = \frac{1}{\sin\theta}\frac{\partial}{\partial\theta}\left(\frac{\sin\theta}{f^2 - \cos^2\theta}\frac{\partial}{\partial\theta}\right)$$
$$+ \frac{1}{f^2 - \cos^2\theta}\left[\frac{\mathrm{i}}{f}\frac{f^2 + \cos^2\theta}{f^2 - \cos^2\theta}\frac{\partial}{\partial\lambda} + \frac{1}{\sin^2\theta}\frac{\partial^2}{\partial\lambda^2}\right]. \tag{3.25}$$

为了最后求得仅含有变数 χ 的微分方程,我们需设法消去方程(3.24)中的 $\partial w/\partial z$ 及变数 p. 应用方程(3.23)及铅直方向的运动方程(3.9),得出:

$$\frac{\partial w}{\partial z} = \gamma H\frac{\partial\chi}{\partial z} - (\gamma - 1)\chi - \frac{\gamma - 1}{g\overline{\rho}}\frac{\partial}{\partial z}(\overline{\rho}J) - \frac{\mathrm{i}\sigma}{g}\frac{\partial\Omega}{\partial z}. \tag{3.26}$$

我们分别将(3.24)及(3.26)式对 z 取导数,并考虑 $\dfrac{\partial^2 \Omega}{\partial z^2}$ 比 $\dfrac{\partial \Omega}{\partial z}$ 小一个量级,可以略去.再应用方程(3.23),(3.17),分别得到:

$$\frac{\partial \chi}{\partial z} - \frac{\partial^2 w}{\partial z^2} = -\frac{\gamma g}{4R_E^2\omega^2}F\left[\left(\kappa + \frac{\mathrm{d}H}{\mathrm{d}z}\right)\chi - \frac{\kappa}{gH}\left(1 + \frac{\mathrm{d}H}{\mathrm{d}z}\right)J\right], \quad (3.27)$$

$$\frac{\partial^2 w}{\partial z^2} = \gamma H \frac{\partial^2 \chi}{\partial z^2} + \gamma \frac{\partial \chi}{\partial z}\frac{\mathrm{d}H}{\mathrm{d}z} - (\gamma - 1)\frac{\partial \chi}{\partial z}$$

$$- \frac{\gamma - 1}{g}\frac{\partial}{\partial z}\left[\frac{\partial J}{\partial z} - \frac{1}{H}\left(1 + \frac{\mathrm{d}H}{\mathrm{d}z}\right)J\right], \quad (3.28)$$

将(3.28)式代入(3.27)式中,经过整理,即求得 χ 的微分方程:

$$H\frac{\partial^2 \chi}{\partial z^2} + \left(\frac{\mathrm{d}H}{\mathrm{d}z} - 1\right)\frac{\partial \chi}{\partial z} - \frac{\kappa}{g}\frac{\partial}{\partial z}\left[\frac{\partial J}{\partial z} - \left(1 + \frac{\mathrm{d}H}{\mathrm{d}z}\right)\frac{J}{H}\right]$$

$$- \frac{g}{4R_E^2\omega^2}F\left[\left(\kappa + \frac{\mathrm{d}H}{\mathrm{d}z}\right)\chi - \frac{\kappa}{gH}\left(1 + \frac{\mathrm{d}H}{\mathrm{d}z}\right)J\right] = 0. \quad (3.29)$$

用分离变量法可求解方程(3.29).我们将 χ 及 J 展成 F 算子的特征函数 $\psi_n(\theta,\lambda)$ 的级数,即:

$$\left.\begin{array}{l}\chi = \sum\limits_n \chi_n(z)\psi_n(\theta,\lambda)e^{i\sigma t}, \\[2mm] J = \sum\limits_n J_n(z)\psi_n(\theta,\lambda)e^{i\sigma t}.\end{array}\right\} \quad (3.30)$$

把(3.30)代入方程(3.29)中,并以 $1/h_n$ 表示分离变数时所引进的常数.设 $\mathrm{d}^2 H/\mathrm{d}z^2 = 0$,即引入大气温度随高度呈线性变化的假定(对于常温大气,$H =$ 常数,该条件更为满足).再消去 $e^{i\sigma t}$ 项,最后级数中的每一项都必须满足振幅方程:

$$H\frac{\mathrm{d}^2 \chi_n}{\mathrm{d}z^2} + \left(\frac{\mathrm{d}H}{\mathrm{d}z} - 1\right)\frac{\mathrm{d}\chi_n}{\mathrm{d}z} + \left(\kappa + \frac{\mathrm{d}H}{\mathrm{d}z}\right)\frac{\chi_n}{h_n}$$

$$= \frac{\kappa}{g}\left\{\left(1 + \frac{\mathrm{d}H}{\mathrm{d}z}\right)\frac{J_n}{Hh_n} - \frac{\mathrm{d}}{\mathrm{d}z}\left[\left(1 + \frac{\mathrm{d}H}{\mathrm{d}z}\right)\frac{J_n}{H}\right] + \frac{\mathrm{d}^2 J_n}{\mathrm{d}z^2}\right\}, \quad (3.31)$$

及频率方程:

$$F\psi_n + \frac{4R_E^2\omega^2}{gh_n}\psi_n = 0, \quad (3.32)$$

其中函数 ψ_n 形成一个正交系.式中 F 为(3.25)式所表示的微分算子.

同样,我们也可以将变数 u,v,w,p,ρ,T,Ω 用与(3.30)式相同的形式展开为 $\psi_n(\theta,\lambda)$ 的级数,分别代入(3.20)—(3.23)式中,再应用方程(3.24)及(3.26),最后求得上述参数振幅项的表达式分别为:

$$u_n\psi_n = \frac{\gamma g h_n}{4R_E\omega^2(f^2 - \cos^2\theta)}\left[\left(H\frac{\mathrm{d}}{\mathrm{d}z} - 1\right)\left(\chi_n - \frac{\kappa J_n}{gH}\right)\right]\left(\frac{\partial}{\partial \theta} - \frac{i}{f}\cot\theta\frac{\partial}{\partial \lambda}\right)\psi_n,$$

$$(3.33)$$

$$v_n \psi_n = \frac{i\gamma g h_n}{4 R_E \omega^2 (f^2 - \cos^2\theta)} \left[\left(H \frac{d}{dz} - 1 \right) \left(\chi_n - \frac{\kappa J_n}{gH} \right) \right]$$

$$\cdot \left(\frac{\cos\theta}{f} \frac{\partial}{\partial\theta} - \frac{i}{\sin\theta} \frac{\partial}{\partial\lambda} \right) \psi_n, \tag{3.34}$$

$$w_n = -\frac{i\sigma}{g} \Omega_n + \gamma \left[\left(H h_n \frac{d}{dz} + H - h_n \right) \left(\chi_n - \frac{\kappa J_n}{gH} \right) \right], \tag{3.35}$$

$$p_n = \frac{\gamma g \bar\rho h_n}{i\sigma} \left[\left(H \frac{d}{dz} - 1 \right) \left(\chi_n - \frac{\kappa J_n}{gH} \right) \right] - \bar\rho \Omega_n, \tag{3.36}$$

$$\rho_n = \frac{\bar\rho}{gH} \Omega_n \left(1 + \frac{dH}{dz} \right) + \frac{i\bar\rho}{\sigma} \left\{ \gamma \left(1 + \frac{dH}{dz} \right) \left[\left(h_n \frac{d}{dz} + 1 - \frac{h_n}{H} \right) \right. \right.$$

$$\left. \left. \cdot \left(\chi_n - \frac{\kappa J_n}{gH} \right) \right] + \chi_n \right\}, \tag{3.37}$$

$$T_n = \frac{1}{R} \frac{dH}{dz} \Omega_n + \frac{i\kappa\gamma}{\sigma R} \left[\left(H h_n \frac{d}{dz} + H - h_n \right) \right.$$

$$\left. \cdot \left(\chi_n - \frac{\kappa J_n}{gH} \right) \frac{g}{\kappa} \frac{dH}{dz} + gH x_n - J_n \right]. \tag{3.38}$$

而它们相应的频率方程和方程(3.32)相同.

为了简化方程(3.33)—(3.38),我们引入变换:

$$\zeta = \int_0^z \frac{dz}{H(z)}, \tag{3.39}$$

$$y_n(\zeta) e^{\frac{\zeta}{2}} = \chi_n(z) - \frac{\kappa J_n(z)}{gH(z)}. \tag{3.40}$$

这时静压公式可以表达为:

$$\bar p(\zeta) = \bar p_0 e^{-\zeta}, \tag{3.41}$$

式中 $\bar p_0$ 表示地面平均压力. 利用新的变数,微分方程(3.31)变成:

$$\frac{d^2 y_n}{d\zeta^2} - \frac{1}{4} \left[1 - \frac{4}{h_n} \left(\kappa H(\zeta) + \frac{dH}{d\zeta} \right) \right] y_n = \frac{\kappa J_n(\zeta)}{\gamma g h_n} e^{-\frac{\zeta}{2}}. \tag{3.42}$$

于是(3.33)—(3.38)式相应地表达为:

$$u_n \psi_n = \frac{\gamma g h_n e^{\frac{1}{2}\zeta}}{4 R_E \omega^2 (f^2 - \cos^2\theta)} \left(\frac{dy_n}{d\zeta} - \frac{1}{2} y_n \right) \left(\frac{\partial}{\partial\theta} - \frac{i}{f} \cot\theta \frac{\partial}{\partial\lambda} \right) \psi_n, \tag{3.43}$$

$$v_n \psi_n = \frac{i\gamma g h_n e^{\frac{1}{2}\zeta}}{4 R_E \omega^2 (f^2 - \cos^2\theta)} \left(\frac{dy_n}{d\zeta} - \frac{1}{2} y_n \right) \left(\frac{\cos\theta}{f} \frac{\partial}{\partial\theta} - \frac{i}{\sin\theta} \frac{\partial}{\partial\lambda} \right) \psi_n, \tag{3.44}$$

$$w_n = -\frac{i\sigma}{g} \Omega_n(\zeta) + \gamma h_n e^{\frac{1}{2}\zeta} \left[\frac{dy_n}{d\zeta} + \left(\frac{H}{h_n} - \frac{1}{2} \right) y_n \right], \tag{3.45}$$

$$p_n = \frac{\bar p_0}{H} \left[-\frac{\Omega_n(\zeta)}{g} e^{-\zeta} + \frac{\gamma h_n}{i\sigma} e^{-\frac{1}{2}\zeta} \left(\frac{dy_n}{d\zeta} - \frac{1}{2} y_n \right) \right], \tag{3.46}$$

$$\rho_n = \frac{\bar\rho}{gH} \Omega_n \left(1 + \frac{1}{H} \frac{dH}{d\zeta} \right) + \frac{i\bar\rho}{\sigma} \left\{ \left[\gamma \left(1 + \frac{1}{H} \frac{dH}{d\zeta} \right) \right. \right.$$

$$\cdot \left(\frac{h_n}{H} \frac{\mathrm{d}}{\mathrm{d}\zeta} + 1 - \frac{h_n}{2H} \right) + 1 \Big] y_n \mathrm{e}^{\frac{1}{2}\zeta} - \frac{\kappa J_n}{\mathrm{i}\sigma} \Big\}, \tag{3.47}$$

$$T_n = \frac{1}{R} \Big[\frac{\Omega_n}{H} \frac{\mathrm{d}H}{\mathrm{d}\zeta} - \frac{\gamma g h_n}{\mathrm{i}\sigma} \mathrm{e}^{\frac{1}{2}\zeta} \Big\{ \frac{\kappa H}{h_n} + \frac{1}{H} \frac{\mathrm{d}H}{\mathrm{d}\zeta}$$

$$\cdot \left(\frac{\mathrm{d}}{\mathrm{d}\zeta} + \frac{H}{h_n} - \frac{1}{2} \right) \Big\} y_n + \frac{\kappa J_n}{\mathrm{i}\sigma} \Big]. \tag{3.48}$$

至此,我们已经完成求取 u, v, w, p, ρ, T 形式解的工作;方程(3.43)—(3.46)中的 Ω, J 分别为已知的潮汐位势和热力激发因子. H 是表征大气垂直温度分布的标高,对于给定的大气模式, H 亦为已知;式中 y_n 是满足微分方程(3.42)的根. 为了进一步求得在不同情况下未知变量的解析式,必须知道相应的 Ω, J 及 H 值,以及决定微分方程(3.31),(3.32)解中常数的定解条件,即边界条件. 由于方程(3.31),(3.32)都是线性的,我们就能分别处理潮汐激发及热力激发的大气振荡,并且可以分别讨论各激发函数中的每一项,总的效果就是各个激发效果的线性叠加.

最后让我们来讨论边界条件. 关于处理大气振荡问题中的边界条件,不同的作者有不同的提法,至今尚未最合理地统一起来. 我们只介绍两种常用的边界条件.

首先,处理理想流体运动问题时,在静止的固体边界上法向速度要等于零. 在现在的问题中,即在地球表面上,垂直速度 ω 等于零. 利用(3.45)式,我们得到:

在 $z=0$,即 $\zeta=0$ 的地方:

$$\Big[\frac{\mathrm{d}y_n}{\mathrm{d}\zeta} + \Big(\frac{H}{h_n} - \frac{1}{2} \Big) y_n \Big]_{\zeta=0} - \frac{\mathrm{i}\sigma\Omega_n(0)}{\gamma g h_n} = 0. \tag{3.49}$$

另一个边界条件应由大气上界的性质确定,而这种性质目前还是难以肯定的. 但是,我们知道,当 $\zeta \rightarrow \infty$ 时,在单位大气柱中的总动能必须是有限的,即:

$$\int_0^\infty \bar{\rho}(\zeta) \boldsymbol{V}^2(\zeta) H(\zeta) \mathrm{d}\zeta < \infty. \tag{3.50}$$

由此关系式,可以估计 $y_n(\zeta)$ 的允许量级. 由(3.43),(3.44)和(3.45)式可知:

$$\boldsymbol{V}^2(\zeta) = u^2 + v^2 + w^2 = O[\mathrm{e}^\zeta y_n^2 H], \tag{3.51}$$

而:

$$\bar{\rho}(\zeta) = \bar{p}(\zeta)/gH = O\Big[\frac{1}{H} \mathrm{e}^{-\zeta} \Big]. \tag{3.52}$$

将(3.51)及(3.52)式代入边界条件(3.50)式中,可以看出,当 $\zeta \rightarrow \infty$ 时,若 H 值为有限的,则 y_n 必须比 $1/\sqrt{\zeta}$ 更快地趋向零,即需要:

$$y_n = O\Big(\frac{1}{\sqrt{\zeta}} \Big) \tag{3.53}$$

才能保证边界条件(3.50)式被满足.还需指出,当 h_n 值很小时,该边界条件是不适用的,在后面将作进一步的讨论.

威尔克斯[18]从能量流的观点提出新的上界边界条件.他假设,引起大气振荡的能量是引潮力的作用,主要集中在密度较大的大气低层,通过垂直运动把能量向上传输.从(3.46)式可以看到,若 $\dfrac{\mathrm{d}y_n}{\mathrm{d}\zeta}-\dfrac{1}{2}y_n$ 向上递减不是很快,含 Ω_n 的项即可以略去,则 u_n 与 p_n 的相位差为 $\dfrac{1}{2}\pi$,所以 $\overline{pu}=0$,即高层大气中不存在沿经圈向两极的能量流.但 v_n 与 p_n 的相位相同,故沿纬圈方向的能量流不等于零.由(3.44),(3.46)式得到:

$$\frac{\gamma^2 g h_n^2}{8R_E\omega^2}\frac{\overline{p_0}}{H\sigma}\cdot\left|\frac{\mathrm{d}y_n}{\mathrm{d}\zeta}-\frac{1}{2}y_n\right|^2\frac{\Theta_n^s(\theta)}{f^2-\cos^2\theta}\left(\frac{\cos\theta}{f}\frac{\partial}{\partial\theta}-\frac{\mathrm{i}}{\sin\theta}\frac{\partial}{\partial\lambda}\right)\Theta_n^s(\theta). \quad(3.54)$$

这里他假定:

$$\psi_n(\theta)=\Theta_n^s(\theta)\mathrm{e}^{\mathrm{i}s\lambda}. \quad(3.54a)$$

上式与经度 λ 无关.因此,由西方进入空气柱的能量恰好等于向东方流出的能量;在讨论单位空气柱的能量流时,不必考虑水平方向上的能量变化.

在垂直方向上向上传输的能量流,等于 p 和 w 的实数部分的乘积在一个振荡周期内的平均值.按复变函数理论,该平均能量流为:

$$E=\overline{\mathrm{Re}(p)\cdot\mathrm{Re}(w)}=\frac{1}{2}\mathrm{Re}(pw^*),$$

式中 w^* 是 w 的共轭值;Re 指复数的实数部分;其平均值是对一个振荡周期来求的.利用(3.45)和(3.46)式,可以求得很高高空中(即当 ζ 足够大时)的平均能量流:

$$E_n=\frac{\overline{p_0}h_n\gamma^2}{2\sigma}[\Theta_n^s(\theta)]^2\mathrm{Im}\left[y_n^*\frac{\mathrm{d}y_n}{\mathrm{d}\zeta}\right], \quad(3.55)$$

式中 y_n^* 是 y_n 的共轭值,Im 表示复数的虚数部分.

如上所述,通过潮汐作用给予大气的能量,主要集中于密度较大的大气低层;另一方面,太阳的加热效应也主要通过下垫面作用于大气.因此,形成大气振荡的能量是从低层铅直向上传输的,即是说:$E_n>0$.这样,我们就得到威尔克斯关于大气高界的边界条件:

$$\mathrm{Im}\left(y_n^*\frac{\mathrm{d}y_n}{\mathrm{d}\zeta}\right)>0. \quad(3.56)$$

§3.4　大气的自由振荡

一百多年以来,人们为了运用共振理论来解释太阳半日气压分波 $S_2(p)$ 增大的现象，总期望找到一个接近 12 太阳时的大气自由振荡周期. 大气可以看成是空气的海洋；大气的温度分布及其相应的结构，在重力场内维持平衡状态. 如果由于某种原因在平衡状态上加以扰动，则大气将产生与它的物理结构相适应的自由振荡. 现在摆在我们面前的首要课题，就是从不同的简化大气模式来计算大气的自由振荡周期. 对于大气的自由振荡，方程(3.42)—(3.47)中：

$$\Omega_n = 0; \quad J_n = 0. \tag{3.57}$$

标高 H 是表征大气垂直温度分布的参数，其具体表达式可以通过实际观测结果给出. 但实际的温度垂直分布是很复杂的，H 也难于用一个简单的函数来表示. 因此，为了求得大气振荡方程的解析解，我们引入一些简化的大气模式来进行讨论. 下面将分别讨论西伯尔特模式，两层模式及线性递减模式三种情况.

1. 西伯尔特大气模式[25]

西伯尔特假定，标高 H 随高度的变化是：

$$H(\zeta) = \Delta H e^{-\kappa\zeta} + H(\infty), \tag{3.58}$$

$$\Delta H = H(0) - H(\infty) \geqslant 0, \tag{3.59}$$

式中 $H(0)$ 和 $H(\infty)$ 分别代表地面及无穷远处的标高值. 这个模式实质上是由等温模式与对流稳定模式结合而成的. 若取(3.57)式中 $H(\infty)=0$，则

$$H(\zeta) = H(0)e^{-\kappa\zeta}. \tag{3.60}$$

这就是对流稳定模式中标高 H 随高度的变化关系. 另一方面，如果取(3.57)式中 $\Delta H = 0$，则

$$H(\zeta) = H(\infty) = H(0) = 常数. \tag{3.61}$$

这就是等温模式中标高随高度的变化关系. 因此，我们只需了解到西伯尔特模式大气自由振荡的情况，就可以很容易地推导出等温模式与对流稳定模式的情形. 为了与海洋潮汐情况易于比较起见，下面我们主要求解相应于各种模式的大气自由振荡本征值 $\hat{h}_n$.

将(3.57)及(3.58)式代入方程(3.42)，则相应于西伯尔特大气模式作自由振荡时的微分方程(3.42)简化为：

$$\frac{\mathrm{d}^2 y_n}{\mathrm{d}\zeta^2} - \frac{1}{4}\left[1 - \frac{4\kappa H(\infty)}{\hat{h}_n}\right]y_n = 0. \tag{3.62}$$

当 $\hat{h}_n > 4\kappa H(\infty)$ 时，该微分方程有两个指数形式的解；一个随着高度而递增，另一个则随着高度递减. 考虑到这些解必需满足边界条件(3.53)式，故只有后一个解适合，于是得到：

$$y_n(\zeta) = A_n e^{-\frac{\zeta}{2}\sqrt{1-\frac{4\kappa H(\infty)}{\hat{h}_n}}}, \tag{3.63}$$

A_n 为任意常数. 利用地面上垂直速度为零的边界条件(3.49)式，考虑到 $\Omega_n(0)=0$，则得到：

$$\hat{h} = H^2(0) / [H(0) - \kappa H(\infty)]. \tag{3.64}$$

如果 $\Delta H \geqslant 0$，则 $\hat{h} > 4\kappa H(\infty)$. 这个 $\hat{h}$ 就是西伯尔特大气模式中唯一的一个本征值，它的具体数值决定于地面及无穷远处大气的温度. 若取 $T_0(\infty) = 160K$，$T_0(0) = 288K$，则可求得相应的本征值 $\hat{h} = 10.0$ 公里.

当 $\hat{h}_n < 4\kappa H(\infty)$ 时，方程 (3.62) 变成：

$$\frac{\mathrm{d}^2 y_n}{\mathrm{d}\zeta^2} + \frac{1}{4}\left[\frac{4\kappa H(\infty)}{\hat{h}_n} - 1\right] y_n = 0. \tag{3.65}$$

此微分方程有两个三角函数形式的解，它们是不满足边界条件 (3.53) 式的，故在西伯尔特模式中 $\hat{h}_n$ 值是不能小于 $4\kappa H(\infty)$ 的.

利用 (3.60) 及 (3.61) 式，我们可以很快地求得对流稳定模式及等温模式中的大气本征值分别为：

$$\hat{h} = H(0), \tag{3.66}$$

及

$$\hat{h} = \gamma H(0). \tag{3.67}$$

若取地面平均温度 $T_0(0) = 288\mathring{\text{K}}$，则处于对流稳定的自动正压大气（垂直温度梯度＝绝热大气温度梯度＝$-g/c_p = -10\,\mathrm{°C}$/公里）的本征值 $\hat{h} = 8.44$ 公里；而等温模式大气的本征值 $\hat{h} = 11.8$ 公里.

2. 线性递减模式

假设大气中温度随高度作线性递减，且递减率小于绝热大气温度梯度，大气层处于稳定平衡. 这时，标高 H 随高度变化的关系式为：

$$H(\zeta) = H(0)\mathrm{e}^{-\beta\zeta}, \tag{3.68}$$

式中 $H(0)$ 是相应于地面温度的标高，β 是标高的垂直梯度：

$$H(z) = H(0) - \beta z, \quad \text{或} \quad \mathrm{d}H/\mathrm{d}z = -\beta. \tag{3.69}$$

在把 (3.68) 式代入 (3.42) 式以前，我们先引入一个新的变数：

$$\xi = \frac{2}{\beta}\sqrt{(\kappa - \beta)\frac{H(0)}{\hat{h}_n}}\mathrm{e}^{-\frac{\beta}{2}\zeta}. \tag{3.70}$$

应用新变数，把方程 (3.42) 化为贝塞尔微分方程：

$$\frac{\mathrm{d}^2 y_n}{\mathrm{d}\xi^2} + \frac{1}{\xi}\frac{\mathrm{d}y_n}{\mathrm{d}\xi} + \left(1 - \frac{1}{\beta^2\xi^2}\right) y_n = 0. \tag{3.71}$$

它的解为 $\frac{1}{\beta}$ 及 $-\frac{1}{\beta}$ 级贝塞尔函数（这时 $\frac{1}{\beta}$ 不为整数）或 $\frac{1}{\beta}$ 级诺伊曼（Neumann）函数（当 $\frac{1}{\beta}$ 为整数时）. 而当 $\beta = 0$，即相应于等温模式的情况，这已经在上面进行过讨论.

根据边界条件(3.53)得知, $-\frac{1}{\beta}$ 级贝塞尔函数的根 $J_{-\frac{1}{\beta}}$ 是不满足的,仅 $\frac{1}{\beta}$ 级贝塞尔函数的根可以采用.这样得:

$$y_n = A_n J_{\frac{1}{\beta}}(\xi),\tag{3.72}$$

式中 A_n 为任意常数.根据贝塞尔函数的微分关系式:

或

$$\left.\begin{array}{l} J'_\nu(x) - \dfrac{\nu J_\nu(x)}{x} = -J_{\nu+1}(x), \\[3mm] J'_\nu(x) + \dfrac{\nu J_\nu(x)}{x} = J_{\nu-1}(x). \end{array}\right\}\tag{3.73}$$

可以求得 $dy_n/d\zeta$ 为:

$$dy_n/d\zeta = -\frac{\beta}{2}\xi A_n\left[J_{\frac{1}{\beta}-1}(\xi) - \frac{1}{\beta\xi}J_{\frac{1}{\beta}}(\xi)\right].\tag{3.74}$$

利用条件(3.49),考虑 $\Omega_n = 0$,则

$$\frac{H(0)}{\hat{h}_n}J_{\frac{1}{\beta}}(\xi_n) = \frac{1}{2}\beta\xi_n J_{\frac{1}{\beta}-1}(\xi_n),\tag{3.75}$$

式中 ξ_n 表示相应于 $\zeta = 0$ 处的 ξ 值.再应用变换式(3.70),考虑在地面的情况下:

$$\hat{h}_n = 4\frac{\kappa - \beta}{\beta^2}\frac{H(0)}{\xi_n^2},\tag{3.76}$$

即得线性递减模式中大气自由振荡本征值 $\hat{h}_n$ 的表达式.式中 ξ_n 是微分方程:

$$\xi_n J_{\frac{1}{\beta}}(\xi_n) = 2\left(\frac{\kappa}{\beta} - 1\right)J_{\frac{1}{\beta}-1}(\xi_n)\tag{3.77}$$

的根.超越方程(3.77)可有无穷个根,对应于每一个根 ξ_n 就有一个本征值 $\hat{h}_n$.因此,在温度随高度作线性递减的模式中,大气具有无穷个自由振荡的本征值.

作为一个例子,我们取 $\kappa = \frac{2}{7} \approx 0.30$,温度垂直梯度为 $0.66\,℃/$公里,则 $\beta \approx 0.20$;且取 $H_0(0) = 8.64$ 公里,则方程(3.77)可化为:

$$\xi_n J_5(\xi_n) = J_4(\xi_n).\tag{3.78}$$

利用贝塞尔函数的递推公式,(3.78)式变为:

$$(336 - 64\xi_n^2 + \xi_n^4)J_1(\xi_n) = (168\xi_n - 11\xi_n^3)J_0(\xi_n).\tag{3.79}$$

满足方程(3.79)的解有无穷个,它们是:

$$(\xi)_1 = 1.03, (\xi)_2 = 3.03, (\xi)_3 = 6.61\cdots.\tag{3.80}$$

再根据(3.76)式,可求得相应的大气自由振荡的本征值分别为:

$$(\hat{h})_1 = 81.45 \text{ 公里}, (\hat{h})_2 = 9.41 \text{ 公里}, (\hat{h})_3 = 1.98 \text{ 公里}, \cdots.$$

$$\tag{3.81}$$

3. 两层模式

我们知道,对流层中温度向上基本上是呈线性递减的;越过对流层顶,进入平流层后,温度维持不变.因此,不少作者就引用两层模式来讨论大气(更正确地讲是低层大气)的振荡问题.由§3.2和§3.3中的讨论已经知道,在温度向上作线性递减的对流层中,应满足(3.72)式的解,而本征值 $\hat{h}_n$ 包含在变数 ξ 之中;在等温的平流层中,应满足(3.63)式的解,并且 $H(\infty)=H(0)=$ 常数.此外,在两层的交界面上,即在对流层顶处,参数 u, v, w, p, ρ, T 都必须是连续的;而这些参数又全是 χ_n 及 $\mathrm{d}\chi_n/\mathrm{d}z$ 的函数,也就是 y_n 和 $\mathrm{d}y_n/\mathrm{d}\zeta$ 的函数.因此,在两层的交界面上,y_n, $\mathrm{d}y_n/\mathrm{d}\zeta$ 以及 $(\mathrm{d}y_n/\mathrm{d}\zeta)/y_n$ 都必须是连续的.根据这个条件,我们可以求得大气自由振荡本征值 $\hat{h}_n$ 所必须满足的方程.

由(3.72),(3.74)及(3.63)式可分别求得:

对流层中:

$$\frac{\mathrm{d}y_n}{\mathrm{d}\zeta}/y_n = \frac{1}{2} - \frac{\beta}{2}\xi\left[\frac{\mathrm{J}_{\frac{1}{\beta}-1}(\xi)}{\mathrm{J}_{\frac{1}{\beta}}(\xi)}\right];$$

平流层中:

$$\frac{\mathrm{d}y_n}{\mathrm{d}\zeta}/y_n = -\frac{1}{2}\sqrt{1-\frac{4\kappa H(\infty)}{\hat{h}_n}}.$$

若对流层位于 ζ_1 处,$H(\infty)=H(0)-\beta\zeta_1$,则

$$\beta\xi_1\frac{\mathrm{J}_{\frac{1}{\beta}-1}(\xi_1)}{\mathrm{J}_{\frac{1}{\beta}}(\xi_1)} + \sqrt{1-\frac{4\kappa H(\infty)}{\hat{h}_n}} = 1. \tag{3.82}$$

此方程决定了 $\hat{h}_n$ 的值,式中 ξ_1 表示由(3.70)式所确定的 $\zeta=\zeta_1$ 处的值,它也是 $\hat{h}_n$ 的函数.由(3.82)式看出,对于两层大气模式,也存在着无穷个大气自由振荡的本征值.

以上结果首先由兰姆得到,以后泰勒、柏格列斯又进一步作了一些工作.特别是柏格列斯[7],他采用了五层大气模式来近似地表示大气温度的垂直分布,求得在大气中存在着两个本征值:$\hat{h}_n=10$ 公里及 $\hat{h}_n=7.9$ 公里,它们分别与两个大气自由振荡周期相对应:10.5 小时及 12 小时(见表 7 及图 18).

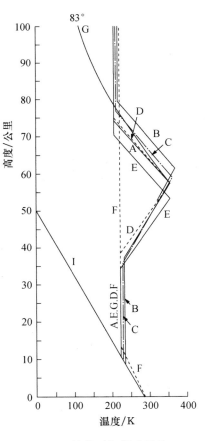

图 18　柏格列斯所采用的
五层大气模式

表 7　五层大气模式（地面 $\overline{T}(0)=288K$，$H(0)=8.43$ 公里）

大气模式	A	B	C	D	E	F	G	I
$\hat{h}_1$/公里	10.18	10.43	—			10.08	10.20	9.36
$\hat{h}_2$/公里	7.815	8.192	8.001	7.815	7.654	—	7.815	1.420

§3.5　大气的强迫振荡

1. 拉普拉斯潮汐方程

在研究大气的强迫振荡之前,我们先讨论一下频率方程,因为每个参数都展成 ψ_n 的级数. 拉普拉斯[1]首先在海洋潮汐理论中得到了方程(3.32),后来霍格(Hough)、威尔克斯等人又引伸到大气中,并作了进一步的发展.

海洋可以看成为不可压缩流体,密度为常数 ρ_0,$\chi=\nabla\cdot v=0$. 如果海洋表面在潮汐力作用下发生扰动,海面高度由 $z=h$ 升到 $z=h+\eta$ 处,根据自由表面上运动学边界条件:

$$w\big|_{z=h+\eta}=\frac{\mathrm{d}z}{\mathrm{d}t}\cong\frac{\partial\eta}{\partial t}=\mathrm{i}\sigma\eta\quad(\eta\propto e^{\mathrm{i}\sigma t}),\tag{3.83}$$

则由(3.5)式求 $z=0$ 到 $z=h+\eta$ 的积分,得:

$$\frac{h}{R_{\mathrm{E}}\sin\theta}\frac{\partial}{\partial\theta}(u\sin\theta)+\frac{h}{R_{\mathrm{E}}\sin\theta}\frac{\partial v}{\partial\lambda}+\mathrm{i}\sigma\eta=0.\tag{3.84}$$

考虑到 p 与 ρ_0 有下面的近似关系:

$$p/\rho_0=g\eta,\tag{3.85}$$

再引入平衡潮的概念:

$$\overline{\eta}=-\frac{\Omega}{g}.\tag{3.86}$$

它代表在平衡情况下,潮汐位势 Ω 所引起的海水面起伏. 利用(3.20)和(3.21)式代替 u,v,则(3.84)式可变成:

$$F(\eta-\overline{\eta})+\frac{4R_{\mathrm{E}}^2\omega^2}{gh}\eta=0.\tag{3.87}$$

该式就是讨论等深均匀海洋自由振荡及潮汐强迫振荡的基本方程. 霍格[26]首先将(3.87)式中的 η 用球函数展开,并应用无穷迭分法研究了相应于各种深度 h 海洋的自由振荡和强迫振荡类型,以及太阳半日潮,太阴半日潮和其他类型振荡的放大情况.

可以看出,在自由振荡时,(3.87)式中 $\overline{\eta}=0$,如果把 η 用 ψ_n 的级数展开,就

可以得到与(3.32)式相类似的频率方程. 方程(3.32)中由于分离变数所引入的常数 h_n,即相应于方程(3.87)中的海洋深度 h,因此,我们把 h_n 称为大气潮汐的等效深度.

下面我们进一步讨论大气振荡的频率方程(3.32),可以将 ψ_n 用霍格函数展开:

$$\psi_n(\theta,\lambda) = \Theta_{l,n}^s(\theta)\,e^{is\lambda} , \tag{3.88}$$

式中 $\Theta_{l,n}^s(\theta)$ 称为霍格函数,它实质上就是一组球函数的叠加. s 是沿纬圈上的波数,l 表示强迫振荡类型频率的参数. s,l 均为正整数,并且

$$l = \frac{\sigma t_d}{2\pi} = \frac{\omega f t_d}{\pi} = 1,2,3,\cdots. \tag{3.89}$$

σ 即强迫振荡类型的频率,t_d 是相应平均太阳日、平均太阴日或平均恒星日的时间,其单位用秒表示. 根据霍格函数的特性我们还知道,$s \leqslant n$;对于驻波,$s=0$;对于各类型的行波,必须 $s=l$.

根据展开式(3.88),令 $\mu = \cos\theta$,振荡的频率方程(3.32)可化为:

$$\frac{d}{d\mu}\left(\frac{1-\mu^2}{f^2-\mu^2} \cdot \frac{d\Theta_{l,n}(\mu)}{d\mu} \right) - \frac{1}{f^2-\mu^2}\left[\frac{s}{f}\frac{f^2+\mu^2}{f^2-\mu^2} + \frac{s^2}{1-\mu^2} \right]\Theta_{l,n}^s(\mu)$$
$$+ \frac{4R_E^2\omega^2}{gh_n}\Theta_{l,n}^s(\mu) = 0. \tag{3.90}$$

由此可以求得 $\Theta_{l,n}^s(\mu)$ 值. 应用展开式(3.30),(3.88),可以求出相应各种强迫振荡波型的解:

$$\left.\begin{aligned}
S_l^s(p) &= \sum_n p_{l,n}^s(\zeta)\Theta_{l,n}^s(\theta)\,e^{i(\sigma t + s\lambda)} , \\
L_l^s(p) &= \sum_n p_{l,n}^s(\zeta)\Theta_{l,n}^s(\theta)\,e^{i(\sigma t + s\lambda)} ,
\end{aligned}\right\} \tag{3.91}$$

式中 S_l^s 及 L_l^s 分别表示各种波型的太阳潮汐波与太阴潮汐波. 如 S_2^0 即表示太阳半日驻波,L_2^2 表示太阴半日行波等等.

这里我们要特别注意,大气自由振荡本征值 $\hat{h}_n$ 与大气等效深度 h_n 这两个概念的区别及其关系. 由上面的讨论可以看出,对应于一个波型 S_l^s(或 L_l^s)族,即对应于一对 l(即 σ 或 f)和 s 值,可以有无数个等效深度 h_n,这就是说 h_n 决定于三个参数 l(即 σ 或 f)、n 和 s. h_n 是对应于强迫振荡中波型 $S_{l,n}^s$ 的本征值,是表征大气强迫振荡的参量. 从 §3.4 中的讨论知道,$\hat{h}_n$ 是大气自由振荡的本征值,它仅仅决定于大气结构,与强迫振荡的波型无关;而在线性递减模式及两层模式中,大气有无数个自由振荡的本征值. 由此可见,$\hat{h}_n$ 和 h_n 的意义是不同的. 另一方面,对应于一个大气自由振荡的本征值,总是可以讨论无数个不同的强迫振荡的波型 $S_{l,n}^s$,而相应于每一个强迫振动的波型又有它的本征值 h_n(为了避免混淆,后者我们称为大气的等效深度). 当某一表征强迫振荡特性的大气等效深度

h_n 与大气自由振荡本征值 $\hat{h}_n$ 相等时,就会发生共振现象,这种波型的振幅也将由于共振而放大.

根据霍格函数的特性,(3.90)式的一般解可以表达为:

$$\Theta_{l,n}^s(\mu) = \sum_\nu C_{l,n}^{s,\nu} \mathrm{P}_\nu^s(\mu), \tag{3.92}$$

也就是把 $\Theta_{l,n}^s(\mu)$ 用球函数 $\mathrm{P}_\nu^s(\mu)$ 展开. 根据霍格函数的正交性,可以确定系数:

$$\int_{-1}^{+1} \left[\Theta_{l,n}^s(\mu)\right]^2 \mathrm{d}\mu = \int_0^\pi \left[\Theta_{l,n}^s(\theta)\right]^2 \sin\theta \mathrm{d}\theta = 1. \tag{3.93}$$

进一步我们选择

或

$$\left.\begin{aligned} & C_{l,n}^{s,n} = 1, \\ & \int_{-1}^{+1} \Theta_{l,n}^s(\mu) \mathrm{P}_n^s(\mu) \mathrm{d}\mu = \frac{2}{2n+1}\delta_{n,n}^s, \end{aligned}\right\} \tag{3.94}$$

其中

$$\delta_{n,n}^s = \begin{cases} 1, & \text{如果 } s = 0; \\ 2, & \text{如果 } s = 1,2,3,\cdots. \end{cases}$$

西伯尔特根据上述方法,对相应于不同波型的解作了数值计算. 为了后面便于比较起见,我们亦可用霍格函数把球函数展开:

$$\mathrm{P}_m^s(\theta) = \sum_{n=s}^\infty \gamma_{l,m}^{s,n} \Theta_{l,n}^s(\theta). \tag{3.95}$$

同样,应用霍格函数和球函数的正交性,可以决定展开式(3.95)式中的系数:

$$\gamma_{l,m}^{s,n} = \frac{C_{l,n}^{s,m}}{(2m+1)\dfrac{\sum_\nu (C_{l,n}^{s,\nu})^2}{(2\nu+1)}}. \tag{3.96}$$

他们计算的结果列于表 8.

表 8　不同波型的霍格函数与球函数的相互展开式
(取 $g/4R_\mathrm{E}^2\omega^2 = 0.011349$)

（一）太阳半日行波	$t_\mathrm{d} = 86,400.00$ 秒, $s=2$, $f=0.99727$, $\sigma=1.4544\times10^{-4}$/秒, $n=2$, $h_2=7.85$ 公里, $\quad\Theta_{2,2}^2(\theta) = \mathrm{P}_2^2 - 0.339\mathrm{P}_4^2 + 0.041\mathrm{P}_6^2 - 2\times10^{-3}\mathrm{P}_8^2 + \cdots$ $n=4$, $h_4=2.11$ 公里, $\quad\Theta_{2,4}^2(\theta) = 0.202\mathrm{P}_2^2 + \mathrm{P}_4^2 - 0.819\mathrm{P}_6^2 + 0.24\mathrm{P}_8^2 - 0.04\mathrm{P}_{10}^2 + \cdots$ $\mathrm{P}_2^2(\theta) = 0.939\Theta_{2,2}^2 + 0.231\Theta_{2,4}^2 + 0.0703\Theta_{2,6}^2 + \cdots$ $\mathrm{P}_4^2(\theta) = -0.177\Theta_{2,2}^2 + 0.638\Theta_{2,4}^2 + 0.235\Theta_{2,6}^2 + \cdots$

续表

（2）太阳半日驻波	$t_d = 86,400.00$ 秒, $s=0$, $f=0.99727$, $\sigma=1.4544\times10^{-4}$/秒, $n=2, h_2=8.85$ 公里, $\Theta_{2,2}^0(\theta) = P_2 - 0.386P_4 + 0.044P_6 - 2\times10^{-3}P_8 + \cdots$ $n=4, h_4=2.21$ 公里, $\Theta_{2,4}^0(\theta) = 0.229P_2 + P_4 - 0.846P_6 + 0.24P_8 - 0.04P_{10} + \cdots$ $P_2(\theta) = 0.923\Theta_{2,2}^0 + 0.254\Theta_{2,4}^0 + 0.0797\Theta_{2,6}^0 + \cdots$ $P_4(\theta) = -0.198\Theta_{2,2}^0 + 0.617\Theta_{2,4}^0 + 0.232\Theta_{2,6}^0 + \cdots$
（3）太阳⅓日行波	$t_d = 86,400.00$ 秒, $s=3$, $f=1.45959$, $\sigma=2.1817\times10^{-4}$/秒, $n=3, h_3=12.89$ 公里, $\Theta_{3,3}^3(\theta) = P_3^3 - 0.105P_5^3 + 5.2\times10^{-3}P_7^3 - 10^{-4}P_9^3 + \cdots$ $n=4, h_4=7.66$ 公里, $\Theta_{3,4}^3(\theta) = P_4^3 - 0.164P_6^3 + 0.012P_8^3 - 5\times10^{-4}P_{10}^3 + \cdots$ $P_3^3(\theta) = 0.993\Theta_{3,3}^3 + 0.102\Theta_{3,5}^3 + 0.0160\Theta_{3,7}^3 + \cdots$ $P_4^3(\theta) = 0.982\Theta_{3,4}^3 + 0.155\Theta N_{3,6}^3 + \cdots$
（4）太阴半日行波	$t_d = 89,428.33$ 秒, $s=2$, $f=0.96350$, $\sigma=1.4052\times10^{-4}$/秒, $n=2, h_2=7.07$ 公里, $\Theta_{2,2}^2(\theta) = P_2^2 - 0.375P_4^2 + 0.050P_6^2 - 3\times10^{-3}P_8^2 + \cdots$ $n=4, h_4=1.85$ 公里, $\Theta_{2,4}^2(\theta) = 0.227P_2^2 + P_4^2 - 0.951P_6^2 + 0.32P_8^2 - 0.06P_{10}^2 + \cdots$ $P_2^2(\theta) = 0.927\Theta_{2,2}^2 + 0.230\Theta_{2,4}^2 + 0.0584\Theta_{2,6}^2 + \cdots$ $P_4^2(\theta) = -0.193\Theta_{2,2}^2 + 0.564\Theta_{2,4}^2 + 0.174\Theta_{2,6}^2 + \cdots$

2. 潮汐强迫振荡

　　大气的强迫振荡是由于外力激发所造成的. 人们一般从两方面去考虑这种激发振荡的外力：动力因子和热力因子. 动力因子主要是太阳或月亮的潮汐作用力. 这里我们先讨论由于潮汐作用所激发的强迫振荡.

　　在图 19 中, M, E 及 P 分别表示月球中心、地球中心及地球大气层或海洋中一点的位置, 各点之间的距离分别以 r_L, r_{L1} 及 R_E 表示. 根据万有引力定律, P 点处单位质量所受的潮汐位势, 即月亮对 P 点及对 E 点的引力位势之差为：

$$\Omega = \frac{GM_L}{r_{L1}} - \frac{GM_L r_{L2}}{r_L^2}, \tag{3.97}$$

G 是万有引力常数, M_L 是月球的质量, r_{L2} 是 EP 在 EM 方向上的投影. 为了使地球中心 E 处的潮汐位势等于零, 可

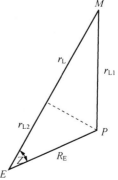

图 19　太阴潮汐示意图

以在上式中减去一个常数 GM_L/r_L，则太阴潮汐位势为：

$$\Omega_L = GM_L\left[\frac{1}{r_{L1}} - \frac{1}{r_L} - \frac{r_{L2}}{r_L^2}\right]. \tag{3.98}$$

同理，太阳潮汐位势为：

$$\Omega_S = GM_S\left[\frac{1}{r_{S1}} - \frac{1}{r_S} - \frac{r_{S2}}{r_S^2}\right], \tag{3.99}$$

M_S 代表太阳质量，r_{S1}，r_S 及 r_{S2} 代表相应于太阳的距离. 将 $1/r_{L1}$ 按 R_E/r_L 展开，则

$$\begin{aligned}
\frac{1}{r_{L1}} &= \frac{1}{r_L}\left[1 + \frac{R_E}{r_L}\cos Z - \frac{1}{2}\left(\frac{R_E}{r_L}\right)^2 + \frac{3}{2}\left(\frac{R_E}{r_L}\right)^2\cos^2 Z\right.\\
&\quad \left. - \frac{3}{2}\left(\frac{R_E}{r_L}\right)^3\cos Z + \frac{5}{2}\left(\frac{R_E}{r_L}\right)^3\cos^2 Z + \cdots\right]\\
&= \frac{1}{r_L}\sum_{n=0}^{\infty}\left(\frac{R_E}{r_L}\right)^n P_n(z).
\end{aligned}$$

$P_n(z)$ 是勒让德（Legendre）多项式，Z 代表天顶距. 实际上 R_E/r_L 与 R_E/r_S 都是很小的，因此只取展开式中的第一项就足够了，所以总潮汐位势可表达为：

$$\Omega = \sum_j \frac{GM_j R_E^2}{2r_j^3}(3\cos^2 Z_j - 1), \tag{3.100}$$

$j = L,S$ 分别代表月亮与太阳的情况.

　　一般地说，潮汐位势可直接用勒让德函数或霍格函数展开：

$$\Omega(\zeta,\theta,\lambda) = \sum \Omega(\zeta)\Theta_{l,n}^s(\theta)e^{i\sigma t + is\lambda} \tag{3.101}$$

这就便于处理我们要讨论的问题了. 此外，还需指出，在运动方程中潮汐力的垂直分量 $\partial\Omega/\partial z$ 与地球重力 g 相比是很小的，可以略去. 因此，大气层及海洋潮汐现象都是由于水平潮汐力所引起的. 潮汐力在整个地球上的分布情况，可参见图 20.

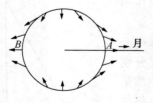

潮汐力在通过月球地心
截面上的分布

潮汐力在地球表面上的分布，
P 为北极，M 在 A 点的
天顶，$O_1 O_2$ 为一纬圈

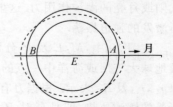

在潮汐作用下，地球水面
的变化由原为圆球的水面
压成为椭圆体

图 20　潮汐力的分布

现在让我们进一步讨论潮汐力对大气振荡的影响. 从微分方程(3.42)中可以看出,它并不包含着 Ω 的因子. 因此,它的解与自由振荡时的解相同,其差别仅在于: $\hat{h}_n$ 需用 h_n 代替; $\hat{h}_n$ 代表相对于各种大气模式的解中的大气自由振荡的本征值,而 h_n 代表强迫振荡中的大气等效深度. 对于西伯尔特大气模式,解的形式为:

$$y_n(\zeta) = A_n \mathrm{e}^{-\frac{\zeta}{2}\sqrt{1-\frac{4\kappa H(\infty)}{h_n}}}. \tag{3.102}$$

这里已应用了边界条件(3.53). 同时,只有 $h_n \geqslant 4\kappa H(\infty)$,解才有意义.

我们感兴趣的问题是求解共振放大倍数. 与海洋平衡潮 $\bar{\eta}$(见(3.86)式)相类似,我们引入大气平衡潮 $\bar{p}$ 作为放大倍数的量度单位. 应用关系式(3.85)及(3.86),可得:

$$\bar{p} = -\bar{\rho}\Omega. \tag{3.103}$$

根据(3.100)式,并用地面大气密度值 $\overline{\rho(0)} = 1.226 \times 10^{-3}$ 克/厘米³,曼查尔(Melchior)得到地面上太阴半日分波的大气平衡潮为:

$$\overline{p_{2,\mathrm{L}}^2(0)} = 3.369 p_2^2(0) \sin[2\sigma_\mathrm{L} t_\mathrm{L} + 2\lambda + 90°] \times 10^{-2} \text{ 毫巴}^①,$$

$$= [3.12\Theta_{2,2}^2 + 0.77\Theta_{2,4}^2 + 0.20\Theta_{2,6}^2 + \cdots]\mathrm{e}^{\mathrm{i}(\sigma_\mathrm{L} t_\mathrm{L}+2\lambda)} \times 10^{-2} \text{ 毫巴},$$

$$\tag{3.104}$$

式中 $\sigma_\mathrm{L} = 1.4052 \times 10^{-4}/秒$, t_L 是地方太阴时. 地面上太阳半日气压分波的大气平衡潮为:

$$\overline{p_{2,\mathrm{s}}^2(0)} = 1.571 p_2^2(\theta) \sin[2\sigma_\mathrm{s} t_\mathrm{s} + 2\lambda + 90°] \times 10^{-2} \text{ 毫巴}$$

$$= (1.48\Theta_{2,2}^2 + 0.36\Theta_{2,4}^2 + 0.11\Theta_{2,6}^2 + \cdots)\mathrm{e}^{\mathrm{i}(\sigma_\mathrm{s} t_\mathrm{s}+2\lambda)} \times 10^{-2} \text{ 毫巴},$$

$$\tag{3.105}$$

式中 $\sigma_\mathrm{s} = 1.4544 \times 10^{-4}/秒$, t_s 是地方太阳时.

现在我们需要求潮汐作用后各压力变化的分量值. 利用关系式(3.36)和(3.49),可以求得:

$$p_n(0) = \frac{\mathrm{i}\gamma}{\sigma} \overline{p(0)} y_n(0). \tag{3.106}$$

再应用地面边界条件(3.49),求得(3.102)式中的常数 A_n:

$$A_n = 2\mathrm{i}\sigma\Omega_n(0)/\gamma g[2H(0) - h_n(1+\beta_n)], \tag{3.107}$$

而

$$\beta_n = +\sqrt{1 - 4\kappa\frac{H(\infty)}{h_n}} \quad (当 \ h_n \geqslant 4\kappa H(\infty)), \tag{3.108}$$

将 A_n 值代入(3.102)式,并利用关系式(3.106)及(3.103),则得:

---

① 重排注:1 巴(bar) $= 1 \times 10^5$ 帕斯卡(Pa).

$$p_n(0) = \frac{2H(0)}{2H(0) - h_n(1+\beta_n)} \overline{\overline{p_n(0)}}. \tag{3.109}$$

如前所述,可取大气平衡潮作为共振放大倍数的量度单位.对于西伯尔特大气模式,共振放大倍数等于:

$$M_n = \left| \frac{p_n(0)}{\overline{P_n(0)}} \right| = \left| \frac{2H(0)}{2H(0) - h_n(1+\beta_n)} \right|. \tag{3.110}$$

由此式明显地看出,当 $h_n = \hat{h}_n$ 时,M_n 趋向 ∞,即大气发生共振.当然,实际大气中不会出现 M_n 趋向 ∞ 的情况.这是因为我们略去摩擦力的阻尼作用以及非线性项的结果.

利用(3.110)式,可以容易地求出等温大气模式的共振放大倍数:

$$M_n = |\, 2H(0)/[2H(0) - h_n(1+\beta'_n)]\,|, \tag{3.111}$$

式中

$$\beta'_n = + \sqrt{1 - 4\kappa \frac{H(0)}{h_n}} \quad (\text{当 } h_n \geqslant 4\kappa H(0)).$$

对于对流稳定大气模式,$H(\infty) = 0$,共振放大倍数等于:

$$M_n = |\, H(0)/[H(0) - h_n]\,|. \tag{3.112}$$

应当指出,上述解中所必需满足的条件:

$$h_n \geqslant 4\kappa H(\infty) \quad \text{即} \quad h_n \geqslant 0.0335 T_0(\infty). \tag{3.113}$$

它的物理意义是很难理解的.如果取 $T_0(\infty) = 270K$,则波型的等效高度若小于 9 公里就不能出现,这与实际观测结果不符合.实际地面观测到的潮汐波的等效深度多数要小于 9 公里.对于这个矛盾的事实,人们提出了各种解释.柏格列斯认为:这不是由于物理原因,而是由于数学处理中不合理的简化所造成的结果.我们将在 §3.6 进一步讨论这些问题.

加卡及柯柏[10]利用实际观测资料进行了计算,得到了大气潮汐振荡的共振曲线,如图 21 所示.(a)图表示相应的大气模式.图 21 表明,中层大气的高温区是出现大气第二个本征值($\hat{h}_2 = 7.9$ 公里)的必要条件,并且中层大气温度的高低及其出现高度对第二个共振的出现与否有重要的影响.

3. 热力强迫振荡

从拉普拉斯开始,就猜想到热力激发因素是引起大气强迫振荡的重要原因之一.卡普曼[4]、威尔克斯[9]分别在不同的假设下,证明了热力激发因子与潮汐激发因子对大气强迫振荡具有同样的贡献.通过实际观测资料的分析,发现大气中存在着全日温度分波与半日温度分波.全日温度分波 $S_1(T)$ 的分布是很不规则的,随着地区、季节及天气都有显著的差别,其平均振幅约 1℃ 左右.半日温度分波 $S_2(T)$ 与半日气压分波 $S_2(p)$ 有相类似的特性,即可分解为半日温度驻波

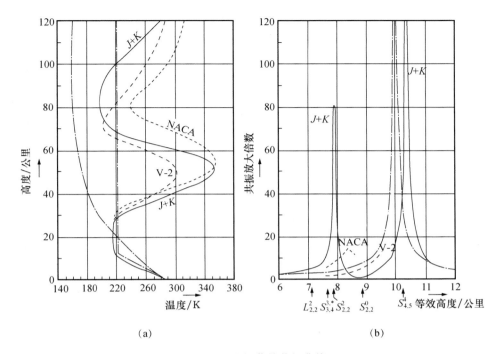

(a)   (b)

图 21 潮汐振荡的共振曲线

$S_2^0(T)$ 与半日温度行波 $S_2^2(T)$ 两组,它们亦可用勒让德级数展开式来表示.

在 §3.3 中已经提到,在大气振荡问题中的温度变化,共包括两个部分:由于大气外界热力激发(如太阳辐射等)而产生的原始温度变化,及由于大气振荡而导致的派生的温度变化.与基本方程组中热力因子 J 相关的仅是原始温度变化.因此,

$$T = \tau + \tau'. \tag{3.114}$$

τ 与 τ' 分别表示温度的原始变化和派生变化.对于热力激发因子:

$$J = c_p \frac{\partial \tau}{\partial t}. \tag{3.115}$$

应用(3.30)式的形式展开,则(3.115)变成:

$$J_n(z) = \frac{\mathrm{i}\sigma R}{k} \tau_n(z), \tag{3.116}$$

式中 $J_n(z)$(或 $\tau_n(z)$)决定于外来激发因子,这是已知的.派生的温度变化部分,对于不同的大气模式,可以通过基本方程去求解.

从基本方程组(3.7)—(3.11)及(3.18)出发,我们现在只讨论纯粹热力激发作用,于是 $J \neq 0$,$\Omega = 0$.为了讨论方便,像潮汐位势那样,引入一个热力势 U[27]:

$$U = -\frac{\mathrm{i}}{\sigma}\frac{R}{c_v}J = \frac{\gamma-1}{\mathrm{i}\sigma}J. \tag{3.117}$$

利用参数变换：

$$\mathscr{P} = p - \bar{\rho}U, \tag{3.118}$$

把方程(3.7)—(3.9)变成：

$$\frac{\partial u}{\partial t} - 2\omega v\cos\theta = -\frac{1}{R_E}\frac{\partial}{\partial\theta}\left(\frac{\mathscr{P}}{\bar{\rho}} + U\right), \tag{3.119}$$

$$\frac{\partial v}{\partial t} + 2\omega u\cos\theta = -\frac{1}{R_E}\frac{\partial}{\sin\theta\partial\lambda}\left(\frac{\mathscr{P}}{\bar{\rho}} + U\right), \tag{3.120}$$

$$\frac{\partial w}{\partial t} + 2\omega v\sin\theta = -\frac{\partial\mathscr{P}}{\partial z} - g\rho - \frac{\partial}{\partial z}(U\bar{\rho}) = 0. \tag{3.121}$$

方程(3.10)与(3.11)不变. 考虑到 $\mathscr{P}, U \propto e^{\mathrm{i}\sigma t}$, 方程(3.18)变为：

$$\mathrm{i}\sigma\mathscr{P} = wg\bar{\rho} - \gamma g\bar{\rho}H\chi. \tag{3.122}$$

由实际观测到的资料得知, 在对流层中, 若取温度垂直递减率为 $-6\,℃$/公里, 则

$$\frac{1}{\rho}\frac{\partial\bar{\rho}}{\partial z} \sim \frac{1.2}{H(0)}, \quad \frac{1}{U}\frac{\partial U}{\partial z} = \frac{1}{J}\frac{\partial J}{\partial z} \sim \frac{100}{H(0)},$$

于是在(3.121)式中：

$$\frac{\partial}{\partial z}(\bar{\rho}U) = \bar{\rho}U\left(\frac{1}{U}\frac{\partial U}{\partial z} + \frac{1}{\bar{\rho}}\frac{\partial\bar{\rho}}{\partial z}\right) \cong \bar{\rho}\frac{\partial U}{\partial z}, \tag{3.123}$$

即方程(3.121)变成与方程(3.9)有完全相同的形式：

$$\frac{\partial\mathscr{P}}{\partial z} + g\rho + \bar{\rho}\frac{\partial U}{\partial z} = 0. \tag{3.124}$$

至此, 我们可以看到, 在纯粹热力激发的情况下, 基本方程组(3.119), (3.120), (3.122), (3.124), (3.10)及(3.11)是与纯粹潮汐激发情况中的基本方程一一对应. 它们之间的差别仅在于：用 $\mathscr{P}$ 及 U 代替了 p 与 Ω. 在这个方程组的基础上, 可以进一步讨论热力激发的大气振荡问题.

通过同样的步骤, 我们可以得到与方程(3.29)形式类同的微分方程式：

$$H\frac{\partial^2\chi}{\partial z^2} + \left(\frac{\mathrm{d}H}{\mathrm{d}z} - 1\right)\frac{\partial\chi}{\partial z} - \frac{g}{4R_E\omega^2}F\left[\left(\kappa + \frac{\mathrm{d}H}{\mathrm{d}z}\right)\chi\right] = 0. \tag{3.125}$$

考虑到 $\frac{\partial^2 U}{\partial z^2}$ 比 $\frac{\partial U}{\partial z}$ 小一个数量级, 可以略去. 将 χ 展成与(3.30)式类似的极数, 分离变量后得到振幅方程：

$$H\frac{\mathrm{d}^2\chi_n}{\mathrm{d}z^2} + \left(\frac{\mathrm{d}H}{\mathrm{d}z} - 1\right)\frac{\mathrm{d}\chi_n}{\mathrm{d}z} + \left(\kappa + \frac{\mathrm{d}H}{\mathrm{d}z}\right)\frac{\chi_n}{h_n} = 0. \tag{3.126}$$

频率方程与(3.32)式完全相同：

$$F\psi_n + \frac{4R_E^2\omega^2}{gh_n}\psi_n = 0,$$

h_n 表示相应于热力强迫振荡的大气等效深度.

引入简化变换:

$$\zeta = \int_0^z \frac{\mathrm{d}z}{H(z)}, \quad \chi_n(z) = y_n(\zeta)\mathrm{e}^{\frac{\zeta}{2}}, \tag{3.127}$$

则振幅方程变成:

$$\frac{\mathrm{d}^2 y_n}{\mathrm{d}\zeta^2} - \frac{1}{4}\left[1 - \frac{4}{h_n}\left(\kappa H + \frac{\mathrm{d}H}{\mathrm{d}\zeta}\right)\right]y_n = 0. \tag{3.128}$$

这里有趣的是:方程(3.128)与自由振荡和潮汐强迫振荡的基本方程的形式完全相同. 对于不同的大气模式,可相应地得到一组不同的解. 由方程(3.43)—(3.48)可以直接导出各参数的形式解. 为此只需将 Ω_n 变换成 U_n 即可.

方程(3.128)是一个二阶齐次常微分方程,因此就不能由该方程求出方程(3.24)所含有的特解. 进一步的讨论仍需从(3.42)式着手. 下面我们将介绍,在热力激发因子作用下,西伯尔特大气模式中大气强迫振荡的情况.

影响大气的热力因子是相当复杂的,为了数学上易于处理,在研究过程中只能选取其中某几个重要的因子讨论,并且有相当数目的数据尚需由观测结果推得. 观测表明,太阳辐射是地球大气层主要的热源. 除大气层对太阳辐射的直接吸收以外(由于大气层中所含水分及其他物质的作用),更重要的部分是通过下垫面得到的. 太阳辐射的热量被地表吸收以后,先使贴近地面的大气层增温;然后,通过对流、湍流、分子传导以及地面长波辐射等各种形式,把热量(能量)传到高空. 我们知道,在不太高的大气层中,湍流热传导是最重要的因子. 因此,我们先讨论它的作用. 若 K 为湍流热传导系数,则:

$$J_n = c_p K \frac{\partial^2 \tau_n}{\partial^2 z} = \mathrm{i}\sigma c_p \tau_n, \tag{3.129}$$

由此求得:

$$\tau_n(z) = \tau_n(0)\mathrm{e}^{-\frac{kz}{H(0)}}, \tag{3.130}$$

其中

$$k = H(0)\sqrt{\frac{\mathrm{i}\sigma}{K}} = H(0)\sqrt{\frac{\sigma}{K}}\mathrm{e}^{\frac{\pi}{4}\mathrm{i}}. \tag{3.131}$$

由观测得知,K 的平均值约为 10^4 厘米^2/秒,对于太阳半日温度分波($\sigma = 1.4544 \times 10^{-4}$/秒)$|k| \sim 100$. 因此,湍流热力激发因子可近似地表达为:

$$J_n(\zeta) = \mathrm{i}\sigma c_p \tau_n(0)\mathrm{e}^{-k\zeta}. \tag{3.132}$$

对于西伯尔特大气模式,温度分布如(3.58)式所示. 这样,方程(3.42)变成:

$$\frac{\mathrm{d}^2 y_n}{\mathrm{d}\zeta^2} - \frac{1}{4}\left[1 - \frac{4\kappa H(\infty)}{h_n}\right]y_n = \frac{\mathrm{i}\sigma H(0)}{h_n\gamma \overline{T}(0)}\tau_n(0)\mathrm{e}^{-\frac{1}{2}(1+2k)\zeta}. \tag{3.133}$$

该方程的通解已由(3.63)式给出.除此之外,还有一个特解:

$$y_n^*(\zeta) = \frac{i\sigma H(0)}{\gamma \overline{T}(0)} \cdot \frac{\tau_n(0)e^{-\frac{1}{2}(1+2k)\zeta}}{(1+k)kh_n + \kappa H(\infty)}.$$

在所考虑的情况下,方程(3.42)的解为:

$$y_n(\zeta) = A_n e^{-\frac{\zeta}{2}\beta_n} + \frac{i\sigma H(0)}{\gamma \overline{T}(0)} \cdot \frac{\tau_n(0)e^{-\frac{1}{2}(1+2k)\zeta}}{(1+k)kh_n + \kappa H(\infty)}, \qquad (3.134)$$

式中

$$\beta_n = \sqrt{1 - \frac{4\kappa H(\infty)}{h_n}} \quad [\text{如果 } h_n \geqslant 4\kappa H(\infty)].$$

这里 h_n 表示相应于湍流热传导影响下的大气等效深度.再应用(3.106)式,可得:

$$p_n(0) = -\frac{\overline{p}(0)H(0)h_n[1+2k-\beta_n]\tau_n(0)}{\overline{T}(0)[2H(0)-h_n(1+\beta_n)][(1+k)kh_n+\kappa H(\infty)]}. \qquad (3.135)$$

若考虑到 $|k| \gg 1$,且 $h_n \geqslant H(\infty)$,则(3.135)可简化为:

$$p_n(0) = \frac{\sqrt{\dfrac{K}{\sigma}}e^{\frac{3}{4}\pi i}}{H(0) - \dfrac{1}{2}h_n(1+\beta_n)} \frac{\overline{p}(0)}{\overline{T}(0)}\tau_n(0). \qquad (3.136)$$

根据西伯尔特大气模式的特点,从(3.136)式,可以直接推导出等温模式及对流稳定模式中相应的 $p_n(0)$ 值.对于等温模式,$H(\infty)=H(0)$,只需将等式 β_n 中的 $H(\infty)$ 换成 $H(0)$ 即可,(3.136)的形式没有其他变动.对于对流稳定大气模式,$H(\infty)=0$,所以 $\beta_n=1$.则 $p_n(0)$ 的表达式为:

$$p_n(0) = \frac{H(0)\overline{p}(0)}{[H(0)-h_n](1+k)\overline{T}(0)}\tau_n(0), \qquad (3.137)$$

或

$$p_n(0) = \frac{1}{[H(0)-h_n]} \frac{\overline{p}(0)}{\overline{T}(0)}\sqrt{\frac{K}{\sigma}}e^{\frac{3}{4}\pi i}\tau_n(0). \qquad (3.138)$$

进一步我们可以推求共振放大倍数.因在潮汐强迫振荡中,已引入大气平衡潮作为量度共振放大倍数的单位,因此,现在只需求出热力激发所引起的地面气压变化 $[p_n(0)]_\text{热}$ 与潮汐激发所引起的地面气压变化 $[p_n(0)]_\text{潮}$ 之比,就可以知道热力激发的共振放大倍数.利用关系式(3.103),(3.106)及(3.136),对于西伯尔特大气模式,可求得:

$$[p_n(0)]_\text{热} = \frac{g\tau_n(0)}{\overline{T}(0)\Omega_n(0)}\sqrt{\frac{K}{\sigma}}e^{-\frac{\pi i}{4}}[p_n(0)]_\text{潮}. \qquad (3.139)$$

关于热力激发作用与潮汐激发作用的相互比较,森(Sen)及华叶特(White)作了很详尽的讨论[28].

最后,我们讨论一下由于大气直接吸收太阳辐射所产生的热力激发作用.显然,这种温度波的振幅及相位在各个高度上都是相等的:

$$\tau_n^s(\zeta) = 常数. \tag{3.140}$$

此时热力激发因子亦为常数:

$$J_n^s(\zeta) = \frac{i\sigma R}{\kappa}\tau_n^s(\zeta). \tag{3.141}$$

同样,代入方程(3.42),对于西伯尔特大气模式,求得解:

$$y_n(\zeta) = A_n e^{-\frac{\zeta}{2}\beta_n} + \frac{i\sigma R\tau_n^s(\zeta)}{(\gamma-1)gH(\infty)}e^{-\frac{\zeta}{2}}. \tag{3.142}$$

利用(3.106)式,地面压力变化可表达为:

$$p_n(0) = -\frac{h_n(1-\beta_n)}{\kappa[2H(0)-h_n(1+\beta_n)]} \cdot \frac{\overline{p}(0)}{\overline{T}(0)}\tau_n^s, \tag{3.143}$$

β_n 的表达式与前述相同.若 β_n 式中 $H(\infty)=H(0)$,则相应于等温大气模式情况.若 $H(\infty)=0$,即 $\beta_n=1$ 时,则有:

$$p_n(0) = -\frac{H(0)}{H(0)-h_n}\frac{\overline{p}(0)}{\overline{T}(0)}\tau_n^s. \tag{3.144}$$

这就是对于对流稳定大气直接吸收太阳辐射所产生的地面气压振荡的振幅表达式.

§3.6 共振理论的讨论

大气振荡是大气物理学中一个很古老的研究问题.一百多年以来,经过许多著名的天文、物理及地球物理学家的研究,取得了很大的成就. 自 1882 年开尔文提出共振理论解释太阳半日气压分波时起,卡普曼、泰勒、柏格列斯、威克斯及威尔克斯等人作了进一步的发展. 利用五层大气模式,他们发现大气有两个自由振荡本征值: $\hat{h}_1=10.4$ 公里及 $\hat{h}_2=7.9$ 公里,相应的自由振荡周期分别为10.5 小时和 12 小时. 同时,根据喀拉喀托(Krakatau)火山爆发及西伯利亚大流星坠落所产生的气压冲击波的传播速度,也证实了大气有两个自由振荡周期[29].这样看来,似乎开尔文的假定已完全被证实,大气振荡问题好像已经得到解决.但是,随着近几年来高空探测的迅速发展,大气振荡问题出现得愈来愈多,有必要进一步研究大气振荡的理论问题及分析实际观测的结果.

首先,高层大气中的振荡情况,目前还是不清楚的.据一些作者估计,高空气压振荡振幅的相对大小要比地面上大很多,在电离层 E 层可达到静压力的10%. 当振幅的相对值比较大的时候,用小扰动方法就会引起显著的误差.同时,分子热传导的影响在高空也显得较为重要,因此在热力作用中必须加以考虑.大气振荡与高空风场、高空电磁场的相互关系,在方程中也应体现出来.高层上界的边界条件,亦有进行商榷的必要.

其次,影响大气运动及热力变化的因子是很多的.例如,大气中水汽吸收以及臭氧层对紫外线吸收所引起的振荡;由于下垫面的不同所产生的热力作用对大气振荡的影响;大气的黏滞性对振荡的抑制作用等等,这些问题都有待进一步的研究.此外,人们一直最关心太阳半日气压分波 $S_2(p)$ 的放大问题.但是,太阳全日气压分波 $S_1(p)$ 的加热激发作用最强,而实际观测到的却很小,且无规律,究竟是什么力量把它抑制以及如何抑制的,现在仍是无法解答的问题.

再次,近几年来一些观测事实与计算结果使人们对上述的理论提出了新的疑问.西伯尔特和克尔茨分析热力激发振荡后,发现 1/3 日分波及 1/4 日分波的放大倍数与半日分波的数量级相同.因此从共振理论来说,半日气压分波并不比其他波型更为有利.此外,加卡及柯柏[10]发现,按共振理论所要求 50 公里处的高温,并未为高空探测所证实.该处的温度比理论所要求的还低 50℃.从图 21 还看到,50 公里处的大气温度值及其分布对于第二个本征值($h_2=7.9$ 公里)是极为敏感的.图中表明:用 V-2 火箭资料及 NACA 标准大气模式都没证实出现第二个本征值,而这两个模式与出现共振的 $J+K$ 模式相差并不很大.另外,考虑到中层高空温度的年变化,太阳半日气压分波必定有明显的季节变化,但这并没有被探测资料的分析所证实.

最后,随着日地空间物理的不断发展,人们愈来愈清楚地认识到太阳活动对地球物理现象的重要影响.太阳活动与大气潮汐有什么关系呢?这项工作虽已开始进行,但还很不够.深入的研究将有助于我们对大气振荡原因的了解.

1. 共振理论的解释

根据威尔克斯的边界条件可以知道,由潮汐及热力激发所引起的大气振荡的能量,主要集中于空气密度较大、湍流作用较强的大气低层,然后通过球面波的形式向高层大气传输.因此,我们就可以用类似于电磁波传播及其反射的性质来解释共振理论.向上传播的电磁波方程为:

$$\frac{d^2 E}{d\zeta^2} + \frac{n^2 \sigma^2}{c^2} E = 0, \tag{3.145}$$

E 为电场强度,ζ 相应于铅直坐标,c 为光速.设

$$n = \frac{c}{\sigma}\left[-\frac{1}{4} + \frac{1}{h}\left(\frac{dH}{d\zeta} + \kappa H\right)\right]^{\frac{1}{2}},$$

则(3.145)式变为:

$$\frac{d^2 E}{d\zeta^2} + \left[-\frac{1}{4} + \frac{1}{h}\left(\frac{dH}{d\zeta} + \kappa H\right)\right]E = 0. \tag{3.146}$$

此方程与不考虑热力作用时的微分方程(3.42)在形式上完全相同.y_n 相当于

E；向上传播的能量流为：

$$S_n \propto \mathrm{Im}\left[E^* \frac{\mathrm{d}E}{\mathrm{d}\zeta}\right] = \mathrm{Im}\left[(E^*)^* \frac{\mathrm{d}E^*}{\mathrm{d}\zeta}\right] > 0.$$

因此，我们可以从电磁波的传播来模拟大气潮汐，特别是从相当折射系数 n

$$n^2 = \left[-\frac{1}{4} + \frac{1}{h}\left(\frac{\mathrm{d}H}{\mathrm{d}\zeta} + \kappa H\right)\right] \tag{3.147}$$

随高度的变化来讨论大气振荡的共振现象. 如果 n^2 在某高度上为负值，并在此高度之上保持着负值，则波动在这个高度上发生全反射；潮汐作用所输入的能量就被一阻隔层所捕获. 根据振荡周期来调整这个阻隔层的高度就可以发生共振. 如果 n^2 除了在一个层以外，在各个高度上都不保持负值，则这个阻隔层是部分透射的，有部分能量透过去，传播到高空. 若高空没有阻隔的话，这些"渗透"过去的能量由于黏滞性及分子热传导的作用而被吸收. 当透过去的能量不多时，共振仍可发生；若阻隔层是完全透明的，共振就不能发生了.

由(3.147)式清楚地看出，n^2 的数值决定于标高 H、标高随高度的变化 $\mathrm{d}H/\mathrm{d}\zeta$ 以及大气阻隔层的高度 h. 只有当低温（即标高 H 较小）、温度递减率较小以及 h 较大时，n^2 才会变为负值. 实际上大气中存在着低温层，$\mathrm{d}H/\mathrm{d}\zeta$ 亦可从多次高空探测的结果取平均求得. 问题的复杂性在于 n^2 与 h 有密切的关系. 当 h 递减时，阻隔层的透明程度将迅速增加；当 h 小于某个临界值时（$h < h_c$），$n^2 > 0$，阻隔层就不再存在，因而共振也就不可能发生了. 这一点与前面自由振荡及强迫振荡讨论中要求 $h_n \geqslant 4\kappa H(\infty)$ 的观点是一致的. 威克斯和威尔克斯[9]计算了常温大气（$\mathrm{d}H/\mathrm{d}\zeta = 0$）时 h 的临界值 h_c：

$$h_c = 4\kappa H.$$

计算结果列于表 9.

表 9　常温大气 h 的临界值 h_c

温度 /K	标高 /公里	h_c/公里
180	5.26	6.01
200	5.86	6.70
220	6.44	7.35
240	7.03	8.05
260	7.61	8.75
280	8.20	9.38
300	8.79	10.05
320	9.37	10.70

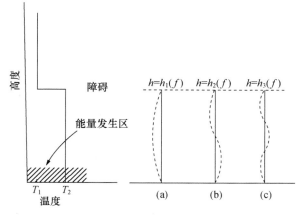

图 22　在简化的大气结构中潮汐能被捕集的情况

现在我们讨论一下上述解释的物理图像. 设想一个简单的情况: 下层暖空气温度为 T_2, 上层冷空气温度为 T_1, 并且相互配合的结果使上层 $n^2 < 0$, 下层 $n^2 > 0$, 即低层大气所得到的能量不能穿透过上层, 而聚集于阻隔层之下(见图 22). 如果我们把阻隔层高度 h 加以调整, 与声管的振荡相类似, 则将发生(a), (b), (c)型的振荡.

2. 黏滞性及分子热传导的影响

实际大气当然不是理想流体. 黏滞性及分子热传导就可能将一些宏观动能转变为混杂的微观能量, 对共振现象有所抑制. 实际上, 大气共振放大倍数也不过 100 倍左右, 并不是想象出现的无穷大. 一方面, 由于振幅较大后, 非线性项将起着重要的影响; 另一方面, 摩擦与分子热传导也起抑制作用. 泰勒、卡普曼[4]及柏格列斯[7]对黏滞性的影响作了定量的估计. 结果表明, 在低层大气中, 摩擦项的影响与主要作用相比是微不足道的, 完全可以略去. 在地面上摩擦项与方程中其他项之比为: $2 \times 0.003 U_c / k_1 \nu$, k_1 及 ν 的数量级都是 10^4. 若常值风速 U_c 为 20 公里/时(或 6×10^2 厘米/秒), 这个比值的数量级约等于 10^{-8}. 它表明, 在地面上摩擦的作用完全可以不考虑. 随着高度的增加, 水平风速逐渐地增大, 摩擦作用也就显得重要了. 在 100 公里以上, 这个效应就可能变得相当重要. 不过, 这对地面的气压变化并无直接的影响. 但在讨论高层大气的振荡问题时就必须加以考虑.

柏格列斯[7]和威尔克斯[18]考虑了分子热传导作用的重要性. 他们的工作表明, 如果满足 $K_m \ll 2.1 \times 10^8$, K_m 是分子热导率, 分子热传导的作用才能略去. K_m 与气体分子的平均自由路程成正比, 亦即与压力成反比. 在近地面处, K_m 约等于 0.26. 因此分子热传导的作用完全可以略去. 然而, 在 120 公里的高度上, $K_m = 10^7$. 此时分子的热传导作用显得相当重要了.

3. 非线性项的讨论

前面的讨论表明, 关于大气振荡基本方程组的求解是在考虑小振幅而略去二次项的情况下进行的. 在应用西伯尔特大气模式讨论振荡问题所得的结果中, 要求满足条件: $\hat{h}_n > 4\kappa H(\infty)$ 及 $h_n > 4\kappa H(\infty)$, 否则边界条件(3.53)将得不到满足. 若取 $T_0(\infty) = 270K$, 则小于 9 公里的 h_n(及 $\hat{h}_n$)值就不能出现. 这与实际观测结果是不符合的. 导致这个结果的原因是多种的, 如高空非线性项影响的增大, 大气模式及边界条件的人为性及其合理程度等等. 柏格列斯对非线性项的作用作了估计[30]. 结果表明, 在 100 公里以上, 非线性项将变得与线性项同等重要, 甚至更为重要(见图 23).

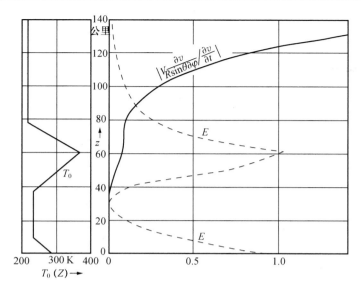

图 23　大气振荡非线性项影响随高度的分布

　　然而,对于等温大气模式的计算结果表明,二次项的影响不十分显著[31]. 在前面提到的未线性化的基本方程组的基础上,采用球面坐标,并且将变数 u^*, v^*, w^*, χ^*, p^*, ρ^* 按下列形式展开:

$$u^* = \alpha u_1 + \alpha^2 u_2 + \alpha^3 u_3 + \cdots,$$
$$v^* = \alpha v_1 + \alpha^2 v_2 + \alpha^3 v_3 + \cdots,$$
$$w^* = \alpha w_1 + \alpha^2 w_2 + \alpha^3 w_3 + \cdots,$$
$$\chi^* = \alpha \chi_1 + \alpha^2 \chi_2 + \alpha^3 \chi_3 + \cdots,$$
$$p^* = \overline{p}(z) + \alpha p_1 + \alpha^2 p_2 + \alpha^3 p_3 + \cdots,$$
$$\rho^* = \overline{\rho}(z) + \alpha \rho_1 + \alpha^2 \rho_2 + \alpha^3 \rho_3 + \cdots,$$

式中 α 是一个正比于振幅的待定参数,$\overline{p}(z)$,$\overline{\rho}(z)$ 是平均压力和平均密度. 含 α 的项相应于前进在小扰动假定下所得的解,α^2 及 α^3 相应于高次项. 我们假设:

$$\sigma = \sigma_0 + \alpha \sigma_1 + \alpha^2 \sigma_2 + \alpha^3 \sigma_3 + \cdots.$$

在强迫振荡情况中,σ 是已知的潮汐位势的频率. σ_0 是相应于线性近似情况中的大气自由振荡频率. 潮汐位势的振幅包含在 σ_1,σ_2 项中,而它的具体形式又需通过潮汐方程去求解. 因此,上式即表示激发的潮汐位势的频率与振荡振幅的关系,可根据它绘出"共振"曲线.

　　下面分别对 α,α^2,α^3…项进行讨论,相应地得到各参量的表达式,我们最关心的是 σ_0,σ_1,σ_2…的形式. 柏格列斯与奥特曼(Alterman)对等温大气模式进行了数值计算. 结果得到:

$$\sigma_2 = -55.59\sigma_0$$

所以等温大气自由振荡的频率为：

$$\sigma = 2\omega(1 - 55.59\alpha^2 + \cdots),$$

式中 ω 是地球自转角速度. 对于线性近似情况，周期为 12 太阳时的频率关系为：

$$\sigma_0 = 2\omega, \quad f = 1.$$

如前所述，在地表面上，压力振荡振幅约等于 1 毫米汞高，即 α 的数量级为 10^{-3}. 由上式可以看出，潮汐方程中二次项对自由振荡频率（或周期）的修正约为 10^{-4} 数量级，这是完全可以不考虑的. 对于等温大气模式，出现这样的结果，是由于潮汐激发的能量主要集中于低层，且波动能量密度随高度呈指数递减. 在 140 公里高空，微分方程中二次项的作用与线性项的作用有同一个数量级. 但是在 140 公里以上气柱中的能量仅占总气柱能量的 3×10^{-5}.

值得注意的是，上述结论是对等温大气模式得到的. 实际上，大气中温度随高度递增的区域中，二次项显得重要起来. 而在共振理论中，50 公里处的高温起着重要的影响，相应地二次项的作用也不容忽略. 对于非线性项的讨论，仍有继续研究的必要.

随着高空探测的迅速进展，出现了许多新的问题. 大气振荡及大气潮汐是一个古老的问题，同时也是一个新的问题，还有许多空白之处有待研究. 怎样应用最新的探测结果，应用近代最先进的数值计算方法来揭示这个问题的本质，还需要做大量的工作. 特别是近几年来，高空核爆炸的试验及点源爆炸波传播问题的再次提出，大气振荡问题也就更引起地球物理学界的兴趣与重视了.

参 考 文 献

[1] Laplace, P. S., 1799, "Méchanique céleste".

[2] Lord Kelvin, 1882, *Proc. Roy. Soc.*, Edinburgh, 11, 396.

[3] Lamb, H., 1911, *Proc. Roy. Soc.*, A84, 551.

[4] Chapman, S., 1924, *Q. J. Roy. Met. Soc.*, 50, 165.

[5] Taylor, G. I., 1930, *Proc. Roy. Soc.*, A126, 169.

[6] Taylor, G. I., 1936, *Proc. Roy. Soc.*, A156, 318.

[7] Pekeris, C. L., 1937, *Proc. Roy. Soc.*, A171, 434.

[8] Weekes, K., Wilkes, M. V., 1947, *Proc. Roy. Soc.*, A192, 80.

[9] Wilkes, M. V., 1951, *Proc. Roy. Soc.*, A207, 358.

[10] Jacchia, L. G., Kopal, Z., 1952, *J. Met.*, 9, 13.

[11] Siebert, M., 1957, *Sci. Rep.*, 4, N. Y. Univ.

[12] Kertz, W., 1959, *Arch. Met. Geophys. Biokl.*, A11, 48.

[13] Sabine, E., 1847, Phil. *Trans. Roy. Soc.*, A137, 45.

[14] Chapman, S., 1918, *Q. J. Roy. Met. Soc.*, 44, 271.

[15] Chapman, S., Pramanik, S. K., Topping, J., 1931, *Gerl. Beitr. Z. Geophys.*, 33, 246.

[16] Schmidt, A., 1890, *Met. Z.*, 7, 182.

[17] Simpson, G. C., 1918, *Q. J. Roy. Met. Soc.*, 44, 1.

[18] Wilkes, M. V., 1949, Oscillation of the Earth's Atmosphere, Cambridge Univ. Press.

[19] Haurwitz, B., 1956, Met. Paper, 2, 5.

[20] Barrels, T., 1927, *Veröff. Preuss. Met. Inst. Abh.*, 8, 515.

[21] Chapman, S., 1948, Address to International Association of Meteorology, International Union of Geodesy and Geophysics, Oslo.

[22] Chapman, S., 1951, Compendium of Meteorology, 510. American Met. Soc. Boston, Massachusetts.

[23] Appleton, E. V., Weekes, K., 1939, *Proc. Roy. Soc.*, A171, 171.

[24] Solberg, H., 1936, *Astrophys. Norveg.*, I, 237.

[25] Siebert, M., 1961, *Advances in geophysics*, 7, 105.

[26] Hough, S. S. et al., 1899, Phil. *Trans. Roy. Soc.*, A189, 201, A191, 139.

[27] Haurwitz, B., Möllen, F., 1955, *Arch. Met. Geophys. Biokl.*, A8, 332.

[28] Sen. H. K., White, M. L., 1955, *J. Geophys. Res.*, 60, 483.

[29] Pekeris, C. L., 1939, *Proc. Roy. Soc.*, A171, 434.

[30] Pekeris, C. L., 1951, NACA Tech. Notes, 2314.

[31] Pekeris, C. L., Alterman, Z., 1959, "The Atmosphere and the Sea in Motion", 268, The Rockefaller Inst. Press, New York.

第四章　大气中声波的异常传播

§4.1　大气中声波异常传播概述

　　所谓大气中声波的异常传播是指：在围绕声源 60 到 80 公里的直接可听区外，存在着沉寂区；而离沉寂区更远的地方将出现第二个可听区[1]（见图 24）．第二个可听区的位置与温度、风场的垂直分布有着密切关系．这种现象在本世纪就已为人们所重视，同时对此现象提出了种种解释．因为近地面大气层的密度较大，由于大气分子的吸收与散射作用，声波能量很快被消耗．因此，第二可听区必然是向上传播的声波被高层反射的结果．考虑到，绝热过程中声速与温度的平方根成正比，惠泼尔（Whipple）[2]认为，在中层大气中存在逆温层是导致声波反射的主要原因．这样，我们就可通过对大气中声波异常传播现象的研究，来间接测量中层大气的温度分布．近几年来，火箭的直接探测结果也证实了中层逆温层的存在；同时，在第六章中我们将看到，臭氧层对太阳紫外辐射的吸收必然导致中层大气的增温．

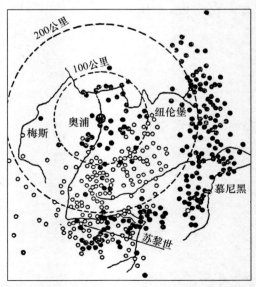

图 24　1921 年 9 月 21 日德国奥浦爆炸后的声响分布

（图中黑点为可听区，白圈为寂静区）

测量声波的仪器主要是声压传感器和热丝传感器. 声压传感器是利用长方形薄膜接收到声能后发生偏转来测量声压值[3]. 热丝传感器是利用谐振腔中热丝温度的变化, 来测量接受到声波的时间和声波的下降角[4]. 近来, 这种仪器已用于火箭探空技术方面, 可借助于高空榴弹的爆炸来探测 30—60 公里的气温和风场[5].

下面我们以声波的射线理论为基础, 分别讨论声线及声波能量在大气中的传播特征, 并介绍利用声波异常传播的探测结果, 计算中层大气温度分布的方法.

§4.2　大气中声波传播的射线理论

1. 声线方程

由点声源发出的脉冲声在均匀介质中是以球面波的形式传播的. 通过波动方程的求解, 得到声压是时间与距离的函数:

$$p = \frac{1}{r} f(t - r/a), \tag{4.1}$$

式中 p 表示声压, a 为声速, r 是空间某点至声源的距离. 函数 $f(t-r/a)$ 决定于声源的性质, 它表示在一定瞬时, 由声源射出的脉冲波何时传到空间的一定点. 若在 $t=\tau$ 瞬时发射声脉冲, 则经过 t 时后, 脉冲波阵面所经过的距离为:

$$r = a(t - \tau). \tag{4.2}$$

上式决定了半径为 $a(t-\tau)$ 的一个空间球面, 而且它的半径随时间以速度 a 增长着. 球面上各点具有相同的相位, 该球面通常就称为波阵面. 而声能从声源沿半径向波阵面传播, 声能传播的路径称为声波射线, 或简称声线. 声线是与波阵面相垂直的.

上面引出的波阵面与声线概念, 可以推广到一般的情况. 对于任何简谐波, 大气中任意一点的声压可表达为下式的实数部分:

$$p = A(x, y, z) e^{i\theta(x, y, z, t)}, \tag{4.3}$$

式中 θ 角在空间每一点上都随时间作线性增加:

$$\theta = 2\pi\sigma [t - \tau(x, y, z)]. \tag{4.4}$$

相位角 θ 有固定值 (如 θ_0) 的点所构成的曲面, 即称为波阵面. 在瞬时 t, 波阵面的方程为:

$$\tau(x, y, z) = t - \theta_0/2\pi\sigma. \tag{4.5}$$

为了方便起见, 引入具有长度量纲的参数 $l(x, y, z)$ 来代替 $\tau(x, y, z)$, 它们之间的关系为:

$$\tau(x,y,z) = l(x,y,z)/a_0,$$

a_0 表示某特定标准条件下的声速,是一个常数. 再令:

$$t_0 = \theta_0/2\pi\sigma,$$

则某个波阵面的方程可写成:

$$l(x,y,z) = a_0(t - t_0), \tag{4.6}$$

式中 t_0 对不同的波阵面具有不同的值,但在一个波阵面上保持为常数.

在一般情况中,由于折射现象与反射现象的存在,声线就不再保持直线. 但是,声线与波阵面正交的特性依然成立. 声线仍然代表声能传播的路径.

波阵面的形状随时间而变化,在 $t\,\mathrm{d}t$ 瞬时的波阵面方程为

$$l(x + \alpha a\,\mathrm{d}t, y + \beta a\,\mathrm{d}t, z + \gamma a\,\mathrm{d}t) = a_0(t - t_0 + \mathrm{d}t), \tag{4.7}$$

式中 α, β, γ 表示 l 表面上点 (x,y,z) 处法线(声线)的方向余弦,它们满足:

及

$$\left. \begin{array}{c} \alpha : \beta : \gamma = \dfrac{\partial l}{\partial x} : \dfrac{\partial l}{\partial y} : \dfrac{\partial l}{\partial z}, \\[2mm] \alpha^2 + \beta^2 + \gamma^2 = 1. \end{array} \right\} \tag{4.8}$$

考虑到 $a\,\mathrm{d}t$ 很小,故可将(4.7)式左端用泰勒级数展开,并且只取一次项;再应用(4.6)及(4.8)式,则(4.7)式变为:

$$\left(\frac{\partial l}{\partial x}\right)^2 + \left(\frac{\partial l}{\partial y}\right)^2 + \left(\frac{\partial l}{\partial z}\right)^2 = a_0^2/a^2(x,y,z). \tag{4.9}$$

令折射率为:

$$n(x,y,z) = a_0/a(x,y,z),$$

则

$$\left(\frac{\partial l}{\partial x}\right)^2 + \left(\frac{\partial l}{\partial y}\right)^2 + \left(\frac{\partial l}{\partial z}\right)^2 = n^2(x,y,z), \tag{4.10}$$

且

$$\alpha = \frac{1}{n}\frac{\partial l}{\partial x}, \quad \beta = \frac{1}{n}\frac{\partial l}{\partial y}, \quad \gamma = \frac{1}{n}\frac{\partial l}{\partial z}. \tag{4.11}$$

利用(4.11)式不难得到:

$$\frac{\partial(n\alpha)}{\partial y} = \frac{\partial(n\beta)}{\partial x}, \quad \frac{\partial(n\alpha)}{\partial z} = \frac{\partial(n\gamma)}{\partial x}, \quad \frac{\partial(n\beta)}{\partial z} = \frac{\partial(n\gamma)}{\partial y}. \tag{4.12}$$

现在来讨论沿某一声线,α, β 及 γ 的变化. 若 s 表示自某初始点声线的弧长,则

$$\frac{\mathrm{d}(n\alpha)}{\mathrm{d}s} = \frac{\partial(n\alpha)}{\partial x}\frac{\mathrm{d}x}{\mathrm{d}s} + \frac{\partial(n\alpha)}{\partial y}\frac{\mathrm{d}y}{\mathrm{d}s} + \frac{\partial(n\alpha)}{\partial z}\frac{\mathrm{d}z}{\mathrm{d}s}. \tag{4.13}$$

由图 25 可以看出:

$$\frac{\mathrm{d}x}{\mathrm{d}s} = \alpha, \quad \frac{\mathrm{d}y}{\mathrm{d}s} = \beta, \quad \frac{\mathrm{d}z}{\mathrm{d}s} = \gamma.$$

再引用(4.12)关系式,则(4.13)变成:

$$\frac{\mathrm{d}(n\alpha)}{\mathrm{d}s} = (\alpha^2 + \beta^2 + \gamma^2)\frac{\partial n}{\partial x} + n\left(\alpha\frac{\partial \alpha}{\partial x} + \beta\frac{\partial \beta}{\partial y} + \gamma\frac{\partial \gamma}{\partial z}\right).$$

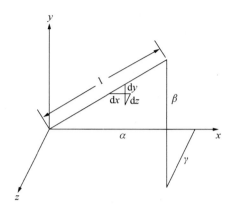

图 25　声线的方向余弦

因为

$\alpha^2 + \beta^2 + \gamma^2 = 1$,且上式右端第二项为 0,

则有

同理,可得:

$$\left.\begin{array}{l}\dfrac{\mathrm{d}(n\alpha)}{\mathrm{d}s} = \dfrac{\partial n}{\partial x}, \\[3mm] \dfrac{\mathrm{d}(n\beta)}{\mathrm{d}s} = \dfrac{\partial n}{\partial y}, \\[3mm] \dfrac{\mathrm{d}(n\gamma)}{\mathrm{d}s} = \dfrac{\partial n}{\partial z}.\end{array}\right\} \qquad (4.14)$$

(4.14)式即是声线的微分方程式.

在大气中,我们假定声速仅随高度变化,即折射率 n 仅是 z 的函数,且当声线向高空传播时(见图 26)

$$\alpha = \cos\theta_i, \quad \beta = 0, \quad \gamma = \sin\theta. \qquad (4.15)$$

式中 θ_i 是声线与水平轴 x 的夹角. 同时,根据假定,则

$$\frac{\partial n}{\partial x} = \frac{\partial n}{\partial y} = 0.$$

利用(4.15)式,可将(4.14)式写成:

$$\frac{\mathrm{d}(n\cos\theta_i)}{\mathrm{d}s} = 0, \quad \frac{\mathrm{d}(n\sin\theta_i)}{\mathrm{d}s} = \frac{\partial n}{\partial z}. \qquad (4.16)$$

由(4.16)式的第一式可知,$n\cos\theta_i$ 沿每个单一声线都是常数. 若 P_1 及 P_2 为声

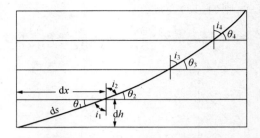

图 26　有垂直气温梯度的大气中声波波向线的轨迹

线中的两点,则

$$\frac{a_0}{a_1}\cos\theta_1 = \frac{a_0}{a_2}\cos\theta_2 = \text{常数}.$$

或改写为:

$$a_1/\cos\theta_1 = a_2/\cos\theta_2 = \text{常数}. \qquad (4.17)$$

方程(4.17)是与光学中的斯涅尔(Snell)折射定律相一致的.

2. 温度梯度的影响

由声线方程可以看出,声波在介质中传播时,声线的形状仅决定于声速的分布.大气中声波传播可以近似地看成绝热过程,那么在理想气体中,声速仅与温度有关:

$$a = \sqrt{\frac{\mathrm{d}p}{\mathrm{d}\rho}} = \sqrt{\gamma\frac{k}{m}T}. \qquad (4.18)$$

若对于空气取:$\gamma = 1.4$,玻尔兹曼常数 $k = 1.37 \times 10^{-16}$ 尔格/度,$m = 4.7 \times 10^{-23}$ 克,则在任何高度上的声速:

$$a = 20.1\sqrt{T}(米/秒).$$

这里假定 γ 及 m 不随高度改变.

我们略去大气水平方向的温度梯度.在对流层内温度随高度递减,声波在向上传播时,速度将不断减小;除了垂直向上传播的声波以外,所有的声线都向上弯曲.如果大气中气温向上递增,则声线将逐渐偏离于各层的法线,从而使射入角不断增大,在一定高度上射入角达到临界角,于是发生全反射.此后,声波的声线折向下,沿着一条与上升完全对称的路线到达地面.声波在高层全反射的事实,显示着中层大气中可能有一个气温向上增加的逆温层存在.

声线所经过的水平路程,声波从声源到达观测点的时间,以及温度递增区中声线最高点的气温,可以用下述方法求得.见图 26,对于声线上的线元 $\mathrm{d}s$,有下列关系:

$$\mathrm{d}z/\mathrm{d}s = \sin\theta, \quad \mathrm{d}x/\mathrm{d}z = \cot\theta,$$

故

$$x = \int_0^{z_{\max}} \cot\theta \, dz.$$

由此求得声线的水平距离为

$$2\int_0^{z_{\max}} \cot\theta dz. \tag{4.19}$$

其中 $z_{\max}$ 代表声线所达到的高度. 声波由声源到达观测点的时间为:

$$t = 2\int_0^{z_{\max}} \frac{ds}{a} = 2\int_0^{z_{\max}} \frac{dz}{v_{\mathrm{f}}\cos\theta\sin\theta}, \tag{4.20}$$

式中 $v_{\mathrm{f}} = a/\cos\theta$, 表示声线最高点(即全反射点)处的声速, 我们称之为特征速度. 特征速度求得以后, 即可根据(4.18)式, 求得全反射高度上的温度值.

3. 风场的影响

大气中气流的存在可以影响声线的走向. 如果气流是水平的, 它的速度保持常值, 不随高度而变, 则风场的影响是不大的. 但是, 如果风速随高度向上增加, 则风场对于声波走向的影响就显著起来. 如声波斜着向上传播, 因随着高度的增加, 风速也愈来愈大, 这样, 波的有效水平分速也就增加, 使波向线向着地面弯曲. 在风场风速梯度的继续作用下, 声线必然趋于水平, 最后又折回于地面. 如果声波有一个和风向相反的分速, 则随着声波向上传播, 声线将愈来愈朝着垂直方向偏折而不能返回地面. 因此, 顺风方向的声音比逆风方向的声音容易听到.

爱姆顿(Emden)[6]在大气温度随高度向上递减, 风速随高度线性递增的假定之下, 对风场的影响作了具体的讨论.

在图 27 中, OM 是时间 t 时的波阵面元, a 为声速, W 为风速. 在单位时间内点 M 移动到 M', 同时它又被风带到 M'', 故合成的移动为 MM'', 沿 MM'' 方向

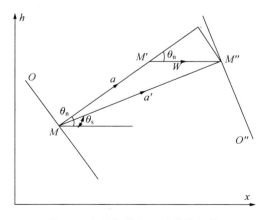

图 27　在风场作用下波前的倾斜

的声速为 a',而新的波阵面移到 $M'O''$. 沿着波面法线 MM' 的分速 a_n 为:

$$a_n = a + W\cos\theta_n,$$

其中 θ_n 是声速 a 与水平 x 方向的夹角. 由(4.17)式,我们知道 $\dfrac{a_n}{\cos\theta_n}$ = 常数,因此,$\dfrac{a}{\cos\theta_n} + W = \dfrac{a_0}{\cos\theta_0} + W_0$,式中 a_0, W_0, θ_0 是相应于参考高度的值. 此外,沿声线 MM' 方向的声速为:

$$a' = \sqrt{a^2 + W^2 + 2Wa\,\cos\theta_n} = W\cos\theta_s + \sqrt{a^2 - W\,\sin^2\theta_s},$$

式中 θ_s 是 a' 与水平方向的夹角.

由于气温随高度向上线性递减,严格说来,声速应与高度的平方根成正比. 但是,在发生声波转折处,高度的范围不很大,我们可以假定声速向上线性递减,于是,

$$\left.\begin{array}{l} a = a_0(1 - \alpha z), \\ W = W_0(1 + \beta z). \end{array}\right\} \tag{4.21}$$

由此,略去符号上的脚码 n,则

$$\cos\theta = \frac{a}{\dfrac{a_0}{\cos\theta_0} + W_0 - W} = \frac{\cos\theta_0}{1 + Bz}, \tag{4.22}$$

其中

$$B = \alpha - \frac{W_0\beta}{a_0}\cos\theta_0.$$

由图 27 可以看到,

$$dx = (a\cos\theta + W)dt,$$
$$dz = a\sin\theta dt.$$

考虑到 α, β 及 B 皆是小量,可以略去方程中的二次项,则

$$\frac{dx}{dz} = \frac{a\cos\theta + W}{a\sin\theta} = \frac{\cos\theta_0 + \dfrac{W}{a}(1 + Bz)}{[(1 + Bz)^2 - \cos^2\theta_0]^{1/2}}$$

$$= \frac{\cos\theta_0}{\sqrt{2Bz + \sin^2\theta_0}} + \frac{W_0}{a_0}[1 + (\alpha + \beta)z]\frac{1}{\sqrt{2Bz\cos^2\theta_0 + \sin^2\theta_0}}. \tag{4.23}$$

积分后,可得:

$$x = \frac{\cos\theta_0}{B}(\sqrt{2Bz + \sin^2\theta_0} - \sin\theta_0)$$

$$+ \frac{W_0}{a_0}\left[1 - \frac{W_0}{a_0}(\alpha + \beta)\frac{\sin^2\theta_0 - Bz\,\cos^2\theta_0}{3B\cos^2\theta_0}\right]$$

$$\cdot \frac{\sqrt{2Bz\,\cos^2\theta_0 + \sin^2\theta_0} - \sin\theta_0}{B\cos^2\theta_0}. \tag{4.24}$$

在声线开始方向为水平的特例中,$\theta_0=0$,则

$$x=\left[1+\frac{W_0}{a_0}\left\{1+\frac{(\alpha+\beta)zW_0}{3a_0}\right\}\right]\sqrt{2\sigma_1 z}, \quad \sigma_1=\frac{1}{\alpha-\dfrac{W_0\beta}{a_0}}. \tag{4.25}$$

图 28—30 是爱姆顿所计算的波向线的分布.在图 28 中,声源处于某一高度上,气温是向上递减.图 29 中,在气温向上递减层之上还有水平风场时的声线分布.可以看出,顺风向听到声响的区域较逆风向的大.图 30 是一个特殊例子的计算.声源在地面,由地面到 0.37 公里一层中,风速为零.在这层以上风以 4 米/秒·公里的梯度向上递增.温度梯度是 $-6.2℃/$公里,近地面层的温度为 294K(因此 $a_0=342$ 米/秒).

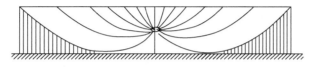

图 28　气温向上递减的大气中声波的传播

(有影带的为无声区)

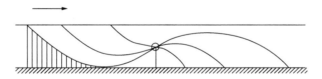

图 29　风场对于图 28 中声波传播的影响

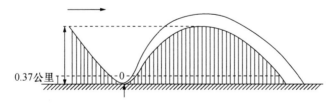

图 30　一个特殊气温及风场情况下的声波传播

(图中划线部分为无声区)

§4.3　大气中声能的传播

上面我们从射线理论出发,证明了第二可听区的存在,讨论了大气温度分布及风场对声波传播的影响.现在,我们进一步讨论在声波传播过程中,声波能量的变化及大气密度分布、温度分布和风场对声能传播的影响.由于大气参数随高

度分布的不均匀性,而声波反射主要是在中层大气的高度上,因此,我们将分别叙述对流层及平流层中声能的传播.

1. 平流层中声能的传播

平流层中密度随高度呈指数递减,而温度维持常值. 在常温大气中,气压及密度随高度的分布为:

$$p = p_0 \mathrm{e}^{-\frac{mg}{kT}z} = p_0 \mathrm{e}^{-\frac{g\gamma}{a^2}z} = p_0 \mathrm{e}^{-\theta z}, \left.\right\}$$
$$\rho = \rho_0 \mathrm{e}^{-\theta z},$$

(4.26)

其中 p_0 及 ρ_0 分别代表对流层顶处的气压及密度,$\dfrac{mg}{kT} = \dfrac{g\gamma}{a^2}$ 为一常数,a 为声速,$\gamma = c_p/c_v, k$ 为玻尔兹曼常数.

设想有一个平面声波,在这样的大气中垂直向上或向下传播(假定声波的振幅是微小的). z 为某质点在静止状态时的高度,设在时间 t,由于声扰动,这个质点的高度变到 ζ,ζ 必然是 z 及 t 的函数. 同时,它的压力变为 $\bar{p}$,密度变为 $\bar{\rho}$,都可以表示为 z 及 t 的函数. 考虑一个处于高度 z 及 $z + \mathrm{d}z$ 之间,底为单位面积,厚度为 $\mathrm{d}z$ 的小体积元,其密度为 ρ;它在声波通过时受到扰动,被移至高度 ζ 与 $\zeta + \left(\dfrac{\partial \zeta}{\partial z} \right) \mathrm{d}z$ 之间,同时它的密度变为 $\bar{\rho}$. 根据质量守恒原理,则

$$\frac{\bar{\rho}}{\rho} = \left(\frac{\mathrm{d}\zeta}{\mathrm{d}z} \right)^{-1}.$$

在这个体积元上,向上的力为压力 $\bar{p}$,向下的力为 $\bar{p} + \left(\dfrac{\partial \bar{p}}{\partial z} \right) \mathrm{d}z + \rho g \mathrm{d}z$,由此得到运动方程:

$$\rho \frac{\partial^2 \zeta}{\partial t^2} \mathrm{d}z = -\frac{\partial \bar{p}}{\partial z} \mathrm{d}z - \rho g \, \mathrm{d}z,$$

或

$$\frac{\partial^2 \zeta}{\partial t^2} = -\frac{1}{\rho} \frac{\partial \bar{p}}{\partial z} - g.$$

(4.27)

此外可以假定:由声波而产生的气体压缩和膨胀过程是绝热的;在绝热过程中,压力与密度的变化可用绝热关系式表达:

$$\bar{p} = \left(\frac{\bar{\rho}}{\rho} \right)^{\gamma} p.$$

将上面的 $\dfrac{\bar{\rho}}{\rho}$ 及 p 的关系式代入,则得:

$$\bar{p} = p_0 \mathrm{e}^{-\theta z} \left(\frac{\partial \zeta}{\partial z} \right)^{-\gamma}.$$

将上式对 z 取导数,并利用(4.18)及(4.26)式,得到声波传播的微分方程:

$$\frac{\partial^2 \zeta}{\partial t^2} - a^2 \left(\frac{d\zeta}{dz}\right)^{-(\gamma+1)} \frac{\partial^2 \zeta}{\partial z^2} + g\left\{1 - \left(\frac{d\zeta}{dz}\right)^{-\gamma}\right\} = 0. \tag{4.28}$$

对于微小的振动,可以设:

$$\zeta(z,t) = z + \zeta(z,t),$$

代入(4.28)式,略去 ξ 的高次项,得:

$$\frac{\partial^2 \xi}{\partial t^2} - a^2 \frac{\partial^2 \xi}{\partial z^2} + \gamma g \frac{\partial \xi}{\partial z} = 0. \tag{4.29}$$

再设 ξ 为一简谐函数: $\xi = \xi_1(z)e^{ift}$,代入(4.29)式,得:

$$a^2 \frac{\partial^2 \xi_1}{\partial z^2} - \gamma g \frac{\partial \xi_1}{\partial z} + f^2 \xi_1 = 0.$$

即

$$\frac{\partial^2 \xi_1}{\partial z^2} - \varepsilon \frac{\partial \xi_1}{\partial z} + K_s^2 \xi_1 = 0, \tag{4.30}$$

式中

$$K_s = 2\pi/\lambda = f/a.$$

要求解这个方程式,假设 $\xi_1 = e^{Nz}$,则由(4.30)式可得:

$$N = (\varepsilon \pm \sqrt{\varepsilon^2 - 4K_s^2})/2.$$

由于

$$\varepsilon \ll K_s, \quad N = \frac{\varepsilon}{2} \pm iK_s\left(1 - \frac{\varepsilon^2}{8K_s^2}\right),$$

故

$$\xi = C_0 e^{\frac{z\varepsilon}{2}} \cdot e^{ift} \cdot e^{\pm iK_s'z}.$$

式中 C_0 为常数,$K_s' = K_s\left(1 - \frac{\varepsilon^2}{8K_s^2}\right)$,$\xi$ 的实数部分为:

$$C_0 e^{\frac{z\varepsilon}{2}} \cos(ft \pm K_s'z). \tag{4.31}$$

(4.31)式表示,空气质点振荡的振幅随高度递增.此外,还可看出声波传播速度不是完全与波长无关的.在常温大气层中,声波略微有色散性质.

在单位时间内通过单位面积的能量流 E,等于声速 a 与能量密度平均值的乘积

$$E = \frac{1}{2}a\rho\xi_{max}^2 f^2. \tag{4.32}$$

由于 $\xi_{max}^2 = \xi_{0max}^2 e^{\varepsilon z}$,其中 ξ_0 是 ξ 在参考高度的数值,$\rho = \rho_0 e^{-\varepsilon z}$.在平流层任何高度的声速 a,约等于它的底部数值 a_0,于是:

$$E = \frac{1}{2}a_0\rho_0\xi_{0max}^2 f^2.$$

因此,在平流层内,能量的传播是一个常值,不随高度而变.

2. 对流层中声能的传播

在对流层内,大气可视为处于绝热平衡状态. 由大气平衡方程式:

$$A\gamma\rho^{\gamma-1}\frac{\partial\rho}{\partial z} = -g\rho \quad (A = p_0/\rho_0^\gamma = 常数),$$

积分得:

$$\frac{A\gamma}{\gamma-1}(\rho^{\gamma-1} - \rho_0^{\gamma-1}) = -gz. \tag{4.33}$$

因任何高度上的温度

$$T = \frac{Am}{k}\rho^{\gamma-1},$$

故

$$T = T_0 - \frac{(\gamma-1)m}{\gamma k}gz,$$

或

$$T = T_0\left(1 - \frac{\gamma-1}{a_0^2}gz\right), \tag{4.34}$$

其中 $a_0 = \sqrt{\dfrac{\gamma k T_0}{m}}$ 是地面的声速. 令 $\beta' = \dfrac{\gamma-1}{a_0^2}g$,则

$$\left.\begin{array}{c} T = T_0(1 - \beta'z), \\[2mm] \dfrac{\rho}{\rho_0} = \left(\dfrac{T}{T_0}\right)^{\frac{1}{\gamma-1}} = (1 - \beta'z)^{\frac{1}{\gamma-1}}, \end{array}\right\} \tag{4.35}$$

其中 ρ 及 ρ_0 是对应于温度 T 及 T_0 的密度. 由此,从(4.29)式可以求得对流层中的声波方程:

$$\frac{\partial^2\xi}{\partial t^2} = a_0^2(1 - \beta'z)\frac{\partial^2\xi}{\partial z^2} - \gamma g\frac{\partial\xi}{\partial z}. \tag{4.36}$$

同样,假设 $\xi = \xi_1(z)e^{ift}$,则

$$a_0^2(1 - \beta'z)\frac{\partial^2\xi_1}{\partial z^2} - \gamma g\frac{\partial\xi_1}{\partial z} + f^2\xi_1 = 0. \tag{4.37}$$

为了求得上式的解,先应用变换:

$$\left.\begin{array}{l} y = (1 - \beta'z), \\ \delta = \gamma/(\gamma-1), \\ k_2 = 2\pi/\lambda_0, \\ N = \delta - 1, \\ k_1 = k_2/\beta', \\ \lambda_0 = 2\pi a_0/f, \end{array}\right\} \tag{4.38}$$

λ_0 表示地面的声波波长. 把声波方程变为标准型式:

$$\frac{\partial^2 \xi_1}{\partial y^2} + \frac{N+1}{y}\frac{\partial \xi_1}{\partial y} + \frac{K_1^2 \xi_1}{y} = 0, \tag{4.39}$$

以 $\xi_1 = \omega y^{-N/2}$，ω 为 y 的函数，$x = 2k_1\sqrt{y}$，则上式变为标准的贝塞尔方程：

$$\frac{\partial^2 \omega}{\partial x^2} + \frac{1}{x}\frac{\partial \omega}{\partial x} + \left(1 - \frac{N^2}{x^2}\right)\omega = 0. \tag{4.40}$$

对于较大的 x 数值，方程式的解可由下式给定：

$$\omega = C_0 Q \mathrm{e}^{\mathrm{i}x}/\sqrt{x},$$

其中 C_0 是一个常数，而

$$q = \left\{1 + \frac{1-4N^2}{1\cdot(8\mathrm{i}x)} + \frac{(1-4N^2)(3^2-4N^2)}{1\cdot 2\cdot(8\mathrm{i}x)^2} + \cdots\right\}.$$

如级数中高级项比 1 小得很多时，$q \simeq 1$，则

$$\xi = C_0 \frac{\mathrm{e}^{\mathrm{i}[ft + 2k_1(1-\beta'z)^{1/2}]}}{\sqrt{2k_1}(1-\beta'z)^{\frac{1}{2}(N+\frac{1}{2})}}.$$

由于 (4.38) 式，对于空气 $\left(N+\frac{1}{2}\right) \simeq 3$，则上式的实数部分为：

$$\frac{C_0\left(\frac{\beta'}{2k}\right)^{\frac{1}{2}}\cos\left\{ft + \frac{2k}{\beta'}(1-\beta'z)^{\frac{1}{2}}\right\}}{(1-\beta'z)^{3/2}}. \tag{4.41}$$

由 (4.41) 式可知，声波中空气质点振荡的振幅与平流层一样，随着高度递增。也就是说：声波愈向上传播振幅愈大。

现在可以求得在高度 z 处，单位时间内通过单位面积的能量数值 E 为：

$$E = \frac{1}{2}a\rho\xi_{\max}^2 f^2.$$

引用关系式：

$$a = a_0(1-\beta'z)^{\frac{1}{2}}, \quad \rho = \rho_0(1-\beta'z)^{\frac{1}{\gamma-1}}, \quad \text{及} \quad \xi_{\max} = \frac{\xi_{0\max}}{(1-\beta'z)^{3/2}},$$

其中 ξ_0 是 ξ 在地面的数值，代入能量公式，得：

$$E = \frac{1}{2}a_0\rho_0\xi_{\max}^2\nu^2\left[1-\beta'z\right]^{\left(\frac{1}{\gamma-1}-\frac{5}{2}\right)}.$$

但

$$\gamma \simeq \frac{7}{5}, \quad \frac{1}{\gamma-1} = \frac{5}{2},$$

故

$$\frac{1}{\gamma-1} - \frac{5}{2} = 0,$$

由此得

$$E = \frac{1}{2}a_0\rho_0\xi_{\max}^2 f^2. \tag{4.42}$$

它等于在地面单位时间内通过每单位面积的能量流. 这就表明, 随着高度的递增, 大气虽然逐渐稀薄, 但平面声波所传播的能量是维持不变的, 与从地面所发出的能量相等. 这是因为向上传播中, 密度递减的效应恰好为振幅增长的效应所抵偿. 因此, 声波能量传播的特征与均匀介质中的情况相当.

3. 空气黏滞性及热传导对声能的阻尼作用

上节的结论似乎表明, 声波可以向上无限地传播而无衰减. 但实际上并非如此, 波动在向上传播的过程中, 将由于空气的滞性阻力及热传导而逐渐衰减. 其中热传导作用, 当空气粒子的自由程与波长相当时, 更为重要. 由于这个原因, 短波将在较低的高度上即被完全阻尼. 下面我们介绍薛定谔 (Schrödinger)[7] 的结果.

对流层中, 空气粒子的平均自由程是比较短的, 因此阻尼效应可以不计. 但在对流层以上很高的地方, 情形就不再是这样了. 声波最大的波长约为 30 米, 而在 140 公里高空中, 分子的自由路程大致为 10 米. 在这个区域内, 由于分子速度与声速同一数量级, 很大一部分的分子在一个振荡周期内将从压缩区逃逸到膨胀区, 并有一部分分子从膨胀区逃到压缩区. 而在这两个区域内, 温度和压力有着很大的差别. 由于分子的这种相互交换, 结果使这两区的温度和气压互相调节, 把部分动能转换为热能, 从而抑制了声波的传播. 这种效应随着空气稀薄程度而增加. 如 G 代表声波在穿过路程 γ 中减弱到 $1/\mathrm{e}^G$, 薛定谔求得:

$$G = -\left[\frac{4\pi^2(\gamma-1)}{\gamma}K_T + \frac{16\pi^2\eta}{3\rho}\right]\frac{r}{\lambda^2 a}, \tag{4.43}$$

其中 K_T 为热传导系数, η 为黏滞系数, ρ 为密度, a 为声速, λ 为声波波长, r 为声波所经过的路程. 在标准情况下, 实验的结果为: $K_T = 0.505C\bar{l}$, $\eta/\rho = 0.285C\bar{l}$, 其中 C 是分子速度的均方值, $\bar{l}$ 为自由路程, $\bar{l} = \bar{l}_0\mathrm{e}^{r/H}$, $\bar{l}_0$ 是近地面大气粒子平均自由程, 等于 10^{-5} 厘米. 把 $H = \frac{kT}{mg}$ 代入上式, 得:

$$G = -30.1\frac{\bar{l}r}{\lambda^2}. \tag{4.44}$$

如取声波路程 $r = 10^5$ 厘米 $= 1$ 公里, 则从上式可以求得波长为 λ 的声波, 通过 1 公里路程把强度衰减到 $1/\mathrm{e}^G$ 的高度 z,

$$z = \frac{1}{\theta}\left\{2\ln\lambda + \log\frac{-\log\mathrm{e}^G}{30.1}\right\}. \tag{4.45}$$

现在分别以 $0.99, 0.9, 0.5, 0.1, 0.01, 0.001$ 作为 e^G 值代入上式, 则可以得到图 31 中的一组曲线. 从图 31 可以看出, 长波可以传播到较高的高空. 图中上部曲线较密, 表示声波的阻尼一经开始, 就增长得很快. 图中实线代表气温为 0℃ 的情况, 两条虚线则代表气温为 −45℃ 的阻尼情况. 气温愈低, 声波的衰减愈快.

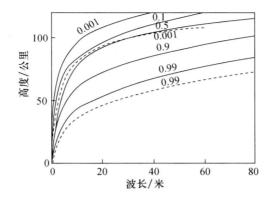

图 31　声波在大气高层中的衰减

§4.4　中层大气温度分布的计算

前面谈到中层大气的气温分布可通过特征声速来计算. 而特征声速的大小以及声线反射的高度,可分别用声波下降角法及走时曲线法求得.

1. 声波的下降角法

买色尔(Meisser)[8]从三个测声点上声波到达时间的数据,求得声波的下降角. 三个测点相距数百米,位于等边三角形的三个顶点上.

如 P_0,P_1,P_2 为三个测声站. 取一个直角坐标系,以 P_0 为原点,X 轴沿 P_0P_1,Z 轴垂直向上. 三个测声站的坐标分别为 $(0,0,0),(X_1,0,0),(X_2,Y_2,0)$. 若一个下降的平面声波到达各测站的时间为 t_0,t_1,t_2. 声线与三个坐标轴所成的角度分别为 α,β,γ. a_0 为地面的声速,则

$$X_1\cos\alpha = a_0(t_1-t_0) = r_1,$$
$$X_2\cos\alpha + Y_2\cos\beta = a_0(t_2-t_0) = r_2.$$

此外

$$\cos^2\alpha + \cos^2\beta + \cos^2\gamma = 1.$$

由这组方程,可以求出下降声线与垂直线的夹角 γ 以及方位角 φ:

$$\sin\gamma = \left[\left(\frac{r_1}{X_1}\right)^2 + \left(\frac{r_2}{Y_2} - \frac{X_2}{Y_2}\frac{r_1}{X_1}\right)^2\right]^{\frac{1}{2}},$$

$$\tan\varphi = \frac{\cos\beta}{\cos\alpha} = \left(\frac{r_2}{Y_2} - \frac{X_2}{Y_2}\cdot\frac{r_1}{X_1}\right)\bigg/\frac{r_1}{X_1}. \tag{4.46}$$

下降角 e_0 是射入角 γ 的补角. 从所得的下降角 e_0 可以求得特征声速:

$$v_{\mathrm{f}} = a_0\sec e_0. \tag{4.47}$$

通过特征速度 v_f，可以由（4.18）式求得声线最高点的温度.惠泼尔[9]通过一系列的测量求得下降角,计算了特征声速.按照他的结果,特征声速一般在 350 米/秒左右.这比英国夏天地面声速大 10 米/秒.在一个特殊的例中,惠泼尔求得的特征速度为 420 米/秒.这样大的特征速度,可以解释为由于高层强风的影响,或是由于高层大气中存在着高温区.

　　如果知道声线的最高点,则可求得中层大气温暖层的气温分布.但是最高点的位置只能粗略地计算.

　　在描绘声线轨迹时,要尽可能利用气象台所得到的从地面一直到高空的风、温度等资料.并可假定声线的上升一端的射出角与我们在它下降一端所测得的射入角相等.通过下列两个极端的假定,我们可以求得探空气球高度以上的声线轨迹:第一,我们假定探空气球高度以上的温度维持不变,这个假定表示在声波反射点有一突然增温层.另一极端假定是从探空气球高度一直到达声波反射点,气温均匀地递增.实际声线应当处于以上两种假定下所计算的轨迹之间.

　　图 32(a)与图 32(b)表示两种计算的过程. OA 一段是从气象探空资料计算的声线,下降一端的 BZ 段与 OA 相当而且对称.上面两种极端假定所对应的波向线分别为 ATB 与 AJB. 从 $OATBZ$ 声线所求得走时为 786 秒,比实际走时大[参看图 32(b)]. $OAJBZ$ 的走时为 667 秒,比实际的走时短.图中 $OAPKQBZ$ 轨迹是通过较正确的试验所画出,它对应于实际观测的走时值 720 秒.从这个曲线,直线轨迹转换为曲线轨迹的地点为 P,它高度为 33 公里。 K 的高度为 44 公里,我们就以此点为波向线的最高点.图 32(c)及图 32(d)分别表示声速及温度的分布.

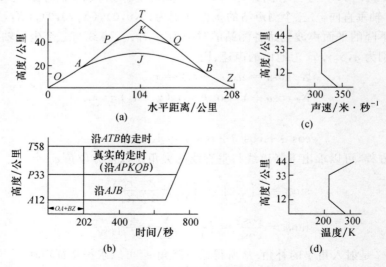

图 32　波向线的描绘

2. 走时曲线法

所谓走时曲线,是声波到达时间与水平传播距离的关系曲线.通过声波异常传播中从声源到达各观测点的走时数据,以及由气象台探空所得的对流层温度分布资料,我们可以计算出波向线的最高点[10].

声波在对流层以上的大气中,所走过的水平距离 r_s 以及相应的时间 t_s 为:

$$r_s = r - r^*,$$
$$t_s = t - t^*,$$

其中 r 是声源与接收点之间的水平距离,t 是观测到的传播时间,r^* 是声波在对流层中接近声源及接收点处所经过的水平距离,t^* 为相应于 r^* 的走时.

在上面的关系式中,r 与 t 是直接由观测所得的数据,在图 33 中的曲线表示两者之间的关系. r^* 与 t^* 可用下面的方法来计算:

$$r^* = 2\int_0^{z_0} \tan i \, \mathrm{d}z,$$
$$t^* = 2\int_0^{z_0} \frac{\mathrm{d}z}{a\cos i},$$

z_0 为对流层顶的高度.地面声速 a_0 和对流层中任一高度 z 处的声速 a,可从地面温度及垂直温度分布求得.

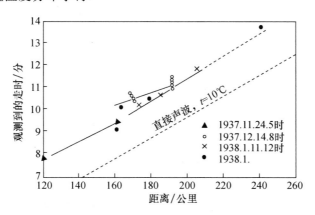

图 33 美国加利福尼亚州南部走时曲线的实验曲线[10]

如我们定义 $\bar{v} = \left(\dfrac{\delta r}{\delta t}\right)_0$ 为地面的水平视速度,由走时曲线图上的几何关系得:

$$\left(\frac{\delta r}{\delta t}\right)_0 = \frac{a_0}{\sin i_0} = v_f = \text{特征速度}. \tag{4.48}$$

在走时曲线图上,对任一高度上的水平视速度(曲线的斜率)为:

$$\frac{\delta r}{\delta t} = \cos\alpha,$$

α 是切线与水平方向的夹角.

由上述方法求得 r^* 及 t^* 后,从 r 及 t 中减去,得到另外一条 $r_s - t_s$ 曲线. 这是在对流层顶以上的走时曲线. 利用地震学常用的黑尔格鲁茨(Herglotz),维雪特(Wiechert),贝特曼(Bateman)方法,可求得波向线顶点距对流层顶的距离 r_t:

$$r_t = \frac{1}{\pi}\int_0^{r_s} \cosh^{-1}\frac{\overline{a}_s}{a_r}\mathrm{d}r_s, \tag{4.49}$$

其中 a_r 是 $\frac{\partial r_s}{\partial t_s}$ 在 0 到 r_s 距离中任意点上的数值,a_s 是 $\frac{\partial r_s}{\partial t_s}$ 在极限 $\overline{r}_s$ 处的数值. 因为 $\frac{\delta r_s}{\delta t_s}$ 是由 r_s-t_s 曲线求得,上述的积分可用图解法求得. 最高点的高度显然等于 $z_0 + r_t$.

下降角 $\theta_0\left(=\frac{\pi}{2} - i_0\right)$ 可由(4.48)式求得;再利用公式(4.47)就可以求得高度 z 处的特征速度. 这样我们就可以求得气温随着高度的分布. 图 34 就是通过声波传播方法所计算得到的美国加利福尼亚州北部中层大气的温度分布.

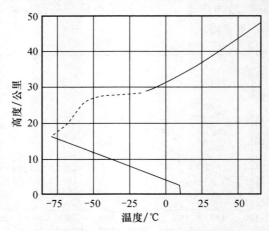

图 34 加利福尼亚州北部中层大气的气温分布

从实验观测中,还发现声波传播随季节而不同,可以听到的方向亦有不同. 例如,在英国夏季偏西地区容易收到声波,冬季则改为偏东地区容易听声波. 这自然是由于高层风向改变的结果. 这种高层风的存在,惠泼尔认为是高层纬度与经度间气压差异所造成. 他曾对英格兰及拉普兰两地上空 20 公里处的温度资料进行过研究. 这两地 20 公里高空中的温度及气压季节变化如图 35 所示. 由于这种气压差而产生的东风和西风亦绘制在图内. 从图中可以看出,西风转变为东风发生在 3 月底,相反的转换发生于 9 月中. 高空风向转换的时间与观测的声波异常传播转换时间相符合.

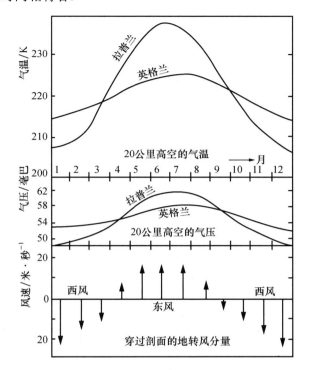

图35　英格兰及拉普兰 20 公里高空的气温、气压和风的季节变化

参 考 文 献

[1] Borne，G. Von dem，1904—1906，Die *Erdbebenwarte*，4，1；6. 110.

[2] Whipple，F. J. W.，1923，*Nature*，111，187.

[3] Meisser，O.，1930，"Laftseismik" Handbuch der Experimental Physik，25，111.

[4] Tucker，W. S.，Paris，E. T.，1921，*Phil. Trans. Roy. Soc.*，A221，389.

[5] Crary，A. P.，Bushnell，V. C. 1955 *J. Met.*，12，463.

[6] Emden，R.，1918，*Met. Z.*，35，74；35，114.

[7] Schrödinger，E.，1917，*Phys. Z.*，18，445.

[8] Meisser，O.，1927，*Z. Geophys.*，3，287.

[9] Whipple，F. J. W.，1935，*Q. J. Roy. Met. Soc.*，61，285.

[10] Gutenberg，B.，1926，*Z. Geophys.*，2，101；3，260.

第五章　利用流星辉迹来探测
高空大气的结构参数

　　流星辉迹的观测与研究,提供了中层高空温度及密度的重要知识.这方面的研究,首先由林德曼及多布逊(Dobson)[1]所创始.他们建立了流星辉迹出现与隐没的理论,由理论所推算出的中层高空(50—60公里)密度,较当时(1922年)公认的数值大得很多.和这样大的密度相适应的中层温度必须在300K左右,这也比当时所公认的平流层气温为220K高得多.此外,斯帕洛(Sparrow)[2]、奥辟克(Opik)[3]、赫尔洛夫生(Herlofson)[4]及惠泼尔[5]等人,对于流星的研究,也都得到同样的结果,而这些结论又完全和第四章内从声波异常传播所推断的中层气温的分布完全吻合.

　　随着无线电电子学技术的发展,近年来利用无线电技术来观测流星,发现了许多前所未知的流星现象.从而根据这些现象发展了一个新的超短波远程通讯方式——所谓流星辉迹通讯.利用无线电测量的流星数据,可以推算高层大气的密度、压力、温度、以及湍流扩散等重要大气结构参数.因此,这是一种有发展前途的方法.

　　本章先简单介绍流星的类别与组成,以后再介绍流星的观测方法、流星辉迹理论,以及由此推断出来的中层大气密度的分布,最后介绍无线电测量流星的方法.

§5.1　流星的类别与组成

　　流星是从地球以外投射到大气层内的质量仅为数毫克的质点.当它们向地面降落时,由于空气摩擦而产生的热量可使之蒸发并发光.流星性质和枪弹一样,不过它的速度较一般枪弹要大10至50倍.有时流星的质量可以大至数百千克,在大气中呈现为发光的火球,未烧完的部分就成为陨石落到地面.例如格陵兰(Greenland)大陨石的质量为3.4×10^4千克,这是世界上所发现的最大陨石.这样大的陨石,如果成分完全是铁的话,它的体积将是一个4.1米直径的圆球.一般在高层大气中消失的流星当然比这个要小得多.从各方面证实这些流星的平均直径大约在0.1到0.01厘米之间.

　　流星大致可分为流星雨及偶现流星两类.

流星雨的来源,目前一般都认为是彗星的残骸或分离质.因此,流星质点按它们发源的彗星可归属于不同的族,它们所运行的轨道也各不相同.当地球穿过这些流星族的轨道时,属于这一族的质点被地球所吸引,成为某一流星雨,如图 36 所示.

在表 10 中列出用肉眼在夜间观测到的[6]以及近年来用雷达法在白昼发现的流星雨的数据.流星雨辐射点的位置是由它的天文坐标赤经 α 及赤纬 δ 来确定的.

流星族所冠的名称是与星座有关联的,这是由于同一族流星的轨道与投影差不多都交于天球上的一点.这个点称为流星雨的辐射点,一般就把辐射点所在的星座称做这个流星雨的名称.例如:狮子座流星雨的辐射点在狮子星座内.但是,流星雨的辐射点

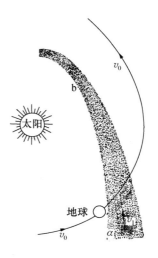

图 36 流星雨产生的示意图

表 10 夜间与白昼的主要流星雨[6]

序号	流星雨区域	最大值的日期	辐射点的坐标 (α δ)	每小时流星数	正常连续期/天数	观测到的地心速度/公里·秒$^{-1}$	有关的彗星	注
1	象限仪星座	1月3日	231+50	35	1	41		
2	御夫星座	2月9日	75+42	12	(5)			
3	天琴座	4月21日	273+34	12	2	48		
4	宝瓶座 η	5月4日	336 0	12	10	(66)	格列亚	
5	鲸鱼座 O	5月20日	30 −3	15	10	37		白昼流星雨
6	英仙座 ξ	6月8日	62−24	30	15	29		同上
7	天王卫一	6月8日	44+23	45	20	38		同上
8	天蝎星座—箭环星座	6月14日	260−26	12	80			
9	天龙星座	6月28日	220+58	12(1916年为40)	(5)		旁斯文乃克	
10	金牛座 β	6月29日	86+18	35	10	31		
11	宝瓶座 δ	7月30日	340−15	20	15	41		
12	英仙座	8月11日	46+57	50	20	61	1862Ⅲ	

序号	流星雨区域	最大值的日期	辐射点的坐标 $(\alpha\quad\delta)$	每小时流星数	正常连续期/天数	观测到的地心速度/公里·秒$^{-1}$	有关的彗星	注
13	查柯宾尼	10 月 9 日	262＋54	1937 年 20000 1946 年 1000	1	23	查柯宾尼-采聂拉格列亚	
14	猎户座	10 月 20 日	95＋115	20	10	66		
15	金牛座	10 月 31 日	54＋17	12	30	30	恩凯	
16	北天王卫一	11 月 12 日	50＋22	15	(5)			
17	仙女座	11 月 14 日	24＋44	1872 年,1885 年 5000—10000	5	72	比艾拉Ⅰ（仙女Ⅰ）	
18	狮子座	11 月 16 日	152＋22	1833 年为 10000	5	72	1866Ⅰ	
19	双子座	12 月 13 日	113＋32	40	5	35		
20	小熊座	12 月 22 日	207＋80	15	(1)			

不一定都是很明显. 除狮子星座流星雨有明确的辐射点外, 经常出现的流星雨的辐射点都是分布在一个很大的面积之内. 有的辐射点虽分布很广, 但聚集于区内的个别中心之内, 猎户座流星雨就是如此. 有的流星雨的辐射点（例如英仙座流星雨）则均匀地分布在一个区域之内. 各个流星质点的轨道很少是平行的, 它们虽然被归在一个族之内, 甚至有一个共同的来源, 但是它们的轨道是各不相同的. 因此, 追溯到极远的地方, 它们很可能根本就不看作属于一族. 流星质点的分布不是均匀的, 在中间最大聚集带之外, 质点的分布相当分散. 如地球横贯一个流星族, 它的质点聚集带与黄道相接近时, 我们就观测到强大的流星雨. 例如狮子星座流星雨, 这样最大的流星雨 33 年发生一次.

如果没有任何摄动作用的话, 有一个共同彗星源的流星族的质点, 应当遵循着相同的轨道运行. 但是由于行星的摄动, 特别是由于木星的摄动, 流星与彗星流都被扰乱. 显然, 流星雨被扰乱的程度, 与行星引力场对于它作用的时间成正比. 如果被摄动体的轨道平面和引起摄动行星的轨道相重合, 同时它们又都向着同一的方向旋转时, 则摄动作用将是最大. 如果两者之间的回旋运动方向相反, 或者流星的轨道平面与黄道平面倾斜很大, 则摄动作用将大为减小. 这个推论是和事实相符的. 例如哈雷彗星与行星旋转方向是相反的, 它受到的摄动就比正向回旋的流星来得小. 此外, 如狮子座、英仙座、天琴座几个主要流星雨的轨道与黄道倾斜很大, 旋转方向又相反, 因此, 它们受到的摄动最小而存在的时间也很短. 对于成群的流星质点来就, 摄动作用是使得这一群质点不均匀地扩散在围绕太阳的一个扁平环上.

　　由于摄动力而引起的扩散是不均匀的,流星质点扩散到整个轨道上需要一个相当长的时间,只有很老的流星雨才这样分布;因此,每年经常按时出现的是比较老的流星雨.属于较近时期的流星族,大致仅出现于轨道上某些地点.

　　偶现流星的来源问题——属于太阳系或是由太阳系外飞来,现在还没有定论.对于大多数流星来说,一般意见多认为它来自太阳系.决定这个问题的关键在于,如何精确地确定流星的速度.如果流星是属于太阳系,则当它处于日地距离、但还未受到地球吸引力的影响时,它的轨道速度(日心速度)必须小于临界速度 42.12 公里/秒. 困难就在于无法精确地测得偶现流星未受地球影响以前的轨道速度,因此也就无法决定它们的来源.但是,比较流星雨及偶现流星出现与隐没的高度,两者并没有显著的差别,这也是偶现流星轨道为椭圆的有利例证.罗弗尔(Lovell)[7]根据许多证明认为:沿着双曲线轨道运行的流星如果有的话,它所占的百分率也是极其微小的.

　　下面将提到几点重要而有意义的事实:就是关于流星趋近地球的速度、流星撞击频率的周日及地理位置的变化.

　　地球沿着它的轨道以每秒 29 公里的速度前进.如流星在同一坐标系统内的速度是 v,则流星趋近地球的速度将为 $v \pm 29$.地球与流星相反运动时,速度最大,等于 $v+29$;如果双方运动方向是相同的话,速度最小,等于 $v-29$. 这种极限速度出现的机会自然是很少的.趋近速度,一般等于 $v\cos\Psi_m + 29\cos\Psi_0$,$\Psi_m$ 与 Ψ_0 分别代表流星速度矢量及地球速度矢量与中心线所交的角度.由于地球围绕太阳旋转,它的一半与运动方向正相反,另一半则正相同.显然前一半所碰到的流星速度大,后一半所碰到的流星速度小.

　　在前进的半球上,天顶与地球运行方向相同的地方,将经受到对碰的流星,在这个区域附近流星碰撞的机会较多.如果地轴与黄道正好垂直的话,这个区域应当在赤道早晨 6 时.但是地轴与黄道的交角为 23.5°,这个对碰点将在南北 23.5° 之间移动,出现的时间大致正在午前 6 时.在热带以外,任何纬度上的天顶方向不可能与地球运行方向相同,但在清晨 6 时最接近于这个方向.因此一般说来,在任何一个地点上经常碰到具有最大相对速度的流星,大致也在该地早晨 6 时.

　　以上所提到的只适用于偶现流星,它们的方向是乱的.对于流星雨来说,观测到流星最大的出现频率及最大速度的时候,是当辐射点恰好指向或接近地球运行方向的时候.实际观测到的流星昼夜变化和年变化曲线,如图 37 所示;由图看出,流星在早晨 4—6 时比当地下午 6 时要多,在秋天比春天要多.

　　流星的成分变化很大.从光谱分析所得的数据,流星的成分主要为钙、镁、锰、钴,可能还有钠、铝、硅.流星光谱可以分为两类:① 在 Y 型光谱中出现很强

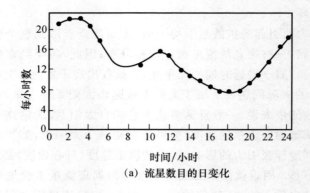

时间/小时

(a) 流星数目的日变化

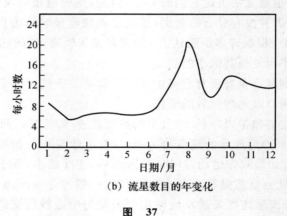

日期/月

(b) 流星数目的年变化

图　37

的游离钙的 H 及 K 线;② 在 Z 型光谱中,则没有这两种谱线.大部分流星雨中,特别是狮子座流星雨中,都呈现 Y 型光谱;而 2/3 的偶现流星则属于 Z 型.

坠落到地球上的流星,可分为铁质陨星与陨石两类,前者所含的钙质很少,而后者所含的钙超过百分之一.流星雨大部分属于 Y 型(含有钙),因此可以归之于陨石的一类.偶现流星可以属于 Y 及 Z 型,因此一部分属于陨铁,一部分属于陨石.

§5.2　流星的观测——目测与摄影观测

要应用流星理论来求中层大气的温度和密度,首先需要知道流星的轨迹.如果两个观测者在不同的地点对同一流星进行观测和摄影,流星的轨道就可以精确地测量出来.这种观测应包括下列数据:辐射点的位置、流星辉迹的长度、它出现及隐没的高度.除了辐射点以外,两点对于上面列举的观测的误差值也需要求得.如果观测者更多的话,则辐射点的误差以及观测者的误差都可以求得.目前最精确的目测资料中,辐射点的误差约 1°,高度测量的误差约为 2—4 公里.

比较照相所得的轨迹与星象,可以粗略地测出流星的亮度.这样,从两张照相又可以得到下列资料:四个点的高度、亮度(末端除外)、积分亮度、速度(在整个轨迹中变化不很大)、中点的减速度以及对天顶的倾斜度.

流星辉迹出没的高度,以及这些高度和流星质量速度的关系,对于流星理论是很重要的,下面所给的数据是林德曼-多布逊为建立流星理论所整理出来的资料.

流星辉迹出没的高度发生于较大范围之间.流星辉迹出现的最高处大约在电离层的 F 层内.辉迹隐没的高度是没有下限的,因为流星的光球一直落到地面成为陨石并不是一个不常见的现象.图 38 及 39 表示从观测所得到的辉迹出没高度与频率的关系.应当指出,辉迹出现高度好像是集中于 110 公里高空,而隐没的高度则似乎是集中于 70 公里及 48 公里两层.在 55 公里高空流星辉迹隐没的频率显著地下降.这个事实对于建立流星理论是非常重要的.

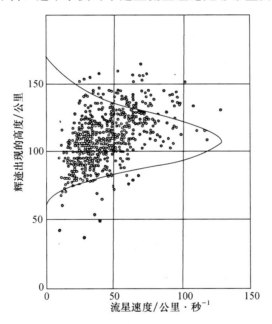

图 38　流星辉迹出现高度与频率的关系

流星辉迹出没的高度与流星速度有一定的关系.速度较大的流星出现与隐没的高度较高,速度较小的流星,它的出没高度比较低.我们可以根据旋星辉迹出没的高度计算大气的密度分布(见图 40).

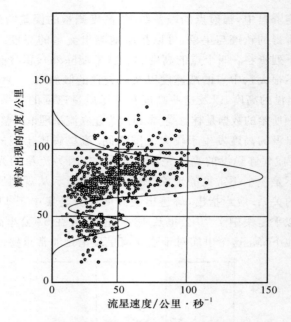

图 39　流星辉迹隐没高度与频率的关系

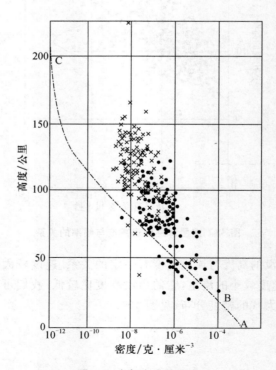

图 40　大气密度的分布

一年中,在主要流星雨出现时期,流星的出没高度有显著的增高.从图 41 中可以看出,最低值出现于 2 月,最高值出现在 8—9 月.从这个图上,还可以看出流星辉迹的季节变化.

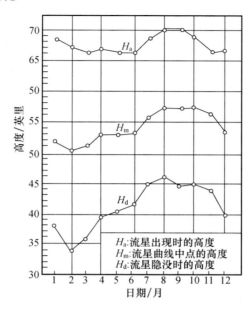

图 41　流星出没高度的季节变化

§5.3　流星的加热制动和游离理论

流星在高空大气中以极高的速度飞行时,受到强烈的空气动力加热,在一定的高度上即开始发光、蒸发,并使周围的空气分子游离分解.同时,由于受到空气的阻力,流星还不断地改变自己的轨道.流星的加热和制动,主要取决于高空大气分子与流星间的能量和动量传输机制,过程是十分复杂的.这是由于当流星在高空飞行过程中,要经过不同的气体动力学领域,而在不同的领域中传输机制也不相同.同时,蒸发出来的流星分子与空气分子之间相互碰撞,以及空气分子的游离分解等,使能量和动量的传输变得极其复杂.目前这方面的研究,还没有考虑游离分解及蒸发等过程对传输的影响.

林德曼及多布逊首先对流星的加热问题进行了研究[1].他们提出了空气帽和有效加热系数的概念.后来,斯帕洛[2]也对有效加热系数作了研究.不同作者所得到的有效加热系数差别很大.由于流星是以高速度在稀薄空气中运动,应用高速稀薄气体动力学的方法,来研究这一问题是比较适当的.关于流星的蒸发和游离理论,奥辟克[11]曾作了较完整的研究.他的理论是目前运用无线电方法测量流星的基础. 在这节里,首先简要介绍林德曼及多布逊理论;然后,用稀薄气体动力学方法来处理流星加热及制动问题;最后介绍奥辟克的理论.

1. 林德曼–多布逊理论

林德曼–多布逊理论的一个最基本假定是:当流星粒子以高速度射入大气层后,由于绝热压缩作用,一个高温气体罩形成于流星粒子的前端,热量将由高温气体罩传导到流星本身. 如果流星粒子不大的话(一般在高层中就已隐没的流星往往如此),这个热量足以把整个流星温度提升得很高以致发光. 掌握了流星的速度、比重、半径、导热率及比热,我们就可以计算流星辉迹出现与隐没高度上的大气密度. 计算辉迹出现高度的密度与计算隐没高度的密度互不相关,但我们将得到同样的结论. 就是:计算出的中层大气密度不能与低温相适应;在流星现象发生的大气层中,温度应在 300K 左右.

必须指出:林德曼–多布逊理论仅适用于普通的流星. 很亮的像火球一般的流星或尺度较大能够很接近地面的流星,都不是这个理论所讨论的对象. 林德曼–多布逊理论所涉及的流星的特征如下:辉迹出现高度 100 公里,隐没高度 80 公里,流星辉迹的长度(倾斜的)60 公里,速度 40 公里/秒. 因此,辉迹持续的时间约为 1.5 秒. 在 150 公里外它的视亮度等于一等星,就是说它每秒辐射的能量 $E=3.3\times10^{10}$ 尔格. 这个数值反过来也可以决定流星的平均大小. 在辉迹持续时间 $t=1.5$ 秒内,总共辐射的能量为 $1.5\times3.3\times10^{10}$ 尔格,这是从流星的动能 $\frac{1}{2}mv^2$(v 的平均值为 4×10^6 厘米/秒)转化的. 把两种能量数值相等起来,就可以求出质量 $m=6.25\times10^{-3}$ 克. 如流星的成分是铁的话,它的半径等于 0.057 厘米.

形成流星前端气体罩须具备一定的空气密度. 当流星飞进大气层后,它将首先受到个别空气分子的碰撞. 在极高大气层中,分子平均自由路程比流星尺度大得很多. 随着流星的下落,空气密度逐渐增加,到达某一高度时(这个高度与流星的大小及速度快慢有关),一层保护的气体罩将在流星的前端形成,此时,气体与流星的直接碰撞停止. 这个时候的大气密度可以作如下的估计:假定流星在向前运动时,捕获了一个气体分子,由于热运动,这个分子一般将在一定时间内移出流星所扫过的区域;但是如果这个时间等于或大于流星移动一个平均分子自由路程所需要的时间,新的气体分子将在捕获的分子移出之前堆集起来,一个保护层就产生了. 于是我们得到气体层形成的条件如下:

$$\bar{l}=r\frac{v}{\bar{v}}, \tag{5.1}$$

其中 $\bar{l}$ 为分子的平均自由路程,r 为流星的半径,$\bar{v}$ 为分子的平均速度,v 为流星的速度.

如 ρ_1 为空气帽形成时的空气密度,$\bar{l}_n$,ρ_n 为标准情况下的平均自由路程及密度,则

$$\rho_1 = \frac{\bar{l}_n}{r} \frac{\bar{v}}{v} \rho_n.$$

因此,当空气密度相当于标准密度的 $\dfrac{\bar{l}_n \bar{v}}{r v}$ 倍数时,空气帽开始形成.例如,对于氮气来说,直接碰撞停止并开始形成空气帽高度的大气密度为 $\dfrac{5.6 \times 10^{-4}}{r v}$,其中 v 可由直接观测求得,r 可由公式 $\left(\dfrac{3m}{4\pi\rho_m}\right)^{\frac{1}{3}}$ 及 $\dfrac{1}{2}mv^2 = Et_0$ 求得,ρ_m 是流星的密度.

由于分子直接碰撞而导致温度的升高可以不计,只有在气体帽形成以后,才有部分空气帽热量传到流星.

林德曼-多布逊首先提出了有效加热系数的概念,并用来计算高层大气的密度.设流星的截面积为 S,速度为 v,则在单位时间内传到流星上的总能量为 $\dfrac{1}{2}\rho S v^3$;但该能量并非全部用于加热流星.若我们用 Y 表示有效加热系数,则 Y 等于用来加热流星的有效能量与传到流星的总能量之比.据林德曼-多布逊计算:

$$Y = \frac{\dfrac{1}{2}\rho S v^2 \left(\dfrac{v_1 - v_2}{3}\right)}{\dfrac{1}{2}\rho S v^3} = \frac{v_1 - v_2}{3v}, \tag{5.2}$$

式中 v_1 和 v_2 分别表示相当于温度为 T_1 和 T_2 的空气分子速度,而 T_1 是气帽层的温度,T_2 是流星表面的温度.将(5.2)式化成用温度表示的形式:

$$Y = \frac{1}{3}\left(\frac{v_1}{v} - \frac{v_2}{v}\right) = \frac{1}{3}\left(\sqrt{\frac{T_1}{T_v}} - \sqrt{\frac{T_2}{T_v}}\right), \tag{5.3}$$

式中 T_v 是一个假想的温度,其定义为 $T_v = \dfrac{mv^2}{3k}$,m 是分子量,k 是玻尔兹曼常数.T_1 可由绝热公式求得:

$$T_1 = T_0 \left(\frac{p}{p_0}\right)^{\frac{\gamma-1}{\gamma}} = T_0 \left(\frac{3v^2}{2\bar{v}}\right)^{\frac{\gamma-1}{\gamma}}, \tag{5.4}$$

式中 T_0 是气体的初始温度.

林德曼-多布逊理论,在计算有效加热系数过程中,物理机制是不清楚的,因此,不少作者曾提出过批判.但是,他们提出的空气帽的概念,还是有意义的.

2. 运用高速稀薄气体动力学来讨论流星的加热和制动过程

最近,刘振兴[8]应用稀薄气体动力学方法,讨论了流星在高层大气运动时的加热和制动问题.由于流星的尺度比所在高度大气分子的平均自由路程要小很

多、克努森数(Knudsen)远大于10,同时,流星以高速运行,因此,必须应用高速稀薄气体动力学方法来处理这方面的问题.

(1) 动力学领域的划分问题

一般采用克努森数(气体分子的平均自由路程与流星尺度之比)来划分稀薄气体动力学的领域.但是,对高速飞行体而言,应引入一个修正克努森数作为分区的参量.这是由于高速流星前面的某一范围内产生空气分子的堆积,即使自由流的克努森数很大,而流星作用范围内克努森数却显得较小.根据近来大量高速低密度风洞的实验资料,可以清楚地看出,当马赫数 Ma(Mach)很大时,一些主要的热传输参数(如热传输系数、温度恢复系数)只与雷诺数 Re(Reynolds)有关.因此,采用雷诺数作为分区的参量比较适当.下面将从物理机制来证实这一点.

由于流星以极高的速度运行,在流星前面某一范围内发生空气分子的堆积,因此分子之间的碰撞就必须考虑.我们引入自由大气分子与流星表面有效碰撞面积这一概念,并根据这一面积的大小,来划分不同传输过程的区域.所谓有效碰撞面积,即自由大气分子与流星表面直接碰撞的面积.为了使问题简化,我们提出下面几个假定:

① 在流星前面某一范围内,空气分子的来源可以分为两类,一类是进入该区域的自由大气分子,一类是从流星表面漫反射出来的分子.另外,只考虑这两类分子间的一次碰撞,不考虑散射分子对传输过程的影响,且假定流星为球形.

② 经过一次碰撞的分子仍适合麦克斯韦分布定律.

③ 假定流星表面的蒸发不影响传输过程.

设每单位时间内从流星表面射出的分子数目为:

$$N_r = \frac{C_r n_r}{2\sqrt{\pi}},\tag{5.5}$$

式中 C_r 是相当于温度为 T_r 的分子的最可几速度,T_r 是反射分子所相当的温度,n_r 是一个假想值,它代表在流星表面的后面,温度为 T_r 的气体中,每立方厘米中所含的分子数目.考虑一个时间间隔,在这一时间内射出的分子仍在流星周围,这一时间我们用 τ 表示:

$$\tau = b_1 \frac{r}{C_r},\tag{5.6}$$

其中 b_1 为某一常数,r 为流星半径,在 τ 时间内,单位面积上射出的分子数目为 τN_r,设分子碰撞面积为 πd_0^2,则自由大气分子的平均自由路程可写为:

$$\bar{l}_\infty = \frac{1}{\sqrt{2}\pi d_0^2 n_\infty},\tag{5.7}$$

其中 n_∞ 表示自由大气每立方厘米中所含的分子数目.从单位面积上射出的分

子所具有的碰撞截面积总和为：

$$\Delta S = b_2 \tau N_r \pi d_0^2 = b_1 b_2 \frac{r}{l_\infty} \frac{n_r}{n_\infty} \frac{1}{2\sqrt{\pi}}, \tag{5.8}$$

其中 b_2 为某一常数，它是考虑到射出分子间前后彼此掩盖而引入的. 在单位时间内，通过单位面积射入的自由大气分子为：

$$N_\infty = \frac{C_\infty n_\infty}{2\sqrt{\pi}}[e^{-\delta^2} + \delta\sqrt{\pi}(1 + \mathrm{erf}(\delta))], \tag{5.9}$$

其中 $\delta = \dfrac{U}{C_\infty}\cos\theta, \theta$ 为速度 v 与面元法线间的夹角；C_∞ 为自由大气分子的最可几速度，$\mathrm{erf}(\delta) = \dfrac{2}{\sqrt{\pi}}\displaystyle\int_0^\delta e^{-\delta^2}\,\mathrm{d}\delta$，假定 $N_\infty = b_3 N_r$，且因 $v \gg C_\infty$，则由 (5.5) 和 (5.9) 式得：

$$\frac{n_r}{n_\infty} = b_3 \frac{v}{C_r} \cdot 2\sqrt{\pi}\cos\theta, \tag{5.10}$$

其中 b_3 为另一新的常数，将 (5.10) 式代入 (5.8) 式，即得 $\mathrm{d}A$ 面积上射出的分子所具有的总碰撞截面积为：

$$\beta'\mathrm{d}A \frac{r}{l_\infty} \frac{v}{C_r}\cos\theta,$$

其中 $\beta' = \dfrac{b_1 b_2 b_3}{\sqrt{2}}$. 在 $\mathrm{d}A$ 面积上有效碰撞面积为：

$$\mathrm{d}A_\pi = \mathrm{d}A\left(1 - \beta'\frac{r}{l_\infty}\frac{v}{C_r}\cos\theta\right). \tag{5.11}$$

由上式看出，当 $\mathrm{d}A_\pi = 0$ 时，流星前面的阻塞层即完全形成，这时空气分子不能再与流星表面直接发生碰撞. 这里我们所说的阻塞层，相当于林德曼-多布逊理论中的空气帽. 当空气帽形成时，可能已进入滑行流区. 林德曼和多布逊认为，流星的加热主要是发生在空气帽形成之后，这种看法是不适当的. 因为在自由分子流区和过渡区域内，流星早已开始被加热. 当 $\theta = 0°$ 时，由 (5.11) 式可得到空气帽形成的条件：

$$\bar{l}_\infty = \beta'r \cdot \frac{v}{C_r},$$

上式与林德曼和多布逊所得结果基本上一致，仅差一个常数.

引入一个修正的克努森数 Kn'，令：

$$Kn' = \sqrt{\frac{\gamma}{2}}Kn_\infty \frac{1}{M_r}, \tag{5.12}$$

其中 M_r 表示当温度为 T_r 时的马赫数，对于 $\theta = 0$ 的情况，可将 (5.11) 式写成：

$$\mathrm{d}A_\pi = \mathrm{d}A\left(1 - \beta'\sqrt{\frac{2}{\gamma}}\frac{1}{Kn'}\right). \tag{5.13}$$

修正的克努森数，可以化成雷诺数的形式，利用克努森数的表示式：

$$Kn_\infty = \sqrt{\frac{\pi\gamma}{2}} \frac{M_\infty}{Re_\infty}, \tag{5.14}$$

式中 γ 为比热率.利用(5.12)和(5.14)两式,将(5.13)式写成:

$$dA_\pi = dA(1 - \beta Re_\infty \sqrt{T_\infty/T_r}), \tag{5.15}$$

式中 $\beta = \beta'/\sqrt{\pi}$ 为一纯数值,$\sqrt{T_\infty/T_r}$ 近似为常数.由(5.15)式看出,划分动力学领域的参量,只是决定于雷诺数.下面我们讨论自由分子流区和近自由分子流区的加热和制动.

(2)流星的加热过程

由于气体分子与流星的碰撞机制不同,能量传输自然也就不同,下面分别进行讨论.

① $\beta Re_\infty \sqrt{\dfrac{T_\infty}{T_r}} < 0.01$ 的情况(自由分子流区)

流星的加热主要是气体分子与流星间的能量传输而引起的.因流星速度 v 远大于气体分子热运动速度,故从流星后面碰撞它的分子数目可以不计.在单位时间内,气体分子从前面传到面元 dA 上的能量为:

$$dE_\infty = N_\infty \left[\frac{mv^2}{2} + (\psi+1)kT_\infty \right] dA, \tag{5.16}$$

其中 $\dfrac{mv^2}{2}$ 表示分子以速度 v 运动时所具有的动能,$(\psi+1)kT_\infty$ 为内能,式中

$$\psi = 1 + \frac{1 + \frac{3}{2}\sqrt{\pi}\delta[1 + \mathrm{erf}\delta]e^{\delta^2}}{1 + \sqrt{\pi}\delta[1 + \mathrm{erf}\delta]e^{\delta^2}}.$$

设流星表面的调节系数为 α_m,则在单位时间内从球面元 dA 上射出的分子所带出的能量为:

$$dE_r = dE_\infty(1 - \alpha_\mathrm{m}) + 3\alpha_\mathrm{m} N_\infty kT_w dA, \tag{5.17}$$

其中 k 为玻尔兹曼常数,T_w 为流星表面的温度.在我们所讨论的问题中,$\dfrac{v}{C_\infty} \gg 1$,故 $e^{-\delta^2} \approx 0, 1 + \mathrm{erf}\delta = 2$.由此得:

$$\psi = \frac{5}{2}, \quad N_\infty = n_\infty v \cos\theta. \tag{5.18}$$

要想求出传给流星的总能量,必须对所有方向求积分,球面元 $dA = rd\theta \cdot r\sin\theta d\bar{l}$.在此只考虑前半部,故 $\bar{l}$ 的积分限是 $0 - \pi$,θ 是从 $0 - \dfrac{\pi}{2}$.最后将单位时间内传到流星上的净总热量表示为:

$$Q_\mathrm{t} = \pi r^2 \alpha_\mathrm{m} \cdot 2\int_0^{\frac{\pi}{2}} N_\infty \left[\frac{mv^2}{2} + (\psi+1)kT_\infty \right] \sin\theta d\theta - 3\pi r^2 \alpha_\mathrm{m} \cdot 2\int_0^{\frac{\pi}{2}} N_\infty \sin\theta d\theta.$$

利用(5.18)式,对上式求积分,则得:

$$Q_t = \alpha_m \pi r^2 \rho_\infty \left[\frac{v^3}{2} + \left(\frac{7}{4} C_\infty^2 - \frac{3}{2} C_w^2 \right) v \right].$$

引入有效加热系数 Y,并将 Q_t 写成:

$$Q_t = \pi r^2 v \cdot \frac{1}{2} \rho_\infty v^2 \cdot Y.$$

由此得出:

$$Y = \alpha_m \left[1 + \left(\frac{7}{2} \frac{C_\infty^2}{v^2} - 3 \frac{C_w^2}{v^2} \right) \right]. \tag{5.19}$$

因 $\dfrac{v^2}{C^2} \gg 1$,故有效加热系数主要决定于流星的调节系数 α_m,它与流星成分及大气组成的成分有关.

② $0.01 < \beta Re_\infty \sqrt{\dfrac{T_\infty}{T_r}} < 0.1$ 的情况(近自由分子流区)

在这种情况下有效碰撞面积 $dA_\pi = dA \left(1 - \beta Re_\infty \sqrt{\dfrac{T_\infty}{T_r}} \cos\theta \right)$. Q_t 的积分式可写为:

$$Q_t = \pi r^2 \alpha_m 2 \int_0^{\frac{\pi}{2}} \left\{ N_\infty \left[\frac{mv^2}{2} + (\psi+1)kT_\infty \right] - 3kT_\infty \right\} \sin\theta$$
$$\times \left(1 - \beta Re_\infty \sqrt{\frac{T_\infty}{T_r}} \cos\theta \right) d\theta.$$

积分结果为:

$$Q_t = \pi r^2 v \cdot \frac{1}{2} \rho_\infty v^2 \cdot Y,$$

$$Y = \alpha_m \left[1 + \left(\frac{7}{2} \frac{C_\infty^2}{v^2} - 3 \frac{C_w^2}{v^2} \right) \left(1 - \frac{2}{3} \beta Re_\infty \sqrt{\frac{T_\infty}{T_r}} \right) \right]. \tag{5.20}$$

或近似地写成:

$$Y = \alpha_m \left(1 - \frac{2}{3} \beta Re_\infty \sqrt{\frac{T_\infty}{T_r}} \right). \tag{5.21}$$

比较(5.19)和(5.20)两式可以看出,在近自由分子流区内的有效加热系数,比在自由分子流区内要小一些.

(3) 流星在高层大气中运行时所受到的阻力

流星在高层大气中运行时所受到的作用力,决定于大气分子与流星间的动量传输过程.我们只考虑流星前面所受到的作用力,射入的空气分子作用在流星单位面积上的力为:

$$F_i = p_i \cos\theta + \tau_i \sin\theta$$
$$= \frac{1}{2} \rho_\infty v^2 \cos\theta \left[\frac{1}{\sqrt{\pi}\delta} e^{-\delta^2} + \left(1 + \frac{\cos^2\theta}{2\delta^2} \right) \cdot (1 + \mathrm{erf}\delta) \right], \tag{5.22}$$

式中 p_i 和 τ_i 分别为作用在流星单位面积上的压力和切应力:

$$p_i = \frac{1}{2}\rho_\infty v^2 \cos^2\theta\left[\frac{1}{\sqrt{\pi}\delta}\mathrm{e}^{-\delta^2} + \left(1 + \frac{1}{2\delta^2}\right)(1 + \mathrm{erf}\delta)\right], \tag{5.23}$$

$$\tau_i = \frac{1}{2}\rho_\infty v^2 \cos\theta\sin\theta\left[\frac{1}{\sqrt{\pi}\delta}\mathrm{e}^{-\delta^2} + 1 + \mathrm{erf}\delta\right]. \tag{5.24}$$

若表面是完全漫反射,即漫反射系数 $f=1$,则从流星表面反射出来的分子对于流星施加作用力为:

$$F_r = p_r\cos\theta = \frac{1}{2}\rho_\infty v^2\frac{\cos^3\theta}{2\delta^2}\sqrt{\frac{T_r}{T_\infty}}\left[\mathrm{e}^{-\delta^2} + \sqrt{\pi}\delta(1 + \mathrm{erf}\delta)\right]. \tag{5.25}$$

利用前面所做的简化,作用在流星上的总力可写为:

$$F = \frac{1}{2}\rho_\infty v^2\pi r^2 \cdot 2\int_0^{\frac{\pi}{2}}\left[2\cos\theta\sin\theta + \sqrt{\pi}\cos^2\theta\sin\theta\frac{C_r}{v}\right]\mathrm{d}\theta.$$

将上式积分,得:

$$F = \frac{1}{2}\rho_\infty v^2\left[2 + \frac{2}{3}\sqrt{\pi}\frac{C_r}{v}\right]\pi r^2. \tag{5.26}$$

由此得出阻力系数为:

$$C_D = 2\left[1 + \frac{\sqrt{\pi}}{3}\frac{C_r}{v}\right]. \tag{5.27}$$

对于 $0.01 < \beta Re_\infty\sqrt{\frac{T_\infty}{T_r}} < 0.1$(近自由分子流区)的情况,作用在流星表面上的力可写为:

$$F = \frac{1}{2}\rho_\infty v^2\pi r^2 \cdot 2\int_0^{\frac{\pi}{2}}\left(2\cos\theta\sin\theta + \sqrt{\pi}\cos^2\theta\sin\theta\frac{C_r}{v}\right)\left(1 - \beta Re_\infty\sqrt{\frac{T_\infty}{T_r}}\cos\theta\right)\mathrm{d}\theta.$$

将上式积分,得:

$$F = \frac{1}{2}\rho_\infty v^2\pi r^2\left\{2\left[1 + \frac{\sqrt{\pi}}{3}\frac{C_r}{v} - \frac{2}{3}\beta Re_\infty\sqrt{\frac{T_\infty}{T_r}} - \frac{\pi}{4}\beta\frac{1}{Kn_\infty}\right]\right\},$$

阻力系数可写为:

$$C_D = 2\left[1 + \frac{\sqrt{\pi}}{3}\frac{C_r}{v} - \frac{2}{3}\beta Re_\infty\sqrt{\frac{T_\infty}{T_r}} - \frac{\pi}{4}\beta\frac{1}{Kn_\infty}\right]. \tag{5.28}$$

对于 $\beta Re_\infty\sqrt{\frac{T_\infty}{T_r}} > 1$ 时的动量和动量传输过程,今后我们还需做进一步研究.

流星与高层大气间的相互作用过程是极其复杂的.在根据稀薄气体动力学所建立的理论中,还有一些过程没有考虑,其中最主要的是没有考虑蒸发对于传输过程的影响;另外还未考虑一次碰撞后散射的影响.关于过渡区和滑行区的有效加热系数,在理论上进行计算是相当困难的.但是,根据高速低密度风洞实验资料作近似估计,可以导出有效加热系数与热传导系数、温度恢复系数以及雷诺系数的关系.目前这些系数在不同力学区域内已有大量的实验数据.

3. 奥辟克理论-赫尔洛夫生处理方法

奥辟克曾经发展了一个流星理论[3].这里我们将介绍一下赫尔洛夫生[4]的简化模式.

奥辟克的理论要点是研究流星表面,和以 20—70 公里/秒高速运动的大气分子碰撞问题.对于氮分子或氧分子来说,这样高速的分子的动能,相当于 60—800 电子伏(eV),对于氮原子及氧原子则动能只为上列数据的一半.目前还缺乏气体分子以这样高速撞击固体的实验数据.但是对于快速正离子撞击金属表面还有一些实验资料.奥辟克就是根据这些实验资料来发展他的理论的.

固体中原子偶合力一般不过几个电子伏,由此可以看出快速分子撞击可能产生的两种效果.第一种效果是分子打出一个流星分子(因而导致蒸发).这同放电管中的溅射现象相似.但是按照实验的结果,这样能量范围内的快速分子撞击原子只有一部分可以蒸发[2].因此"溅射效应"不可能是流星能量平衡中的一个重要因素.另一个可能是射入的分子被流星表面所捕获.这看起来比较可能,因为按照溅射气体正离子调节系数实验,大部分的射入气体分子 $\left(\dfrac{1}{2} - \dfrac{3}{4}\right)$ 都被金属表面所吸附,同时,也自然地把它们的动能释放出来.奥辟克假定类似的过程也发生于空气分子(中性的)与流星的碰撞之中.

现在假定在流星辉迹出现区域,分子的平均自由路程远远超过于流星的半径.在这种情况下,流星的前端被空气分子所撞击,并被流星表面所俘获,其动能转变为热能传输给流星,可以使它的温度提高到引起蒸发.于是,流星的原子(大部分为铁)以相当于表面温度的速度从流星蒸发出来.

按照上面的推论,由于空气碰撞流星而供给的能量足够蒸发极大数目的原子.因为流星原子在固体状态下的偶合力不过几个电子伏,所以使全部流星汽化所需要的碰撞空气的质量,比流星的质量要小.流星穿过大气的制动并不是很大,因此,确切地说大气并不是抑制了流星的飞逝,而是把流星粉碎成为原子群,沿着流星的轨迹分散开来.

假定碰撞是非弹性的,空气分子被流星面所俘获,并把它全部的动能变为热能供给于流星蒸发,则撞击分子的供热与蒸发原子耗热之间的平衡方程为:

$$4\pi r^2 \rho_{\mathrm{m}} L \mathrm{d}r = \frac{1}{2}\pi r^2 \rho v^2 \sec\chi \mathrm{d}z, \qquad (5.29)$$

其中 ρ_{m},ρ 分别代表流星及空气的密度,L 为蒸发潜热,v 为流星的速度,χ 为流星辉迹与垂直方向之间的夹角.

按动量守恒定律:

$$\frac{4}{3}\pi r^3 \rho_{\mathrm{m}}\,\mathrm{d}v = \pi r^3 \rho v\,\sec\chi\,\mathrm{d}z. \tag{5.30}$$

在流星较短的辉迹上,我们假定 χ 不变,从上面两式得:

$$\frac{r}{r_\infty} = \mathrm{e}^{-\frac{(v^2-v_\infty^2)}{12L}}, \tag{5.31}$$

$$\frac{p\sec\chi}{r_\infty} = \frac{2g\rho_{\mathrm{m}}}{3}\exp\left(-\frac{v_\infty^2}{12L}\right)\left[E_i\left(\frac{v_\infty}{12L}\right)^2 - E_i\left(-\frac{v^2}{12L}\right)\right], \tag{5.32}$$

其中 $E_i(y)=\displaystyle\int_y^\infty \frac{\mathrm{e}^t}{t}\mathrm{d}t$ 是对数积分,p 为大气压力.

如 n 代表每秒中所蒸发的原子数,则

$$n = -4\pi r^2 \rho_{\mathrm{m}}\left(\frac{\mathrm{d}r}{\mathrm{d}t}\right)\frac{N_A}{A}, \tag{5.33}$$

其中 A 为原子量,N_A 为阿伏伽德罗数.从(5.29)及(5.33)式可以得到:

$$\frac{n\sec\chi}{r_\infty^3} = \frac{\pi N_A}{2gHAL}\left(\frac{p\sec\chi}{r_\infty}\right)\left(\frac{r}{r_\infty}\right)^2 v^3, \tag{5.34}$$

其中 H 为标高.

根据上面的方程式,我们可以在给定流星进入大气层时的半径 r_∞,倾斜角 χ 及起始速度 v_∞ 条件下,求得流星速度 v,半径 r,以及每秒钟蒸发原子数 n 与大气压力 p 的关系.图 42 中的曲线表示,在起始速度等于 20 公里/秒、40 公里/秒与 60 公里/秒三个情况下,$v_\infty - v$,$\frac{r}{r_\infty}$,$\frac{n\sec\chi}{r_\infty^3}$ 与 $\frac{p\sec\chi}{r_\infty}$ 的关系.其中 $v_\infty = 40$ 公里/秒,接近于流星绕太阳轨道的临界速度.

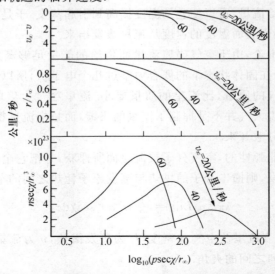

图 42　流星速度、半径、蒸发率沿流星辉迹的变化

从图中三组曲线可以看出以下的要点. 首先,在流星辉迹内速度所受的影响很小. 其次,不管流星的大小如何(只要半径比分子自由路程小得很多的话),速度很大的流星,在较高的高度即已消逝. 最后在第三组曲线中,不仅表示蒸发率随着高度的变化,同时也表示电离密度随着高度的变化. 因为蒸发率与沿着整个辉迹上产生的热量、辐射以及电离率成正比.

图 42 中曲线的形状,与流星亮度观测数据很符合[9,19]. 此外,由流星辉迹长度所推导出的标高 H,与其他观测方法所得数值也很一致. 由此有理由断定,上面简要介绍的蒸发理论所给出的数量级是对的.

由上面的公式,可以求得蒸发最大时的气压 $p_{\max}$,速度 $v_{\max}$ 及半径 $r_{\max}$. 由 (5.32)式,以 $\dfrac{e^y}{y}$ 代替 $E_i(y)$,并考虑到速度变化很小的事实,则可以得到:

$$n_{\max} \simeq \frac{4}{9}\left(\frac{N_A}{HA}\right)\left(\frac{4}{3}\pi r_\infty^3 \rho_{\max} v_\infty \cos\chi\right), \tag{5.35}$$

$$p_{\max} \simeq \frac{8}{3}\log\rho_m \frac{r_\infty}{v_\infty^2}\cos\chi, \tag{5.36}$$

$$r_{\max} \simeq \frac{2}{3}r_\infty, \tag{5.37}$$

$$v_\infty - v_{\max} \simeq \frac{6L\log na \pm 1.5}{v_\infty}. \tag{5.38}$$

按(5.35)式,最大蒸发率与起始垂直方向的运动量 $\left(\dfrac{4}{3}\pi r_\infty^3 \rho_{\max} v_\infty \cos\chi\right)$ 成正比. 此外,在轨迹上任意一点的蒸发率为:

$$n \simeq \frac{9}{4}n_{\max}\left(\frac{p}{p_{\max}}\right)\left[1 - \frac{1}{3}\left(\frac{p}{p_{\max}}\right)\right]^2. \tag{5.39}$$

从这个方程可以看出:流星的蒸发率与流星的起始大小及速度无关.

现在让我们来讨论蒸发的原子,如何激发光亮辐射以及发生电离.

前面已经指出,蒸发的原子对于空气分子来说,几乎是与产生它的流星速度相等. 如果假定流星的原子是铁,则相应于流星的速度,蒸发原子的能量从 100 电子伏(速度为 20 公里/秒)变到 1000 电子伏(速度相当于 60 公里/秒). 铁原子在这样大的能量撞击下,可以预料它将把动能转变为热能、光亮并游离. 很遗憾,在这样大能量范围内的重粒子碰撞转化几率的实验资料很少. 但是,我们知道这种碰撞的转化几率比电子碰撞的转化几率小得很多. 在此应当指出:电子碰撞的转化几率在电子能量稍大于激发能量时为最大. 最近实验证明,重原子碰撞中如果转化几率达到上面的数值,只有当能量大于 10 000 电子伏时才可能. 两种碰撞特征的差别在于质量的不同. 上面的数值是奥辟克[11]从他的原子碰撞理论计算出来的. 赫尔洛夫生认为上面所得的游离几率稍大;按照他的计算,流星动能转化为热、光、电离的比例大约是 $10^4 : 10^2 : 1$.

根据上面的假定,对于一个以 40 公里/秒速度运动的流星,从(5.34)式或图 42 可以算出:

$$n_{max} = 7 \cdot 10^{23} r_\infty^3. \tag{5.40}$$

因此,沿流星辉迹每厘米路程上可以产生最大可能的电子数为:

$$n_{max} = 10^{-2} \frac{n_{max}}{v} = 2 \cdot 10^{15} r_\infty^3. \tag{5.41}$$

在单位时间内产生的最大可能光亮为:

$$I = \frac{1}{2} n_{max} \left(\frac{A}{N_A} \right) v^2 \cdot 10^{-2} = 5 \cdot 10^{12} r^2 \text{ 尔格 / 秒}. \tag{5.42}$$

奥辟克[11]得到,在 100 公里处放射的光亮度 I 的物体,可以产生恒星星等 d:

$$d = 24.6 - 2.5 \log I. \tag{5.43}$$

将(5.42)式代入,得:

$$d = -7.2 - 7.5 \log r_\infty.$$

利用上面的公式,可以算出产生 1 及 6 星等的流星(速度为 40 公里/秒)的一些数值:

星等	1	6
半径	0.08 厘米	0.02 厘米
每厘米路程可产生的电子数	10^{12}	10^{10}
相当于最大光亮及电离化高度	85 公里	95 公里

图 43 中的光亮度线,是哈佛大学观测组所得到的三个流星的恒星星等与时

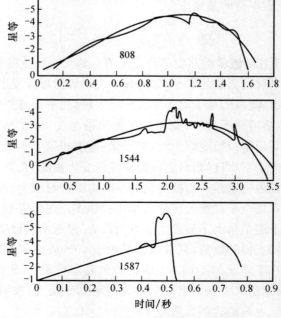

图 43　三个流星的光亮度曲线

间的关系曲线. 光滑曲线是理论计算值. 从这些曲线可以看出：虽然实际光亮度的总趋势和蒸发理论相符合, 但其中还掺杂一些光亮度不规则的起伏（流星 808号及 1544 号）. 在最低一个曲线上（流星 1587 号）, 显然有一个爆发或耀斑, 它使流星辉迹的寿命中断. 这些不规则的变化, 一直到现在尚未完全解决.

在图 44 中, 当流星穿过 E 层时, 光亮度曲线出现陡峰, 这是很有兴趣的现象, 尚须作进一步的研究.

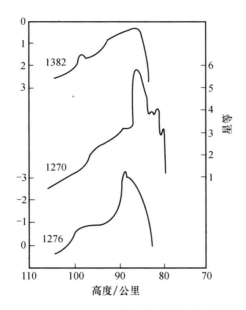

图 44　流星进入 E 层发生辉光的光亮度曲线

§5.4　利用光学观测的流星数据计算高空大气密度

惠泼尔曾利用 1936—1937 年流星照相资料, 进行中层大气密度分布的计算[5]. 他以奥辟克[11]及霍普（Hoppe）[12]的理论为基础, 推导出一组公式来计算流星辉迹特征点上的密度, 下面对他的理论作简要介绍.

1. 阻力方程

如在任一时间, 流星的总质量为 m_t, 可将流星与大气相互作用的有效截面积写为 $Jm^{\frac{2}{3}}$. 如流星的密度为 ρ_m, 对于球形 $J^3 = \dfrac{9\pi}{16\rho_m^2}$；如为锥体, 其半角为 θ, 当锥顶和运动方向相同时，$J^3 = \dfrac{9\pi\tan^2\theta}{\rho_m^2}$，方向相反时 $J^3 = \dfrac{9\pi\tan^2\theta}{4\rho_m^2}$. 如大气的密度为 ρ，流星运行的速度为 v，在 dt 时间内流星与空气碰撞的质量为：

$$dm_t = \rho J m_t^{\frac{2}{3}} v\, dt. \tag{5.44}$$

如流星的加速度为 $\dot{v}$，则可写出：

$$\dot{v} = \frac{dv}{dt} = -C_D J m_t^{-\frac{1}{3}} \rho v^2, \tag{5.45}$$

其中 C_D 为阻力系数. 惠泼尔将流星看为球形，对于石质流星 $\rho_m = 3.4$，这时可求得 $J = 0.5$.

2. 质量损失方程

在 dt 时间内，供给流星融化和蒸发的有效能量可写为：

$$d\overline{E} = \frac{1}{2} Y J m_t^{\frac{2}{3}} \rho v^3\, dt, \tag{5.46}$$

其中 Y 为有效加热系数，不同作者所得的数值不同. 如 $d\overline{E}$ 用于蒸发和融化，则流星的质量损失方程可写为：

$$\frac{dm_t}{dt} = -\frac{Y}{2L} J m_t^{\frac{2}{3}} \rho v^3, \tag{5.47}$$

其中 L 为蒸发潜热. 由(5.45)及(5.47)两式得：

$$\ln\left(\frac{m_t}{m_\infty}\right) = \left(\frac{Y}{4rL}\right)(v^2 - v_\infty^2), \tag{5.48}$$

其中 m_∞ 和 v_∞ 分别为在大气层顶流星的质量和速度. 如 s 为沿着轨迹的线距离，则方程(5.47)可写为：

$$\frac{dm_t}{m_t^{\frac{2}{3}}} = -\left(\frac{Y}{2L}\right) J \rho v^2\, ds.$$

将上式积分得：

$$m_t^{\frac{2}{3}} = m_\infty^{\frac{1}{3}} - \frac{YJ}{6L} \int_{-\infty}^{s} v^2 \rho\, ds.$$

3. 光亮度方程

假定流星发光强度 I 可写为：

$$I = -\frac{1}{2}\left(\frac{dm_t}{dt}\right) v^2 \tau^*, \tag{5.49}$$

其中 τ^* 为亮度有效因子，将方程(5.47)中的 $\dfrac{dm_t}{dt}$ 代入，则得：

$$I = \left(\frac{\tau^* Y}{4L}\right) m_t^{\frac{2}{3}} \rho v^5. \tag{5.50}$$

奥辟克曾对 τ^* 做过计算,其所计算的辐射能量仅限于波长 λ 为 4500—5700Å 的范围(对铁原子而言),对于较亮的流星在可照相的范围内:

$$\tau^* = \tau_0^* v, \qquad (5.51)$$

式中 $\log\tau_0^* = -9.07 + \log v$(厘米/秒).

对于目测流星,有效亮度因子可近似地看作常数.

4. 计算大气密度的公式

(1) 根据减速度来计算密度

由方程(5.45)给出:

$$m_t^{\frac{1}{3}} = -\frac{C_D J \rho v^2}{\dot{v}}. \qquad (5.52)$$

将(5.51)式代入(5.49)式,然后将(5.50)式中的 m_t 值代入(5.52)式,取 ρ_h 表示在参考点处的密度,在该点处的加速度为已知,由此得出:

$$\rho_h = K_0 v_0^{-10/3} (-\dot{v}_0)^{2/3} I_0^{1/3}. \qquad (5.53)$$

$$K_0^3 = \frac{4L}{Y C_D^2 \tau_0^* J^3}.$$

(2) 在最大亮度处的密度

将光亮度方程(5.50)取对数微分,在最大强度的条件下 $\frac{dI}{dt}=0$,即得:

$$\frac{2}{3m_t}\frac{dm_t}{dt} + \frac{1}{\rho}\frac{d\rho}{dt} + \frac{6}{v}\frac{dv}{dt} = 0, \qquad (5.54)$$

其中 m_t 可写为:

$$m_t^{\frac{2}{3}} = \frac{4I}{\tau^* Y J \rho v^2}. \qquad (5.55)$$

(5.54)式中的第二项必须由密度高度曲线来确定,因为:

$$dz = -\cos\chi ds, \quad v = \frac{ds}{dt},$$

$$\frac{1}{\rho}\frac{d\rho}{dt} = -v\frac{1}{\rho}, \quad \frac{d\rho}{dz}\cos\chi = vb\cos\chi. \qquad (5.56)$$

其中 χ 为流星轨迹的天顶角,$b = \frac{1}{\rho}\frac{d\rho}{dz}$($b$ 为标高 H 的倒数),在等温大气中 $b = -\frac{g\overline{M_0}}{RT}$,$\overline{M_0}$ 为平均克分子量,T 为温度;在非等温大气中,b 同样决定于温度和密度梯度;不同高度上的 b 值列于表11.

表 11　不同高度上的 b 值

χ/公里	20	25	30	35	40	45	50	55	60	65	70
$\dfrac{1}{\rho}\dfrac{\mathrm{d}\rho}{\mathrm{d}z}$	1.56	1.56	1.62	1.79	1.36	1.19	1.11	1.04	0.94	0.82	0.67
χ/公里	75	80	85	90	95	100	105	110	115	120	
$\dfrac{1}{\rho}\dfrac{\mathrm{d}\rho}{\mathrm{d}z}$	0.89	1.64	1.99	1.91	1.74	1.55	1.39	1.29	1.10	0.97	

在(5.54)式中的第三项可由(5.45)式给出,整理后即可得出最大亮度时计算密度的公式:

对于照相的流星:

$$\rho_{\mathrm{m}} = K_{\mathrm{m}} N v_{\mathrm{m}}^{\frac{10}{3}} I_{\mathrm{m}}^{\frac{1}{3}} (b \cos\chi)^{2/3}, \tag{5.57}$$

对于目测流星:

$$\rho'_{\mathrm{m}} = K'_{\mathrm{m}} N' v_{\mathrm{m}}^{-3} (b \cos\chi)^{2/3}, \tag{5.58}$$

其中 N 和 N' 近于 1,但不能忽略,

$$N^{-\frac{2}{3}} = \frac{1 + 18rL}{Y v_{\mathrm{m}}^2}, \quad N'^{-\frac{2}{3}} = \frac{1 + 15rL}{Y v_{\mathrm{m}}^2}, \tag{5.59}$$

$$K_{\mathrm{m}} = \frac{6^{2/3} L}{Y J \tau_0^{*\,1/3}}, \quad K'_{\mathrm{m}} = \frac{6^{2/3} L}{Y J \tau^{*\,1/3}}.$$

(3) 接近辉迹始点的密度

设流星未产生辉迹之前的质量为 m_{t},相应于蒸发 m_∞ 的总光亮能量为 E_∞. 由(5.49)得出:

$$m_\infty = \frac{2E_\infty}{\tau^* v^2}. \tag{5.60}$$

在(5.50)式中将 m_{t} 代为 m_∞,则对照相流星

$$\rho_1 = K_1 I_1 E_\infty^{-2/3} v_\infty^{-4}, \tag{5.61}$$

其中

$$K_1 = \frac{2^{4/3} L}{Y J \tau_0^{*\,1/3}};$$

对于目测流星,

$$\rho'_1 = K'_1 I_1 E_\infty^{-2/3} v_\infty^{-11/3}, \tag{5.62}$$

其中

$$K'_1 = \frac{2^{4/3} L}{Y J \tau^{*\,1/3}}.$$

(4) 尾端的密度

在流星尾迹的最后一点,可以看作速度是不变的,这时流星的质量认为由于蒸发和溅散而消失. 这时方程(5.48)的右端取为零,将(5.60)式的 m_∞ 代入积分

后,得:

$$\int_{-\infty}^{s} \rho \, ds = \frac{2^{4/3} 3 E_{\infty}^{1/3}}{Y J \tau^{*1/3} v^{8/3}}. \tag{5.63}$$

上式左端可写成:

$$\int_{-\infty}^{s} \rho \, ds = \frac{1}{\cos\chi} \int_{z}^{\infty} \rho \, dz = \frac{\rho R T}{g \overline{M}_0 \cos\chi}. \tag{5.64}$$

由(5.63)和(5.64)式,对照相流星得出:

$$\rho_e = K_e v_0^{-3} E_{\infty} b' \cos\chi, \tag{5.65}$$

其中

$$K_e = \frac{3(2)^{4/3} L}{Y J \tau_0^{*1/3}};$$

对于目测流星,

$$\rho_e' = K_e' v^{-8/3} E_{\infty}^{1/3} b' \cos\chi, \tag{5.66}$$

其中

$$K_e' = \frac{3(2)^{4/3} L}{Y J \tau^{*1/3}}, \quad b' = \frac{g \overline{M}_0}{R T}.$$

在具体计算中,各物理常数的值可由表 12 给出:

表 12　物理常数的值

Y	C_D	L	J	$\overline{M}_0$	$\log\tau_0^*$	$\log\tau^*$
0.5	1.0	6×10^{10}	0.5	28.8	-9.07	-3.10
$\log K_0$	$\log K_1$	$\log K_1'$	$\log K_m$	$\log K_m'$	$\log K_e$	$\log K_e'$
7.22	14.80	12.81	14.92	12.93	15.28	13.29

　　根据上面求得的公式,惠泼尔进行了具体的计算,四种测点所得的结果一般是相互印证的,有规律的误差对于密度的对数值为 0.1. 他所求得的最佳解答是高度及对数密度曲线,相当于以下的温度分布:60 公里处有一个较平缓的温度最大值,温度为 375K,到 80 公里处,温度递减到 250K,由此到 110 公里温度维持常值或略为向上递增. 图 45 是哈佛大学观测组求得的密度分布曲线图. 图中圈点是从流星辉迹出现点的恒星星等、速度、质量所求得的数值. 黑点是从减速所得到的数值. 这些数值都做了必要的修正,平均密度线是穿过这些点子绘制的. 这与惠泼尔所得到的结果相互吻合,且与 V-2 火箭的探测结果有有规律的差异,在 65 公里以上,流星资料较 V-2 火箭所得密度大[13].

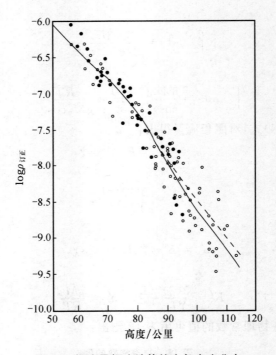

图 45 据流星辉迹计算的大气密度分布

§5.5 流星观测的无线电方法

前面我们介绍了目测和照相方法,但是这些方法受到天气和昼夜的限制,只能在晴天的夜晚进行. 在这一节里,我们讨论一种新的方法,即用强无线电回波(或雷达)的技术来观测流星. 这种方法不受天气限制;利用它,可以连续取得大量流星观测资料. 据此,可以计算 80—120 公里高空范围内的大气结构参数(风速、温度、压力、密度),借以研究大气结构问题.

1. 流星电离辉迹的形成及其特征

利用无线电方法观测流星的物理基础,是流星进入高层大气时所形成的电离辉迹. 在 §5.3 中,我们讨论了流星的加热、蒸发和电离的理论. 流星微粒以每秒数十公里的速度进入高层大气时,与稀薄空气分子和原子相互碰撞;空气分子的能量传给流星,使流星很快地发热和蒸发. 从流星体中飞出的原子具有相当大的能量,它又与空气分子及原子相互碰撞. 因此,流星体的飞行伴随着强烈的电离现象. 流星体和空气的中性分子及原子离解成带正负电荷的微粒,在 80—120

公里的高空产生电离的流星辉迹——电离气体的细圆体.

根据奥辟克及赫尔洛夫生的理论,蒸发率表示为:

$$n = (m_1 H)^{-1} m_t v \cos\chi \left[\frac{p}{p_{max}} \right] \left[1 - \frac{1}{3} \left(\frac{p}{p_{max}} \right) \right]^2, \qquad (5.67)$$

其中 p_{max} 表示最大蒸发率那一点的大气压力,它等于:

$$p_{max} = \left[\frac{2Lg}{Yv^2 J} \right] m_t^{\frac{1}{3}} \cos\chi, \qquad (5.68)$$

m_1 为单个流星原子的质量,J 是形状因子. 以上两式是在流星减速很小的假定下取得的,同时,还假定 $v^2 \gg 12L$,沿着辉迹天顶距是常数.

若流星产生的电子线密度为 $N_1 = W \dfrac{n}{v}$,其中 W 为单个被蒸发出来的流星原子产生自由电子的几率,它可能是速度 v 的函数. 对于流星雨及对给定光度的流星情况,开塞尔(Kaiser)[14] 得到:

$$f_1 = W/m_1 H, \quad f_2 = 2Lg/Yv^2 J. \qquad (5.69)$$

利用以上三式,可得电子线密度 N_1 与流星质量 m_t 及大气压力 p 的关系:

$$m_t = \left[\left(\frac{f_2 N_1}{f_1 p} \right)^{\frac{1}{2}} + \frac{p}{3f_2 \cos\chi} \right]^3. \qquad (5.70)$$

计算表明,各种不同流星辉迹的 N_1 值在 10^{10}—10^{16}(电子/米)之间变化.

电子线密度 $N_1 = 10^{10}$ 电子/米的辉迹,大约是亮度为 12 等星的流星形成的. $N_1 = 10^{16}$ 电子/米的辉迹相当于特大零等星级的流星.

根据电离程度及反射特性的不同,流星辉迹分为 N_1 值小于 10^{14} 电子/米的非稠密的流星辉迹及 $N_1 > 10^{14}$ 电子/米的过稠密的流星辉迹. $N_1 = 10^{14}$ 电子/米的临界电子线密度的流星辉迹,大约相当于肉眼可见的 5 等星级的流星. 在非稠密的辉迹中,自由电子的浓度是:在任何辐射频率下,都可以把它看作是几乎不使入射波波前畸变的、互不相关的能量散射体. 因此,无线电波通过非稠密的辉迹没有多大变化. 对于过稠密的辉迹,大体说来,在电子线密度满足不等式:

$$N_1(\text{电子 / 米}) > \lambda^2 / 81$$

的那些频率上,都表现为金属反射体.

流星辉迹形成初期,表现为电离气体的直线长柱.典型电离辉迹的平均长度大约等于 25 公里(计算值),辉迹的起始半径达数厘米. 可以简略地认为,辉迹以起始半径 r_0 突然产生,并很快地扩散. 因此,辉迹的体积迅速增大,而单位体积内的电子数目(电子体密度)激烈下降.

2. 无线电波在流星辉迹上的反射

现将无线电波被流星辉迹反射的过程简述如下.

　　当无线电波在流星辉迹通过时,辉迹的带电微粒在交变电磁场的作用下,以入射波的频率开始振荡.这就引起以流星辉迹的带电微粒为辐射源的二次辐射.结果在空间发生二次的,或反射的电磁波.

　　计算表明,无线电波在流星辉迹上的反射决定于自由电子.

　　流星反射的类型:通常把无线电波在流星辉迹上的反射分为两个主要类型,即反向反射[见图46(a)]及前向反射[见图46(b)].在第一种情况下(雷达定位情况),接收机位于发射机附近;第二种情况下(通信情况),则离发射机很远.反向反射可用来对流星作雷达观测和观测它们的辉迹特性,前向反射是流星辉迹无线电通信的基础.

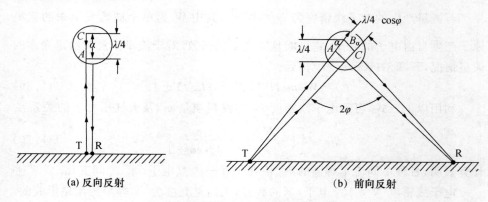

(a) 反向反射　　　　　　　　　　(b) 前向反射

图 46　无线电波在流星辉迹上的反射

　　反射信号的功率:反射信号的接收功率 P_r 与发射机的功率 P_t 及接收天线和发射天线的增益系数 G_1 和 G_2 成正比.当 $G_1 = G_2 = \overline{G}$ 时,P_r 与 $\overline{G}^2$ 成正比.这时,P_r 与尾迹的电子线密度的平方 N_l^2、波长的立方 λ^3 及和辉迹方位有关的系数 κ 成比例.

　　上述关系可用公式表示:

$$P_r = b P_t \overline{G}^2 N_l^2 \lambda^3 \kappa / r^3 , \qquad (5.71)$$

式中 b 为比例系数,r 表示反射区域离发射机和接收机的距离.

　　对于被非稠密电离辉迹反射的信号来说,这个公式表示接收功率的最大值.随着辉迹的消散,P_r 值按指数律迅速下降.当在过稠密辉迹上反射时,反射信号的最大接收功率可用类似公式表示,所不同之点在于,在过稠密辉迹上反射时,P_r 的增长与 $\sqrt{N_l}$ 成比例.方程(5.71)可写为:

$$P_r = \frac{N_l^{1/2} P_t \overline{G}^2 \lambda^3}{40\pi^3 r^3} \left(\frac{e}{m_t c^2}\right)^{\frac{1}{2}} . \qquad (5.72)$$

在目前的目测星等范围内,是满足这一条件的.

3. 根据无线电回波观测的流星数据来研究高层大气的标高、密度和气压

(1) 压力的计算

开塞尔[14,15]曾研究了根据无线电回波技术观测到的流星高度的分布理论，并对流星雨和偶现流星分别进行了讨论，根据赫尔洛夫生的理论，得出了气压、速度及电子线密度之间的关系如下：

$$p = \frac{2gL\cos^{\frac{2}{3}}\chi}{YJv^2}\left(\frac{9H_0\overline{M}_0 N_1}{4W}\right)^{\frac{1}{3}} \tag{5.73}$$

上式基本上可用来测量不同高度的压力值，不需要一定取在最大游离的高度. 因为从开塞尔的理论看出，对于大部分具有相同速度的流星所观测到的平均高度，很接近这样的高度，即在这一高度上最暗的流星也发生了它的最大游离.

利用(5.73)式来计算压力时，必须先求出其中包括的系数，采用下面的关系式

$$Q = \frac{L}{YA}\left(\frac{\overline{M}_0}{W}\right)^{\frac{1}{3}}, \tag{5.74}$$

Q 值可利用照相和无线电观测资料来确定. 埃凡斯（Evans）曾对 Q 值做了具体的计算，他求得：

$$\log_{10}Q = 4.24.$$

利用方程(5.74)，则方程(5.73)可写为

$$p = 2gQ\frac{\cos^{2/3}\chi}{v^2}\left(\frac{9}{4}H_0 N_1\right)^{1/3}. \tag{5.75}$$

如在 95 公里高度 g 为 951 厘米/秒，平均天顶距 χ 取为 27.5，电子线密度 N_1 取为 2.4×10^{11} 电子/厘米，因而在特征高度上，压力可用下式计算：

$$\log p = 11.42 + \frac{1}{3}\log H_0 - 2\log_{10}v. \tag{5.76}$$

利用上式计算压力时，需要知道标高 H_0 和流星速度 v，这两个量都可由流星观测取得；上式的常数中包括有效加热率 Y 和流星的阻力系数 C_D，这两个系数对计算结果是很有影响的. 应该指出，根据无线电方法观测的流星数据，可用来计算 80 到 100 公里的大气压力，这是很有意义的. 这一段高度，对火箭探测来说，正是处在气体动力学的过渡区，难以准确换算，只能用内插来求得. 根据(5.76)计算出的压力分布绘于图 47.

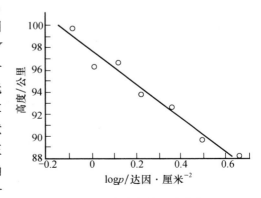

图 47　压力分布的理论曲线

（2）标高的测定

开塞尔的研究[15]指出,偶现流星高度分布是流星的大小分布以及标高的函数. 根据这一理论,埃凡斯[16]对标高作了计算,假定进入高层大气的流星的质量分布遵守 $dN = m_t^{-s} dm_t$,其中 dN 是质量为 m_t 到 $m_t + dm_t$ 间的流星数目. 根据开塞尔的估计,对于偶现流星 S 为 2.00 ± 0.02,如取 δh 为选定高度上均匀速度的偶现流星高度分布的均方根偏差,在 $S = 2.00 \pm 0.02$ 时,δh 可写为:

$$\delta h = (1.05 \pm 0.02) H_0, \qquad (5.77)$$

式中 H_0 为标高. 上式的可能误差,部分是因 S 值的不准确性而引起,另外是由天线极图的不准确而引起,而后者可以忽略.

如 δh 是真正的均方根偏差,取标号 m 表示测量值,v 为速度变化,e 为测量误差,则 $\delta h^2 = \delta H_m^2 - \delta H_e^2 - \delta h_v^2$. 如分布近似为高斯型,$\delta h_v$ 的量级为公里,订正后的均方根偏差列在表 13.

表 13　订正的均方根偏差

平均速度 /公里·秒⁻¹	平均高度 /公里	测量的偏差 /公里	订正的偏差 /公里	标高 /公里	观测次数
22	89.0	6.58	6.43	6.12	23
27	90.5	6.12	6.00	5.71	58
32	93.3	7.44	7.32	6.98	70
37	94.7	7.13	7.02	6.68	72
42	97.6	7.36	7.25	6.93	57
47	97.3	7.35	7.24	6.93	35
53	100.7	8.45	8.30	7.90	41

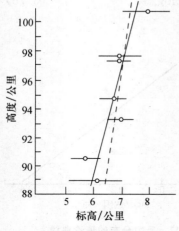

图 48　标高随高度的分布

利用表中资料,根据方程(5.77)可以算出,标高随高度的分布图(图 48),个别 δh 值的误差量级可用 $(2N)^{1/2} \delta h$ 来表示,N 为单个分布的观测次数. 这一误差大于因 S 和天线极象图不准确而引起的误差,显然增加观测次数会使误差减小. 误差值在图中用水平线来表示,图中实线为计算值,虚线为美国火箭委员会的标高数值[17].

（3）根据无线电流星观测资料测定大气密度

利用流星辉迹无线电回波来测定大气密度和温度的另外一些直接方法,是观测回波持续时间随高度的变化,对于给定波长,振幅衰减率只是决定于分子扩散系数 D,对于 $N_t < 10^{12}$ 电子/

厘米的流星,赫尔洛夫生曾给出回波振幅按指数率衰减[18]

$$A = A_0 e^{-\frac{16\pi^2 D_t}{\lambda^2}},\qquad(5.78)$$

其中 A_0 为最初的振幅,A 为 t 时间以后的振幅,衰减时间 $\tau_S\left(A = \dfrac{A_0}{e}\right.$所需要的时间$\left.\right)$为:

$$\tau_S = \frac{\lambda^2}{16\pi^2 D}.\qquad(5.79)$$

波长和 τ_S 之间的关系,格林豪(Greenhow)[19]曾根据 4 米和 8 米两个波长同时观测的方法进行了研究.研究指出,对于低密度的流星尾迹,确定回波持续时间的主要因子是扩散.格林豪和纽菲尔德(Neufeld)[20],魏思(Weiss)[21]研究了扩散系数随高度的变化.在流星出现的区域,扩散系数在 80 公里为 10^4 厘米^3/秒,而在 100 公里处增加为 10^5 厘米^3/秒.开塞尔[22]考虑了在尾迹中正离子和负离子间静电力的作用,导出了扩散系数的公式,其形式为:

$$D = \frac{8}{3}\lambda_i\left(\frac{2kT}{\pi m_1}\right)^{\frac{1}{2}},\qquad(5.80)$$

其中 T 表示温度,k 是玻尔兹曼常数,m_1 为流星原子的平均质量,λ_i 为正离子的平均自由路程:

$$\lambda_i = \frac{0.9}{\pi n_a d_i^2},\qquad(5.81)$$

其中 d_i 为流星离子和空气分子的碰撞直径. 如 m 为空气分子的质量,则大气密度 ρ 可写为

$$\rho = \frac{3.5m}{\pi D\tau_i^2}\left(\frac{kT}{\lambda m_1}\right)^{\frac{1}{2}}.\qquad(5.82)$$

上式中没有包含流星的速度、质量、有效加热率及蒸发理论中的常数.在(5.81)式中不易准确测定的是 d_i,因正离子和中性分子间的碰撞与两个中性分子间的碰撞不同,故分子运动理论所给的值在这里不能适用.

在图 49 中绘制了 1958 年 1 月七天内的扩散系数随高度的分布图,由 $H_0 = \dfrac{kT}{mg}$ 可以给出 T,将 T 代入(5.82)式即可确定出密度.

当 $N_1 > 10^{12}$ 电子/厘米时,回波振幅不是按指数律衰减,在这种情况下,回波持续

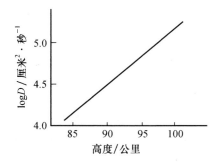

图 49　1955 年 1 月七天内扩散系数按高度的分布

时间可写为：

$$\tau_{e} = \frac{N_{1}\lambda^{2}}{4\pi^{2}D}\left(\frac{e^{2}}{mc^{2}}\right)$$ (5.83)

当 $N_{1}=10^{16}$ 电子/厘米，$D=10^{4}$ 厘米^{2}/秒时，对于在 80 公里光亮的流星，当波长 λ 为 8 到 10 米时，τ_{e} 的平均值约为 3 小时.像这样的回波持续时间是不能观测的.

（4）利用无线电流星观测所得大气参数与其他方法的比较

在图 50 上，绘出了利用各种方法所取得的密度分布曲线，为了取得根据无线电观测所取得的压力数据，利用 $p=\rho g H_{0}$，将压力换为 ρ，这样取得的密度分布曲线用 J_{1} 表示.J_{2} 曲线表示用扩散系数资料取得的密度（53°N，Jodrell Bank），R 曲线为在新墨西哥（32°N）火箭探测的密度，M 曲线为利用照相流星资料取得的密度（42°N）.P 曲线也是从照相流星资料取得的密度（50°N）.

由图看出，利用不同方法所得的结果差别是很大的，这种差别的原因部分是由于纬度，季节，日变化的影响而引起的.

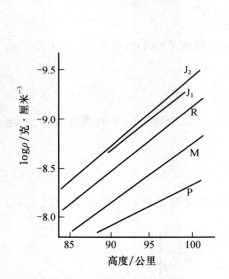

图 50　密度随高度的分布曲线

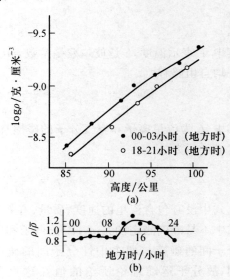

图 51　大气密度的日变化

利用无线电回波技术进行连续流星观测，可以研究大气密度的日变化和季节变化.1958 年 1 月曾观测了 1000 多个流星，从而得到了一天内不同时间的大气密度［见图 51(a) 和 51(b)］，由图看出，密度的日变化是很显著的.

参 考 文 献

[1] Lindemann, F. A., Dobson, G. M. B., 1923, *Proc. Roy. Soc.*, A102, 411.

Lindemann, F. A., 1927, *Astrophys. J.*, 65, 117.

[2] Sparrow, C. W., 1926, *Astrophys. J.*, 63, 90.

[3] Opik, E., 1940, *Mon. Not. Roy. Astron. Soc.*, 100, 315.

[4] Herlofson, N., 1948, *Rep. Prog. Phys.*, *Phys. Soc. London*, 11, 444.

[5] Whipple, F. L., 1943, *Rev. Mod. Phys.*, 15, 246.

[6] Федынский, В. В., 1956, Метеоры, ГИТТЛ. М.

[7] Lovell, A. C. B., 1948, *Rep. Prog. Phys.*, *Phys. Soc.*, London, 11, 415.

[8] 刘振兴, 1962, 地球物理学报, 11, 1.

[9] Hoffleit, D., 1933, *Proc. Nat. Acad. Sci.*, 19, 212.

[10] Hoffmeister, C. F., 1937, Die Meteore, Berlin: Springer.

[11] Opik, E., 1937, *Pub. Obs. Astr. Univ.*, Tartu, 24, 5.

[12] Hoppe, J., 1937, *Astr. Nachr.*, 262, 160.

[13] Whipple, F. L., 1949, *Sky and Telescope*, 8, 1.

[14] Kaiser, T. R., 1954, *Mon. Not. Roy. Astr. Soc.*, 114, 39.

[15] Kaiser, T. R., 1954, *Mon. Not. Roy. Astr. Soc.*, 114, 52.

[16] Evans, S., 1954, Mon. Not. *Roy. Astr. Soc.*, 114, 63.

[17] Rocket Panel, 1952, *Phys. Rev.*, 88, 1027.

[18] Herlofson, N., 1948, *Rep. Prog. Phys.*, 11, 444.

[19] Greenhow, J. S., 1952, *Proc. Phys. Soc.*, B65, 169.

[20] Greenhow, J. S., Neufeld, E. L., 1955, *J. Atmos. Terr. Phys.*, 6, 133.

[21] Weiss, A. A., 1955, *Austral. J. Res.*, 8, 279.

[22] Kaiser, T. R., 1953, *Phil. Mag. Suppl.*, 2, 495; 1955, *J. Atmos. Terr. Phys. Suppl.*, 2, 119.

第六章　大气的臭氧层

§6.1　引　言

在光谱学最早发展时期,人们已发现太阳光谱在 2900Å 以下突然中断(图 52).这种突然的中断,现在已经知道是由于大气中臭氧层对 2200A—2900A 强烈的吸收所致.臭氧分布于 10 到 50 公里大气层内,其重心约在 25 公里高空.如果把大气层中的臭氧校订到标准情况,它的厚度是很小的,一般在 1.5 毫米到 4.5 毫米之间,平均数值为 2.5 毫米.这个数值可以和大气中含量很小的二氧化碳 CO_2 相比较,在标准情况下,CO_2 的厚度是 2.4 毫米.臭氧层在中上层平流层大气中起了热源汇集的效应,同时也是导致该层大气温度向上递增的原因.

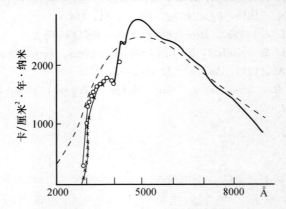

图 52　在臭氧层下面太阳光谱能量的分布,虚线是
温度为 6000K 的黑体辐射,实线是实际观测

苛努(Cornu)在 1878 年,首先把太阳辐射在近紫外带的突然中断,解释为是由于大气的吸收.至于具体导致这一光带的吸收物质是什么,是由哈特莱(Hartely)[1]所断定的.由于臭氧在 2100—3200Å 这一段光谱带有强烈的吸收,哈特莱认为大气中的吸收物质可能是臭氧.这种假想,在 1890 年天狼星光谱中发现赫金斯谱带(Huggins)后,得到了有力的支持.1917 年,弗勒(Fowler)[2],瑞利(Rayleigh)更从天狼星光谱与臭氧光谱的详细比较中,得到确切的证明.从此大家都公认太阳光谱在 2900Å 以下的中断,是由于大气中臭氧的吸收.

臭氧在大气中存在问题决定了以后,接着就引起了臭氧究竟分布在大气哪一高度的问题.起初人们以为臭氧是分布于近地面的一层,当时也曾经想在高山摄制太阳光谱,以延伸短波的波段.但是,不久人们就发现太阳光谱的短波下限不可能用这种办法予以延伸.因而臭氧分布于近地面的想法就被观测事实所否定,于是很自然地人们就想到臭氧可能存在于较高层的大气中.瑞利[3]根据日出及日没的光谱资料指出,臭氧不可能很均匀地分布于大气之中,而是集中于一层,它的高度大约在 40 到 60 公里之间. 1930 年以后,哥慈(Götz)、米丹(Meetham)、多布逊及雷根纳(Regener)[5]用更精确的方法,证明臭氧层的高度在 10 到 50 公里之间,它的最大含量约在 25 公里附近;并以气球携带自记光谱仪进行臭氧的直接探测,证明哥慈等推断的正确.此后,苏联及美国的平流层气球以及最近火箭探空的结果,都证实了臭氧分布于 50 公里以下,最大含量值在 25 公里左右.此外,还值得提出帕左特[6]、巴比叶(Barbier)[7]所发明的利用月蚀观测臭氧的方法,这个方法特别对于还没有气球、火箭等直接探测的地区,是有重要意义的.

§6.2 臭氧的吸收光谱

臭氧的吸收光谱包含:紫外线区 2000—3200Å 哈特莱谱带及 3200—3600Å 赫金斯谱带;能见区 4300—7500Å 卡普斯(Chappuis)谱带;红外线区的 4.7 微米,9.6微米及 14.2 微米吸收谱线.下面简单地介绍一下臭氧的吸收光谱.

(1) 紫外线区

这一区的主要吸收谱带就是 2000—3200Å 的哈特莱谱带,最大的吸收系数(10 进指数)为 145 厘米$^{-1}$,在 2553Å. 以这种波长的光线,透过 1/145＝0.007 厘米臭氧层以后,可以把原光强减弱到 1/10. 哈特莱谱带是一个比较离散的结构,重叠于它的背景上,是一个连续吸收谱,其强度从 2340Å 的 74 厘米$^{-1}$ 变化到 2130Å 的 15 厘米$^{-1}$.臭氧的强吸收光谱最先由法布里(Fabry)及布哀松(Buisson)[8],以后又由拉哀奇里(Laüchli)[9]所测定.图 53 是严济慈、钟盛标[10]测量的结果.严济慈、钟盛标的测量与法布里及布哀松的结果符合,他们测到的最短波长是 2140Å,由 2140Å 到 2020Å 则由法西(Vassy)的测量所补充[11]. 最近费格罗克(Vigroux)[12]又把臭氧光谱从 2300—10 000Å 重新予以测定,所得结果比以前的测量平均要小 20％,在紫外一般用于测量臭氧的含量部分,比以前低了约 33％.

哈特莱带长波的一端与夏佛尔(Shaver) 2400—2900Å 及赫金斯带相重叠,这两带的吸收系数都比较小.对于用光学方法测量臭氧来说,哈特莱谱带是很重要的.因为在这一带中,毕尔(Beer)定律完全可以应用,杂质对它无影响,而温度

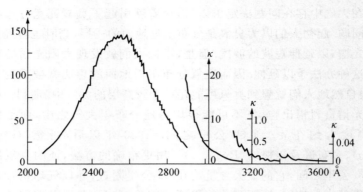

图 53　臭氧的吸收光谱

对吸收系数的影响也不大. 表 14 是臭氧吸收光谱的吸收系数的分布情况.

（2）可见光区

由表 14 可以看出在可见光区, 吸收系数都比较小. 最大值为 0.06 厘米$^{-1}$,
在 6000Å 处.

表 14　紫外区及可见光区内的吸收系数

λ/Å	$\kappa(\lambda)$/厘米$^{-1}$	谱带名称	λ/Å	$\kappa(\lambda)$/厘米$^{-1}$	谱带名称
2000	5.0		3500	0.01	
2200	30.0		4500	0.0015	
2400	100.0	哈特莱带	5000	0.01	
2600	138.0		5500	0.045	卡普斯带
2800	60.0		6000	0.060	
3000	4.9		6500	0.030	
3200	0.4		7000	0.011	
3400	0.02	赫金斯带	7500	0.003	

由于卡普斯谱带吸收系数微小, 只能通过精确的太阳及恒星光谱测量求得.
最近在利用月蚀光度测量来决定臭氧的垂直分布工作中, 卡普斯带已变得重要起来.

（3）红外线区

这一光带的臭氧吸收谱, 马里斯[13], 黑特尔（Hettner）, 波尔曼（Pohlmann）
及修马赫（Schamacher）[14]曾进行了研究. 重要的是 4.7 微米, 9.6 微米及 14.1
微米三个谱线.

（4）臭氧吸收谱的温度及气压效应

臭氧吸收谱的温度及气压效应, 曾经被许多工作者所注意. 沃尔夫（Wulf）
及麦尔芬（Melvin）[15]曾从 −78℃ 到 250℃ 温度范围内进行实验. 他们发现从
3400Å 到 2900Å 谱带中, 当温度降低时, 谱线的最大吸收增强, 两个谱线的中间部分减弱. 法西(Vassy)[16]也在温度从 20℃到－80℃、压力从 760 毫米到 19 毫米范围内进行了实验. 他发现压力效应不大,但并没有发现谱线最大吸收的增强,仅仅求得最小吸收的减弱,结果在温度降低的情况下,谱线的对比加强. 图 54 是法西的实验结果. 图中曲线是严济慈在 15℃的实验结果,○点是从蓝天所测得的数据,×点是－80℃臭氧的实验数值. 对于卡普斯带,法西也发现了很大的温度效应[17]. 如果把温度从＋20℃降低到－110℃,臭氧的吸收系数可以增大30%. 但是按照法布莱及最近费格罗克的测量,都没有发现温度的效应. 因此,这个问题,还没有完全解决.

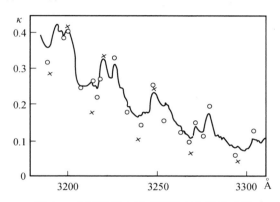

图 54　在不同温度情况下的臭氧吸收光谱

§6.3　臭氧层厚度的测量

1. 测量原理

大气臭氧层厚度量度的基本依据是毕耳定律:

$$I = I_0 e^{-\kappa L}, \tag{6.1}$$

上式中 I_0 与 I 分别是透过物质前与后的光强,L 是物质的厚度,κ 是吸收系数,一般说来它与波长有关. 法布莱及布尔宗[18]首先利用太阳光谱来测量臭氧层的相当厚度 x. 后来为多布逊所改进. 相当厚度的定义是:把垂直气柱内的臭氧量校订到标准气压及温度时所相当的厚度. 在图 55 内,OO' 代表臭氧层,它的高度为 h,相当厚度为 x,当太阳天顶角为 χ_0 时,通过 OO' 层厚度为 L:

$$L = x \sec\chi_h.$$

令:

$$\sec\chi_h = \mu.$$

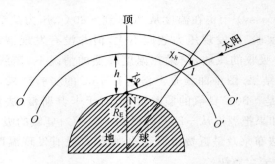

图 55   决定臭氧层相当厚度的示意图

由三角公式可得：

$$\sin\chi_h = \frac{\sin\chi_0}{1 + h/R_E}. \tag{6.2}$$

大气臭氧层的平均高度是已知的，它被取为 23 公里，知道了天顶角 χ_0 以后，即可由上式算出 μ. 当太阳光线通过大气层的时候，不仅有臭氧的吸收，而且大气分子与大颗粒微粒直径大于波长者（如小水滴与灰尘等）的散射，亦能减弱光强. 这样当我们把毕耳定律应用到大气中来确定 x 时，对某一固定波长而言则有：

$$I_\lambda = I_{\lambda_0} e^{\kappa_\lambda x \mu - \beta_\lambda m_0 - \delta_\lambda \cdot \sec z}. \tag{6.3}$$

显然，这一波长的选择，必须是除臭氧以外没有其他气体的吸收. 实验表明，哈特莱带是满足这一要求的. 上式中 I_{λ_0} 是大气外沿的太阳辐射强度，I_λ 是达地面的强度，κ_λ 是臭氧吸收系数，它已被测知；β_λ 为一个垂直大气柱中空气的散射系数，它可以由瑞利分子散射公式直接算出；m_0 为考虑了大气曲率及其折射以后，光线所通过的路径长度与垂直大气柱长度的比，当给定 z 之后它是可以算出的（在实际应用中有表可查）；δ_λ 为大颗粒散射系数. 将 (6.3) 式取对数，则有

$$\log I_\lambda = \log I_{\lambda_0} - \kappa_\lambda x \mu - \beta_\lambda m_0 - \delta_\lambda \sec\chi_0, \tag{6.4}$$

对另一波长 λ'，则

$$\log I_{\lambda'} = \log I_{\lambda'_0} - \kappa_{\lambda'} x \mu - \beta_{\lambda'} m_0 - \delta_{\lambda'} \sec\chi_0. \tag{6.5}$$

将以上两式相减，则可以得到下面的关系：

$$\log \frac{I_\lambda}{I_{\lambda'}} = \log \frac{I_{0\lambda}}{I_{0\lambda'}} - (\kappa_\lambda - \kappa_{\lambda'}) x \mu - (\beta_\lambda - \beta_{\lambda'}) m_0 - (\delta_\lambda - \delta_{\lambda'}) \sec\chi_0. \tag{6.6}$$

假定 δ 与波长无关，则上式可变为：

$$\log \frac{I_\lambda}{I_{\lambda'}} = \log \frac{I_{0\lambda}}{I_{0\lambda'}} - (\kappa_\lambda - \kappa_{\lambda'}) x \mu - (\beta_\lambda - \beta_{\lambda'}) m_0. \tag{6.7}$$

在 χ_0 比较小的时候，μ 与 m_0 相差很小，即 m_0 可以 μ 代替. 这样

$$\log \frac{I_\lambda}{I_{\lambda'}} = \log \frac{I_{0\lambda}}{I_{0\lambda'}} - [(\kappa_\lambda - \kappa_{\lambda'}) x + (\beta_\lambda - \beta_{\lambda'})] \mu. \tag{6.8}$$

假定在半日之内，x 是不变的，于是上式就变成了 $\log \dfrac{I_\lambda}{I_{\lambda'}}$ 与 μ 的直线方程，将观测到的 $\log \dfrac{I_{0\lambda}}{I_{0\lambda'}}$ 对应于 μ 做直线，并外延到 $\mu=0$，即获得 $\log \dfrac{I_{0\lambda}}{I_{0\lambda'}}$. 必须指出，这样获得的 $\log \dfrac{I_{0\lambda}}{I_{0\lambda'}}$，已经不是方程 (6.8) 中所定义的 $\log \dfrac{I_{0\lambda}}{I_{0\lambda'}}$ 了，它里面已包括了仪器常数，为了区别起见，将 (6.8) 式改写为：

$$l_\lambda = l_0 - \left[(\kappa_\lambda - \kappa_{\lambda'})x + (\beta_\lambda - \beta_{\lambda'})\right]\mu. \tag{6.9}$$

在实际观测里，l_0 对 x 的精确度有重要影响，通常取其多次观测的平均值. 我们可以看出，在 (6.9) 式内 $\left[(\kappa_\lambda - \kappa_{\lambda'})x + (\beta_\lambda - \beta_{\lambda'})\right]$ 就是 l_λ-μ 直线的斜率，设该斜率已由所作图上量得为 θ^*，则

$$\left[(\kappa_\lambda - \kappa_{\lambda'})x + (\beta_\lambda - \beta_{\lambda'})\right] = \tan\theta^*.$$

于是：

$$x = \frac{\tan\theta^* - (\beta_\lambda - \beta_{\lambda'})}{(\kappa_\lambda - \kappa_{\lambda'})}. \tag{6.10}$$

由 (6.10) 式即可定出 x，这就是通常所谓的长法测量. 由以上可知，长法需要在不同的 χ_0 进行一系列的测量. 另一方面，如果 l_0 确定后根据一次测出的 l_λ 值，即可算出 x 值，这就是所谓短法. 这两种方法，目前都在应用着，所用的波长为 $\lambda = 3112\text{Å}$，$\lambda' = 3323\text{Å}$；通常称为 C 波长组.

如上所述，在 (6.9) 式内并未考虑大颗粒散射的影响，因为我们用了假定 $(\delta_\lambda - \delta_{\lambda'}) = 0$，这自然具有人为的性质，因此在 1952 年以后，又有了进一步的改进. 在 (6.6) 式内，以 L_0 与 L 代 $\log \dfrac{I_{0\lambda}}{I_{0\lambda'}}$ 与 $\log \dfrac{I_\lambda}{I_{\lambda'}}$，经变化可得：

$$x\mu(\kappa_\lambda - \kappa_{\lambda'}) = N - (\beta_\lambda - \beta_{\lambda'})m_0 - (\delta_\lambda - \delta_{\lambda'})\sec\chi_0,$$

式中 $N = L_0 - L$. 假如我们取两组波长，例如现在通常用的 A 组 (3055Å, 3254Å) 与 D 组 (3176Å, 3398Å) 组合起来测量 x 值，据上式则有：

$$x\left[(\kappa - \kappa')_A - (\kappa - \kappa')_D\right]\mu = (N_A - N_D) - \left[(\beta - \beta')_A - (\beta - \beta')_D\right]m_0. \tag{6.11}$$

在这里我们假定了 $(\delta - \delta')_A - (\delta - \delta')_D = 0$. 显然，这比以前假定 $(\delta - \delta') = 0$，更接近于事实. 目前世界上大多数的测站，均用 AD 波长进行测量.

2. 测量仪器——多布逊臭氧光度计

从上一节的结果，可以看出，测量大气臭氧的厚度，实质上就是测量太阳紫外辐射中两条单色光强的比 $\dfrac{I_\lambda}{I_{\lambda'}}$ 的对数. 然后再通过计算求得，为此多布逊在 1925 年设计并制成了多布逊[19]臭氧光谱仪. 这种仪器的工作要点是：拍摄太

阳辐射中 3000—3400Å 这一段光谱,然后在测微光度计上定量地量测所选择波长组的黑度,获得 L 值$\left(L=\log\dfrac{I_\lambda}{I_{\lambda'}}+仪器常数\right)$.但用这种仪器手续比较烦复,于是在 1931 年多布逊[20]作了进一步的改进,他抛弃了摄谱的方法,而改为光度的方法.这个方法除了观测迅速(观测一次仅需五分钟)外,既可用直射太阳光,也可从散射天顶光来测量臭氧含量,甚至在阴天及月夜也可以进行测量.

多布逊臭氧光度计的原理如下:一个双水晶棱镜的光谱仪从紫外线区选出两条单色光谱.它们是这样选的,短波的臭氧吸收系数较大,长波的吸收系数较小.为了要求得两者之间的强度比,我们设法使得它俩交替地落到一个光电池上,于是在光电池上产生一个低频交流电流,通过一个低频交流放大线路将其放大.如果我们在波长的光路上设置一光楔,调节光楔的位置,使得长波的光强恰好等于短波光强,这样由光电池产生一直流,那么交流放大器对此无输出,于是电表上的读数为零.我们事先在实验室内将光楔的位置刻度对应于 $\log\dfrac{I_\lambda}{I_{\lambda'}}$ 的曲线作出.于是每次观测只要找到电表指零时的光楔位置刻度,就可以获得 $\log\dfrac{I_\lambda}{I_{\lambda'}}$.按上述思想设计的多布逊臭氧光度计光路图,如图 56 所示.

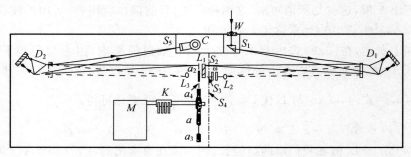

图 56   多布逊臭氧光电光谱仪原理图

光线经过窗户 W 进入仪器,通过狭缝 S_1 射到第一个水晶棱镜 D_1,狭缝 S_2,S_3,S_4 分离出三个狭窄的光谱带,它们的波长分别是 3110Å,3290Å 及 4453Å,其中第三个波长不受大气臭氧的影响,它是用来测量大气的透明度的.当光线通过这些狭缝以后,射落到与 D_1 完全相同的对称的棱镜 D_2 上,再次分光后,都通过狭缝 S_5,射到光电池上.透镜 L_1,L_2,L_3 适当的校正这些光线方向,使它们准确的通过狭缝并准确的落到 D_2 上.在 S_3 的前面,放置了两块光楔 ω,其方向相对,可以连续的调节通过 S_3 的光强.a 是转动轮,上面有开口 a_2,a_3 与 a_4,在轮子转动的时候,调好挡光板的位置,于是让 S_2 及 S_3 的光线,或者 S_3 及 S_4 的光线交替的通过.M 是推动马达,K 是整流器,它的目的是将放大后的交流整为直

流,可以在直流微安表上读数.采用双棱镜的原因是,考虑到在太阳光谱里,大于
3110Å 的波长的能量远远超过 3110Å 的能量,那么由棱镜及透镜表面,可能散
射到光电池表面上的其他波长的能量,会有很大的干扰,但利用双棱镜系统以
后,这种干扰就变得微不足道了.

　　1952 年诺曼得(Normand)[21]等对这种仪器作了改进.改进之点首先是在狭
缝 S_1 后与 S_5 前分别放置了石英板 Q_1 与 Q_2,借助于 Q_1 与 Q_2 的偏转,使得通过
S_2S_3 的波长有不小的变动范围.经过研究,挑选了其中四组波长,它们是 A 组
(3055Å,3245Å) B 组 (3088Å,3291 Å) C 组 (3114.5Å,3324Å) D 组 (3176Å,
3398Å).于是如上所述,即可用两组波长进行测量,从而更合理的消除了大颗粒
的影响.其次,原来用的光电池现在改用了光电倍增管 IP 28.这样仪器的灵敏度
有了很大的提高.此外,光楔原由胶质现改为由高真空镀铑制成,如此则更加稳
定.仪器还附有一套鉴定设备,它可以定期的检查仪器常数是否有改变,从而消
除了由于仪器常数的改变而引起的臭氧测量的误差.

3. 测量结果

　　三十多年来测量结果是丰富的,这里只作极简单的介绍.在某一站观测到的
臭氧含量,可以发现它有明显的季节变化,在北半球春季最大,秋季最小.图 57
(a)是北京 1961—1962 年观测结果,季节变化的振幅随着纬度的增加而增加.如
果时间一定,我们作 x 值的地区分布图,则发现它具有明显的纬度效应如图 57
(b).另一个极其重要的现象是臭氧含量具有极其重要的日际变化,其振幅与季
节变化同数量级,它的形成原因我们将在最后一节讨论.拉曼奈然(Ra-
manathan)[22]根据国际地球物理年期间的观测结果,作了世界范围内的臭氧时
间与地区分布图(图 58).

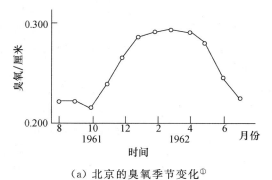

（a）北京的臭氧季节变化①

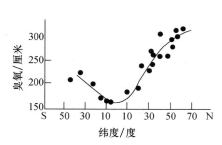

（b）臭氧的纬度分布（3月份值）①

图　57

---

①　图 57(a),(b)所用的吸收系数是严济慈与钟兴标的值.

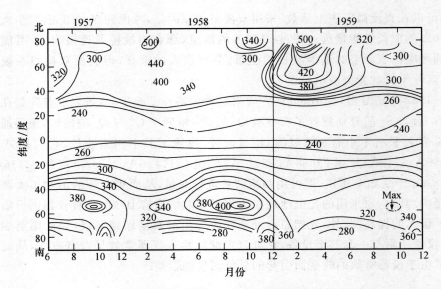

图 58 臭氧的纬度分布与年变化[27]

4. 夜间臭氧含量

夜间臭氧含量的观测是用月光进行的,使用的仪器仍然是多布逊臭氧光度计.拉曼奈然[23] 1953 年在印度观测结果,如图 59,它表示 L-μ 直线.按长法,如式(6.10)

$$x = \frac{\tan\theta^* - (\beta - \beta')}{(\kappa - \kappa')},$$

斜率 $\tan\theta^*$ 愈大,则 x 值亦愈大.在图 59 内,夜间由月光所作的 L-μ 直线的斜率比起白昼者要大一些,即夜间臭氧含量大于白昼臭氧含量,这种超过的量在 0.019—0.044厘米之间变化.在太阳落入地平线后,一个小时之内,臭氧含量即由日间值迅速地上升到夜间值;而在太阳升起之后,一小时之内,又很快的下降到日间值.后来阿得尔(Adel)[24] 得到相类似的结果,夜间值比白昼值高出 0.02—0.03 厘米.并且得到,在日落前约 4 分钟,x 值达最小,该值尚略小于日间值,但太阳下落后 15—20 分钟内,即增加到日间值.阿得尔的结果是用短法获得的,他假定月光的 L_0 与太阳光的 L_0 是相同的.在测量夜间臭氧含量的时候,应用长法较为妥当,因为月光的 L_0 不一定与太阳的 L_0 一致,月球表面反射的波长选择性是可能存在的.当然有了相当多的月光 L_0 之后,短法也是可以应用的.

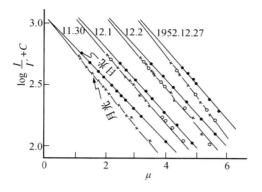

图 59 用月光观测到的 L-μ 直线[23]

§6.4 大气臭氧的垂直分布

臭氧在大气层中的垂直分布可以用直接和间接两种方法进行测量. 直接方法是指用气球和火箭等携带仪器,在不同高度上进行测量. 间接方法是指在地面测量天顶散射光或太阳辐射中 9.6 微米红外辐射,再加以计算以求得臭氧的垂直分布,现分述如下.

1. 直接探测

雷根纳[5]等最先用气球携带光谱仪来进行臭氧的直接测量. 1934 年 6 月 26 日及 7 月 31 日,他们在德国斯图加特城成功的施放了带有水晶光谱自记仪的气球,最高点达到 31 公里,图 60 是他们所得到的光谱照片. 从这张图上可以看出随着高度的增加太阳光的下限逐渐延伸. 利用这种光谱照片,可以从谱线的黑度变化,来算出各空气层的臭氧密度. 在图 60 上最高点 29.3 公里处的谱线延伸到 2875Å,这是用聚光不强的光谱仪,拍摄时间仅为 10 分钟,所得到的最短波长. 但是利用聚光较强的光谱仪拍摄时间较长,哥慈把光谱的下限延伸到 2863Å. 然而这只比雷根纳延伸十几个 Å.

雷根纳[25]在 1950 年又在美国白沙进行臭氧的气球探测,其结果表示在图 61 内,最高点达 32 公里. 最近利用改良的气球,高度可达到 44 公里,最短波长可达到 2700Å 左右.

利用水晶光谱仪进行测量,它的结果,只有等待气球降落到地面被人捡回才能获得. 为了避免这种限制苛布楞次(Coblenz)等[26]采用干涉滤光片及光电池法,通过无线电遥测可以立刻把测量记录传到地面. 这种方法在提高其准确性后,可以比较广泛的在气象台上使用,因而是一个比较有希望的方法.

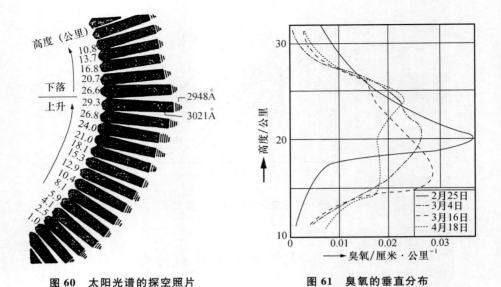

图 60　太阳光谱的探空照片　　　　　　　图 61　臭氧的垂直分布

最近雷根纳[27]又设计了一种新的臭氧雷送,在这个仪器内,他放弃了用臭氧对太阳辐射吸收的传统方法,而改用化学方法.他应用一种感应元件,主要由硅土胶组成,该元件遇臭氧后即发光,发光的强度随臭氧含量的增加而增加.发出的光被光电倍增管接收,其电流经放大输入声频调制器,然后信号由发报机发出,在地面接收.其方块图如图 62.这种仪器不像用摄谱方法或分光光度方法,求得的是在仪器以上的积分臭氧,而是直接反映各垂直高度上的臭氧浓度.雷根纳用此法所给出的观测结果,看来是可信的.

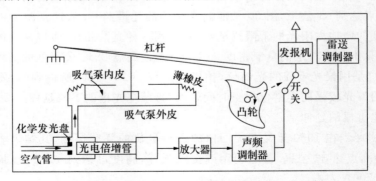

图 62　干化学发光臭氧雷送的方块图

火箭探测比气球探测的优越性,表现在它能达到比气球高得多的高度,由此可以更进一步验证臭氧形成的光化学理论. 图 63 为火箭所携带的光谱仪摄得

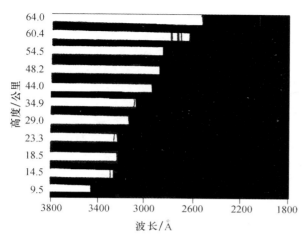

图 63　在火箭上摄得的太阳光谱

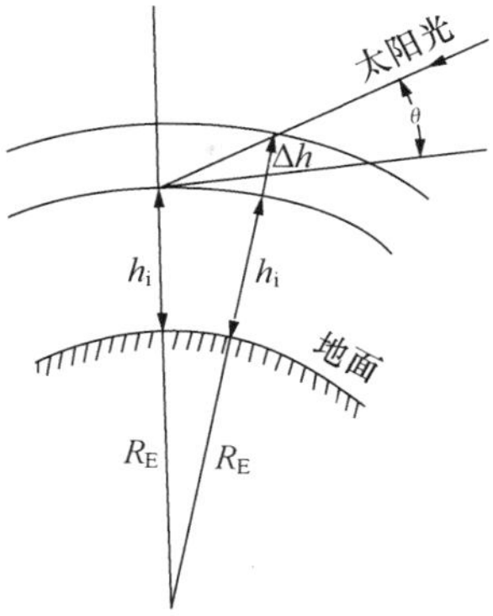

图 64　太阳光路径图

的不同高度上的太阳光谱[28]. 根据谱线黑度的测量,可以获得沿光路上的臭氧厚度(斜长),以 $\tau(h)$ 表示. 而臭氧的浓度以 $\varepsilon(h)$ 表示,于是在地面的 τ 即为:

$$\tau = \int_0^\infty \varepsilon(h)\,\mathrm{d}s. \tag{6.12}$$

将上式写成级数形式则有:

$$\tau_i = \sum_j \varepsilon_j (\Delta s_i)_i, \tag{6.13}$$

式中 τ_i 为高度 h_i 上所测得的积分臭氧量. 在太阳光的斜长路径上,将大气分成 j 层,式中 $(\Delta s_i)_j$ 即表示每一层的斜长(参看图 64). 由三角公式直接可以推出:

$$\Delta s_i = \left[(R_E + h_i + \Delta h)^2 - (R_E + h_i)^2 \cos^2\theta\right]^{\frac{1}{2}} - (R_E + h_i)\sin\theta, \tag{6.14}$$

式中 Δh 表示所要计算的层的垂直厚度,θ 表示太阳的仰角. 由于 Δh 比起地球半径 R_E 来是很小的,θ 也小(在太阳将落时进行探测). 于是上式可近似地表示为:

$$\Delta s_i = (R_E + h_i)\theta\left[\sqrt{1 + \frac{2\Delta h}{(R_E + h_i)\theta^2}} - 1\right]. \tag{6.15}$$

如取各分层的厚度为 2 公里,τ_i 是已知的,从臭氧层顶(假定该高度以上无臭氧存在)开始计算,例如由 87 公里开始,则

$$\tau_{85} = \varepsilon_{86}(\Delta s_{85})_{86}, \tag{6.16}$$

$$\tau_{83} = \varepsilon_{84}(\Delta s_{83})_{84} + \varepsilon_{86}(\Delta s_{85})_{86}, \tag{6.17}$$

余此类推,这样 $\varepsilon(h)$ 即可求出,结果如图 65 所示.

除气球与火箭携带仪器直接测量外,近来利用人造地球卫星刚进入(或刚出)地球阴影时,对太阳光反射也可以进行测量臭氧垂直分布. 例如万卡特斯瓦

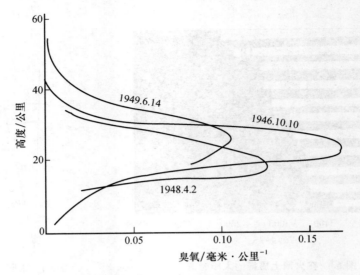

图 65　臭氧垂直分布的火箭探测结果

那[29] (Vankateswaran)的工作,由于反射光总共通过大气的路径较长,他应用了可见光区,与上述火箭结果是基本一致的.不同的一点是:由人造地球卫星所测量的结果,在大约 55 公里处出现了第二个最大.这可能是由于在日落时按光学过程,在该高度的大气里臭氧浓度已很快上升达到夜间值,但也可能是由于可见光区臭氧吸收较小或其他误差所引起.

　　总之,近三十年以来,测量臭氧垂直分布的技术不断的改进,也获得了不少的观测资料,它们证实了哥慈等用间接方法所推断出的臭氧层最大密度,存在于20—30 公里间的结果.而且还指明了最大臭氧密度层的高度变化也是明显的.特别是臭氧的垂直分布形式的变化,是极其值得注意的,有时会出第二个,甚至第三个最大密度层.目前一般认为,这与天气条件、大气环流有关.

2. 间接测量臭氧垂直分布方法

　　上节所述的直接探测臭氧垂直分布的各种方法,结果是比较可靠的,但费用较大,技术较为烦复,且校验准备工作费时,因此不能作经常性的观测.这样,发展一种可靠的间接方法就成为必要的了.在这一节里我们主要介绍一种最广泛被应用的方法——逆转方法[4].

　　图 66 是用多布逊臭氧光度计在北京观测到的逆转曲线,纵坐标表示观测到的天顶散射光的 $\log \dfrac{I_\lambda}{I_{\lambda'}}$ (C 组)与仪器常数之和,横坐标表示天顶角.可以看出,当 χ_0 较小时,$\log \dfrac{I_\lambda}{I_{\lambda'}}$ 随 χ_0 的增加而减小,但到了 $\chi_0 = 85°$ 附近,$\log \dfrac{I_\lambda}{I_{\lambda'}}$ 达到最小,

过此点后复又逐渐增加,哥慈称此现象为逆转效应. 这是哥慈在 1929 年首先发现的,关于逆转效应的理论现解释如下.

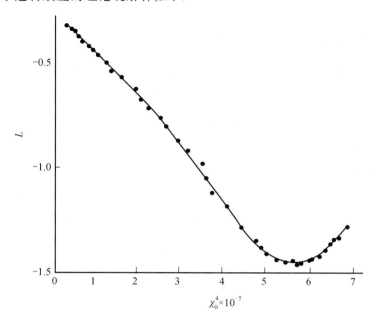

图 66 1961 年 8 月 12 日在北京观测的逆转曲线
$x = 0.245$ 厘米

由天顶散射下来的光线与太阳直接射入的光线有一基本不同之点,直接太阳光所经过的吸收物质,随着天顶角的增大而增大,因此比值 $\frac{I_{3110\text{Å}}}{I_{3290\text{Å}}}$(老式多布逊仪器的 C 组为 3110Å, 3290Å)随着 χ_0 的加大而减小,这是由于臭氧对 3110Å 的吸收远大于对 3290Å 吸收的缘故. 天顶散射光的强度是从垂直方向接收到的、所有高度上到达地面散射光之总和,某一高度到达地面的散射光不仅和透过臭氧层的厚度有关,而且与这一高度上的分子浓度有关. 在图 67 中,由 A 层散射下来的光强与 A 点的大气密度及在 A 点前后所通过的臭氧厚度有关. 由 B 点散射到 C 点的光强,由于 B 处的大气密度小,散射光较 A 点减弱,但由于一部分斜射进来的光程变为垂直入射,所以它在散射点前后所通过的臭氧厚度

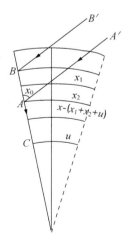

图 67 计算臭氧垂直分布的示意图

较小,故由臭氧吸收的减弱较小,因而光强较 A 层增强. 由此可知,由某一高度散射下来的光强,决定于上面两种作用. 在高度增加时,第一个因子使得散射光减弱,第二个因子使它加强. 但是在地面测到的天顶光线是各层扩散光强的总和,由于这两种相反因素的作用,大部分到达地面的散射光线,都来自一有限高度区域. 我们定义:在地面所接收到的各个高度层上来的散射光中,最强的那一层的高度,称之为有效散射高度. 由此,我们可以得下面的推论:天顶角距愈大或光波在臭氧中吸收率愈强,则有效的散射高度愈高. 例如:对于 $\lambda = 3110\text{Å}$ 及 $\lambda = 3290\text{Å}$ 来说,前者的光波吸收率大,后面的吸收率小,因此 3110Å 光波的有效散射高度就比 3290Å 的高. 在太阳接近地面时,3110Å 的有效高度上升至臭氧层的上部,但是 3290Å 的有效散射高度则应在比较低的气层. 在这种情况下,3110Å 散射光线多沿着垂直于臭氧的吸收路程到达地面,这种光程在日落时候几乎是不变的. 故 3110Å 强度的减弱比起 3290Å 来说,是很缓慢的或则几乎是不变的. 因此,在日落时候 $\dfrac{I_{3110\text{Å}}}{I_{3290\text{Å}}}$ 的比值就随着 χ_0 的增大而递增了. 必须指出,我们所说的是 $\dfrac{I_{3110\text{Å}}}{I_{3290\text{Å}}}$ 比值在增加,但 $I_{3110\text{Å}}$ 及 $I_{3290\text{Å}}$ 都应当在减弱,不过是减弱率有所不同罢了. 最近魏鼎文[31]证明:各组中短波的有效散射高度是跳跃上升的;并指出这一现象,在确定分层较多的逆转方法中必须加以考虑. 此外,这一现象的发现,有助于对逆转现象更本质的了解. 长波的有效散射高度随 χ_0 增大也上升,但较慢,且为连续的.

用逆转效应来推算大气中臭氧的分布,尚没有一个物理严谨的办法. 我们下面着重介绍逆转方法(A). 该方法把大气分为五层:

① 2—5 公里层,其中臭氧含量是 u,占总量 X 的 3%. u 及 X 都是已知数;

② 2—20 公里层,其中臭氧含量为 $X - (X_1 + X_2 + u)$;

③ 20—35 公里层,其中臭氧含量为 X_2;

④ 35—50 公里层,其中臭氧含量为 X_1;

⑤ 50 公里以上,其中臭氧含量很小,可以不计.

以上五层的臭氧含量,仅 X_1 及 X_2 是未知数. 因此,我们可以从两组不同比值 $\dfrac{I_{3110\text{Å}}}{I_{3290\text{Å}}}$ 来决定它们.

按图 67,从 A' 到 A 一段光程中,由于大气分子的散射以及臭氧的吸收,到达 A 点的光强为:

$$I_{0\lambda} \cdot 10^{-\int_{\zeta}^{\infty} \left(\kappa \varepsilon(h) + \frac{\beta \rho_h}{H \rho_0} \right) dh}, \tag{6.18}$$

其中 $\varepsilon(h)$ 为臭氧在高度 h 时的浓度,H 为大气的标高(以 10 为底),ρ_h 及 ρ_0 分别代表高度 h 及地面的大气密度. 光线到达 A 点后,在一薄层 $d\zeta$ 内的扩散应与

A 点的密度成比例,因此

$$dI_\lambda = A\rho_\zeta I_{0\lambda} 10^{-\int_\zeta^\infty \left(\kappa\varepsilon(h) + \frac{\beta\rho_h}{H\rho_0}\right)\sec\chi_h \, dh} \, d\zeta,$$

其中 A 为常数. 由 A 到地面 C 一段光程中,还要受到散射与吸收的削弱. 故真正到达地面的扩散光强为:

$$dI_\lambda = A\rho_\zeta I_{0\lambda} 10^{-\int_\zeta^\infty \left(\kappa\varepsilon(h) + \frac{\beta\rho_h}{H\rho_0}\right)\sec\chi_h \, dh} 10^{-\int_0^\zeta \left(\kappa\varepsilon(h) + \frac{\beta\rho_h}{H\rho_0}\right) dh} \, d\zeta,$$

在上式引入下列缩写符号

$$\left.\begin{aligned} a &= \int_\zeta^\infty \varepsilon(h)\sec\chi_h \, dh + \int_0^\zeta \varepsilon(h) \, dh \\ b &= \frac{1}{H\rho_0}\left(\int_\zeta^\infty \rho_h \sec\chi_h \, dh + \int_0^\zeta \rho_h \, dh\right) = 1 + \frac{\rho_h}{\rho_0}(\sec\chi_h - 1) \end{aligned}\right\}, \quad (6.19)$$

故在 C 点观测的总扩散光强为:

$$I_\lambda = A I_{0\lambda} \int_0^\infty \rho_\zeta \cdot 10^{-\kappa a} \cdot 10^{-\beta b} \, d\zeta, \quad (6.20)$$

积分号下第一个因子表示到达的散射光强受到臭氧吸收的削弱效应,第二个因子则是散射的削弱效应. 其中 a 是 X_1 及 X_2 的函数. 首先从两个不同天顶角 χ_0,据级数形式(6.20)式写出 $\frac{I_{3110\text{Å}}}{I_{3290\text{Å}}}$ 的两个比值 $f_1(x_1, x_2)$ 及 $f_2(x_1, x_2)$. 此外我们又可以从逆转曲线读出对应这两个天顶角 $\frac{I_{3110\text{Å}}}{I_{3290\text{Å}}}$ 的比值. 由此,我们可以建立以下两个联立方程:

$$\left\{\frac{I_{3110\text{Å}}}{I_{3290\text{Å}}}\right\}_{\chi_1} = f_1(x_1, x_2),$$

$$\left\{\frac{I_{3110\text{Å}}}{I_{3290\text{Å}}}\right\}_{\chi_2} = f_2(x_1, x_2),$$

利用图解法可以求得 x_1, x_2,其情形如图 68 所示. 图中曲线是在不同天顶角 $\chi_0 = 80°$, $\chi_0 = 86.5°$绘出 x_1 与 x_2 的关系曲线. 两个曲线的交点处给出 x_1 及 x_2. 为了校验起见,又作了第三条 $\chi_0 = 90°$曲线,结果三条曲线都交于一点.

将各层中的臭氧含量按高度分布作图,则可以得到图 69 中的矩形分布曲线. 由此再做一个光滑曲线,使每层的矩形面积与在曲线左边的面积相等. 根据图 69(a),臭氧的绝对量的最大值在 25 到 30 公里之间. 但由于

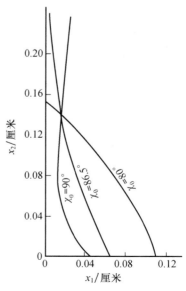

图 68　臭氧垂直分布计算的图解法

空气密度随高度而递减,故大气中臭氧与空气的容积比,都出现于较高高度[图69 中(b)]. 这个结果可与雷根纳的结果相比(参看图61).

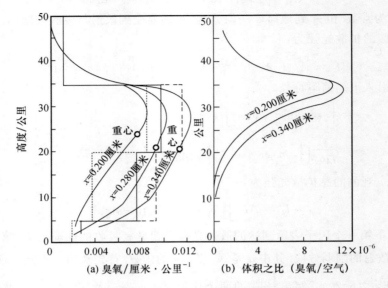

(a) 臭氧/厘米·公里⁻¹   (b) 体积之比 (臭氧/空气)

图 69   由逆转效应所求得的臭氧垂直分布变化

1957 年国际地球物理年开始后,由国际臭氧委员会推荐了对上述方法略有修改的逆转方法 A,它是由沃尔腾[30a](Walton)给出的. 这个方法与原来的方法 A 本质上是相同的,不同之点是: ① 分层不同,沃尔腾把大气分为五层,即 0—12 公里、12—24 公里、24—36 公里、36—54 公里、大于 54 公里. 假定 54 公里以上无臭氧及 0—12 公里占臭氧总量的 5%. ② 在计算常数时,所用的数据不同,在这里气压与密度等用了火箭探测结果.

方法 A 的测量结果一般都表明,在 35(或 36)公里以上这一层的臭氧含量基本上是不变的,而第一层的含量又是假定的. 于是在不同日子里,由方法 A 可能告诉我们的,实质上只是 24 公里(或 20 公里)上下两层的变动. 这样看来分层少的方法 A,只是比较粗的给出臭氧垂直分布图形,而且各层含量的误差也是较大的.

为了更加详细的测出臭氧垂直分布情况,哥慈[4]等提出了逆转方法 B. 1957 年以后,由国际臭氧委员会推荐的方法 B 与原来的方法 B 在细节上有些不同,它是由拉曼奈然[30b]给出的. 在这个方法里,把大气分成 10 层,最上层,即 54 公里以上,假定无臭氧存在,其下以每 6 公里为一层. 方法最根本的要点是,给出一组臭氧分布值($X_1, X_2, \cdots, X_9$),算出逆转曲线. 最后要求,算出的逆转曲线与观测的逆转曲线相符合,符合的程度以小于仪器的观测误差为限. 达到这种符合的过程,是通过逐步对给出的臭氧分布值以修正而获得,这个方法,在世界范围内曾较为广泛的应用. 但魏鼎文证明这种方法所得到的解不是唯一的[31]，因此，还是用 A 法为妥.

§6.5 臭氧垂直分布理论

臭氧在大气中的存在，可用光化反应的原理予以解释. 卡普曼是从事这方面研究的第一个科学家[32]. 他讨论了有关的光化过程，证明在高层大气中一定有臭氧及原子氧的存在. 卡普曼的理论虽然是定性的，但是他的理论已经能够显示出臭氧垂直分布的基本特点. 此后，沃尔夫[33]，克雷格[34]，帕左特[35]等人，又作了进一步的研究.

大气中氧气的光化反应，班富特 (Bamford)[36] 首先予以研究，一般可以由下面两式表示：

$$O_2 + h\nu(\lambda < 2400\text{Å}) \longrightarrow O + O, \tag{6.21}$$

$$O_3 + h\nu(\lambda < 11\,800\text{Å}) \longrightarrow O_2 + O. \tag{6.22}$$

其中 $h\nu$ 代表光量子，h 为普朗克 (Planck) 常数，ν 为被吸收光的频率. (6.21) 式表示氧分子在吸收波长短于 2400Å 的紫外线后，可以分解成为原子氧. 按沃尔夫及但明 (Deming) 的意见[33]，所有短于 2400Å 光波的吸收，一般都可以直接使氧分子发生光化分解，只有在修曼谱带里，氧分子首先被激发，然后再通过碰撞而发生分解，它的过程是：

$$O_2 + h\nu \longrightarrow O_2^*,$$

$$O_2^* + O_2 \longrightarrow O_3 + O.$$

(6.22) 式表示臭氧被分解的过程. 一般就来可以使臭氧分解的最长光波是 11 800Å，这是卡普曼[37] 及班富特[36] 在 1943 年所指出的. 臭氧也吸收更长的 9.6 微米红外线，但这种吸收对于光化反应意义不大. 从卡普斯谱带，赫金斯谱带一直到哈特莱谱带的 2000Å 端点，都被臭氧所吸收，其中尤以哈特莱谱带的吸收率为最强. 一般说来，我们可以认为波长小于 11 800Å 的光线都可使臭氧发生分解.

由 (6.21) 及 (6.22) 两种过程所产生的原子氧，对于臭氧的成长与消失，是极其重要的. 其中最重要的过程如：

$$O_2 + O + M \longrightarrow O_3 + M, \tag{6.23}$$

$$O_3 + O \longrightarrow 2O_2. \tag{6.24}$$

(6.23) 中的 M 是代表分子，它在三体碰撞过程中，使动量与能量的守恒得以维持. 另外和臭氧及氧分子成长与消失有关系的过程如：

$$O + O + M \longrightarrow O_2 + M,$$

$$2O_3 \longrightarrow 3O_2.$$

其中前者可以忽略不计,因为在臭氧层高度范围内原子氧的浓度很小,因而这种反应的贡献不大;后一个反应一般称为臭氧的热分解,在臭氧层内的温度及臭氧浓度条件下,这种分解作用也不是很重要的.

从(6.21)到(6.24)式,我们可以写出光化反应平衡方程:

$$\frac{dn_1}{dt} = 2n_2\kappa_2 q_2 + n_3\kappa_3 q_3 - k_{12}n_1 n_2 n_m - k_{13}n_1 n_3 = 0, \qquad (6.25)$$

$$\frac{dn_3}{dt} = k_{12}n_1 n_2 n_m - n_3\kappa_3 q_3 - k_{13}n_1 n_3 = 0. \qquad (6.26)$$

在以上两个方程中,n_1,n_2,n_3,n_m 分别代表 O_1,O_2,O_3 及 M 的浓度(单位体积内的数目).单位时间射入单位体积的光量子以 q 来表示,其足码则分别指出 O_2 或 O_3 为其吸收物质,κ_2,κ_3 为吸收系数.由于碰撞而产生或消失的臭氧及氧分子,除了和碰撞的分子浓度有关外,还与作用常数 k_{12},k_{13} 有关.

沃尔夫及但明利用(6.25)及(6.26)两式,求得:

$$n_3 = \frac{k_{12}}{k_{13}}n_2 n_m \frac{Q_2'}{Q_3' + Q_2'}, \qquad (6.27)$$

其中 $Q_2' = \kappa_2 n_2 q_2$,$Q_3' = \kappa_3 n_3 q_3$.它们分别代表氧分子及臭氧在单位体积及单位时间内所吸收光量子的数目.由于 n_2 的数值较大,在光化反应中它的垂直分布可以认为不变,而且是已知的.因此,就可以利用(6.27)式来计算各高层中臭氧的浓度,由于 Q_3' 内包含了 n_3,上面的方程式是二次式.

由(6.27)式要获得臭氧的垂直分布,必须知道:① 在大气外沿的太阳能量的光谱分布,② 氧与臭氧的吸收光谱(吸收系数),③ 作用常数 k_{12}/k_{13},④ 氧与氮的高度分布.关于太阳能量的光谱分布,除远紫外部分外,是比较确定的.关于远紫外部分,由于近年来火箭及人造卫星的观测,也日益丰富.克莱格等在 50 年代的工作,这一部分($\lambda > 2000\text{Å}$)数据是由适当的外延而得.关于氧的吸收系数,在 2000Å 附近是依赖于压力的,海潘(Heulpern)[38]1941 年的实验结果,可由下列关系式代表:

$$\kappa = (5.62 \pm 0.36) \times 10^{-9} \times p^{1.55}. \qquad (6.28)$$

在实际应用的时候,克莱格应用了来登柏格(Ladenburg)等在大气压下的测量结果,如图 70,而在 1950Å 以上,则按(6.28)式进行修正.

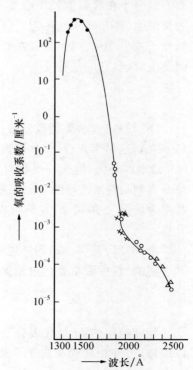

图 70　氧的吸收系数

但是,(6.28)式是波长为 2144Å 在温度为 18℃,压力 p 由 148 到 663 毫米汞高的范围内进行实验获得的,而臭氧层以上的压力远比 148 毫米汞高要低,所以这种修正可能仍然只是近似的.关于臭氧的吸收系数,在 2100Å 附近,克莱格与沃尔夫及但明用了不同的值,前者用了法西的实验值,后者作了 $ABCDE$ 五种假定情况.

k_{12}/k_{13} 可以由实验确定,欧肯(Eucken)与帕泰特[39](Patat)的实验结果表明,k_{12}/k_{13} 与温度有关.在 57℃ 时,它等于 7.41×10^{-21},而在 -60℃ 时它等于 1.11×10^{-18},故在他们实验的温度范围内,k_{12}/k_{13} 发生了 150 倍的变化.欧肯与帕泰特的实验,用的是氧与臭氧的混合气体,但在大气中有 80% 的气体成分是氮,显然氮在这种反应中,其有效性远不如氧,因此他们的实验数据偏高,一般的应乘以 50%.

关于氧与氮的高度分布,只要知道了扩散层的高度以及温度的高度分布就可以算出.

知道了上述的四个要素之后,即可着手对 n_3 进行计算,为了方便起见,假定大气是静止的,以及太阳辐射为垂直入射.在(6.27)式内引入

$$n_3^* = \frac{k_{12}}{k_{13}} n_2 n_{\mathrm{m}}, \tag{6.29}$$

则

$$n_3 = n_3^* \frac{Q_2'}{Q_2' + Q_3'}, \tag{6.30}$$

式中 Q_2', Q_3' 可以写成:

$$Q_2'(z) = n_2(z) \sum_\lambda \kappa_2(\lambda) q(\lambda, z), \tag{6.31}$$

$$Q_3'(z) = n_3(z) \sum_\lambda \kappa_3(\lambda) q(\lambda, z). \tag{6.32}$$

关于波长的选择,要求它们对于光学平衡具有重要性,氧的吸收光谱取 1300—2400Å,臭氧的吸收光谱取 1800—3500Å,以及 4800—7100Å.在(6.29)及(6.30)两式中,级数每项波长间隔的取法规定如下:① 在每个间隔中吸收系数的变化不超过 5 倍,② 太阳辐射的强度变化不超过 2—3 倍,而在氧与臭氧交接的吸收带 1800—2400Å 内,两者的吸收变化不超过 5 倍.

为了计算 n_2 与 n_{m},取 NACA 标准大气相类似的温度垂直分布,在等温区内我们有:

$$p_z = p_0 \mathrm{e}^{-gz/RT}, \tag{6.33}$$

而在温度递减率为 γ' 的气层内,则有:

$$p_z = p_0 \left(\frac{T_0 - \gamma' z}{T_0} \right)^{\frac{g}{R\gamma'}}. \tag{6.34}$$

对均匀混合的气体,每单位体积内的分子数为:

$$n_\mathrm{m} = \frac{N_\mathrm{A}\rho}{m_\mathrm{a}} = \frac{N_\mathrm{A}p}{m_\mathrm{a}RT}, \tag{6.35}$$

N_A 为阿氏常数，m_a 为空气分子质量. 如果 n_m 的单位是每立方厘米内的分子数，p 是达因/厘米^2，T 为绝对温度，则

$$n_\mathrm{m} = 7.25 \times 10^{15} \left(\frac{p}{T}\right), \tag{6.36}$$

对于氧气则有

$$n_2 = 0.21 \times 7.25 \times 10^{15} \left(\frac{p}{T}\right), \tag{6.37}$$

于是从 (6.31) 到 (6.35) 式，再用 k_{12}/k_{13} 的实验值，则任一高度上的 n_3^* 均可算得. 关于 Q_2' 及 Q_3' 的计算，不仅依赖于波长，而且也依赖于高度. 因此在计算时将大气划分为若干水平层，假定在 80 公里以上没有臭氧存在，在顶部以 10 公里为一层，在以下的高度上，特别是在臭氧密度最大的层次上，分层的间隔则比较小. 考虑在温度为 T 的等温层内，设该层中 $z=0$ 为该层的底，$z=h$ 为该层的顶. 在每一个波长间隔内，光量子数随高度的变化率为：

$$\mathrm{d}q/\mathrm{d}z = \kappa_2 n_2(z)q. \tag{6.38}$$

取正号是因为当 z 减少时，q 减少. 从方程 (6.33) 我们可以得到：

$$n_2(z) = n_{20}\,\mathrm{e}^{-gz/RT} = n_{20}\,\mathrm{e}^{-az}, \tag{6.39}$$

于是

$$\mathrm{d}q/q = \kappa_2 n_{20}\,\mathrm{e}^{-az}\,\mathrm{d}z. \tag{6.40}$$

对上式积分，则

$$q(z) = q_h \exp[-(\kappa_2 n_{20}/a)(\mathrm{e}^{-az} - \mathrm{e}^{-ah})], \tag{6.41}$$

式中 q_h 为到达该层顶的量子数目，于是在高度 h 与 z 间的被吸收的总量子数为：

$$Q_{2\lambda}' = q_h - q_z = q_h\{1 - \exp[-(\kappa_2 n_{20}/a)(\mathrm{e}^{-az} - \mathrm{e}^{-ah})]\}. \tag{6.42}$$

对于温度递减（或递增）率为 γ' 的区域，同理可以获得：

$$n_2(z) = n_{20}(T_z/T_0)^{(g/R\gamma')-1}, \tag{6.43}$$

$$\mathrm{d}q/q = \kappa_2 n_{20}[(T_0 - r_2)/T_0]^{(g/R\gamma')-1}\,\mathrm{d}z, \tag{6.44}$$

$$q(z) = q_h \exp\{-(\kappa_2 n_{20} T_0 R/g)[(T_z/T_0)^{g/R\gamma'} - (T_h/T_0)^{g/R\gamma'}]\}, \tag{6.45}$$

$$Q_{2\lambda}' = q_h(1 - \exp\{-(\kappa_2 n_{20} T_0 R/g)[(T_z/T_0)^{g/R\gamma'} - (T_h/T_0)^{g/R\gamma'}]\}). \tag{6.46}$$

于是对所有波长求和，即有：

$$Q_2' = \sum_\lambda Q_{2\lambda}, \tag{6.47}$$

对于 Q_3' 有：

$$Q_3' = \sum_\lambda Q_{3\lambda}' = n_3 \sum_\lambda \kappa_3(\lambda)q(\lambda)\Delta z, \tag{6.48}$$

式中 Δz 为所划分的水平层的厚度，设

$$\theta = \sum_{\lambda} \kappa_3(\lambda) q(\lambda) \Delta z,$$

于是(6.37)式变成:

$$n_3 = n_3^* \frac{\sum\limits_{\lambda} Q'_{2\lambda}}{\sum\limits_{\lambda} Q'_{2\lambda} + n_3 \theta}, \tag{6.49}$$

最后,得:

$$n_3 = \frac{\sum\limits_{\lambda} Q'_{2\lambda}}{2\theta} \left[\left(1 + \frac{4 n_3^* \theta}{\sum\limits_{\lambda} Q'_{2\lambda}} \right)^{\frac{1}{2}} - 1 \right]. \tag{6.50}$$

这样,按上式即可计算 n_3,结果如图 71 所示.实线表示在 λ 大于 1950Å 以上,假定氧气吸收系数不依赖于气压计算出来的.虚线则为氧的吸收系数,按(6.28)式修正后计算出来的.对应于两种情形所算出的臭氧总量分别为 0.298 厘米与 0.506厘米,这大体上与观测结果是相符合的.虽然后者看起来略微大了一些,但是在虚线的垂直分布中,最大密度层的高度比实线中下降一些,而且在最大密度层以下的臭氧含量相对的增高了.这是与直接探测结果是一致的.

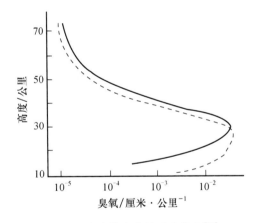

图 71　按光化理论计算出来的垂直分布[34]

沃尔夫与但明还研究了臭氧由不平衡到平衡所需要的时间.他们指出,在臭氧最大密度层以下,假定臭氧突然全部消失,那么由光化学过程达到平衡量的一半,所需时间的量级为若干天.从方程(6.25)与(6.26)出发,并用条件 $Q'_3 \gg Q'_2$ 与 $n_3/n_3^* \ll 1$,再加以简化后,即可获得:

$$\frac{\mathrm{d}n_3}{\mathrm{d}t} = 2Q'_2 - 2Q'_3 \frac{n_3}{n_3^*}.$$

将 Q'_3 写成:

$$Q'_3 = n_3 \sum_\lambda q(\lambda)\kappa(\lambda),$$

则

$$\frac{\mathrm{d}n_3}{\mathrm{d}t} = 2Q'_2 - \frac{2\sum(q\kappa)}{n_3^*}n_3^2.$$

对上式积分,即有:

$$t = \frac{1}{4}\left[\frac{n_3^*}{Q'_2 \sum(q\kappa)}\right]^{\frac{1}{2}} \cdot \ln\left(\frac{n_{3e}+n_3}{n_{3e}+n_{30}}\right)\left(\frac{n_{3e}-n_{30}}{n_{3e}-n_3}\right), \tag{6.51}$$

式中 n_{30}, n_{3e}, n_3 分别为 n_3 的初始值,平衡值与在时间 t 时的值.

　　克莱格应用(6.51)式,进行了计算,其结果如表15,在表内给出了在不同的高度上臭氧量由 $100n_{3e}$ 变到 $n_3 = 2.57n_{3e}$,由 $2.57n_{3e}$ 变到 $1.5n_{3e}$,由 $1.5n_{3e}$ 变到 $1.20n_{3e}$,以及由 $1.20n_{3e}$ 变到 $1.08n_{3e}$ 等所需要的时间 Δt.

表 15　臭氧恢复平衡所需要的时间

(I 为 $\chi_0 = 0$, κ_2 不依赖于压力; II 为 $\chi_0 = 0$, κ_2 依赖于压力, V 为 $\chi_0 = 67°$, κ_2 不依赖于压力)

高度/公里	Δt/天 I	Δt/天 II	V	高度/公里	Δt/天 I	Δt/天 II	V
38	0.15	0.22	0.34	25	175	80	1570
35	0.60	0.93	2.10	22.5	650	184	4290
32.5	2.9	3.0	8.9	20	3000	515	240 000
30	13	11	52	17.5	19 900	1470	
27.5	51	30	278	15	84 000	5100	

　　从表15可以看出,在臭氧层的高层,经常处于光化学平衡状态.但在臭氧最大密度层以下的低层,臭氧将不为光化反应所分解,即它不是处于光学平衡状态中.因此,臭氧在低层大气中是一个保守因子,可以用来研究低平流层以及高对流层内的大气环流.

§6.6　臭氧对平流层大气的增温作用

　　在前几章中,我们曾指出35公里以上的高空温度较高的缘故,是由于臭氧的吸收作用.按葛旺(Gowan)[40]及彭道夫(Panndorf)[41]的研究,以及最近火箭探空的资料,证实了由于臭氧吸收作用,在平流层上部的温度,较平流层低部的温度可以高出 $100℃$ 以上.

　　葛旺假定在臭氧层内,放射辐射与吸收辐射互相平衡.在这一层内,臭氧与一定分量的水汽相混合.他所得到的结果是:大气温度从30公里高度开始升高,最大值 $400℃$ 出现于50公里.彭道夫另外根据臭氧层的吸收与放射辐射,在臭氧层最高的一薄层之中,放射辐射致冷率是吸收辐射增温率的十分之一.这一薄层就成为上层平流层的热源.以下将分别叙述他们所采用的分析方法以及所得到的结果.

　　葛旺假定在平流层中没有对流,因此,这层内各高度的平均温度完全由太阳辐射、地面辐射以及它的上下两层大气本身的放射辐射所决定. 由于他假定大气在水平方向是均匀的,所以他只计算垂直方向的辐射,而以臭氧及水分为主要的吸收物质. 以 κ_{λ_z} 及 κ_{λ_w} 分别代表臭氧及水汽对于垂直辐射在光波为 λ 处的吸收率,则通过一单位厚度吸收总辐射能为:

$$\int_0^\infty \kappa_{\lambda_z}(S_\lambda + s_\lambda + S_e + S_a + S_a')\,d\lambda + \int_0^\infty \kappa_{\lambda_w}(S_\lambda + s_\lambda + S_e + S_a + S_a')\,d\lambda$$

其中 S_λ 代表直接到达这一薄层的太阳辐射量, s_λ 是由地面反射而来的太阳辐射量, S_e 代表地面放射辐射量, S_a 及 S_a' 则分别代表由上层及下层来的大气放射辐射.

　　但在这一薄层中的空气,将分别向上及向下放射黑体辐射,所以它的有效放射辐射面积将两倍于吸收辐射面积. 在辐射平衡中,应有下列关系:

$$\int_0^\infty S_{a\lambda T_0}\,d\lambda = \frac{1}{2}\int_0^\infty \kappa_{\lambda_z}(S_\lambda + s_\lambda + S_e + S_a + S_a')\,d\lambda$$
$$+ \frac{1}{2}\int_0^\infty \kappa_{\lambda_w}(S_\lambda + s_\lambda + S_e + S_a + S_a')\,d\lambda$$

其中 $S_{a\lambda T_0}$ 是这一薄层大气温度为 T_0 波长为 λ 的放射辐射量,它应等于 $(\kappa_{\lambda_w} + \kappa_{\lambda_z})$ 乘以黑体辐射量. 由于 κ_{λ_z} 及 κ_{λ_w} 的变化很复杂,上式只能用图解法求积. 在此必须指出,薄层中的吸收和放射辐射,与这一层中的水汽及臭氧含量有关,而水汽的含量又与温度分布有关. 因此,必须用逐次逼近方法,才能求得上面积分. 首先,我们先假定了温度的分布,由这个分布来计算水分分布. 再由这个水分分布回过来计算温度分布. 如果计算出的温度分布与假定的分布不合,我们可以修正最初的温度假定. 这样逐步逼近一直到假定分布与计算分布相合为止. 下表是葛旺所得的结果.

表 16　计算的温度分布[40]

纬　　度	50°	50°	50°	50°	50°
季　　节	夏　季	夏　季	夏　季	夏　季	夏季(天亮之前)
臭氧含量	0.28 厘米	0.28 厘米	0.28 厘米	0.28 厘米	0.28 厘米
相对湿度	40%	0	100%	100%	40%
水分分布情况	混　合	混　合	混　合	扩散平衡	混　合
高度/公里	温度/K	温度/K	温度/K	温度/K	温度/K
11—15	225	290	200	205	225
15—20	230	285	195	205	230
20—25	240	285	220	205	239
25—30	245	290	235	210	243
30—35	260	295	245	215	256
35—40	290	335	260	215	276
40—45	370	480	310	213	338
45—50	395	535	315	210	363
50—55	370	600	290	205	347

从葛旺的计算结果可以看出,大气在 35 公里处有显著的增温,它的最大值出现于 50 公里左右.此外,在平流层如不含水汽,大气层的本身放射辐射将大为减少,这样使得该层气温升高.葛旺所得的结果和声波异常传播所得数据,以及火箭探空的结果大致相合.因此,我们可以认为臭氧层处于辐射平衡这一假定大致是对的.计算结果还表明了较高气温是处于 35—50 公里层内,虽然臭氧最大浓度是在 22 公里高度.

§6.7　平流层大气的热量平衡

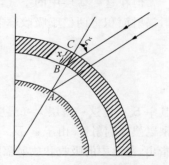

要讨论平流层大气的热量平衡,必须考虑长波及短波的辐射,对流、湍流及大气环流的影响.但在整个平流层中最后三项因素知道得很不够.因此,只能讨论辐射的部分.彭道夫指出:水分对于对流层的温度保持作用较大,但在平流层中,它的效用远不及臭氧.因此,他只考虑臭氧的作用.和葛旺的计算不同,他放弃了辐射平衡的假定,只考虑由于臭氧的吸收和放射辐射之差值而引起的温度变化.在此应当考虑的是:

① 臭氧对太阳辐射的吸收和由此而产生的增温;

图 72　臭氧层对斜射入的太阳辐射的吸收

② 臭氧本身的放射辐射;

③ 地面长波辐射所引起的臭氧层加热.

1. 太阳辐射的吸收

按图 72,如果 $x = BC$ 代表相当厚度,则通过 B 点,每单位面积及时间 $\mathrm{d}t$,在 $\mathrm{d}\lambda$ 间隔中的垂直辐射能为:

$$I_{\mathrm{S}\lambda}\cos\zeta\, \mathrm{e}^{-\frac{\kappa_\lambda x}{\cos\zeta}}\,\mathrm{d}\lambda \mathrm{d}t, \tag{6.52}$$

其中,$I_{\mathrm{S}\lambda}$ 是太阳辐射在波长 $\lambda \rightarrow \lambda + \mathrm{d}\lambda$ 辐射谱间隔中的通量强度,κ_λ 是吸收系数,上式中的指数部分代表臭氧层的吸收.此外

$$\cos\zeta = \sin\varphi\sin\delta + \cos\varphi\cos\delta\cos\tau,$$

τ 是太阳的时角,等于 $\frac{2\pi}{\tau_0}t$,τ_0 为时间单位(在此我们取一天为时间单位),δ 为太阳的赤纬,φ 为所在地的纬度.短时内 δ 变化不大,φ 对于一定地点是一个常数.因此,

$$\cos\zeta = a + b\cos\tau.$$

(6.52)式可以改写为:

$$\frac{\tau_0}{2\pi} I_{S\lambda}(a + b\cos\tau) e^{-\frac{\kappa_\lambda x}{a + l\cos\tau}} d\lambda d\tau,$$

由此得一天之内通过 B 点的垂直辐射能量的总值为.

$$S_B = \frac{\tau_0}{2\pi} \int_0^\infty I_{S\lambda} d\lambda \int_0^{\tau_0} (a + b\cos\tau) e^{-\frac{\kappa_\lambda x}{a + b\cos\tau}} d\tau, \tag{6.53}$$

其中 $\tau_0 = \cos^{-1}(\tan\varphi\tan\delta)$ 是日出及日落的时角. S_B 可以利用图解积分法求得. 在臭氧层内所吸收的辐射总量 S_E 应等于:

$$S_E = S_0 - S_B, \tag{6.54}$$

其中 S_0 是一天内射入臭氧层的太阳辐射能量.

2. 地面辐射能的吸收

现在再讨论被臭氧层所吸收的地面辐射. 在此我们把地球表面看成是一个无限的黑体辐射平面. 在图 73 中 S 是臭氧层中的一个面积元. 地面上的环形面积在 S 处所对的立体角为:

$$2\pi r\sin\theta \frac{r d\theta}{\cos\theta} \frac{1}{r^2} = 2\pi\tan\theta d\theta.$$

$I_{E\lambda} d\lambda$ 代表地面单位面积上由 λ 到 $\lambda + d\lambda$ 波长间隔之间所放射出来的辐射量, 在单位立体角内的辐射量为 $\frac{I_{E\lambda} d\lambda}{\pi}$, 则由环形面积投入 S 单元面积上经吸收后的地面辐射量为:

$$\frac{I_{E\lambda} e^{-\frac{\kappa_\lambda x}{\cos\theta}} d\lambda}{\pi} \cdot 2\pi\tan\theta d\theta \cdot \cos\theta = 2I_{E\lambda} \sin\theta e^{-\frac{\kappa_\lambda x}{\cos\theta}} d\lambda d\theta.$$

我们所注意的是垂直通过 S 面积元的地面辐射, 因此还需在上式中再乘以 $\cos\theta$, 得到

$$2I_{E\lambda} \sin\theta\cos\theta e^{-\frac{\kappa_\lambda x}{\cos\theta}} d\lambda d\theta,$$

再求积, 得到垂直通过 S 的地面辐射量的总值为:

$$S_r = 2\int_0^\infty I_{E\lambda} d\lambda \int_0^{\pi/2} \sin\theta\cos\theta e^{-\frac{\kappa_\lambda x}{\cos\theta}} d\theta. \tag{6.55}$$

引用哥尔德(Gold)的 H_n 函数:

$$H_n(\kappa_\lambda, x) = \int_0^\infty \frac{e^{-\kappa_\lambda x\xi}}{\xi^n} dn. \tag{6.56}$$

在(6.56)式中引入新变数 $\xi = \frac{1}{\cos\theta}$, 则得:

$$S_\tau = 2\int_\lambda I_{E\lambda} H_3(\kappa_\lambda, x) d\lambda. \tag{6.57}$$

利用杨克-恩德(Jahnke-Emde)数值计算表[42]所给出的 H_n 数值, 可以用图解积

分法求得 S_τ. 由 S_τ 及射入于臭氧层中的地面辐射总量,可以求得臭氧层中的吸收.

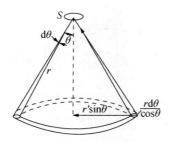

图 73　臭氧层对地面辐射的吸收

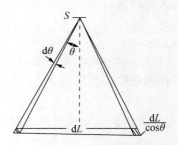

图 74　臭氧层的本身放散辐射

3. 臭氧层中的本身放射辐射

我们可以采用类似于上面的计算方法,求得臭氧层本身放射辐射的总量. 在此我只需要把无限的黑体地平面,用无限的而极薄的臭氧层来代替. 与黑体辐射面不同,由臭氧薄层放射出来的辐射,与它的厚度成正比,此外按照克希霍夫(Kirchoff)定律,辐射也与吸收系数成正比. 按图 74,如薄层的厚度为 dL,它距 S 面的距离为 r,则由环形体沿着 θ 方向投入 S 面的辐射量为:

$$\frac{I_{z\lambda}\,\mathrm{e}^{-\frac{\kappa_\lambda r}{\cos\theta}}\mathrm{d}\lambda}{\pi}\cdot 2\pi\tan\theta\,\mathrm{d}\theta\,\frac{\mathrm{d}L}{\cos\theta}\cdot\kappa_\lambda\cos\theta = 2I_{z\lambda}\kappa_\lambda\tan\theta\,\mathrm{e}^{-\frac{\kappa_\lambda r}{\cos\theta}}\mathrm{d}\lambda\mathrm{d}\theta\mathrm{d}L, \quad (6.58)$$

其中 $I_{z\lambda}$ 是臭氧薄层单位面积由 λ 到 $\lambda+\mathrm{d}\lambda$ 之间放散出来的辐射量. 沿着 S 的垂直方向射入的辐射量还需要乘以 $\cos\theta$,得:

$$2I_{z\lambda}\kappa_\lambda\sin\theta\,\mathrm{e}^{-\frac{\kappa_\lambda r}{\cos\theta}}\mathrm{d}\lambda\mathrm{d}\theta\mathrm{d}L.$$

再求积,得到垂直通过于 S 面的臭氧放散辐射为:

$$S_Z = 2\int_\lambda I_{z\lambda}\kappa_\lambda\mathrm{d}\lambda\int_{L=0}^{L=L}\int_0^{\pi/2}\sin\theta\,\mathrm{e}^{-\frac{\kappa_\lambda r}{\cos\theta}}\mathrm{d}\theta\mathrm{d}L, \quad (6.59)$$

引用哥尔德的 H_n 函数,得

$$S_Z = 2\int_\lambda\int_{L=0}^L I_{z\lambda}H_2(\kappa_\lambda,r)\mathrm{d}\lambda\mathrm{d}L, \quad (6.60)$$

利用(6.54),(6.57)及(6.60)三式,可以分别求得臭氧对太阳辐射、地面辐射的吸收以及它本身的放射辐射. 三式中对 λ 的积分仅限于臭氧吸收光谱范围. 利用这三式可以求得各高度上一薄层臭氧内的吸收量率 $\dfrac{\mathrm{d}Q}{\mathrm{d}t}$,由此得增温率为:

$$\frac{\mathrm{d}T}{\mathrm{d}t} = \frac{\tau_0}{\rho c_p\mathrm{d}V}\frac{\mathrm{d}Q}{\mathrm{d}t}, \quad (6.61)$$

其中 dQ 是在体积元 dV 内所吸收的热量, ρ 是空气密度, c_p 是空气的定压比热.
在这里所用的单位是每天每单位体积的增温度数. 运用这样一个单位, 从物理观
点上来说是完全对的. 因为通过碰撞而传输的能量, 可以在所有方向发生, 所以
投到一个面积元上的能量, 完全被分配于整个体积之内.

在计算中彭道夫采用以下的假定:

① 太阳光线是平行的. 从 2000Å 到 3000Å 的紫外辐射是相当于 5910K 黑
体辐射. 在 3000Å 以上的辐射量则采用阿保特(Abbot)[43]表格的数据.

② 所有气象要素的水平梯度都不考虑.

③ 臭氧的有效厚度以及它的垂直分布, 采用在 Arosa(纬度 45°) 所测得的
平均曲线. 大气从 5 公里到 47 公里分为六层来计算. 此外, 还假定 50 公里以上
无臭氧, 也不考虑臭氧的日变化.

④ 臭氧本身放射辐射的波长范围在 0.8—11 微米以及 12—17 微米.

⑤ 地面温度定为 280K, 在 5 公里高度采取了两种温度: 253K, 233K. 由 5
公里到 47 公里一层中, 选用了六种不同的温度分布.

图 75 是计算的结果, 由图可以看出, 50 公里高度是一层强烈增温层. 在 20
公里以下, 增温作用不大. 由实线可以看出太阳辐射中紫外光线(200—3200Å)
几乎全被臭氧最高的一薄层所吸收, 而在 25 公里的增温则是由于可见光波吸收
的作用.

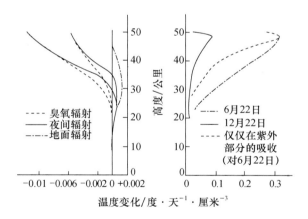

图 75　中层大气由于臭氧吸收而引起的增温和致冷

图 75 左边是夜间由于空气夜间辐射及臭氧本身辐射所引起的降冷率. 这
个数值是很小的. 一般是增温率的十分之一, 夏季可小至六十分之一. 因此, 可以
认为由于臭氧对紫外辐射的吸收作用, 平流层以上的温度分布不能像早些时候
人们所设想的维持一个常数值, 而是向上增加.

夜间臭氧层的降温率, 葛旺也进行过研究, 他得到的结果是: 在 50 公里处,

一夜之间的降温可以达到 30℃,而在 25 公里以下,一夜之间降温不到一度. 由此可以认为:即使在夜间,臭氧层的逆温还维持于 40 公里的高度.

§6.8　臭氧层的变化与天气的关系

我们在 §6.4 内已经指出,臭氧层含量具有剧烈的日际变化,这种变化与天气条件有一定的关系. 这种关系在中高纬度一般说来可以有以下几种形势.

① 在欧洲地面高压伴有低的臭氧量,而低压则伴有高的臭氧含量. 在中国和日本则相反,图 76 与图 77 是多布逊所绘制的图,其中数值是臭氧含量与月平均值的差值.

② 暖锋云系出现之前,臭氧含量开始下降;最低臭氧含量出现在地面暖锋出现之前,而低的臭氧量一直保持在气旋的暖区内.

③ 在冷锋过境的时候,臭氧含量迅速增加,而在气旋的后部约 100 或 300 公里处臭氧值达最大. 但是,如果锋面的高度有限,没有穿过平流层的话,锋面经过时不会出现臭氧含量的变化. 有些时候,地面并无冷锋过境,天空也无云系而臭氧的含量则不断增加,帕敏(Palmen)指出这是由于高空冷低压过境所引起的. 总结以上的观测事实,我们可以得到这样的结论,厚度较大的极地气团来临时,臭氧含量增加;赤道气团来临时,臭氧含量减少.

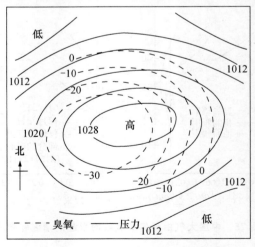

图 76　臭氧在高气压地区的分布

关于臭氧垂直分布变化与天气的关系,我们只指出帕左特[44]的直接探测结果. 他指出,臭氧第二个最大的生成与风向及气流的发源地有密切关系. 图 78 就是一个很好的证明,可以看出在臭氧第二个最大区,风向有一个突变.

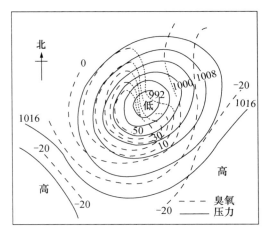

图 77　臭氧在低气压地区的分布

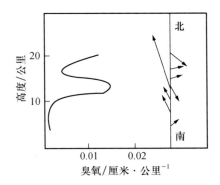

图 78　臭氧垂直分布与风向的关系[44]

　　总之,剧烈的臭氧层日际变化,是平流层和对流层上部大气环流的影响,近来正为许多气象学者所注意.

参 考 文 献

[1] Hartley, W. N., 1881, *Jour. Chem. Soc.*, 39, 57：39, 111.

[2] Fowler, A., Strutt, R. J., 1917, *Proc. Roy. Soc.*, A93, 729.

[3] Strutt, R. J., 1918, *Proc. Roy. Soc.*, A94, 260.

[4] Götz, F. W. P., Meetham, A. R., Dobson, G. M. B., 1934, *Proc. Roy. Soc.*, A145, 416.

[5] Regener, V. E., Regener, V. H. 1934, *Phys. Z.*, 35, 788.

[6] Paetzold H. K., 1951, *Z. Naturforschung*, 6a, 11.

[7] Barbier, D., Chalonge, D., Vigroux, E., 1942, *An. Astrophys.*, 5, N.1.

[8] Fabry, C., Bussion, H., 1913, *J. Phys. Rad.*, Ser. 5, 196.

[9] Laüchli, A. , 1929, *Phys. , Z.* , 53, 92.

[10] Ny Tsi-Ze, Choong Shin Piew, 1932, *C. R. Acad. Sci.* , Paris, 195, 309.

[11] Vassy, A. , 1941, *An. Phys.* , 16, 145.

[12] Vigroux, E. , 1953, *An. Phys.* , 8, 709.

[13] Maris, H. B. , 1928, *Terr. Magn. Atmos. Elec.* , 33, 233.

[14] Hettner, G. , Pehlmann, R. , Schmacher, H. J. , 1934, *Phys. Z.* , 91, 372.

[15] Wulf, O. R. , Melvin, E. H. , 1931, *Phys. Rev.* , 38, 330.

[16] Vassy, A. , Vassy, E. , 1938, *C. R. Acad. Sci.* , Paris, 207, 1232.

[17] Vassy, E. , 1937, *An. Phys.* , 8, 679.

[18] Fabry, C. , Buisson, H. , 1921, *J. Phys. Rad.* Ser. , 6, 2.

[19] Dobson, C. M. B. , Harrison, D. N. , 1926, *Proc. Roy. Soc.* , A110, 660.

[20] Dosbon, G. M. B. , 1931, *Proc. Phys. Soc.* , 43, 324.

[21] Normand, W. B. , Kay, B. H. , 1952, *J. Sci. Instr.* , 29, No. 2.

[22] Ramanathan, K. R. , 1961, *J. Met. Geophys.* , 12, 3, 12, 391.

[23] Ramanathan, K. R. , Ramana, M. B. V. , 1953, *Nature*, 172, 633.

[24] Fournier, E. M. , 1954, *Sci. Proc. Int. Ass. Met. Rome*, 149.

[25] Regener, V. H. , 1951, *Nature*, 167, 276.

[26] Coblentz, W. W. , 1939, *J. Res. Nat. Bureau Standard* , 22, 573.

[27] Regener, V. H. , 1960, *J. Geophys. Res.* , 65, 3975.

[28] Johnson, F. S. , 1952, *J. Geophys. Res.* , 57, 157.

[29] Venkateswaran, S. V. , 1961, *J. Geophys. Res.* , 66, 1751.

[30a] Walton, G. F. , 1957, Annals of I. G. Y. Pergaman Press, 5, 9.

[30b] Ramanathan, K. R. et al. , 1957, Annals. of I. G. Y. Pergaman Press, 5, 23.

[31] 魏鼎文,1962,地球物理学报,2,123.

[32] Chapman, S. , 1930, *Mem. Roy. Met. Soc.* , 3, 103.

[33] Wulf, O. R. , Deming, L. S. , 1936, *Terr. Magn.* , 41, 299.

[34] Craig, R. A. , 1950, *Met. Mon. Amer. Met.* Soc. , I , N. 2.

[35] Paetzold, H. K. , 1957, Mitt. Max-Plank Inst. Weissenau, Nr. 8.

[36] Bamford, C. H. , 1943, *Rep. Prog. Phys.* , 9, 75.

[37] Chapman, S. , 1943, *Rep. Prog. Phys.* , 9, 92.

[38] Heulpern, W. , 1941, *Helv. Phys. Acta*, 14, 329.

[39] Eucken, A. , Patat, F. , 1936, *Z. Phys. Chem. B*, 33, 459.

[40] (a) Gowan, E. H. , 1947, *Proc. Roy. Soc.* , A190, 219.

　　 (b) Gowan, E. H. , 1947, *Proc. Roy. Soc.* , A190, 227.

[41] Penndorf, R. B. , 1936, Beiträge zum Ozonproblem, Leipzig, S. 257.

[42] Jahnke, E. Emde, F. , 1909, Funktionentafeln, Leipzig.

[43] Abbot, C. G. , Fowle, F. E. , Aldrich, L. B. , 1923, *Smiths. Misc. Coll.* , No. 7.

[44] Paetzold, H. K. , 1954, *Sci. Proc. Int. Ass. Met. Rome*, 210.

第七章　电磁波在电离层中传播的理论基础

§7.1　引　言

从这一章起至第十二章为止,我们将要阐述的是有关电离层物理学方面的一些基本内容[1].一般认为电离层是从 60 公里左右一直延伸到大气最外缘几千公里高度的空间.在这个区域内,部分或全部中性气体分子或原子电离为电子、正离子和负离子.常用电子浓度 N,即单位小体积内含有的电子数目来表示空间某处的电离程度.图 79 是电离层电子浓度随高度的大致分布图.在第九章中将介绍实际探测所整理的结果.

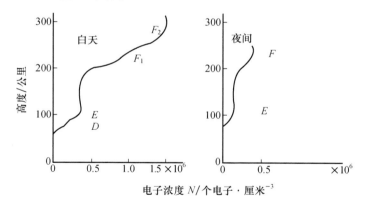

图 79　电离层电子浓度的高度分布[3]

电离层介质是电子、正负离子和中性粒子所组成的气体混合物.按统计来说,在空间足够小的体积内,正电荷量和负电荷量彼此相等,故这种介质呈电中性.同时必须注意到,这些含有带电粒子的气体是"浸"在地磁场之中,带电粒子的运动必然受到地磁场的约束,这种介质称为磁离子介质.电离层的电子浓度等因素随高度而变化,因此它是一种非均匀的磁离子介质.

从历史上看来,由于发现电离层具有使地面投射来的某种电磁波再返回地面的特性,所以研究电离层的目的之一就在于利用这种特性进行远距离通信.另一方面,由于电离层具有这种特性,因而研究电离层的最主要方式恰好是测定电磁波通过电离层所受到的作用,即其参数的改变,来间接地推导出电离层状态.

近十几年来,由于火箭等飞行工具的发展,曾经携带了某些探测仪器直接在电离层中测量其参数.然而由于一系列的原因,其测量方法大部分还是以电波传播的方式进行的.

因此,电磁波在电离层中传播的知识是研究电离层的理论基础.我们将在这一章介绍电磁波在均匀磁离子介质中传播的规律性,这就是所谓磁离子理论.在§7.7中我们将指出,将这种理论推广到非均匀磁离子介质,即电离层介质中去的可能性.

§7.2　均匀磁离子介质的结构关系式

一种介质的电磁性质可以用介电常数 ε、电导率 σ 和导磁率 μ 来加以表征.在电离层介质中 $\mu \approx 1^{[2]}$,因此只需讨论前两个物理量就能了解介质的电磁特性.换句话说,我们的任务在于:建立介质中的电磁场强度 E、电流密度 j 和电极化强度 P 之间的关系式.这些关系式是由磁离子介质本身的结构特性所决定的.所以称它为结构关系式.

在今后的章节里,如果没有特殊的说明,则我们所指的介质密度是这样大,以致在一个投射波波长范围内,即在 λ^3 体积中的电子数目多到足以把电荷和电流的空间分布视为连续的.对于所定义的场量(例如 E, j 和 P),在两个相邻带电粒子之间显然是没有意义的.我们假定它们是代表比 $N^{-\frac{1}{3}}$ 大、比投射波波长 λ 小的距离上的平均量.当介质的密度足够大时,这种平均量在空间也可视为是连续的.在上面所提到的介质电中性性质,就是指这一距离而言的.

令 r 表示一个电子在电磁波作用下所引起的平均位移矢量,$\dfrac{\mathrm{d}r}{\mathrm{d}t}$ 为电子的平均速度.我们定义电极化强度 P 为:

$$P = Ne\,r, \qquad (7.1)$$

因而

$$j = \frac{\mathrm{d}P}{\mathrm{d}t} = Ne\,\frac{\mathrm{d}r}{\mathrm{d}t}. \qquad (7.2)$$

在一般介质中 P 与外电场强度 E 同相位,因而 $j_1 = \dfrac{\mathrm{d}P}{\mathrm{d}t}$ 与 E 正交.它代表由于束缚电荷位移引起的位移电流部分.如果介质是一种导体,就还有与 E 同相的电流密度 j_2.在磁离子介质中,我们定义的 P 不是一般介质中的单位体积的电偶极矩,而是按(7.1)式加以定义的.在下面将要看到,P 一般不与 E 同相,它可以分解为与 E 同相的部分 P_1 和正交部分 P_2.P_1 起着位移电流的作用,P_2 起着传导电流的作用.因此,如果得到 P 与 E 的关系,即同时可以知道 ε 和 σ.

电子运动方程:

$$m\frac{\mathrm{d}^2\boldsymbol{r}}{\mathrm{d}t^2} + m\nu\frac{\mathrm{d}\boldsymbol{r}}{\mathrm{d}t} = e\boldsymbol{E} + \frac{e}{c}\frac{\mathrm{d}\boldsymbol{r}}{\mathrm{d}t}\times\boldsymbol{H}_{\mathrm{E}}, \tag{7.3}$$

其中 ν 是电子平均碰撞频率, m 和 e 分别代表电子的质量和电荷量, c 为光速. $m\nu\frac{\mathrm{d}\boldsymbol{r}}{\mathrm{d}t}$ 项表示电子碰撞时的动量损耗, 右边第一项是电磁波电场分量作用在电子上的力, 第二项是由于外磁场 $\boldsymbol{H}_{\mathrm{E}}$ 的存在, 作用在电子上的洛伦兹(Lorentz)力. 电磁波磁场分量所引起的洛伦兹力比电场力小得多[3], 故在以后的章节里都不再提到它.

设外来电磁波角频率为 ω, 则算符 $\frac{\mathrm{d}}{\mathrm{d}t}$ 可以用 $\mathrm{i}\omega$ 来代替. 将(7.1)式代入 (7.3)式得:

$$-\frac{X}{4\pi}\boldsymbol{E} = (1-\mathrm{i}Z)\boldsymbol{P} - \mathrm{i}\,\boldsymbol{P}\times\boldsymbol{Y}. \tag{7.4}$$

其中

$$\left.\begin{aligned}
X &= \frac{4\pi Ne^2}{m\omega^2} = \frac{\omega_N^2}{\omega^2}, \\
\boldsymbol{Y} &= \frac{|e|}{mc\omega}\boldsymbol{H}_{\mathrm{E}}, \\
Y &= \left|\frac{eH_{\mathrm{E}}}{mc\omega}\right| = \frac{\omega_H}{\omega}, \\
Z &= \frac{\nu}{\omega}.
\end{aligned}\right\} \tag{7.5}$$

ω_H 和 f_H 分别表示磁旋角频率和磁旋频率, ω_N 和 f_N 分别表示等离子体角频率和等离子体频率:

$$\left.\begin{aligned}
\omega_H &= 2\pi f_H = \left|\frac{eH_{\mathrm{E}}}{mc}\right|, \\
\omega_N &= 2\pi f_N = \sqrt{\frac{4\pi Ne^2}{m}}.
\end{aligned}\right\} \tag{7.6}$$

用矩阵的形式写出(7.4)式在笛卡儿坐标中的分量:

$$-\frac{X}{4\pi}\begin{bmatrix} E_x \\ E_y \\ E_z \end{bmatrix} = \begin{bmatrix} 1-\mathrm{i}Z & -\mathrm{i}\gamma Y & \mathrm{i}\beta Y \\ \mathrm{i}\gamma Y & 1-\mathrm{i}Z & -\mathrm{i}\alpha Y \\ -\mathrm{i}\beta Y & \mathrm{i}\alpha Y & 1-\mathrm{i}Z \end{bmatrix}\begin{bmatrix} P_x \\ P_y \\ P_z \end{bmatrix}, \tag{7.7}$$

式中 α,β 和 γ 是 $\boldsymbol{H}_{\mathrm{E}}$(或 $\boldsymbol{Y}$)在笛卡儿坐标中的方向余弦. 这就是磁离子介质的结构关系式. 有时需要将上式倒转:

$$4\pi\begin{bmatrix}P_x\\P_y\\P_z\end{bmatrix}=-\frac{X}{(1-iZ)\{(1-iZ)^2-Y^2\}}$$

$$\cdot\begin{bmatrix}(1-iZ)^2-\alpha^2Y^2 & i\gamma Y(1-iZ)-\alpha\beta Y^2 & -i\beta Y(1-iZ)-\gamma\alpha Y^2\\ -i\gamma Y(1-iZ)-\alpha\beta Y^2 & (1-iZ)^2-\beta^2Y^2 & i\alpha Y(1-iZ)-\beta\gamma Y^2\\ i\beta Y(1-iZ)-\gamma\alpha Y^2 & -i\alpha Y(1-iZ)-\beta\gamma Y^2 & (1-iZ)^2-\gamma^2Y^2\end{bmatrix}\begin{bmatrix}E_x\\E_y\\E_z\end{bmatrix}$$

$$(7.8)$$

如果选择如图 80 的坐标系. 令 z 轴为投射波波矢方向,且使外磁场处于 x-z 平面,则 $\beta=0$. 在这个坐标式中,(7.7)和(7.8)式分别化为:

$$-\frac{X}{4\pi}\begin{bmatrix}E_x\\E_y\\E_z\end{bmatrix}=\begin{bmatrix}1-iZ & -iY_L & 0\\ iY_L & 1-iZ & -iY_T\\ 0 & iY_T & 1-iZ\end{bmatrix}\begin{bmatrix}P_x\\P_y\\P_z\end{bmatrix},\qquad(7.7a)$$

$$4\pi\begin{bmatrix}P_x\\P_y\\P_z\end{bmatrix}=-\frac{X}{(1-iZ)\{(1-iZ)^2-Y^2\}}$$

$$\cdot\begin{bmatrix}(1-iZ)^2-Y_T^2 & iY_L(1-iZ) & -Y_TY_L\\ -iY_L(1-iZ) & (1-iZ)^2 & iY_T(1-iZ)\\ -Y_TY_L & -iY_T(1-iZ) & (1-iZ)^2-Y_L^2\end{bmatrix}\begin{bmatrix}E_x\\E_y\\E_z\end{bmatrix},\quad(7.8a)$$

其中 $Y_L=\gamma Y=Y\cos\theta, Y_T=\alpha Y=Y\sin\theta$ 分别表示矢量 Y 的纵向和横向分量.

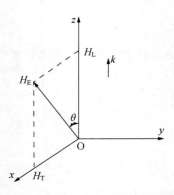

图 80　坐标系的规定

从(7.8)式很明显可以看出,由于外磁场的存在,介质表现出各向异性. 在某方向介质的极化不仅与该方向电场有关,而且与其他方向的电场也有关. 对于不同的方向有不同的相关因子. 如果外磁场不存在,(7.8)式显然变为各向同性的等离子体的结构关系式:

$$P=-\frac{1}{4\pi}\cdot\frac{X}{1-iZ}E.\qquad(7.9)$$

为了更清楚地理解磁离子介质的各向异性,我们再把(7.8a)式写成复数介电常数 ε 的形式. 在各向异性介质中,不同方向的 ε 是不同的.电位移矢量的一般定义为:

$$D=E+4\pi P=\varepsilon\cdot E.\qquad(7.10)$$

ε 是一个张量. 由(7.8a)和(7.10)式我们可以写出它的分量:

$$
\left.
\begin{aligned}
\varepsilon_{xx} &= 1 - \frac{X\{(1-iZ)^2 - Y_{\mathrm{T}}^2\}}{(1-iZ)\{(1-iZ)^2 - Y^2\}}, \\[2mm]
\varepsilon_{yy} &= 1 - \frac{X(1-iZ)}{(1-iZ)^2 - Y^2}, \\[2mm]
\varepsilon_{zz} &= 1 - \frac{X\{(1-iZ)^2 - Y_{\mathrm{L}}^2\}}{(1-iZ)\{(1-iZ)^2 - Y^2\}}, \\[2mm]
\varepsilon_{xy} &= -\varepsilon_{yx} = \frac{iXY_{\mathrm{L}}}{(1-iZ)^2 - Y^2}, \\[2mm]
\varepsilon_{yz} &= -\varepsilon_{zy} = \frac{iXY_{\mathrm{T}}}{(1-iZ)^2 - Y^2}, \\[2mm]
\varepsilon_{zx} &= -\varepsilon_{xz} = \frac{XY_{\mathrm{L}}Y_{\mathrm{T}}}{(1-iZ)\{(1-iZ) - Y^2\}}.
\end{aligned}
\right\}
\tag{7.11}
$$

正如前面所说的,复数 ε 的实部代表一般的介电常数,即形成位移电流部分,虚部代表对传导电流的贡献,即

$$
\mathrm{Im}(\varepsilon) = -i\frac{4\pi}{\omega}\sigma. \tag{7.12}
$$

电导率 σ 显然也是各向异性的张量形式. 符号 Im 表示取 ε 的虚部.

推导磁离子介质的结构关系式(7.7)式,是从电子运动方程(7.3)出发的. 其实,正离子或负离子对于介质的极化同样是有所贡献的,并且有相类似的运动方程和方程的解. 严格地说,应当加入它们的贡献,也就是说,需要对(7.7)式进行修正. 但是,对于大多数磁离子介质来说,离子的质量大大超过电子的质量. 例如氧离子的质量就是电子的 59 000 倍左右;氢离子的质量是电子的 3700 倍左右. 因此,如果离子与电子的浓度几乎相等,则离子的 X 值比电子的 X 值小很多. 从(7.8)式可以看出,此时离子的贡献可以略去. 当正负离子的浓度比电子浓度大几万倍以上时,则应当考虑它们的贡献.

最后我们想指出一个历史上长期争论的问题,即洛伦兹极化项的问题. 洛伦兹的电子论证明[4]:实际作用在介质粒子上的电场不是宏观场 $\boldsymbol{E}$ 而是有效场

$$
\boldsymbol{E} + \frac{4\pi}{3}\boldsymbol{P}.
$$

在(7.3)式中我们用了宏观场. 如果加入洛伦兹极化项 $\dfrac{4\pi}{3}\boldsymbol{P}$ 的贡献,则结构关系式变为:

$$
-\frac{X}{4\pi}
\begin{bmatrix} E_x \\ E_y \\ E_z \end{bmatrix}
=
\begin{bmatrix}
1 - iZ + \dfrac{1}{3}X & -i\gamma Y & i\beta Y \\[2mm]
i\gamma Y & 1 - iZ + \dfrac{1}{3}X & -i\alpha Y \\[2mm]
-i\beta Y & i\alpha Y & 1 - iZ + \dfrac{1}{3}X
\end{bmatrix}
\begin{bmatrix} P_x \\ P_y \\ P_z \end{bmatrix}.
\tag{7.13}
$$

这相当于将(7.7)式中的$(1-\mathrm{i}Z)$置换为$\left(1-\mathrm{i}Z+\dfrac{1}{3}X\right)$.

理论正确性的最好检验办法是实验事实的证明.近十几年来,火箭探测和天电哨声实验的分析结果表明:对于电离层来说,应当略去洛伦兹极化项.

§7.3 电磁波在均匀磁离子介质中的传播

就电离层介质而言,对于一般电磁波波段(甚至在超短波波段)可以把它看成是一种连续介质.在通常所指的电离层区域,N不小于10^3个电子/厘米^3,所以电磁波波长将大大超过两相邻带电粒子间的距离,因此可以把连续介质中的麦克斯韦(Maxwell)方程组用于电离层介质.考虑到电中性和$\mu\approx1$的情况,则

$$\nabla\cdot\boldsymbol{D}=0, \tag{7.14}$$

$$\nabla\cdot\boldsymbol{H}=0, \tag{7.15}$$

$$\nabla\times\boldsymbol{E}=-\frac{1}{c}\frac{\partial\boldsymbol{H}}{\partial t}, \tag{7.16}$$

$$\nabla\times\boldsymbol{H}=\frac{1}{c}\frac{\partial\boldsymbol{D}}{\partial t}, \tag{7.17}$$

其中$\boldsymbol{D}$为电位移矢量,$\boldsymbol{H}$为电磁波的磁场强度.

如前一节一样,选z向为波矢方向,x-z平面为磁子午面.现在我们来寻找满足麦克斯韦方程组的前进平面波的解.所谓前进平面波就是所有场量在空间的变化,只依赖于因子$\mathrm{e}^{-\mathrm{i}kMz}$,其中$k=\dfrac{\omega}{c}$.因而算符

$$\frac{\partial}{\partial x}=\frac{\partial}{\partial y}=0,$$

$$\frac{\partial}{\partial z}=-\mathrm{i}kM,$$

$$\frac{\partial}{\partial t}=-\mathrm{i}\omega,$$

式中M称为复折射指数.于是,不难从麦克斯韦方程组得到下列关系式:

$$\frac{D_y}{D_x}=-\frac{H_x}{H_y}=\frac{E_y}{E_x}=\frac{P_y}{P_x}=\mathscr{R}, \tag{7.18}$$

$$D_z=E_z+4\pi P_z=0, \tag{7.19}$$

其中(7.18)式的比值$\mathscr{R}$称为电磁波的偏振度.

由结构关系式(7.7a)的第三方程和(7.19)式得:

$$(1-X-\mathrm{i}Z)P_z=-\mathrm{i}Y_{\mathrm{T}}P_y. \tag{7.20}$$

将此式代入(7.7a)式的其余两个方程,则得:

$$-\frac{X}{4\pi}E_x = (1-iZ)P_x - iY_L P_y, \tag{7.21}$$

$$-\frac{X}{4\pi}E_y = iY_L P_x + \left(1-iZ-\frac{Y_T^2}{1-X-iZ}\right)P_y. \tag{7.22}$$

将(7.21)除(7.22)式并利用(7.18)式的关系,整理后得:

$$\mathscr{R} = -\frac{iY_T^2}{2Y_L(1-X-iZ)} \pm \frac{i}{2Y_L}\left\{\frac{Y_T^4}{(1-X-iZ)^2}+4Y_L^2\right\}^{\frac{1}{2}}. \tag{7.23}$$

这就是磁离子理论中的偏振方程.我们看到,在均匀磁离子介质中,只有两种偏振度的前进波.换句话说,投射在均匀磁离子介质中的平面波可能分裂为两种偏振度的前进波.

另一方面,从麦克斯韦方程组也很易推导出:

$$\left.\begin{array}{l} D_x = M^2 E_x, \\ D_y = M^2 E_y. \end{array}\right\} \tag{7.24}$$

由第一式和(7.10)式有:

$$P_x = \frac{M^2-1}{4\pi}E_x. \tag{7.25}$$

与(7.21)式联合消去 E_x,并记住 $\mathscr{R}$ 的定义(7.18)式,整理后得:

$$M^2 = 1 - \frac{X}{1-iZ-iY_L\mathscr{R}}. \tag{7.26}$$

利用(7.23)式,则

$$M^2 = 1 - \frac{2X(1-X-iZ)}{2(1-iZ)(1-X-iZ)-Y_T^2 \pm \sqrt{Y_T^4+4Y_L^2(1-X-iZ)^2}}. \tag{7.27}$$

这就是磁离子理论中的色散公式,也称为艾普利通-哈特里(Appleton-Hatree)公式[5—11].

此外,由方程(7.18)—(7.20)和(7.25)可以推导出:

$$\left.\begin{array}{l} E_z/E_x = i\mathscr{R} Y_T(M^2-1)/(1-X-iZ), \\ E_z/E_y = iY_T(M^2-1)/(1-X-iZ). \end{array}\right\} \tag{7.28}$$

E_z 即为电场的纵向分量.这两个表达式显然是等价的.

§7.4　艾普利通-哈特里色散公式的分析(略去碰撞项)

就电离层介质而言,大于 1 兆赫左右的高频波在很多场合可以略去碰撞项.如果令 $Z=0$,色散公式(7.27)变为:

$$M^2 = 1 - \frac{2X(1-X)}{2(1-X)-Y_T^2 \pm \sqrt{Y_T^4+4Y_L^2(1-X)^2}}, \tag{7.29}$$

M 可能是实数,也可能是虚数.当考虑碰撞项时,M 必定是一个复数.令 F 是前进平面波的某一场量,则

$$F = F_0 e^{i(\omega t - kMz)}. \tag{7.30}$$

写复数 M 为:

$$M = n - i\kappa, \tag{7.31}$$

则

$$F = F_0 e^{-k\kappa z} e^{i(\omega t - knz)}, \tag{7.32}$$

其中 n 和 κ 全是实数.上式表明:扰动以 $\dfrac{c}{n}$ 的速率向 z 方向传播,并且振幅衰减率依赖于 κ 值.n 称为相折射指数;κ 称为吸收指数.

(7.29)式右边总是实数值.当为正时,等于 n^2;当为负时,等于 $-\kappa^2$.下面我们来讨论各种 Y 和 θ 值的色散曲线.θ 为波矢与外磁场之间的夹角(见图80).

1. 不考虑外磁场的情形. $Y = 0$

此时介质是各向同性的等离子体.

$$M^2 = 1 - X = 1 - \frac{4\pi N e^2}{m\omega^2}, \tag{7.33}$$

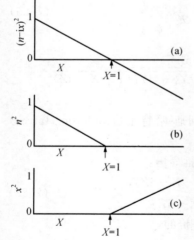

图 81　外磁场为零的色散曲线

这就是众所周知的拉莫尔(Larmor)公式.其色散曲线如图81所示.

当不存在碰撞时,介质就不吸收电磁波的能量.特别当 $X > 1$ 时,$n = 0$,则任一波场量:

$$F = F_0 e^{-k\kappa z} e^{i\omega t} \tag{7.34}$$

代表一个以无限大相速度行进的波.某一时刻波场的空间相位处处相同.在全反射和工作于超截止状态的波导等问题中,所遇到的就是这种衰落型波场.这种波场既不传递能量,它的能量也不被介质所吸收.其平均坡印亭(Poynting)矢量为零.

2. 纵向传播的情形. $Y_T = 0, Y_L = Y$

此时波矢与外磁场方向平行.(7.29)式可简化为:

$$M^2 = 1 - \frac{X}{1 \pm Y}. \tag{7.35}$$

图82和83分别画出 $Y < 1$ 和 $Y > 1$ 的色散曲线.M^2 在 $X = 1 \pm Y$ 处等于零,在 $X = 1$ 时,不表现为零值.后面我们将看到,实际上在 $X = 1$ 点,两支曲线将通过此点交换位置.这一佯谬是由于从(7.29)式简化为(7.35)式时,我们在分数式的

分子和分母里约去$(1-X)$因子,这对于$X=1$点来说,相当于约去一未定式.

图中实线是(7.35)式分母中取正号的曲线,虚线则是取负号的曲线.

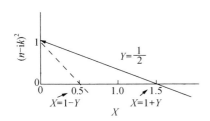

图 82　纵向传播色散曲线($Y<1$)

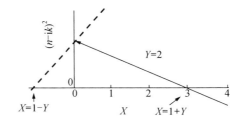

图 83　纵向传播色散曲线($Y>1$)

3. 横向传播的情形. $Y_\mathrm{T}=Y,Y_\mathrm{L}=0$

此时波矢与外磁场方向垂直.(7.29)式可简化为:

$$M^2=1-X\text{(当分母中取正号时)},\qquad(7.36)$$

$$M^2=1-\frac{X(1-X)}{1-X-Y^2}\quad\text{(当分母中取负号时).}\qquad(7.37)$$

图 84 和图 85 分别画出 $Y<1$ 和 $Y>1$ 的色散曲线.从图上可以看出,对应于色散公式中分母取正号的曲线与没有外磁场情形的曲线一样,所以它是不受外磁场影响的波.仿照光学中双折射的概念,我们称它为寻常波.常用符号(0)来加以表征.相应地,另一种波叫做非常波.常用(x)来加以表征.在图解上如果没有加注此符号,则以实虚线分别表征寻常波和非常波.

非常波在 $X=0$ 和 $X=1$ 点,通过 $M^2=1$ 的位置,在 $X=1+Y$ 和 $X=1-Y$ 点,通过 $M=0$ 的位置,在 $X=1-Y^2$ 处,出现一无穷大的 M 值.非常波对于 $Y<1$ 和 $Y>1$ 的曲线是很不相同的.

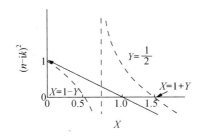

图 84　横向传播色散曲线($Y<1$)

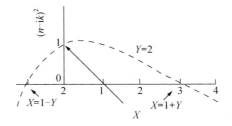

图 85　横向传播色散曲线($Y>1$)

4. 一般传播的情形

在既非纵向也非横向传播的情形下,方程(7.29)的图解如图 86 和图 87 所示.图中纵横影线区域分别代表寻常波和非常波存在的区域.寻常波只有一个使 $M^2=0$ 的值,此点在 $X=1$ 处.当 $Y>1$ 时,在 $X=\dfrac{1-Y^2}{1-Y_L^2}$ 处, M^2 有一无穷大值. 这就是图 87 标明 ABC 的那一支曲线上 A 点所趋近的位置.非常波在 $X=1+Y$ 和 $X=1-Y$ 处,使 $M^2=0$,并且当 $Y<1$ 时,在 $X=\dfrac{1-Y^2}{1-Y_L^2}$ 处, M^2 趋于无穷大值. 图上影线区域内的曲线对应于波矢和外磁场之间夹角为 $30°$[3].

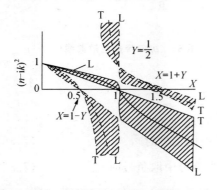

图 86　沿任意方向传播的色散曲线($Y<1$)　　**图 87　沿任意方向传播的色散曲线($Y>1$)**

　　影线区域边界注明的符号 L 和 T 分别代表两种极限情形:纵向和横向传播.图 88 和图 89 分别画出图 86 和图 87 的极限情形.正如前面所指出的,在纵向传播情形下的寻常波和非常波,在 $X=1$ 点互相交换了位置.这一点与图 82 和图 83 是不一致的.但是过渡到横向传播的极限情形,却与图 84 和图 85 相符.

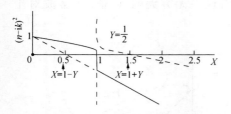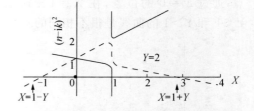

图 88　图 86 极限情形的纵向传播色散
**　　　　曲线($Y<1$)**　　　　**图 89　图 87 极限情形的纵向传播色散曲线**
**　　　　　　　　　　　　　　　　　　　($Y>1$)**

§7.5　艾普利通-哈特里色散公式的分析(考虑碰撞项)

　　当考虑碰撞项时,即相当于考虑电波遭到吸收的情形.这时色散曲线是相当复杂的.应当指出的是,对于 ν 足够大的情形下,各种类型色散曲线之间的差别将逐渐消失,而 n 趋近于 1.这是由于在强烈吸收的情形下,电子不能产生较大的受迫振动,因而介质就丧失其折射或色散的性质.

如外磁场 $H_E = 0$,则

$$M^2 = (n - i\kappa)^2 = 1 - \frac{X}{1 - iZ}. \tag{7.38}$$

$$\left. \begin{array}{l} n^2 - \kappa^2 = 1 - \dfrac{X}{1 + Z^2} \\[2mm] 2n\kappa = \dfrac{XZ}{1 + Z^2}. \end{array} \right\} \tag{7.39}$$

对于所有 X 和 Z 值,n 和 κ 同时为正或同时为负.

当考虑电波遭到吸收时,垂直电离层投射电波的反射点,应当处于 $n^2 - \kappa^2 = 0$ 的区域(当略去碰撞项时,即在 $n = 0$ 的区域).

在一般情况下,$H_E \neq 0$,此时,直接分析色散公式(7.27)是相当复杂的.布克(Booker)[12]、苟包(Goubau)[13,14] 和腊特克利弗(Ratcliffe)等人[15-18] 讨论了一些曲线.下面我们引述他们得到的某些结果.

定义一临界碰撞频率 ν_c(相应地有 Z_c),其值为:

$$\nu_c = \left| \frac{\omega_{HT}^2}{2\omega_{HL}} \right|, \quad Z_c = \left| \frac{Y_T^2}{2Y_L} \right|, \tag{7.40}$$

其中 ω_{HT} 和 ω_{HL} 分别表示横向和纵向的磁旋角频率.$Z > Z_c$ 和 $Z < Z_c$ 的色散曲线,有显著的差别.事实上,从(7.27)式也可以看出,当 $Z = Z_c$ 时,在 $X = 1$ 点分母中带根号的一项变为零.这意味着介质失去了自己双折射的性质.同时,在后面我们将看到,在 $Z = Z_c$ 点,寻常波和非常波的偏振特性将产生重大的改变.

图 90 和 91 分别表示 $Y = \frac{1}{2}, Z = 0.18$ 和 $Y = 2, Z = 0.707$ 在各种 θ 值情况下的色散曲线.这里分别画出 n 和 κ 的曲线.对于一定的 Y, Z 值,我们也可从(7.40)式中决定一临界角 θ_c.在这两个图中,θ_c 都是 45°. 当 $\theta < \theta_c$ 时,寻常波和非常波在 $X = 1$ 点交换了位置.当 $\theta > \theta_c$ 时,两种偏振波在 $X = 1$ 点的过渡是连续的.

图 92 和 93 分别表示 $Y = \frac{1}{2}, \theta = 23°16'$ 和 $Y = 2, \theta = 23°16'$ 在各种 Z 值情况下的色散曲线.当 $Z > Z_c$ 时,寻常波和非常波在 $X = 1$ 处交换了位置.

在研究通过电离层的电波传播的问题中,以下两种近似情形是很有用处的:一种是准纵传播,一种是准横传播.

准纵传播成立的条件是:

$$Y_T^4 / 4Y_L^2 \ll (1 - X)^2 + Z^2, \tag{7.41}$$

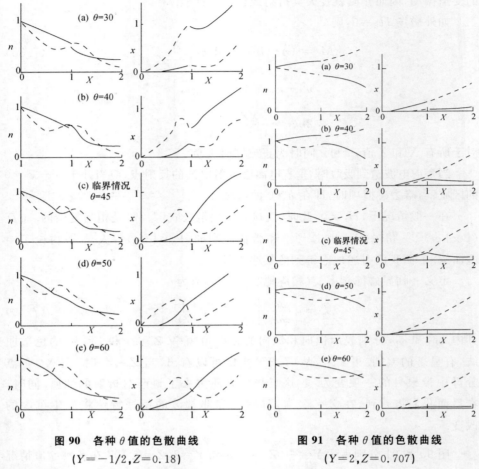

图90　各种 θ 值的色散曲线
$(Y=-1/2,Z=0.18)$

图91　各种 θ 值的色散曲线
$(Y=2,Z=0.707)$

因而色散公式(7.27)近似地为:

$$
\left.
\begin{aligned}
(n-i\kappa)^2 &\approx 1-\frac{X}{1-iZ\pm Y_\mathrm{L}}, \\
n^2-\kappa^2 &= 1-\frac{X(1\pm Y_\mathrm{L})}{(1\pm Y_\mathrm{L})^2+Z^2}, \\
2n\kappa &= \frac{XZ}{(1\pm Y_\mathrm{L})^2+Z^2}.
\end{aligned}
\right\}
\tag{7.42}
$$

这些表达式类似于略去外磁场情形的(7.38)和(7.39)式.

准横传播成立的条件是:

$$
Y_\mathrm{T}^4/4Y_\mathrm{L}^2\gg(1-X)+Z^2,
\tag{7.43}
$$

因而色散公式(7.27)近似地为:

寻常波,

$$(n-\mathrm{i}\kappa)^2 \approx 1 - \frac{X}{1-\mathrm{i}Z+(1-X-\mathrm{i}Z)\cot^2\theta}; \qquad (7.44)$$

非常波，

$$(n-\mathrm{i}\kappa)^2 \approx 1 - \frac{X}{1-\mathrm{i}Z-\dfrac{Y_{\mathrm{T}}^2}{1-X-\mathrm{i}Z}}. \qquad (7.45)$$

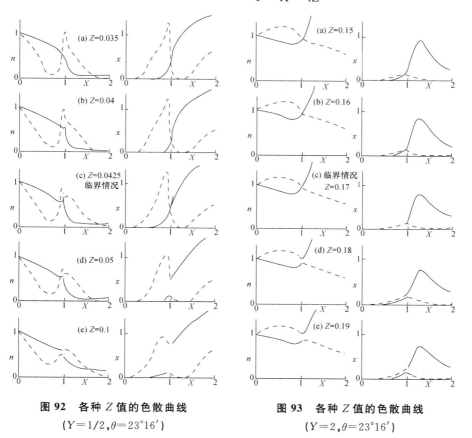

图 92　各种 Z 值的色散曲线　　　　　图 93　各种 Z 值的色散曲线

（$Y=1/2, \theta=23°16'$）　　　　　　　　（$Y=2, \theta=23°16'$）

　　必须注意的是，近似条件(7.41)和(7.43)式所包含的参数比较多. 因此不能认为，准纵传播就是波传播方向充分接近于沿外磁场的方向；准横传播就是波传播方向充分接近于垂直外磁场的方向. 事实上，可能存在准纵传播的波矢大大偏离外磁场方向的情形. 在实际的应用里，对于具体情况应作具体分析. 现在我们来阐明近似条件在具体应用时的一些例子.

　　在 $X=1$ 点附近，近似条件变为：

准纵传播条件：　　　　　$Z\gg Z_{\mathrm{c}}$,　　　　　　　　　　　　　$Z>3Z_{\mathrm{c}}$,

　　　　　　　　　　　　　　　　　　　具体应用时可用，　　　　　　　　　　　(7.46)

准横传播条件：　　　　　$Z\ll Z_{\mathrm{c}}$,　　　　　　　　　　　　　$Z<3Z_{\mathrm{c}}$.

在 $X \neq 1$,且当 $Z < \frac{1}{3}Z_c$ 时,近似条件变为:

准纵传播条件: $Z_c \ll (1-X)$,　具体应用时可用,
准横传播条件: $Z_c \gg (1-X)$,

$$\left. \begin{array}{l} Z_c < \frac{1}{3}(1-X), \\ Z_c > 3(1-X). \end{array} \right\} \quad (7.47)$$

在 $X = 1 \pm Y_L$ 点附近,当 $Z < \frac{1}{3}Z_c$ 时,根据上式有:

准纵传播条件: $\tan^2\theta < \frac{2}{3}$ 或 $\theta < 40°$,
准横传播条件: $\tan^2\theta > 6$ $\theta > 68°$.

$$\left. \right\} \quad (7.48)$$

图 94 是假定电离层电子浓度随高度单调增大,按(7.46)和(7.47)式画出来的准纵传播区域(图中用 Q_L 表示)和准横传播区域(图中用 Q_T 表示)[15]. 图中假定 $\theta = 20°$,$f_H = 1.25$ 兆赫,因而 $\nu_c = 4.7 \cdot 10^5$ 秒$^{-1}$. 线 AB 假定是 ν 随高度的分布. 虚线 HK 和 LM 分别表示 $\nu = \frac{1}{3}\nu_c$ 和 $\nu = 3\nu_c$ 的高度. CD 线是所假设的电离层电子浓度的情况下,$X = 1$ 的直线. 在 CE 段,$X = 1$,且 $\nu < \frac{1}{3}\nu_c$,故有 Q_T 近似;在 FD 段,$X = 1$,且 $\nu > 3\nu_c$,故有 Q_L 近似. 在 $X = 1$ 线以外的区域,Q_L 和 Q_T 可由下式加以判断:

$$Q_L: \quad Z_c^2 < \frac{1}{9}\{(1-X)^2 + Z^2\},$$

$$Q_T: \quad Z_c^2 > \frac{1}{9}\{(1-X)^2 + Z^2\}.$$

图中非影线区域均已注明属于 Q_L 区或者 Q_T 区. 在影线区域既非 Q_L 区也非 Q_T 区. 特别值得注意的是,当工作频率低于 G 点所对应的值时,总是属于 Q_L 区.

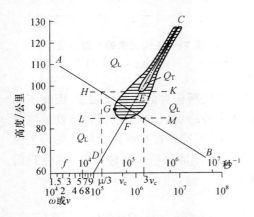

图 94　线性电离层模型的 Q_L 和 Q_T 区域

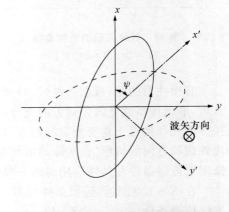

图 95　寻常波和非常波与磁子午面成
45°角的轴线互为镜像

§7.6　电磁波的偏振

在这一节中,我们将讨论(7.23)式的一些性质.在一般情况下,x-y 平面上的寻常波和非常波的电场分量将是两个旋转方向相反的偏振椭圆(见图 95).而且从(7.23)式不难证明,

$$\mathscr{R}^{(0)}\mathscr{R}^{(x)} = 1. \tag{7.49}$$

这表明寻常波和非常波以与磁子午面成 45° 角的轴线互为镜像.我们来证明这一点.将原坐标轴 x,y 绕 z 轴转过一角度 ψ.新坐标为 x',y'.量 $E_x,E_y,\mathscr{R}^{(0)}$ 和 $\mathscr{R}^{(x)}$ 在新坐标中变为 $E'_x,E'_y,\mathscr{R}^{(0)'}$ 和 $\mathscr{R}^{(x)'}$.它们之间的关系为:

$$E'_x = E_x(\cos\psi + \mathscr{R}^{(0)}\sin\psi),$$
$$E'_y = E_y(-\sin\psi + \mathscr{R}^{(0)}\cos\psi).$$

于是

$$\mathscr{R}^{(0)'} = \frac{\mathscr{R}^{(0)} - \tan\psi}{1 - \mathscr{R}^0\tan\psi}.$$

类似地,对于非常波偏振椭圆也有

$$\mathscr{R}^{(x)'} = \frac{\mathscr{R}^{(x)} - \tan\psi}{1 + \mathscr{R}^{(x)}\tan\psi}.$$

(7.49)式表明,如果

$$\psi = 45°,$$

则

$$\mathscr{R}^{(x)'} = -\mathscr{R}^{(0)'}.$$

于是得证.

从(7.23)式还可以看到,由于右边虚单位 i 的出现,在电磁波的行进过程中,电场强度矢量的矢端在 x-y 平面上,一般将描绘一个椭圆.在某些特殊情况下是一个圆或一条直线.它们分别被称为椭圆偏振、圆偏振和线偏振.

现在来讨论碰撞项可以略去的情形.此时(7.23)式简化为:

$$\mathscr{R} = \frac{E_y}{E_x} = -\,\mathrm{i}\left\{\frac{Y_\mathrm{T}^2}{2Y_\mathrm{L}(1-X)} \mp \sqrt{\frac{Y_\mathrm{T}^4}{4Y_\mathrm{L}^2(1-X)^2} + 1}\right\}. \tag{7.50}$$

由此可见,偏振椭圆的主轴与 x,y 轴一致.对于 $X<1$,且 $Y_\mathrm{L}>0$ 的区域,沿波矢方向看来,寻常波 E_y 的相位比 E_x 超前 $\frac{\pi}{2}$,故偏振椭圆的旋转方向是反时针的,称之为左旋偏振;非常波 E_y 的相位比 E_x 落后 $\frac{\pi}{2}$,故偏振椭圆的旋转方向是顺时针的,称之为右旋偏振.

对于纵向传播的情形,

$$\mathscr{R} = \pm \mathrm{i}. \tag{7.51}$$

这表示寻常波和非常波都是圆偏振.

对于横向传播的情形,

$$\mathscr{R} \to \begin{cases} 0, \\ \infty. \end{cases} \tag{7.52}$$

则两种波都是线偏振.

在一般情形下,即 Y_L, Y_T 均不为零. 寻常波和非常波的偏振状态随 X 的变化趋势,如图 96 所示. 图中曲线是对某个 Y 和 θ 值画出的. 对于不同的 Y 和 θ, 有不同的但相类似的曲线. 在 $X = 1$ 点,其偏振状态类似于横向传播的情形. 在 $X < 1$ 和 $X > 1$ 的区域,偏振状态正好有相反的旋转方向. 在 $X \to 0$ 和 $X \to \infty$ 的情形下,偏振状态类似于纵向传播的情形.

当考虑碰撞项时,偏振状态的变化很复杂. 这时椭圆主轴一般不与 x, y 轴重合(参阅图 95). 其扭转的角度与 X, Y, Z 和 θ 有关. 我们不准备详细介绍分析的方法. 下面引述腊特克利弗等人分析(7.23)式的结果.

正如前面已经提到的,当考虑碰撞项时,临界碰撞频率起着很明显的分界作用. 偏振状态在跨越 Z_c 点前后起了根本的变化.

图 97 表示在 $X = 1$ 点,各种 Z_c/Z 值偏振状态的变化. 当 $Z_c/Z = 0$ 时,即相当于纵向传播的情形. 图上方画的偏振椭圆均以箭头标明所对应的 Z_c/Z 值. 当 $Z > Z_c$ 时,两种波均呈椭圆偏振或圆偏振;当 $Z < Z_c$ 时,两种波均呈线偏振;当 $Z < \frac{1}{3} Z_c$ 时,两种波的线偏振方向几乎分别与 x, y 轴重合.

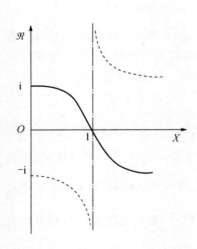

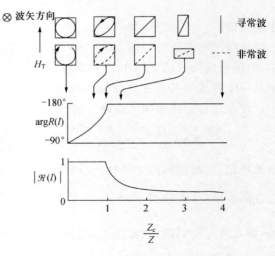

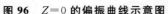

图 96 $Z = 0$ 的偏振曲线示意图   **图 97** 在 $X = 1$ 点,各种 $\dfrac{Z_c}{Z}$ 值的偏振状态[15]

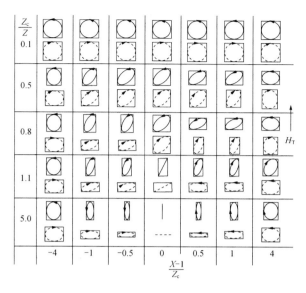

图 98　各种 $\dfrac{Z_c}{Z}$ 和 $\dfrac{X-1}{Z_c}$ 值的偏振状态[15]

图 98 表示各种 X 值和各种 $\dfrac{Z_c}{Z}$ 值的偏振状态. 其正中央的纵行即为图 97 的情形. 除了 $X=1$ 点之外, 我们看到, 当存在碰撞项时就不再出现线偏振状态. 波频率越高、越远离. $X=1$ 的点, 就越接近圆偏振的状态. 当 $Z>Z_c$ 时, 电波行过 $X=1$ 点并不改变自己的偏振椭圆的旋转方向. 从图上方三列可以看到这一点. 当 $Z<Z_c$ 时, 不论寻常波抑或非常波跨越过 $X=1$ 点时, 都将改变其偏振椭圆的旋转方向.

最后我们指出, 在这一节中研究电波的偏振只限于 $x\text{-}y$ 平面. 如果想得到空间的完整偏振图像, 必须考虑电场的纵向分量, 即需对 (7.28) 式进行分析和讨论. 同时, 也必须注意的是, 以上分析都是对电磁波电场分量而言的. 对于磁场分量有类似的分析方法.

§7.7　电磁波在电离层中传播的近似描写[3]

从本章开始到这里为止, 我们都认为在磁离子介质中传播的是前进平面波. 所有场量只以因子 e^{-ikMz} 依赖于波传播的方向而变化. 因而对任意一场量而言, 按 (7.30) 式为:

$$\boldsymbol{F} = \boldsymbol{F}_0 \, e^{i(\omega t - kMz)},$$

并且算符

$$\frac{\partial}{\partial x} = \frac{\partial}{\partial y} = 0, \quad \frac{\partial}{\partial z} = -ikM. \tag{7.53}$$

从麦克斯韦方程组很容易证明,这只有当

$$M(x,y,z) = 常数 \tag{7.54}$$

的条件下才成立.

条件(7.54)式即相当于介质是均匀的.实际的电离层介质显然不是均匀的.从图79粗略地可以看到,电子浓度随高度的变化.同时可以想象,地磁场、电子碰撞频率和其他参数都随高度而变化.

然而,对于一定波长的无线电波来说,如果介质的性质在一个波长里变化不大,则磁离子理论对这种介质是一个很好的描写.例如1兆赫的无线电波,在真空中波长为300米.当它由地面投射入电离层,刚进入电离层电子浓度不大的区域时,它的波长变化是不大的.在实际电离层区域中,300米范围内介质的性质不会有多大的变化.磁离子理论能很好地描写这些区域中的电波状态.但是,当无线电波行近反射点时,$n \to 0$,在介质中的波长 $\lambda \to \infty$,因而在一个波长范围内介质性质变化很大,在反射点附近磁离子理论失效.在上述两种区域之间的中间地带,磁离子理论只是一种粗略的近似的描写.

比磁离子理论更进一步近似的是,所谓慢变化介质中的射线理论.下面我们介绍在略去地磁场情况下的温-克-布解(Wentzel-Kramers-Brillouin's Solution),又简称为 W. K. B. 解.

我们仍然假定一平面波由地面铅直向上投射入电离层.假定电离层状态在水平面上到处一样,即它表现为均匀水平层状的介质.波矢的方向是铅直朝上的 z 方向.因而进入电离层之前,平面波的所有场量满足

$$\frac{\partial}{\partial x} = \frac{\partial}{\partial y} = 0. \tag{7.55}$$

因为电离层介质的特性在 x,y 方向上没有什么变化,所以在电离层中的平面波仍然满足(7.55)式.在略去地磁场的情况下,介质是各向同性的,因而

$$D = M^2 E. \tag{7.56}$$

此时麦克斯韦方程组中,(7.16)和(7.17)式以及(7.56)式可写为:

$$-\frac{\partial E_y}{\partial z} = -ikH_x, \tag{7.57}$$

$$\frac{\partial E_x}{\partial z} = -ikH_y, \tag{7.58}$$

$$0 = H_z, \tag{7.59}$$

$$\frac{\partial E_y}{\partial z} = -ikM^2 E_x, \tag{7.60}$$

$$\frac{\partial H_x}{\partial z} = ikM^2 E_y, \tag{7.61}$$

$$0 = E_z. \tag{7.62}$$

(7.59)和(7.62)式表示进入电离层后仍然是一平面波.(7.57)和(7.61)式只包含 E_y,H_x;(7.58)和(7.60)式只包含 E_x,H_y,这两对方程组的解是独立的,而且是相类似的.因此,我们只讨论前一组方程.由(7.57)和(7.61)式,我们显然可见,这不是前进平面波.一个前进波的所有场量仅以同样的因子 $e^{i\phi(z)}$ 随 z 而变化.(7.57)式要求 $\dfrac{\mathrm{d}\phi}{\mathrm{d}z}$ 是一常数;(7.61)式却要求 $\dfrac{\mathrm{d}\phi}{\mathrm{d}z}$ 正比于 M^2.除非 M 不随 z 而变化,否则就不可能是一个前进平面波.

由(7.57)和(7.61)式得到:

$$\frac{\mathrm{d}^2 E_y}{\mathrm{d}z^2} + k^2 M^2 E_y = 0. \tag{7.63}$$

假定

$$E_y = A e^{i\phi(z)}, \tag{7.64}$$

其中 A 为一常数,则(7.63)式变为:

$$\left(\frac{\mathrm{d}\phi}{\mathrm{d}z}\right)^2 = k^2 M^2 + \mathrm{i}\frac{\mathrm{d}^2 \phi}{\mathrm{d}z^2}. \tag{7.65}$$

这是一个非线性方程,很难于对它正确求解.因为 $\dfrac{\mathrm{d}^2\phi}{\mathrm{d}z^2}$ 较小,作为一级近似可以把它略去,则

$$\frac{\mathrm{d}\phi}{\mathrm{d}z} \approx \mp kM,$$

$$\frac{\mathrm{d}^2\phi}{\mathrm{d}z^2} \approx \mp k \frac{\mathrm{d}M}{\mathrm{d}z}.$$

将后一式再代入(7.65)式中,并应用二项式定理后,略去高次项,

$$\frac{\mathrm{d}^2\phi}{\mathrm{d}z} \approx \mp kM + \frac{\mathrm{i}}{2M}\frac{\mathrm{d}M}{\mathrm{d}z}, \tag{7.66}$$

$$\phi \approx \mp k\int_0^z M\mathrm{d}z + \mathrm{i}\ln(M^{\frac{1}{2}}), \tag{7.67}$$

则(7.64)式给出:

$$E_y \approx A M^{-\frac{1}{2}} \exp\left\{\mp ik\int_0^z M\mathrm{d}z\right\}. \tag{7.68}$$

将此式代入(7.57)式得:

$$H_x = \mp A M^{\frac{1}{2}} \exp\left\{\mp ik\int_0^z M\mathrm{d}z\right\} - \frac{1}{2}\frac{A}{ik}M^{-\frac{3}{2}}\frac{\mathrm{d}M}{\mathrm{d}z}\exp\left\{\mp ik\int_0^z M\mathrm{d}z\right\}. \tag{7.69}$$

(7.68)和(7.69)式就是略去地磁场效应的温-克-布解.(7.69)式右边第二项比第一项小得多,因而常常被略去不计.

将(7.68),(7.69)式和前进平面波的场量(7.30)式比较一下,我们就发现这里的场量在指数因子之前多 $M^{\frac{1}{2}}$ 或 $M^{-\frac{1}{2}}$ 的因子.指数中所代表的相位没有本质

上的差别.

将(7.68)式代回原方程(7.63)式中去,我们就得到温-克-布解成立的条件:

$$\frac{1}{k^2}\left|\frac{3}{4}\left(\frac{1}{M^2}\frac{\mathrm{d}M}{\mathrm{d}z}\right)^2-\frac{1}{2}\frac{1}{M^3}\frac{\mathrm{d}^2M}{\mathrm{d}z^2}\right|\ll 1. \tag{7.70}$$

这也就是"慢变化介质"定量的定义.它要求$\frac{\mathrm{d}M}{\mathrm{d}z}$和$\frac{\mathrm{d}^2M}{\mathrm{d}z^2}$必须很小,$M$必须足够大.同时我们看到,对于高频波来说,在同样的介质中较容易满足(7.70)式.

举个例子来说,假定$z=z_0$是$M=0$的点,且M^2随高度线性地变化,即

$$M^2=-a_z(z-z_0),$$

其中a_z为常数.于是(7.70)式给出:

$$\frac{1}{2}k^{-2}a_z^{-\frac{1}{2}}\mid z-z_0\mid^{-\frac{5}{2}}\ll 1. \tag{7.71}$$

在卡普曼层的低部,a_z的最大值是$\frac{1.4}{H}$,H是标高.考虑一个频率为1兆赫的电波,此时,$k=\frac{20\pi}{3}$公里$^{-1}$,取H为10公里,则(7.71)式变为:

$$\mid z-z_0\mid\gg 0.1公里=100米. \tag{7.72}$$

由此可见,对于1兆赫的电波来说,只有在$M=0$点附近,100米的范围内温-克-布解不适用.在其余的巨大区域中,温-克-布解很好地描写电磁波在电离层中的状态.

除了在$M=0$点附近的区域外,对于突然变化的边界层来说,$\frac{\mathrm{d}M}{\mathrm{d}z}$和$\frac{\mathrm{d}^2M}{\mathrm{d}z^2}$很大,故温-克-布解也不适用.

对于温-克-布解不适用的区域,就应当从仔细地研究麦克斯韦方程组出发,从而获得适于边界条件的解.这种理论叫做全波解的理论.它已超出本书的范围,我们不打算再加以介绍.

§7.8　群　速　度

1. 不考虑外磁场的情形. $H_E=0$

在电离层探测中,最基本的测量参数之一是射频脉冲在电离层中行进的时间.因此考虑群速度是一个很重要的问题.

假定地面发射一射频脉冲,它可用一个傅里叶(Fourier)积分来加以表征:

$$E(t)=\int_{-\infty}^{\infty}F(\omega)\mathrm{e}^{\mathrm{i}\omega t}\mathrm{d}\omega. \tag{7.73}$$

此脉冲铅直向上垂直投射入电离层.在z高度处,脉冲信号变为:

$$E(t,z) = \int_{-\infty}^{\infty} F(\omega) \mathrm{e}^{i\omega\left(t - \frac{1}{c}\int_0^z n\,\mathrm{d}z\right)} \,\mathrm{d}\omega. \qquad (7.74)$$

积分号内 $\dfrac{\omega}{c}\int_0^z n\,\mathrm{d}z = \int_0^z kn\,\mathrm{d}z$ 是从地面至 z 高度上相位的改变量. 射频脉冲是在

其脉冲持续时间 τ 内,含有很多次主频率 f_1(或 ω_1)的高频振荡信号. 按照频谱

分析,当 $\tau \gg \dfrac{2\pi}{\omega_1}$ 时,$F(\omega)$ 的最大值很接近 ω_1 处,并且在这里 $F(\omega)$ 近似地为常

数. 大家知道,电离层是一种色散介质,因此在传播过程中,脉冲将逐渐变形. 所
谓群速度指的是波包最大振幅,即最大能量密度处的移动速度. 使得(7.74)式
有最大值的条件是当 $\omega = \omega_1$ 时,积分号内的相位有极大值,即

$$\frac{\partial}{\partial \omega}\left(\omega t - \frac{1}{c}\int_0^z \omega n\,\mathrm{d}z\right) = 0 \quad (当\ \omega = \omega_1\ 时),$$

这又被称为相位稳定条件. 在 t 时刻,脉冲的位置满足:

$$t = \frac{1}{c}\int_0^z \left\{\frac{\partial}{\partial \omega}(\omega n)\right\}_{\omega = \omega_1}\mathrm{d}z.$$

群速度 ν_{g} 则满足:

$$\frac{c}{v_{\mathrm{g}}} = \frac{c}{\dfrac{\mathrm{d}z}{\mathrm{d}t}} = \left\{\frac{\partial}{\partial \omega}(\omega n)\right\}_{\omega = \omega_1}. \qquad (7.75)$$

必须注意的是,这一表达式只有在不考虑外磁场的时候才是正确的. 当考虑
地磁场时,n 依赖于波矢方向,因而铅直向上发射的脉冲一般并不铅直向上传
播,而是与铅直方向有一定的偏离. 这时(7.75)式只是群速度的 z 向分量. 然而,
当侧向偏离不大时,(7.75)式仍然是很好的近似.

大家知道,相速度 $v_{\mathrm{p}} = \dfrac{c}{n}$,$n$ 被称为相折射指数. 相应地也可定义一个群折

射指数 n_{g}:

$$n_{\mathrm{g}} = \frac{c}{v_{\mathrm{g}}}. \qquad (7.76)$$

根据(7.75)式,

$$n_{\mathrm{g}} = n + \omega\frac{\partial n}{\partial \omega}. \qquad (7.77)$$

当外磁场和碰撞项都可以略去时,按照(7.33)式,

$$n = \left(1 - \frac{\omega_N^2}{\omega^2}\right)^{\frac{1}{2}}.$$

代入(7.77)式后,

$$n_{\mathrm{g}} = \left(1 - \frac{\omega_N^2}{\omega^2}\right)^{-\frac{1}{2}} = \frac{1}{n}. \qquad (7.78)$$

或者

$$v_{\mathrm{p}} v_{\mathrm{g}} = c^2. \tag{7.79}$$

2. 考虑外磁场的情形. $H_{\mathrm{E}} \neq 0$

当考虑外磁场时,计算脉冲的群速度是比较复杂的.这需要详细地讨论脉冲所通过的路线,但它超出本书所涉及的范围.

由(7.75)式所表示的群速度,只是群速度的垂直分量.但人们已习惯于用(7.77)式来定义群折射指数.因此我们再一次指出,当 $H_{\mathrm{E}} \neq 0$ 时,由(7.76)和(7.77)式推算出来的速度只是群速度的垂直分量.

下面讨论群折射指数的计算方法[19].

首先考虑忽略碰撞项的情形,重写(7.29)式(只考虑 M 为实数的情况)

$$n^2 = 1 - \frac{X(1-X)}{\mathfrak{D}}, \tag{7.80}$$

其中

$$\mathfrak{D} = (1-X) - \frac{1}{2} Y_{\mathrm{T}}^2 \pm \left\{ \frac{1}{4} Y_{\mathrm{T}}^4 + Y_{\mathrm{L}}^2 (1-X)^2 \right\}^{\frac{1}{2}}. \tag{7.81}$$

且

$$\frac{\partial}{\partial \omega} (\omega^2 \mathfrak{D}) = 2\omega \pm \omega (1-X^2) Y_{\mathrm{L}}^2 \left\{ Y_{\mathrm{L}}^2 (1-X)^2 + \frac{1}{4} Y_{\mathrm{T}}^4 \right\}^{-\frac{1}{2}}. \tag{7.82}$$

重新排列(7.80)式,则

$$(\omega^2 n^2 - \omega^2) \omega^2 \mathfrak{D} = \omega_{\mathrm{N}}^2 (\omega_{\mathrm{N}}^2 - \omega^2).$$

将此式对 ω 求微商,并利用(7.77)式和(7.82)式,经整理后得:

$$\mathfrak{D}(n n_{\mathrm{g}} - 1) = 1 - X - n^2 \pm \frac{1}{2} Y_{\mathrm{L}}^2 (1-X^2)(1-n^2) \left\{ Y_{\mathrm{L}}^2 (1-X)^2 + \frac{1}{4} Y_{\mathrm{T}}^4 \right\}^{-\frac{1}{2}}. \tag{7.83}$$

一般用电子计算机来算出 n_{g}. 图 99—101 是当波矢与外磁场之间的夹角为 $23°16'$ 时,按(7.83)式画出来的曲线[15]. 寻常波在 $X=1$ 点,$n_{\mathrm{g}} \to \infty$. 图 99 中,$Y=0$ 的曲线对应于没有外加磁场的情形,它就是 $n_{\mathrm{g}} = (1-X)^{-\frac{1}{2}}$ 的曲线. 当存在外磁场时,此曲线可认为是频率为无限大的情形.频率低的情形,对应于 Y 有较大值的曲线. 可以看出,对于较小的 X 值,n_{g} 总比 $Y=0$ 的 n_{g} 值小. 当 X 趋近 1 时,正好相反,n_{g} 总比 $Y=0$ 的 n_{g} 值大. 由此可见,当寻常波波包投射入电离层而垂直上升至 $X=1$ 高度的过程中,其速度在最初阶段比没有磁场存在时快些,以后则逐渐变慢,在 $X=1$ 高度附近,有最大迟缓时间.

非常波的 n_{g} 曲线,按 $Y<1$ 和 $Y>1$ 采取不同的形式. 当 $Y<1$ 时,其反射点在 $X=1-Y$ 处. 因此,我们以 $\dfrac{X}{1-Y}$ 作为图 100 的横坐标. 从图上可以看出,所有

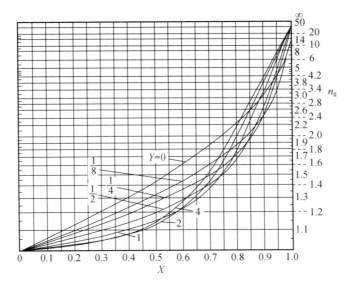

图 99　$Z=0, Y\neq0$ 的寻常波群折射指数

的曲线都在 $Y=0$ 曲线之上，即考虑地磁场之后，群速度变小了．波包走得慢了．图中连线是纵向传播的情形．可以看到，它们与 $\theta=23°16'$ 的曲线十分接近．

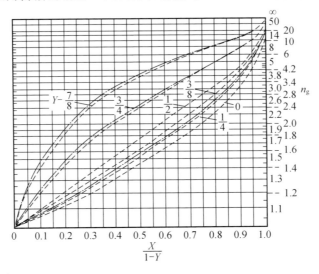

图 100　$Z=0, Y<1$ 的非常波群折射指数

当 $Y>1$ 时，非常波可能在 $X=1+Y$ 处反射．其 n_{g} 曲线如图 101 所示．图中粗断线对应于 $X=1$ 的曲线．在这曲线附近，几乎对于所有的 Y 值的曲线，n_{g} 均有一极大值．如果 Y 不很大，波包在 $X=1$ 高度将遭到相当大的迟缓．

其次,考虑存在碰撞项的情形.这时 M^2 为复数.群折射指数应为:

$$n_{\mathrm{g}} = \mathrm{Re}(M_{\mathrm{g}}) = \mathrm{Re}\left\{M + \omega\,\frac{\partial M}{\partial \omega}\right\}. \qquad (7.84)$$

符号 Re 表示取复数的实部. M_{g} 表示 M 对应的复数群折射指数.

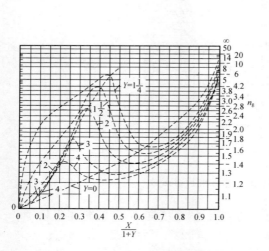

图 101　$Z=0, Y>1$ 的非常波群折射指数　　　　图 102　$Z\neq0, Y=4$ 的群折射指数

　　与不考虑碰撞项所进行的运算一样,此时可以得到相应于(7.80),(7.81)和(7.83)的式子:

$$M^2 = 1 - \frac{X(1-X-iZ)}{\mathfrak{D}'}, \qquad (7.85)$$

$$\mathfrak{D}' = (1-iZ)(1-X-iZ) - \frac{1}{2}Y_{\mathrm{T}}^2 \pm \left\{Y_{\mathrm{L}}^2(1-X-iZ)^2 + \frac{1}{4}Y_{\mathrm{T}}^4\right\}^{\frac{1}{2}}, \qquad (7.86)$$

$$\mathfrak{D}'(MM_{\mathrm{g}}-1) = -X + \frac{1}{2}iXZ + (1-M^2)\left[1 - iZ - \frac{1}{2}iXZ\right.$$

$$\left. + \frac{1}{2}(1-X-iZ)(1+X)Y_{\mathrm{L}}^2\left\{Y_{\mathrm{L}}^2(1-X-iZ)^2 + \frac{1}{4}Y_{\mathrm{T}}^4\right\}^{-\frac{1}{2}}\right]. \qquad (7.87)$$

　　图 102 的 n_{g} 就是这些式子中 M_{g} 的实部.图中曲线旁边的数字为 Z 值.从图 102 可以看到,$Z=0$ 与 $Z\neq0$ 的曲线在 $X=1$ 点有明显的差别.寻常波当 $Z=0$ 时,在该点 $n_{\mathrm{g}}\to\infty$;当 $Z\neq0$ 时,在该点附近 n_{g} 急速下降而趋于零;非常波当 $Z=0$ 时,在该点附近 n_{g} 虽有一极大值但不明显;当 $Z\neq0$ 时,此极大值急剧增大.除此之外,非常波在 $Z=1+Y$ 点附近也有类似的但性质相反的极大值.

参 考 文 献

[1] Альперт，Я. Л.，1960，Распространение радиоволн и ионосфера，Москва.

[2] Блох，Ф.，1936，Молекулярная теория маянетнзма，ОНТИ.

[3] Budden，K. G.，1961，Radio Waves in the Ionosphere，Cambridge.

[4] Lorentz，H. A.，1909，The Theory of Electrons，Leipzig.

[5] Appleton，E. V.，Barnett，M. A. F.，1925，*Electrican*，94，398.

[6] Appleton，E. V.，1925，*Proc. Phys. Soc.*，37，D16.

[7] Appleton，E. V.，1932，*J. Inst. Electr. Engrs.*，71，642.

[8] Appleton，E. V.，1936，*Rep. Progr. Phys.*，2，129.

[9] Hartree，D. R.，1929，*Proc. Camb. Phil. Soc.*，25，97.

[10] Hartree，D. R.，1931，*Proc. Camb. Phil. Soc.*，27，143.

[11] Hartree，D. R.，1931，*Proc. Roy. Soc.*，A131，428.

[12] Booker，H. G.，1934，*Proc. Roy. Soc.*，A147，352.

[13] Goubau，G.，1935. *Hochfr. Elek.*，45，179.

[14] Goubau，G.，1935，*Hochfr. Elek.*，46，37.

[15] Ratcliffe，J. A.，1959，The magneto-ionic Theory and its Applications to the Ionosphere，Cambridge.

[16] Taylor，M.，et al. 1933，*Proc. phys. Soc.*，45，245.

[17] Taylor，M.，1934，*Proc. Phys. Soc.*，46，408.

[18] Snyder，W.，Helliwell，R. A.，1952，*J. Geophys. Res.*，57，73.

[19] Shinn，D. H.，Whale，H. A.，1952，*J. Atmos. Terr. Phys.*，2，85.

第八章　研究电离层的若干实验方法

§8.1　脉冲方法垂直探测电离层

电离层的最基本数据,是它的电离度或电子浓度随空间和时间的变化.用无线电脉冲的方法垂直探测电离层的主要任务,就是要经常取得电子浓度随高度分布的数据,从而研究高度分布的时间变化.如果在全球上较均匀地布满这种探测装置,就可能研究全球上空电子浓度随高度分布的纬度和经度变化.自从1925 年布雷特(Breit)和图夫(Tuve)[1]发明这种探测装置之后,至现在已近四十年了.目前在全球上已建立以这种装置为主的几百个电离层台站.在这四十年之间,积累了大量的观测资料,获得了许多电离层状态变化的规律性,无疑地,用无线电脉冲的方法垂直探测电离层的装置起着主要的作用.

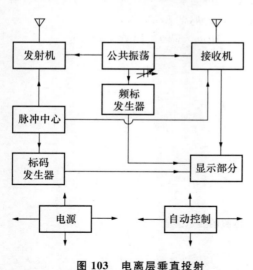

图 103　电离层垂直投射
自动变频测高仪方块图

这种装置称为电离层垂直投射自动变频测高仪.有时又叫做电离层垂直探测仪[2].图 103 即为其装置的方框图.在同一仪器装置上,装有发射机和接收机.发射机发射一高频无线电正弦波信号(脉冲调制),其发射的能量主要在垂直向上的方向.由于电离层的存在,短波信号在一定的高度上就会弯折回地面.接收机接收这返回的信号,在显示系统内比较发射和返回信号的时间,就可以推算出该信号的反射高度.另一方面,从信号的频率,又可推算出反射高度处的电子浓度.当信号的频率连续改变时,就可以计算出一系列高度上的电子浓度分布.

发射机由控制脉冲加以控制,高频正弦信号的频率从 500 千赫逐渐改变至 20 兆赫左右,它用窄脉冲加以调制,脉冲宽度为 50—100 微秒左右,因此在每一个脉冲时间内大约含有几十至几百次高频振荡. 脉冲功率在 10 千瓦以上. 脉冲重复频率为 50 赫, 即与市电同步. 在脉冲调制期间, 发射机天线上才有高频信号, 否则发射机处于截止状态. 接收机所接收到的信号由显示系统中的阴极射线示波器加以显示. 为了标明接收到信号的频率和反射高度, 在显示系统中除了加入一般应有的扫描信号之外, 还加入由频标发生器来的频率标号以及由标码发生器来的时间标号. 假定高频信号在空间均以光速传播, 则不难从时间标号直接读出高度标号. 在荧光屏上, 利用这高度标号就能很方便地读出返回脉冲的反射高度. 显示系统中的示波管荧光屏上, 只露出时基的一条狭缝, 其余部分全遮盖起来 (图 104). 当照相底片在荧光屏上移动时, 公共振荡器使得发射脉冲的频率随时间作线性或对数的改变, 频率标号同时在移动的底片上留下痕迹. 发射脉冲和返回脉冲的时间间隔也作相应的改变. 假定电波在空间传播的速度恒为光速, 于是虚高度或等效高度 h' 为:

$$h' = \frac{1}{2} c\, \Delta t, \tag{8.1}$$

其中 Δt 为发射脉冲与返回脉冲之间的时间间隔, 因子 $1/2$ 是由于垂直向上又垂直向下经过两次高度距离而引入的. 因此利用这种显示装置可得到 h'-f 曲线, 有时又称之为频高特性曲线或频高图. 但是目前已不大采用遮盖荧光屏的办法, 而是采用所谓 "全景式" 的显示装置, 即将随频率变化的电压加到示波器水平偏转板上, 胶卷不必移动就可得出 h'-f 曲线.

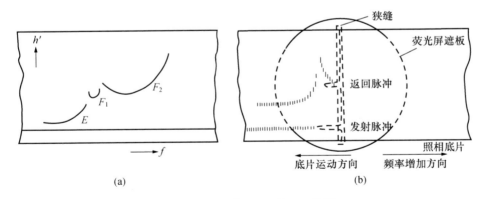

图 104　获得 h'-f 曲线的显示装置

在上一章里, 我们曾经论述过温-克-布解, 只在 $n=0$ 高度附近很小的一段高度间隔内, 不能近似地描写电磁波在电离层中的状态. 对于 1 兆赫的电磁波, 不适用的高度只为 0.1 公里左右. 对于电离层垂直探测仪所使用的频段而言, 在 $n=0$ 附近, 温-克-布解不适用的高度间隔更小. 因此, 慢变化介质射线理论中的斯涅耳 (Snell) 定律很好地描写了射线的路径. 假定略去地磁场效应和碰撞项的情形下,由于电磁波为垂直投射,在平面层状电离层介质中,电磁波的反射点应当在 $n=0$ 的高度.

当略去地磁场效应和碰撞项时,按照艾普利通-哈特里公式,$n=0$ 的条件相当于:

$$N = \frac{\pi m}{e^2} f^2 = \frac{\pi m}{e^2} f_c^2. \tag{8.2}$$

当工作频率(即所发射的高频信号的频率)在某一高度上满足上式时,在这高度上将发生反射.这个频率也称为对应于 N 值的临界频率,常以 f_c 来标记.换句话说,当工作频率到达电离层某一高度成为该电子浓度所对应的临界频率时,电波即返折回地面.这样一来,我们就不难从 $h'-f$ 曲线上的 f 坐标,借(8.2)式换算为 N 坐标.

然而,事实上在电离层高度上存在地磁场.射线一般分裂为寻常波和非常波.寻常波的反射点与地磁场为零时的情形一样遵循(8.2)式.非常波则有两个可能的反射高度,按照 §7.4,当 $M=0$ 时,

$$X = 1 - Y(\omega > \omega_H), \tag{8.3}$$

$$X = 1 + Y. \tag{8.4}$$

(8.3)式只有在 $Y<1$ 或 $\omega > \omega_H$ 条件下才是合理的.当 $Y>1$ 或 $\omega<\omega_H$ 时,非常波只有一个反射高度,亦即在 $h'-f$ 图上只有一个痕迹.这个反射高度满足(8.4)式,由于在 F_2 层最大值以下的高度上,电子浓度大致随高度的增加而增加,故对于同一工作频率的电波而言,满足(8.4)式的反射高度比满足(8.3)式的反射高度高些.不难求出这两个反射高度所对应的电子浓度.(8.3)和(8.4)式可改写为:

$$N = \frac{\pi m}{e^2} (f_c^{(x)^2} - f_c^{(x)} f_H), \tag{8.3a}$$

$$N = \frac{\pi m}{e^2} (f_c^{(z)^2} + f_c^{(z)} f_H), \tag{8.4a}$$

其中 $f_c^{(x)}$ 和 $f_c^{(z)}$ 分别表示对应于(8.3)和(8.4)式反射高度的非常波临界频率.相应地,我们也用 $f_c^{(0)}$ 来表示(8.2)式中寻常波的临界频率,因而(8.3a)和(8.4a)式又可改写为:

$$f_c^{(0)^2} = f_c^{(x)^2} - f_c^{(x)} f_H, \tag{8.3b}$$

$$f_c^{(0)^2} = f_c^{(z)^2} + f_c^{(z)} f_H. \tag{8.4b}$$

利用(8.3b)式,还可以确定电离层中的地磁场强度:

$$H = \frac{2\pi mc}{e} \cdot \frac{f_c^{(x)^2} - f_c^{(0)^2}}{f_c^{(x)}}$$

$$\approx \frac{4\pi mc}{e} (f_c^{(x)} - f_c^{(0)}), \tag{8.5}$$

其中认为 $f_c^{(x)} + f_c^{(0)} \approx 2 f_c^{(x)}$.

在以上讨论中,我们均略去碰撞项的效应,因为碰撞项的主要作用是对电磁波的吸收,另一方面,碰撞频率随高度的增大近似于指数地减小,在 E 层高度上,v 为 10^5 秒$^{-1}$ 的量级,因而对于垂直探测仪所使用的频段而言,在 E 层以上高度,$Z \ll 1$;由(7.27)式可见,略去碰撞项之后对于上速反射高度的讨论,并不会带来多大的误差.

我们来定性地讨论 h'-f 曲线.由于电磁波脉冲信号在电离层介质中的速度并不是恒为光速(在 §7.8 中,我们曾比较详细地讨论了它的速度).因而按(8.1)式换算出来的虚高度,并不是真正的反射高度.在图 104 的(a)图,我们看到的 h'-f 曲线并不具有如图 79 的电离层结构的相似形式,这就是由于 h' 不同于真高度 h 的缘故.虚高度 h' 实质上是表征电磁波脉冲信号投射入电离层又返回地面的迟缓时间.在不同电离层高度上,其迟缓效应是不同的.在非电离层区域,群速度几乎近于光速,随着电波愈接近反射高度,群速度越来越小,迟缓效应越来越大.在反射点,迟缓效应最大.图 105 表示 h'-f 曲线与实际电子浓度随高度分布的对应关系.当工作频率从 A' 点逐渐上升时,脉冲信号的反射高度也沿 A 点高度逐渐上升,h' 增大.当工作频率增大至 B 点所对应的穿透频率 f_0 附近时,h' 急速增大,这是由于在接近该层最大电子浓度的高度处,具有较大迟缓效应的有效高度区间增大. 当工作频率稍大于 f_0 时,则反射高度突增至 CD 部分的区域;因此,在 h'-f 曲线上,表现出曲线的不连续性.利用 h'-f 曲线上这种跳跃,可

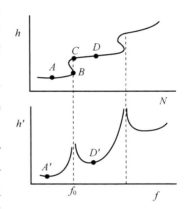

图 105 h'-f 曲线与电子浓度随高度分布 $N(h)$ 的对应关系

以直接推算出某层的最大电子浓度.h'-f 曲线的跳跃次数就代表电离层的分层数目.当工作频率越过 f_0 时,h' 略为下降,这是由于此时实际的反射高度增加不多,而反射点以下高度对迟缓的贡献却因频率的增大而减小的缘故.在 D' 点的 h' 称为该层的最小虚高度.当工作频率越过 D' 点时,又重复上述过程.可以想象,当工作频率超过 F_2 层的穿透频率时,脉冲信号将穿过整个电离层而一去不复返了.

图 106 是北京上空电离层的频高特性曲线(即 h'-f 曲线).它很清楚地表现出 E 层和 F 层的存在. 在正常的 E_1 层上面,还存在一小层.称之为 E_2 层.F_1 层在频高图上经常表现为一个极大值(突起的部分),而不是一个不连续的跳跃,这可以想象到 F_1 和 F_2 层之间的电子浓度并不存在如图 105 中 B,C 点之间的"凹谷",而似乎是从 B 点起就紧接着 CD 的部分,因此常常称这样的 F_1 层为 F_1 缘.另一方面,在这个图上,我们还可以在 F_1 和 F_2 层之间所对应的 h'-f 曲线旁

边、看到另一支较弱的回波. 这就是非常波的回波. 非常波在电离层介质中可能遭受到较大的吸收, 所以在频高图上比较模糊, 有时候甚至看不到它的痕迹. 然而当电离层比较平静的时候, F 层的回波却经常同时出现这两种回波 (图 107).

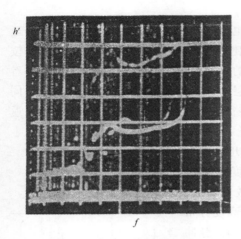

图 106　北京上空电离层的 $h'-f$
照片 (春季上午)

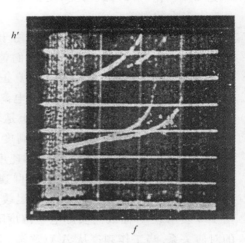

图 107　北京上空电离层 F 层的
$h'-f$ 照片 (春季夜间)

图 108 是具有两个非常波分量和一个寻常波分量的记录. 一般地说, $f_c^{(z)}$ 的一支较少出现, 因为非常波分量早在 $f_c^{(z)}$ 所对应的反射高度处反射. 对于同一脉冲 (即同一频率) 而言, $f_c^{(x)}$ 所对应的反射高度比 $f_c^{(z)}$ 低得多, 非常波能量一般达不到 $f_c^{(z)}$ 所对应的高度, 就很快衰减了. 所以图 108 是较罕见的记录. 从这张图上, 很容易判断它们所对应的分量. 从 (8.3b) 和 (8.4b) 式得到如下不等式, 对于同一高度的 N 而言,

$$f_c^{(x)} > f_c^{(0)} > f_c^{(z)}. \qquad (8.6)$$

从频高图上三支此线的跳跃处, 很容易判断这三个分量.

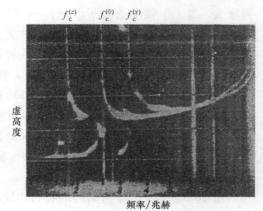

图 108　E 层三个回波的频高特性曲线[3]

除了磁分裂效应使频高图变得很复杂之外, 在电离层和地面吸收较小、而发射机功率较大的情况下, 常常出现二次、三次以致多次的回波, 亦即一次回波返

回地面后又有一部分能量垂直由地面返回电离层,这一回波有很强的能量,以致第二次从电离层返回地面接收机天线时,还能在频高图上显示出它的痕迹.同样的过程可能得到更多次的回波.图 109 是北京上空电离层 F 层六次反射波的照片.由于电波所走过的路程成倍地增长,因此很容易从频高图上判断出这种回波.

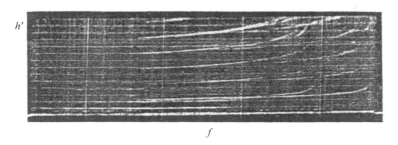

图 109　北京上空电离层 F 层六次反射波(冬季夜间)

图 110 是 F 层三次反射的频高图.此时不但同时有寻常波和非常波,而且它们的痕迹都呈扩展的形状.这说明此时 F 层正处于混乱的不均匀状态.图 111 是一张更复杂的频高图.这里不但有 F 层和其他各层的多次反射,而且在 E 层高度还出现一些薄层.F 层本身也正处于不均匀状态.电离层的不均匀结构和外界对电离层的扰动,是使得频高图复杂化的重要原因.在后面我们还将加以讨论.

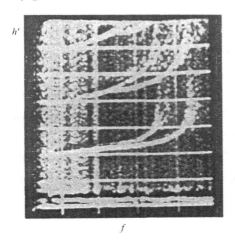

**图 110　北京上空电离层 F 层
多次反射(冬季夜间)**

**图 111　北京上空电离层比较
复杂的频高图(春季夜间)**

§8.2 从频高特性曲线获得电子浓度随高度的垂直分布

从频高特性曲线获得电子浓度随高度分布的关键在于,将虚高度换算为真高度.实际上,垂直探测仪记录的 Δt 为:

$$\Delta t = 2\left(\frac{h_0}{c} + \int_{h_0}^{h_c} \frac{\mathrm{d}h}{v_g}\right), \tag{8.7}$$

其中 h_0 为电离层的起始高度,h_c 为反射点高度,v_g 为信号的群速度.换句话说,Δt 是脉冲信号经过地面至电离层底部和电离层底部至反射点两部分的贡献.在前一高度范围内,它以光速行进;在后一高度范围内,群速度不断改变着.因此从 h_0 至 h_c 的贡献为一积分形式.因子 2 是由于投射入电离层和返回地面两次通过同一路线而引入的.根据(8.1)式和(8.7)式,

$$h' = h_0 + c \int_{h_0}^{h_c} \frac{\mathrm{d}h}{v_g}, \tag{8.8}$$

或

$$h' = h_0 + \int_{h_0}^{h_c} n_g \mathrm{d}h. \tag{8.9}$$

其中运用了(7.76)式所定义的群折射指数 n_g.

一般地说,n_g 是工作频率 f、电子浓度 N、地磁场 H_E 和碰撞频率 ν 等参数的函数,而这些参数又都是高度 h 的函数.特别要注意的是,积分上限 h_c 依赖于待求的 $N(h)$ 分布.因此,(8.9)式是一个积分方程.从已知的 h'-f 曲线精确地计算出 $N(h)$ 分布是相当复杂的.

为了计算上的简便和在数学上可能进行处理起见,常常引入一些简化假设.例如,假定 $N(h)$ 分布是 h 的单值函数,因此才有可能直接对(8.9)式进行运算.这一假设,显然与电离层的分层概念相违背,不过在下一章中我们将要看到,在 F_2 层最大电子浓度高度以下的 $N(h)$ 分布,几乎是单调上升的,各分层之间的"凹谷"(即 $N(h)$ 的极小值处附近),并不如先前所预料的那么深.其次,假设碰撞项可以略去.我们已在前面说明了这一假设的合理程度.

从 h'-f 曲线换算 $N(h)$ 分布有时简称为电离层真高度的换算问题.换算的方法大致可分为两大类.一类是比较的方法,即对电子浓度分布形式预先作了假设,然后将计算值与实验结果作比较,得到假设的分布中的参数,从而得到实际的电子浓度分布.另一类是直接求解积分方程(8.9)的方法.它又分直接推导方法和分片解方法.其中分片解法已由手工的计算发展到电子计算机的计算.这无疑地是这一工作的最新的方向.下面我们依次地介绍这些换算的方法.

(1) 比较法[4—7]

在地磁场效应可以略去的情况下,假定电子浓度随高度的分布为:

$$\frac{N_m - N}{N_m} = \left(\frac{h_m - h}{T_l}\right)^2, \tag{8.10}$$

其中 N_m 和 h_m 分别为层的最大电子浓度及其相应的高度，T_l 为层的半厚度. 这个分布显然是抛物形的分布（图 112）. 在这样的假设下，注意到：

$$f_c^2 = \frac{e^2}{\pi m} N,$$

$$f_0^2 = \frac{e^2}{\pi m} N_m,$$

则（8.9）式为：

$$h' = h_0 + \int_{h_0}^{h_c} \frac{f\mathrm{d}h}{\sqrt{f^2 - f_c^2}}. \tag{8.11}$$

引入（8.10）式，

$$h' = h_0 + \int_{h_0}^{h_c} \frac{\mathrm{d}h}{\sqrt{1 - \frac{f_0^2}{f^2}\left[1 - \left(\frac{h_m - h}{T_l}\right)^2\right]}},$$

$$h' = h_0 + \frac{T_l f}{f_0} \ln \frac{h_m - h_c}{T_l \left(1 - \frac{f}{f_0}\right)}, \tag{8.12}$$

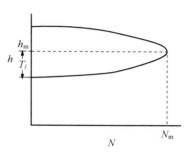

图 112　抛物层形式

在此运用了（7.78）式. 在 h_c 高度，$f = f_c$，于是由（8.10）式可求出 h_c，

$$\frac{h_m - h_c}{T_l} = \sqrt{1 - \frac{f^2}{f_0^2}}. \tag{8.13}$$

将（8.13）式代入（8.12）式得：

$$h' = h_0 + \frac{T_l f}{2 f_0} \ln \frac{f_0 + f}{f_0 - f}, \tag{8.14}$$

或注意到 $h_m = h + T_l$，

$$h' = h_m + T_l \left[\frac{f}{2 f_0} \ln \frac{f_0 + f}{f_0 - f} - 1\right]. \tag{8.15}$$

一般只要在频高图上选取两点，就可以按照上式求得假设模型中的参数 h_m 和 T. 但是我们可以用一简单的方法求 h_m 和 T_l.

令

$$\phi\left(\frac{f}{f_0}\right) = \frac{f}{2 f_0} \ln \frac{f_0 + f}{f_0 - f} - 1,$$

则当

$$f = 0.834 f_0 \tag{8.16}$$

时，$\phi(0.834) = 0$，或写为：

$$h' \big|_{f = 0.834 f_0} = h_m.$$

这就是说，在 $f = 0.834 f_0$ 处的 h' 就是 h_m 值.

通常采用各种 T_l 值,按照(8.14)式作出许多 h'-f 理论曲线(图113).这些曲线画在透明的卡片上,将这些透明卡片放置在实际得到的频高特性曲线上,找出一条与频高特性曲线相吻合的理论曲线,则此曲线上的 T_l 值便是实际的 T_l 值.

求得 h_m 和 T_l 之后,便完全确定了(8.10)式的 $N(h)$ 分布.还可以作其他类型的 $N(h)$ 分布的假设,按照上述的办法确定其中的参量.例如假定 $N(h)$ 分布是线性型的,即

$$\frac{N_m - N}{N_m} = \frac{h_m - h}{T_l}, \qquad (8.17)$$

则(8.9)式变为:

$$h' = h_m + T_l\left[\frac{2f^2}{f_0^2} - 1\right]. \quad (8.18)$$

假定 $N(h)$ 分布是平方型的,即

$$\left(\frac{N_m - N}{N_m}\right)^2 = \frac{h_m - h}{T_l}, \quad (8.19)$$

则(8.9)式变为:

$$h' = h_m + T_l\left[4\frac{f^2}{f_0^2} - \frac{8}{3}\frac{f^4}{f_0^4}\right]. \quad (8.20)$$

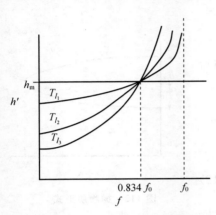

图 113　比较法所用的卡片模型示意图

此外还曾经建立了考虑地磁场的比较方法.

(2) 直接推导的方法[8]

当略去地磁场效应时,(8.11)式是一个阿贝尔(Abel)积分方程.为运算上方便起见,我们将 h_0 作为起始高度,于是(8.11)式变为:

$$h' = \int_0^{h_c} \frac{f \cdot \mathrm{d}h}{\sqrt{f^2 - f_c^2}}. \qquad (8.11a)$$

引入新变量:

$$\left.\begin{array}{l} a = f_c^2, \\ b = f^2, \end{array}\right\} \qquad (8.21)$$

于是(8.11a)式可化为:

$$\frac{1}{f}h'(f) = \int_0^{h_c} \frac{\mathrm{d}h}{\sqrt{f^2 - f_c^2}},$$

$$\frac{1}{\sqrt{b}}h'(\sqrt{b}) = \int_0^{h_c} \frac{\mathrm{d}h}{\sqrt{b - a(h)}}. \qquad (8.22)$$

我们希望利用已知的 $h'(f)$ 资料,求出在某一确定的 $f_c = f_{c_1}$ 的真高度.于是引入类似于(8.21)式的新参数:

$$a_1 = f_{c_1}^2, \qquad (8.23)$$

将(8.22)式两边倍乘以因子$\dfrac{1}{\pi\sqrt{a_1-b}}$,对$b$取积分后得:

$$\frac{1}{\pi}\int_0^{a_1}\frac{1}{\sqrt{b(a_1-b)}}h'(\sqrt{b})\mathrm{d}b = \frac{1}{\pi}\int_0^{a_1}\left[\int_0^{h_c}\frac{\mathrm{d}h}{\sqrt{a_1-b}\sqrt{b-a}}\right]\mathrm{d}b. \quad (8.24)$$

对(8.24)式右边的积分限作类似于狄里希利(Dirichlet)的变换后,(8.24)式变为:

$$\frac{1}{\pi}\int_0^{a_1}\frac{1}{\sqrt{b(a_1-b)}}h'(\sqrt{b})\mathrm{d}b = \frac{1}{\pi}\int_0^{h(f_{c_1})}\left[\int_0^{a_1}\frac{\mathrm{d}b}{\sqrt{a_1-b}\sqrt{b-a}}\right]\mathrm{d}h, \quad (8.24a)$$

其中$h(f_{c_1})$为$a=a_1$时所对应的h值.(8.24a)式的右边方括号内的积分等于π,因而(8.24a)式的右边等于$h(f_{c_1})$.(8.24a)式的左边取变换$b=a_1\sin^2\alpha$之后,于是整个(8.24a)式即为:

$$h(f_{c_1}) = \frac{2}{\pi}\int_0^{\frac{\pi}{2}}h'(\sqrt{a_1}\sin\alpha)\mathrm{d}\alpha, \quad (8.25)$$

注意到$\sqrt{a_1}=f_{c_1}$,同时去掉不必再保留的角码1,则上式可化为:

$$h(f_c) = \frac{2}{\pi}\int_0^{\frac{\pi}{2}}h'(f_c\sin\alpha)\mathrm{d}\alpha, \quad (8.26)$$

这就是所求的解.利用这个式子,可从频高特性曲线对各种f_c值求得真高度.因为N正比于f_c^2,因而又很容易从$h(f_c)$推算出$N(h)$分布.

(8.26)式的积分可以用多项式作近似计算.即用

$$\sum_i h'(f_c\sin\alpha_i)\Delta\alpha_i$$

代替

$$\int_0^{\frac{\pi}{2}}h'(f_c\sin\alpha)\mathrm{d}\alpha.$$

可以证明,对于选取一定的项数来说,当α_i选取在$\left(0,\dfrac{\pi}{2}\right)$区间为均匀间隔的点时,所用的多项式有最佳的近似.例如采用五项多项式,此时相应于所选取α_i值的f_i值应为:

$$f_i = f_c\sin\alpha_i, \quad (8.27)$$

$$\frac{f_i}{f_c} = 0.156,\ 0.454,\ 0.707,\ 0.891,\ 0.988, \quad (8.28)$$

则真高度

$$h(f_c) \approx \frac{2}{\pi}\left[\frac{1}{5}\cdot\frac{\pi}{2}\right]\cdot\left[h'(0.156f_c)+h'(0.454f_c)+h'(0.707f_c)\right.$$
$$\left.+h'(0.891f_c)+h'(0.988f_c)\right], \quad (8.29)$$

或一般地

$$h(f_c) \approx \frac{1}{n} \sum_{i=1}^{n} h'(f_i). \tag{8.30}$$

(8.28)式中的系数称之为基耳索(Kelso)系数. 自然, 所选取的点子越多, 即多项式的项数越多, 则结果就越近似于(8.26)的理论值.

当考虑地磁场的效应时, 问题就比较复杂了. 但是也曾经用这种方法进行换算[9].

(3) 分片解法

目前大部分电离层台站都采用分片解法. 它考虑了地磁场效应. 这一方法可以用人工计算, 也可用电子计算机进行运算.

改变(8.9)式的独立变量 h 为 f_c, 且以 h_0 为起始高度, 则

$$h'(f) = \int_0^f n_g(f, f_c) \frac{dh}{df_c} df_c. \tag{8.31}$$

在 $h'\text{-}f$ 曲线上, 将频率 f 分为许多相等的等间隔 Δf, 标记为:

$$h'(p\Delta f) = h'_p, \tag{8.32}$$

其中 p 为整数. 假定所选取的间隔 Δf 如此的小, 因而在每一间隔中 $\dfrac{dh}{df_c}$ 为不变量,

$$\frac{dh}{df_c} = \frac{h_q - h_{q-1}}{\Delta f}. \tag{8.33}$$

类似地, 这里标记

$$h(q\Delta f) = h_q. \tag{8.34}$$

(8.33)式中的 f_c 指的是

$$(q-1)\Delta f < f_c < q\Delta f, \quad q \leqslant p. \tag{8.35}$$

令

$$\left.\begin{array}{ll} M_{pq} = \dfrac{1}{\Delta f} \displaystyle\int_{(q-1)\Delta f}^{q\Delta f} n_g(p\Delta f, f_c) df_c, & q \leqslant p. \\[3mm] M_{pq} = 0, & q > p. \end{array}\right\} \tag{8.36}$$

方程(8.31)则为:

$$h'_p = \sum_{q=1}^{p} M_{pq}(h_q - h_{q-1}).$$

上式即为:

$$
\begin{bmatrix} h'_1 \\ h'_2 \\ \vdots \\ \vdots \\ h'_p \end{bmatrix} =
\begin{bmatrix}
M_{11} & 0 & 0 & 0 & \bullet \\
M_{21} & M_{22} & 0 & 0 & \bullet \\
M_{31} & M_{32} & M_{33} & 0 & \bullet \\
\vdots & \vdots & \vdots & \vdots & \vdots \\
M_{p_1} & M_{p_2} & M_{p_3} & \bullet & \bullet
\end{bmatrix}
\begin{bmatrix}
1 & 0 & 0 & 0 & \bullet \\
-1 & 1 & 0 & 0 & \bullet \\
0 & -1 & 1 & 0 & \bullet \\
\vdots & \vdots & \vdots & \vdots & \vdots \\
0 & \bullet & \bullet & \bullet & \bullet
\end{bmatrix}
\begin{bmatrix} h_1 \\ h_2 \\ h_3 \\ \vdots \\ h_p \end{bmatrix};
$$

$$\tag{8.37}$$

或写为：

$$\left.\begin{aligned}
h'_1 &= A_{11}h_1, \\
h'_2 &= A_{21}h_1 + A_{22}h_2, \\
h'_3 &= A_{31}h_1 + A_{32}h_2 + A_{33}h_3, \\
&\cdots\cdots\cdots\cdots\cdots\cdots\cdots\cdots\cdots, \\
h'_p &= A_{p_1}h_1 + A_{p_2}h_2 + \cdots + A_{pp}h_p.
\end{aligned}\right\} \qquad (8.38)$$

反演上式

$$\left.\begin{aligned}
h_1 &= \frac{1}{A_{11}}h'_1, \\
h_2 &= \frac{1}{A_{22}}h'_2 - \frac{A_{21}}{A_{22}}h_1, \\
h_3 &= \frac{1}{A_{33}}h'_3 - \frac{A_{32}}{A_{33}}h_2 - \frac{A_{31}}{A_{33}}h_1, \\
&\cdots\cdots\cdots\cdots\cdots\cdots\cdots\cdots\cdots\cdots\cdots, \\
h_p &= \frac{1}{A_{pp}}h'_p - \frac{A_{p,p-1}}{A_{pp}}h_{p-1} - \cdots - \frac{A_{p,1}}{A_{pp}}h_1.
\end{aligned}\right\} \qquad (8.39)$$

系数 $\dfrac{1}{A_{11}}$, $\dfrac{1}{A_{22}}$ 等与 M_{pq} 的关系是：

$$\left.\begin{aligned}
\frac{1}{A_{11}} &= \frac{1}{M_{11}}, \\
\frac{1}{A_{22}} &= \frac{1}{M_{22}}, \quad -\frac{A_{21}}{A_{22}} = 1 - \frac{M_{21}}{M_{22}}, \\
\frac{1}{A_{33}} &= \frac{1}{M_{33}}, \quad -\frac{A_{32}}{A_{33}} = 1 - \frac{M_{32}}{M_{33}}, \quad -\frac{A_{31}}{A_{33}} = \frac{M_{32}-M_{31}}{M_{33}}, \\
&\cdots\cdots\cdots\cdots\cdots\cdots\cdots\cdots\cdots\cdots\cdots\cdots\cdots\cdots.
\end{aligned}\right\} \qquad (8.40)$$

因此首先求得 M_{pq} 之后，利用上式算出(8.39)式中的系数，再利用已有的 $h'(f)$ 曲线，就可以借(8.39)式求得其高度. 当然，计算 M_{pq} 和各种系数的工作量是相当大的，M_{pq} 中的 n_g 依赖于地磁场强度和磁倾角，所以对于不同台站的 M_{pq} 值是不一样的. 另一方面，寻常波和非常波的 n_g 也不一样，因而必须将它们分开处理.

上述分片解法并不是唯一的，这是布登(Budden)[10]计算方法. 近来提瑟里奇(Titheridge)曾提出另一种计算方法，它似乎比布登的方法有更多的优点. 他也曾利用非常波来校正电离层低部微弱电离度的影响.

§8.3 反散射探测

用脉冲方法垂直探测电离层的一个不足之处在于，它只能探测台站铅直方向的电离层状态.这样的结果只能代表台站周围不大区域的情况.利用无线电波反散射的实验能消除这一缺点.它能研究以台站为中心几千公里地面上空的电离层物理状况.另一方面,它是研究和预报远距离传播的一种重要工具.所以近几十年来,对于无线电波的反散射实验做了很多研究工作[11-14].

当短波或超短波段无线电波倾斜地投向电离层时,在某一高度上,电波同样受到电离层的反射而返回地面.但是,有时在波的行进途中,遇到电离层的不均匀结构,这些不均匀结构可能使投射于其上的电波能量发生散射.当投射波的强

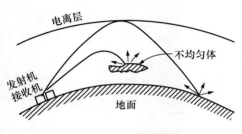

图 114 反散射路线示意图

度还足够大时,有一部分散射的能量将沿原来投射波的路线返回发射机所在地.如果在发射机所在地设置接收机,可以接收到返回的微弱信号,如果发射机发射出去的信号,在行进的途中不曾碰到电离层不均匀结构或其他空间散射体,则电波到达远距离的地面后,在地面遭到散射的部分能量也可能沿原

来路线返回接收机.显然,利用反散射的机制有可能探测周围空间的电离层状态,而且可以想象,其实验装置与垂直探测的装置基本上是相类似的.

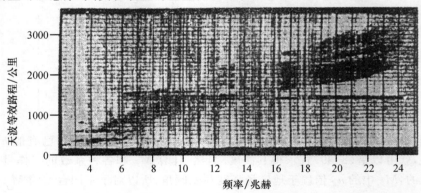

图 115 扫频反散射回波

目前,反散射探测装置又分为两种,一种是固定天线方位而使用扫描频率.这种装置实际上就是将垂直测高仪的天线方向改为倾斜投射的形式.除了可能加大发射机的功率之外,其他的装置基本上与垂直探测仪是一样的.图 115 是前者所记录的等效路程——频率曲线的大致图形.与垂直探测仪中获得虚高度相类似,这里的等效路程也是假定电波以光速传播,从获得的时间迟缓而直接加以换算的.因此可以类似地把等效路程叫做虚路程.在图的左下角可以看出,它的

模样类似于垂直探测仪中得到的频高曲线. 这是由于天线在垂直的方向尚辐射
一部分能量而形成的. 当频率连续增大时, 等效路程也不断增大. 然而此时的曲
线有很大的扩张形状. 这是由于在这种探测装置中, 天线虽然固定了方位, 但其
辐射的能量却有一定的瓣宽, 同一频率以不同角度投向电离层的电波, 将沿不同
的路线而传播, 因而其等效路程就在一相当大的范围内变化. 另一种反散射探测
装置是固定信号频率, 而天线的方位绕垂直方向连续改变. 图 116 是这种装置所
得到的记录. 这种记录又称为平面位置指示图(PPI). 图中表示出电波所投射的
方位. 圆形图的圆心代表台站的位置. 圆的半径相当于距离此台站的地面距离.
在实际的显示装置中, 可以在圆面上装上适当尺寸的地图. 当回波的痕迹在此图
上显示时, 将它与地图一起拍摄下来, 就能直接看出此回波相当于在什么地点发
生散射. 如果回波是由于电离层不均匀体的散射所引起的, 则可以从 PPI 图形
连续的观测记录中看出, 这不均匀体的位置以及其运动的方向和速度的大小. 因
此这种装置是研究 E_s 层、极光以及其他不均匀结构的重要工具之一. 反散射探
测装置也用于预报地面上一定距离之间通信的最大可用频率(MUF)和研究正
常电离层结构的水平倾斜度.

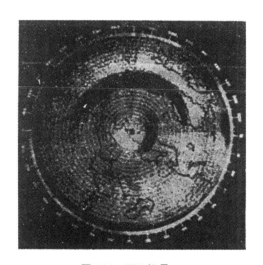

图 116　PPI 记录

　　反散射探测是电波倾斜投射于电离层的一种探测方法. 下面我们来讨论一
下倾斜投射电波的几个基本特性.

　　由于在这种实验中所使用的频率远大于电子碰撞频率和磁旋频率, 即 $Y \ll$
$1, Z \ll 1$, 因此下面我们将略去碰撞项和地磁场效应; 另一方面, 假定射线理论是
近似成立的. 从斯涅耳定律可以知道, 此时电波的反射高度不再是 $n = 0$ 的高度,
而是

$$n = \sin\Theta_0 \tag{8.41}$$

的高度. 其中 Θ_0 为在电离层底的投射角(图 117).

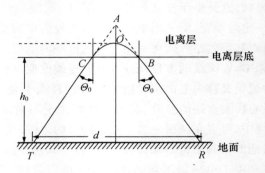

图 117 倾斜投射波的反射

假定以 f_v 和 f_g 分别表示垂直投射和倾斜投射在同一高度上所反射的工作频率. 显然

$$f_v = f_c.$$

并且按照(8.33)式,

$$n^2 = 1 - \frac{f_c^2}{f^2} = 1 - \frac{f_v^2}{f_g^2}. \tag{8.42}$$

将(8.41)式代入上式,则

$$f_v = f_g \cos\Theta_0. \tag{8.43}$$

这就是说,当垂直投射和倾斜投射的反射点是在同一电子浓度的高度时,倾斜投射应当使用较高的工作频率. 这就是所谓余弦定律. 从这里我们可以了解到,为什么反散射探测比垂直探测所使用的频率要高得多.

图 117 中的实线表示电波行进的路线,我们来计算一下电波从发射机 T 至 R 点所需的时间 t,显然,

$$t = \int \frac{\mathrm{d}l}{v_g} = \int \frac{\mathrm{d}l}{c/n_g}, \tag{8.44}$$

其中积分是沿 $TCOBR$ 路线进行的. 在 h_0 高度范围内,电波的行进路线是一直线. 注意到(7.78)式,则

$$t = \frac{1}{c} \int \frac{\mathrm{d}l}{n}.$$

又 $\mathrm{d}l = \dfrac{\mathrm{d}x}{\sin\Theta}$,假定 x 为水平距离的坐标,于是

$$t = \frac{1}{c} \int \frac{\mathrm{d}x}{n\sin\Theta}.$$

引入斯涅耳定理,

$$t = \frac{1}{c}\int \frac{\mathrm{d}x}{\sin\Theta_0} = \frac{d}{c\sin\Theta_0} = \frac{\overline{TA} + \overline{AR}}{c}, \tag{8.45}$$

上式表明,倾斜投射的电波从发射机至 R 点的时间,等于电波沿三角形 TAR 以光速传播所需要的时间.其中 A 点就是等效高度.因而等效路程 P_{p} 为

$$P_{\mathrm{p}} = ct = \overline{TA} + \overline{AR} = \mathrm{d}\csc\Theta_0. \tag{8.46}$$

所以从等效路程 P_{p} 中,我们很容易算出电波传播的地面跳跃距离 d. 因而可以了解到,图 115 回波痕迹的下边缘,大致表征一定 a 值的最大可用频率.

倾斜投射到达的等效高度(虚高度)为:

$$\begin{aligned} h'(f_{\mathrm{g}}, \Theta_0) &= h_0 + \int_{h_0}^{h(n=\sin\Theta_0)} \cos\Theta_0 c \mathrm{d}t \\ &= h_0 + \cos\Theta_0 \int_{h_0}^{h(n=\sin\Theta_0)} \frac{\mathrm{d}h}{n\cos\Theta}. \end{aligned} \tag{8.47}$$

由(8.42)和(8.43)式,有

$$\begin{aligned} n\cos\Theta &= \sqrt{n^2 - n^2\sin^2\Theta} = \sqrt{n^2 - \sin^2\Theta_0} \\ &= \sqrt{1 - \frac{f_{\mathrm{c}}^2}{f_{\mathrm{g}}^2} - \sin^2\Theta_0} = \cos\Theta_0\sqrt{1 - \frac{f_{\mathrm{c}}^2}{f_{\mathrm{v}}^2}}, \end{aligned}$$

于是

$$h'(f_{\mathrm{g}}, \Theta_0) = h_0 + \int \frac{\mathrm{d}h}{\sqrt{1 - \frac{f_{\mathrm{c}}^2}{f_{\mathrm{v}}^2}}} = h'(f_{\mathrm{v}}, 0).$$

注意到(8.43)式,并去掉频率的角码,则

$$h'(f, \Theta_0) = h'(f\cos\Theta_0, 0). \tag{8.48}$$

即频率为 f 以 Θ_0 角度倾斜投射于电离层所得的等效高度,等于以频率 $f\cos\Theta_0$ 垂直投射于电离层的等效高度(或称虚高度).(8.48)式称为马丁(Martyn)公式.

利用这个公式和明显的关系式:

$$h'(f, \Theta_0) = \frac{1}{2}\mathrm{d}\cot\Theta_0, \tag{8.49}$$

可以进行最大可用频率的预报.(8.49)式可从(8.46)式得出.

将垂直探测所得到的 h'-f 曲线中横坐标改为对数尺的标度.以同样的尺度比例将(8.49)式作图,此图画在透明的卡片上,纵坐标仍为 h',横坐标为 $\cos\Theta_0$,横坐标亦为对数尺的标度.将透明卡片叠于 h'-f 曲线之上,使其与横坐标保持吻合,然后将卡片沿横坐标方向滑动,直至两曲线正好相切为止.记下卡片的横坐标 $\cos\Theta_0 = 1$ 点叠合于 h'-f 曲线横坐标所标示的频率,此频率即为最大可用频率.

以上手续是对于一跳跃距离 d 而言,对于不同的 d 值必需作不同的卡片.最大可用频率也是相对于一跳跃距离而言的,当 f 大于最大可用频率时,不管

投射角 Θ_0 采取什么数值,都不能使跳跃距离 d 处接收到这个电波信号. 为了更清楚地理解这一点,我们来讨论一个具体例子.

假定电离层电子浓度高度分布为抛物层分布形式,则由(8.10)和(8.14)式,(8.48)式变为:

$$h'(f, \Theta_0) = h_0 + \frac{T_l f}{2 f_0} \cos\Theta_0 \ln \frac{f_0 + f\cos\Theta_0}{f_0 - f\cos\Theta_0}. \tag{8.50}$$

由(8.49)式得:

$$d = 2 h_0 \tan\Theta_0 + \frac{T_l f}{f_0} \sin\Theta_0 \ln \frac{f_0 + f\cos\Theta_0}{f_0 - f\cos\Theta_0}, \tag{8.51}$$

由(8.46)式得:

$$P_p = 2 h_0 \sec\Theta_0 + \frac{T_l f}{f_0} \ln \frac{f_0 + f\cos\Theta_0}{f_0 - f\cos\Theta_0}. \tag{8.52}$$

图 118(a)图的曲线是对一定 D 值的 P_p-f 曲线. 当 $d=0$ 时即为垂直投射情况,此时 $P_p \rightarrow h'$, $\Theta_0 \rightarrow 0$. 从图中曲线也可以看出,它类似于频高曲线给出的形状. 当 $d \rightleftharpoons 0$ 时,对于一定的 d 值有一 f 的最大值,这就是最大可用频率,大于最大可用频率的电波在这个 d 值的限制下没有适当的 P_p 值,也就是说不可能利用倾斜投射在 d 距离上进行传播. 图(b)中是假定固定的工作频率 f_1, f_2 和 f_3 之下,d 与 Θ_0 的关系. 可以看到,对于某个 Θ_0 值,d 有最小值 d_m,这就是说,当 Θ_0 大于或小于此值时,$d > d_m$.

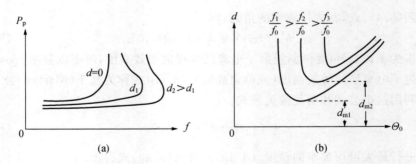

图 118　公式(8.51)和(8.52)图解

利用倾斜投射进行远距离电波传播,有时必须考虑到地表面的曲率,设射线上任一点至地心的距离为 r,则斯涅耳定律应当修改为:

$$nr\sin\Theta = 常数, \tag{8.53}$$

其他表达式亦应当作相应的改正.

§8.4　电离层吸收和电子碰撞频率的测量

电磁波通过电离层中遭受到的吸收,与带电粒子特别是电子和其他粒子相互碰撞过程有着密切的相关.非弹性碰撞的过程,调整着电离层中的电离平衡,例如一个电子撞击在一个中性粒子上,释放出其动能而转化为光量子,并且此两个相碰撞的粒子结合为负离子.类似地,在电离层中还有许多非弹性碰撞过程,我们将在第十章中加以介绍.另一方面,带电粒子特别是电子与其他粒子的弹性碰撞,对电离层中的能量平衡起着调节作用,对入射的电磁波起着吸收的作用.假如带电粒子碰撞频率为零,我们可以想象,入射电磁波使带电粒子作振动所耗费的能量,与带电粒子作强迫振动对波场能量的贡献是相等的.因此对于电磁场能量来说,其能量收支平衡.但是当带电粒子碰撞频率不为零时,电磁场能量收支就不能平衡.有一部分场的能量通过带电粒子的碰撞作用转化为其他粒子的无规则运动能量.实际上,也就是通过这种过程来决定电离中的大气温度、离子温度和电子温度.通过碰撞频率的测量,还可能获得中性粒子和离子密度的资料.除此之外,碰撞频率还决定着各种等离子体振荡类型的特性.因此,在研究电离层以及电波传播中,对于决定电离层中的碰撞频率是很重要的.

正由于碰撞过程使电波遭受到吸收,所以测量碰撞频率的一个基本方法,就是通过对反射波和投射波之间的比较来加以实现的,这是目前地面探测的主要方法.

假定地面垂直投射一单位振辐的无线电波,在 h 高度处,上行波场的温-克-布解为[见(7.68)式]:

$$E = M^{-\frac{1}{2}} \exp\left\{ -i\boldsymbol{k} \int_0^h M dh \right\}; \tag{8.54}$$

下行波的解因而为:

$$E = R M^{-\frac{1}{2}} \exp\left\{ +i\boldsymbol{k} \int_0^h M dh \right\}; \tag{8.55}$$

其中 M 为复数折射指数, $\boldsymbol{k}$ 为波矢量, R 为反射波的振辐.如果,在 $M=0$ 处发生反射,并且当 $M \to 0$ 时,此两个波场趋于一致,则显然

$$R = \exp\left\{ -2i\boldsymbol{k} \int_0^{h_c} M dh \right\}. \tag{8.56}$$

R 的模数

$$|R| = \exp\left\{ -2\boldsymbol{k} \int_0^{h_c} \kappa \, dh \right\}. \tag{8.57}$$

称为反射系数,也是实验上所决定的量.

略去地磁场效应,按照(7.39)式,

$$\kappa = \frac{1}{2n} \frac{\nu}{\omega} \frac{4\pi N e^2}{m(\omega^2 + \nu^2)},$$

或者

$$\kappa = \frac{\nu}{2\omega}\left(\frac{\kappa^2}{n} + \frac{1-n^2}{n}\right). \tag{8.58}$$

于是

$$-\ln|R| = \frac{1}{c} \frac{4\pi e^2}{m} \int_0^{h_c} \frac{N\nu}{n(\omega^2 + \nu^2)} dh,$$

或者

$$-\ln|R| = \frac{1}{c} \int_0^{h_c} \nu\left\{\frac{\kappa^2}{n} + \left(\frac{1}{n} - n\right)\right\} dh. \tag{8.59}$$

为便于分析起见,经常把电波通过电离层的区域划分为非偏移区和偏移区.前者为 n 接近于 1 的区域,后者为 n 很小的区域.例如在不考虑地磁场效应的情形下,接近于反射点的区域称之为偏移区,其余区域称之为非偏移区.于是(8.59)式近似地为:

$$-\ln|R| \approx \frac{1}{c} \frac{4\pi e^2}{m} \int_{(\text{非偏移区})} \frac{N\nu dh}{(\omega^2 + \nu^2)} + \frac{1}{c} \int_{(\text{偏移区})} \nu\left(\frac{1}{n} - n\right) dh. \tag{8.60}$$

当考虑地磁场效应时,在非偏移区: $X \ll 1$,因而

$$\frac{Y_T^4}{4Y_L^2} \ll (1-X)^2 + Z^2,$$

亦即满足准纵传播的条件.于是按照(7.42)式,只需把(8.58)式中的 $\dfrac{1}{\omega^2 + \nu^2}$ 换为

$\dfrac{1}{(\omega \pm \omega_{HL})^2 + \nu^2}$,就可得到类似的表达式.如果

则

$$(\omega \pm \omega_{HL})^2 \gg \nu^2,$$

$$\frac{\ln|R^{(x)}|}{\ln|R^{(0)}|} \approx \frac{(\omega + \omega_{HL})^2}{(\omega - \omega_{HL})^2}. \tag{8.61}$$

可见在非偏移区中,非常波遭受到的吸收比寻常波大.这大约是非常波在频高图上比寻常波模糊,甚至于不出现的重要原因.

当考虑地磁场的情况下,寻常波和非常波的反射高度不同.寻常波偏移区域满足 $X \approx 1$,于是:

$$\frac{Y_T^4}{4Y_L^2} \gg (1-X)^2 + Z^2,$$

即满足准横传播的条件.可以证明[15],

$$-\ln|R^{(0)}| \approx \frac{\bar{\nu}}{2c}(P_g - P_p \csc^2\theta), \tag{8.62}$$

其中 $\bar{\nu}$ 为偏移区 ν 的平均值,并且

$$P_g = \int n_g dh, \tag{8.63}$$

$$P_\mathrm{p} = \int n \, \mathrm{d}h, \tag{8.64}$$

分别称之为群路程和相路程. 非常波的偏移区, 满足 $X \approx 1 - Y_\mathrm{L}$. 对于准纵传播的情形, 可以证明:

$$-\ln |R^{(x)}| = \frac{\bar{\nu}}{2c}(P_\mathrm{g} - P_\mathrm{p}) / \left(1 - \frac{1}{2}Y_\mathrm{L}\right). \tag{8.65}$$

作为一个例子, 假定电离层的模式是:

碰撞频率,

$$\nu = \nu_0 \, \mathrm{e}^{-\zeta}, \tag{8.66}$$

有效复合系数,

$$\alpha = \begin{cases} \alpha_0, \\ \alpha_0 \, \mathrm{e}^{-\zeta}, \end{cases} \tag{8.67}$$

其中 $\zeta = \dfrac{h - h_{\mathrm{m}0}}{H}$, H 为标高, $h_{\mathrm{m}0}$ 为最大电子浓度在天顶角为零时的高度. 与 (8.67) 式两种模式相应的简单层为:

$$N = \begin{cases} N_{\mathrm{m}_0} \exp \dfrac{1}{2}(1 - \zeta - \mathrm{e}^{-\zeta}\sec\chi), & \alpha = \alpha_0. \\[2mm] N_{\mathrm{m}_0} \exp \dfrac{1}{2}(1 - \mathrm{e}^{-\zeta}\sec\chi), & \alpha = \alpha_0 \, \mathrm{e}^{-\zeta}. \end{cases} \tag{8.68}$$

这两种模式对应的 (8.59) 式为:

$$-\ln |R| = \begin{cases} \dfrac{4\pi e^2}{mc} N_{\mathrm{m}_0} \nu_0 \displaystyle\int_0^{h_c} \dfrac{\exp \dfrac{1}{2}(1 - 3\zeta - \mathrm{e}^{-\zeta}\sec\chi)}{\nu_0^2 \mathrm{e}^{-2\zeta} + \omega^2} \mathrm{d}h, & \alpha = \alpha_0, \\[6mm] \dfrac{4\pi e^2}{mc} N_{\mathrm{m}_0} \nu_0 \displaystyle\int_0^{h_c} \dfrac{\exp \dfrac{1}{2}(1 - 2\zeta - \mathrm{e}^{-\zeta}\sec\chi)}{\nu_0^2 \mathrm{e}^{-2\zeta} + \omega^2} \mathrm{d}h, & \alpha = \alpha_0 \, \mathrm{e}^{-\zeta}. \end{cases} \tag{8.69}$$

当 $\dfrac{\omega}{2\nu_0}\sec\chi \gg 1$ 时, 可以得到[16],

$$-\ln |R| = \begin{cases} 4.13 \, \dfrac{4\pi e^2}{mc} N_{\mathrm{m}_0} H \nu_0 \, \dfrac{\cos^{\frac{3}{2}}\chi}{\omega^2}, & \alpha = \alpha_0, \\[4mm] 3.26 \, \dfrac{4\pi e^2}{mc} N_{\mathrm{m}_0} H \nu_0 \, \dfrac{\cos\chi}{\omega^2}, & \alpha = \alpha_0 \, \mathrm{e}^{-\zeta}. \end{cases} \tag{8.70}$$

　　测量反射系数最方便的和最广泛使用的方法是, 比较电离层垂直探测仪中一次、二次、三次等回波振辐. 如果发射脉冲的功率足够大, 则可以得到多次反射的脉冲. 有时由于不均匀结构的散射或其他原因, 使得后一次回波比前一次回波的振辐大. 因此, 利用这种观测方法进行观测时, 必须取多次数据的平均值, 才能

更好地表征电离层的真实状态. 如果每次回波振辐依次为 $E_1, E_2, \cdots$, 地面反射系数为 $|R_E|$, 则很容易推出:

$$|R| = \frac{E_2}{E_1}\frac{2}{|R_E|} = \frac{E_3}{E_2}\frac{3}{2|R_E|} = \cdots. \qquad (8.71)$$

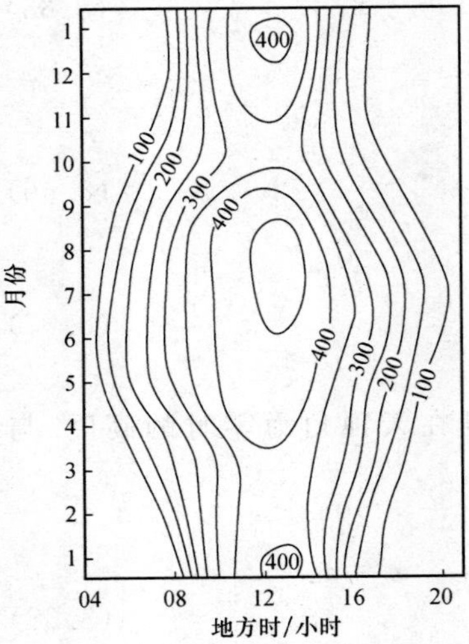

图 119　$-\ln|R|$ 等值线[3]
（线旁数字为 $-\ln|R|$ 值）

实验结果表明, $-\ln|R|$ 随天顶距离的变化大多数为:

$$-\ln|R| \sim \cos^{0.7}\chi, \qquad (8.72)$$

所以更接近于 (8.70) 式的第二个式子, 亦即复合系数 α 是随高度改变的. 夏季的 $-\ln|R|$ 变化很小, 冬季则明显地增大. 长期的观测表明, $-\ln|R|$ 也有太阳活动循环的周期性. 太阳活动性较大的年份, 电离层的吸收增大.

实验结果也表明, $-\ln|R|$ 几乎与 ω^2 成反比, 这与理论的结果基本上相一致.

图 119 给出了 $-\ln|R|$ 各个月份的昼夜变化. 最有意思的是, 每天的最大值几乎都在中午之后 20 分钟左右. 利用这个时间位移, 可能估计 αN 的乘积[17]. 事实上, 取接近中午时刻, 并以此为对称的两个电离层状态 1 和 2, 很容易写出:

$$\alpha = \frac{\dfrac{dN_1}{dt} - \dfrac{dN_2}{dt}}{N_2^2 - N_1^2} \approx \frac{\dfrac{dN}{dt}}{N\Delta N}, \qquad (8.73)$$

其中

$$N_2 \approx N_1 \approx N, \quad \Delta N = N_2 - N_1,$$

$$\frac{dN_1}{dt} \approx -\frac{dN_2}{dt}. \qquad (8.74)$$

因为吸收正比于 N, 于是:

$$\alpha N = \frac{\dfrac{d}{dt}(-\ln|R|)}{\Delta(-\ln|R|)}. \qquad (8.75)$$

用这样的方法解出的 αN 值, 在数量级上是合理的.

近年来, 利用宇宙噪声源的辐射研究电离层吸收的工作得到很大的进展. 地面接收某一方向的宇宙噪声信号, 这些噪声信号的强弱, 将随电离层吸收效应的变化而变化. 这时不再需要发射机, 观测设备可以大大简化. 同时我们所获得的结果是表征整个电离层的吸收, 而不只是一部分高度的吸收, 所以在 F_2 层以上高度的异常变化,也可能加以观测.最常用的观测频率为 27—30 兆赫.在这些频率以下的频段,电台和大气的干扰就很大;在这些频率以上的频段,电离层的吸收效应将不显著.接收机接收到的宇宙噪声功率只能表征电离层吸收的相对变化.为了得到绝对的量度,必须确定投射入电离层之前的宇宙噪声功率,夜间电离层电离度大大减弱,D,E 和 F_1 层均不出现.经常利用较平静的夜间观察到的功率作为原始噪声强度.

这种观测装置称之为电离层相对浑浊仪(Relative Ionospheric Opacity Meter,又简称为 Riometer)[18].其观测结果基本上与前一方法所得结果一致.利用这种观测方法已积累了吸收与磁扰、极光相关的一些资料[19].

最后我们来介绍两种测量有效碰撞频率的方法.

利用测量电离层吸收的资料,可以计算碰撞频率.由(8.60)、(8.63)和(8.64)式可知,对于在偏移区起主要作用的频段,两个微小差别的频率 f_1 和 f_2 的吸收量之差分为:

$$\Delta(-\ln|R|) \approx \frac{\bar{\nu}}{c}(\Delta P_g - \Delta P_p). \tag{8.76}$$

因为 $\Delta P_p \ll \Delta P_g$,故

$$\Delta(-\ln|R|) \approx \frac{\bar{\nu}}{c}\Delta P_g, \tag{8.77}$$

其中 $\bar{\nu}$ 为 ν 在 f_1 和 f_2 反射高度之间的平均值.直接画出 $-\ln|R|$ 与 P_g 的实验曲线,就可以决定 $\bar{\nu}$.但是,在这样的计算中略去 ΔP_p,我们来讨论去掉这个简化假设,求 $\bar{\nu}$ 的办法.由(8.76)式有

$$-\mathrm{d}(f\ln|R|) = \frac{\bar{\nu}}{c}\mathrm{d}(fP_g - fP_p). \tag{8.78}$$

由(7.77)式很易导出:

$$P_g = P_p + f\frac{\mathrm{d}P_p}{\mathrm{d}f}, \tag{8.79}$$

或

$$\mathrm{d}(P_p f) = P_g \mathrm{d}f, \tag{8.80}$$

则有

$$-\mathrm{d}(f\ln|R|) = f\frac{\bar{\nu}}{c}\mathrm{d}P_g. \tag{8.81}$$

积分后

$$f_1\ln|R_1| - f_2\ln|R_2| = \frac{\bar{\nu}}{c}[f_2(P_{g_2} - P_{p_2}) - f_1(P_{g_1} - P_{p_1})]. \tag{8.82}$$

因为

$$P_{p_2}f_2 - P_{p_1}f_1 = \int_{f_1}^{f_2} P_g \mathrm{d}f, \tag{8.83}$$

则

$$f_1 \ln |R_1| - f_2 \ln |R_2| = \frac{\bar{\nu}}{c} \left[(f_2 P_{g_2} - f_1 P_{g_1}) - \int_{f_1}^{f_2} P_g \, df \right] \qquad (8.84)$$

$$= S \frac{\bar{\nu}}{c}. \qquad (8.85)$$

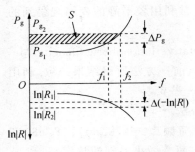

图 120　以 $\ln |R|$ 和 P_g 曲线决定碰撞频率

S 为图 120 中阴影部分的面积[3].

不同作者所得到的 $\bar{\nu}$ 值不太一致. 在 D 层高度, $\bar{\nu} \sim 10^6$ 秒$^{-1}$, 在 E 层高度为 10^5 秒$^{-1}$, F_2 层为 10^3 秒$^{-1}$左右[20].

利用有关电离层吸收的地面观测资料所得出的数据, 有一定局限性. 回波的状态变化, 是由于电波所通过的整个高度的电离层引起的, 也就是说, 我们得到的是相当大高度间隔上的积分效应. 因此用这样的办法获得吸收和碰撞频率的高度分布是不大可靠的. 另一方面, 当地磁场效应不可略去的时候, 回波就变得复杂起来, 资料的处理也就困难得多. 近年来, 利用火箭和人造卫星进行的测量, 显然是一种有效的方法.

假定垂直向上运动的火箭不断发出同一频率的电磁波, 地面接收到的寻常波和非常波的相对振幅为 $|R^{(0)}|$ 和 $|R^{(x)}|$, 于是:

$$\ln \left| \frac{R^{(x)}}{R^{(0)}} \right| = -\frac{\omega}{c} \int_0^{h_p} (\kappa^{(x)} - \kappa^{(0)}) \, dh - \ln B, \qquad (8.86)$$

其中 B 为某一常数, h_p 为火箭高度.

$$\kappa^{(x)} - \kappa^{(0)} \approx \frac{c}{\omega} \frac{\Delta(\ln |R^{(x)}| - \ln |R^{(0)}|)}{\Delta h}. \qquad (8.87)$$

另一方面, 当 $Z \ll 1, Y \ll 1$ 时, 属于准纵传播的 (7.42) 式近似地有:

$$\kappa^{(x)} - \kappa^{(0)} \approx 2ZXY_L. \qquad (8.88)$$

联合 (8.87) 和 (8.88) 式得到:

$$\nu = \frac{m^2 c^2 \omega^3}{8\pi N e^4 H_E \cos\theta} \frac{\Delta(\ln |R^{(x)}| - \ln |R^{(0)}|)}{\Delta h}. \qquad (8.89)$$

用此式可直接决定 ν 随高度的分布. 图 121 是用这种方法得到的结果[21]. 可以看出, 实验值与理论值相当符合. 在加拿大也进行过类似的测量, 其结果与图 121 极为接近. 这种方法有时叫做差分吸收测量. 利用人造卫星也可以进行类似的观测. 此时, 由于卫星的轨道大多是椭圆形的, 因而在换算上稍为复杂.

必须指出, 利用火箭和人造卫星进行观测, 仍然有局限性. 例如在 E 层以上, 碰撞频率随高度急剧减小, 直到目前为止, 还没能提供电离层较高区域碰撞频率的实验数据.

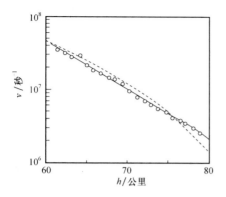

图 121　火箭测量的 ν 值[21]
（实线为实验值,虚线为理论值）

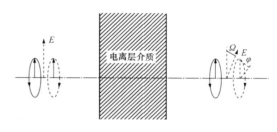

图 122　寻常波和非常波的相位差
引起偏振面的旋转

§8.5　利用法拉第效应研究电离层

在上一章里我们曾经证明,在电离层介质中,一个线性偏振的电波一般分裂为两个旋转方向相反的椭圆偏振波,即寻常波和非常波. 在准纵传播的条件下,它们都接近于圆偏振. 但是它们的相位速度是不一样的,因此在通过电离层介质后,合成的线性偏振波的电矢量,在空间上有一旋转角(见图122),这种现象称之为法拉第(Faraday)旋转效应或称偏振面的旋转.

在纵向传播的条件下,略去碰撞项,按照(7.35)式,

$$n^2 = 1 - \frac{X}{1 \pm Y_L}.$$

当 $Y_L \ll 1$ 时,

$$\left.\begin{array}{l} n^2 = 1 - \dfrac{1}{2}\dfrac{X}{1 \pm Y_L}, \\[2mm] n^{(0)} = 1 - \dfrac{1}{2} \cdot \dfrac{f_c^2}{f^2 + f f_H \cos\theta}, \\[2mm] n^{(x)} = 1 - \dfrac{1}{2} \cdot \dfrac{f_c^2}{f^2 - f f_H \cos\theta}, \end{array}\right\} \qquad (8.90)$$

其中 θ 为地磁场与波矢量的夹角. 一般, $f \gg f_H$,则

$$n^{(0)} - n^{(x)} \approx f_c^2 f_H \cos\theta / f^3, \qquad (8.91)$$

因而两个圆偏振波通过电离层介质后的时差为:

$$t^{(0)} - t^{(x)} = \frac{1}{c}\int (n^{(0)} - n^{(x)})\,\mathrm{d}l, \qquad (8.92)$$

积分将沿波所通过的整个路线进行. 这两个相反旋转的偏振波之间的相位差为:

$$\varphi = 2\pi f (t^{(0)} - t^{(x)}). \tag{8.93}$$

偏振面的旋转角 Ω 等于 φ 的一半,由(8.92)和(8.91)式得:

$$\Omega = \pi \int (t^{(0)} - t^{(x)}) = \frac{\pi f}{c} \int (n^{(0)} - n^{(x)}) \mathrm{d}l. \tag{8.94}$$

引入(8.89)式

$$\Omega = \frac{e^3}{m^2 c^2 f^2} \int N H_E \cos\theta \mathrm{d}l. \tag{8.95}$$

可以看出,旋转角与频率的平方成反比. 为了获得较大的 Ω 值,必须选择较小的频率. 但是为了能够穿过电离层,f 至少要大于 F_2 层的穿透频率. 对于 20 兆赫的电波,穿过整个电离层后,Ω 大约为 10 至 50 转左右,对于 100 兆赫的电波,约为 0.4 至 2 转,对于 1000 兆赫的电波约为 0.004 至 0.02 转.

利用人造卫星的观测资料,将(8.95)式改写为:

$$\Omega = \frac{e^3}{m^2 c^2 f^2} \int_0^{h_s} N H_E \cos\theta \sec\Theta \mathrm{d}h, \tag{8.96}$$

其中 Θ 为射线与铅直方向之间的夹角. 并且 $\mathrm{d}l = \sec\Theta \mathrm{d}h$. 假定在卫星高度以下 H_E, θ 和 Θ 变化不大,上式又可简化为:

$$\Omega = \frac{e^3}{m^2 c^2 f^2} \overline{(H_E \cos\theta \sec\Theta)} \int_0^{h_s} N \mathrm{d}h. \tag{8.97}$$

当卫星跨越天空运行时,几何项 $\cos\theta \sec\Theta$ 以及积分电子浓度都将逐渐改变,而且接收机所接收到的信号振辐有周期性的衰落.

最容易测量的量不是 Ω,而是 Ω 随时间的变化率 $\dfrac{\mathrm{d}\Omega}{\mathrm{d}t}$,$\dfrac{\mathrm{d}\Omega}{\mathrm{d}t}$ 称为法拉第频率. 由(8.97)式则有:

$$\frac{\mathrm{d}\Omega}{\mathrm{d}t} = \frac{e^3}{m^2 c^2 f^2} \left[\frac{\mathrm{d}\,\overline{(H_E \cos\theta \sec\Theta)}}{\mathrm{d}t} \int_0^{h_s} N \mathrm{d}h + \frac{\mathrm{d} \int_0^{h_s} N \mathrm{d}h}{\mathrm{d}t} \overline{(H_E \cos\theta \sec\Theta)} \right]. \tag{8.98}$$

如果 $\dfrac{\mathrm{d} \int N \mathrm{d}h}{\mathrm{d}t} = 0$,即在卫星高度之下 $\int N \mathrm{d}h$ 为常量,则从记录中测出 $\dfrac{\mathrm{d}\Omega}{\mathrm{d}t}$,并从卫星的位置确定 $H_E \cos\theta \sec\Theta$ 之后,就可以直接算出 $\int_0^{h_s} N \mathrm{d}h$.

不论是测量 Ω 或 $\dfrac{\mathrm{d}\Omega}{\mathrm{d}t}$,都有各自的困难. 从记录中直接测量 Ω 值时,难以决定其零点. 理论上可以以卫星轨道满足 $\theta = 90°$ 的点为其零点. 但是,一方面所发射卫星的运行轨道不一定有 $\theta = 90°$ 的点;另一方面,当 $\theta = 90°$ 时,准纵传播条件不一定成立,因而上面推导的有关公式是值得怀疑的.运用 $\dfrac{\mathrm{d}\Omega}{\mathrm{d}t}$ 的测量方法,可以除去寻找零点的困难,然而从(8.98)式中我们看到,右边方括号中的第二项的出现,产生了新的困难.利用人造卫星进行积分电子浓度的测量,是 1958 年以后才开始的,在短短的几年中,人们也曾想了若干方法来克服上述的困难[22-24],并且已经得到了有关电子总含量(垂直于地面单位底面积的柱体中电子的总含量,上面叫做积分电子浓度)的初步资料.例如,除了早晨和黄昏期间之外,发现电子总含量的昼夜变化很类似于最大电子浓度的昼夜变化,并且也有类似的冬季异常现象.在磁暴期间,电子总含量剧烈地下降.

曾有人比较了卫星连续通过不同高度时所记录的法拉第旋转频率[25],推导出这些高度之间的电子浓度.发现 1050 公里高度上的电子浓度,在一天之中变化的范围为 0 至 7×10^{4} 个电子/厘米3.因此利用法拉第效应不仅可以获得电离层的积分电子浓度(或电子总含量)的资料,而且也可以获得某些高度的电子浓度的情报.

除了利用人造卫星,还可以利用月球作为电波的反射体,来研究电离层积分电子浓度的特性[26,27].地面上向月球发射强大功率的无线电波,同时接收从月球表面反射回来的电波.测量电波偏振面的旋转,按照上述理论,可以测量出积分电子浓度.必须注意的是:此时电波两次地通过电离层,因此在引用(8.97)式时,必须在右方乘以因子 2.从月球回波的实验中所得到的结果,与利用人造卫星所得的结果基本上是一致的.

§8.6　利用多普勒效应研究电离层

当振源与观察者存在相对径向运动时,观察者所接收到的振源频率与不存在相对径向运动的振源频率不同.这种现象就是众所周知的多普勒(Doppler)效应.不仅在声波中,而且在无线电波中也存在多普勒效应.多普勒效应与振源的运动速度及方向有关,因此经常利用飞行体上发射无线电波的多普勒效应,来测定飞行体的速度和大致飞行方向,近代的测速定位系统就是建立在这一原理的基础上的.

值得注意的是,当飞行体发射的无线电波通过电离层时,电波的速度和方向都要受到电离层介质的影响,因而从多普勒频率测量中,可能获得电离层介质某些特性的资料.

当发射机发射一连续波 $A\cos2\pi ft$ 时,接收机接收到这连续波具有一相移 $B\cos2\pi f\cdot(t-\Delta t)$.它是由于电波从发射机至接收机所需的传播时间所引起的.

$$\Delta t = \int \frac{\mathrm{d}l}{v_{\mathrm{p}}} = \frac{1}{c}\int n\mathrm{d}l = \frac{P_{\mathrm{p}}}{c}, \tag{8.99}$$

其中积分是沿电波经过发射机至接收机的整段路线而进行的.

当发射机和接收机存在相对运动时,Δt 是时间的函数. 在接收机中则表现为频率的改变,因而接收到的频率 f_{r} 为:

$$f_{\mathrm{r}} = \frac{1}{2\pi}\frac{\mathrm{d}}{\mathrm{d}t}\big[2\pi f(t - \Delta t)\big].$$

应用(8.99)式,

$$f_{\mathrm{r}} = f - \frac{f}{c}\frac{\mathrm{d}P_{\mathrm{p}}}{\mathrm{d}t}, \tag{8.100}$$

其中的相路程 P_{p} 显然与电离层介质的性质有关. 多普勒频率则为:

$$\Delta f = f_{\mathrm{r}} - f = -\frac{f}{c}\frac{\mathrm{d}P_{\mathrm{p}}}{\mathrm{d}t}. \tag{8.101}$$

考虑地面曲率的影响,电波的折射效应应遵守(8.53)式.

$$nr\sin\Theta = R_{\mathrm{E}}\sin\Theta_0,$$

其中符号如图 123 所示. 假定这个飞行体是绕地球作圆形轨道运行的人造卫星.

$$\mathrm{d}l = \mathrm{d}r/\cos\Theta, \tag{8.102}$$

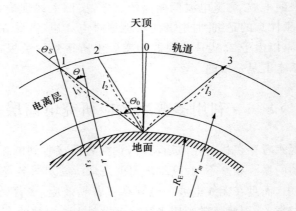

图 123　计算多普勒效应的几何图形

$\mathrm{d}l$ 为卫星与观察点(接收机)距离的改变微量. 利用折射定律很容易得到:

$$\mathrm{d}l = \frac{\mathrm{d}r}{\sqrt{1 - \dfrac{R_{\mathrm{E}}^2}{n^2 r^2}\sin^2\Theta_0}},$$

或者

$$dl = C(r)\,dr,$$

其中
$$C(r) = \left(1 - \frac{R_{\mathrm{E}}^2}{n^2 r^2}\sin^2 \Theta_0\right)^{-\frac{1}{2}}. \tag{8.103}$$

假定这里所使用的频率足够高,使地磁场效应可以略去,则按照(7.33)式,可以写出:

$$n^2 = 1 - 2a_1 N,$$
$$n \approx 1 - a_1 N, \tag{8.104}$$

其中 $a_1 = \dfrac{2\pi e^2}{m\omega^2}$. (8.101)式变为:

$$\Delta f = -\frac{f}{c}\frac{\mathrm{d}}{\mathrm{d}t}\int (1 - a_1 N)\,\mathrm{d}l = -\frac{f}{c}\frac{\mathrm{d}l}{\mathrm{d}t} + \frac{f}{c}a_1 \frac{\mathrm{d}}{\mathrm{d}t}\int N\mathrm{d}l, \tag{8.105}$$

Δf 为时间的函数,我们取两个时刻 T_1 和 T_2 作为积分限,将上式进行积分:

$$\int_{T_1}^{T_2}\Delta f\mathrm{d}t = \frac{f}{c}(l_1 - l_2) + \frac{f}{c}a_1\left(\int_{l_2} N\mathrm{d}l - \int_{l_1} N\mathrm{d}l\right). \tag{8.106}$$

将(8.103)式代入(8.106)式,并取 $C(r_m)$ 为沿 l_1 和 l_2 路线积分的中值,r_m 为电离层高度. 于是

$$\int_{T_1}^{T_2}\Delta f\mathrm{d}t = \frac{f}{c}(l_1 - l_2) + \frac{f}{c}a_1\big[C_2(r_m) - C_1(r_m)\big]\int_{R_{\mathrm{E}}}^{r_s} N\mathrm{d}r. \tag{8.107}$$

实际上,常选择对称于天顶的两个时刻 T_1 和 T_3,这样能消除一部分非对称误差. 当卫星在 T_0 时刻飞过天顶时,$\Delta f = 0$,很容易得到:

$$\int_{T_1}^{T_0}\Delta f\mathrm{d}t - \int_{T_0}^{T_3}\Delta f\mathrm{d}t = \frac{f}{c}(l_1 + l_3 - 2l_0) - \frac{f}{c}a(C_1 + C_3 - 2C_0)\int_{R_{\mathrm{E}}}^{r_s} N\mathrm{d}r.$$

$$\int_{R_{\mathrm{E}}}^{r_s} N\mathrm{d}r = \frac{\dfrac{f}{c}(l_1 + l_3 - 2l_0) - \left[\displaystyle\int_{T_1}^{T_0}\Delta f\mathrm{d}t - \int_{T_0}^{T_3}\Delta f\mathrm{d}t\right]}{\dfrac{f}{c}a(C_1 + C_3 - 2C_0)}. \tag{8.108}$$

以上是用单频率的方法测量积分电子浓度[28]. 由于实际使用的无线电波频率比多普勒频率高得多,为了灵敏地检出多普勒频率,经常使用双频率的测量方法. 下面我们将只介绍双频法中使用最多的差拍方法.

在飞行体上发射两个频率 f_1 和 f_2 的信号. 它们是由同一振荡器产生的不同倍倍频信号,因而它们的相位是相关的. 此时

$$f_2 = pf_1, \tag{8.109}$$

p 为某个大于 1 的正整数,亦即 f_2 为高频,f_1 为低频. 由于多普勒效应和电离层介质的影响,当地面观测站接收这两个信号时,其接收到的频率 f_r 已发生变化:

$$f_{r_1} = f_1 + \Delta f_l,$$
$$f_{r_2} = f_2 + \Delta f_h. \tag{8.110}$$

地面台站将 f_{r_1} 进行 p 次倍频,与 f_{r_2} 差拍后得到拍频 f_b:

$$f_b = p f_{r_1} - f_{r_2}.$$

注意到（8.109）式，则

$$f_b = p \Delta f_l - \Delta f_h. \tag{8.111}$$

在计算多普勒频率 Δf_h 和 Δf_l 时，必须注意到相折射指数 n 是空间位置的函数，而且也是电波射线方向的函数. 假定我们只讨论二维情形，采用极坐标 (r, θ)，地心为极点，地心与观测站连线为极轴，则观测站坐标为 $(R_E, 0)$.

$$\left. \begin{aligned} n &= n(r, \theta, \theta', t), \\ \theta' &= r \frac{\partial \theta}{\partial r}. \end{aligned} \right\} \tag{8.112}$$

$$\mathrm{d}l = \left[1 + \left(r \frac{\partial \theta}{\partial r} \right)^2 \right]^{\frac{1}{2}} \mathrm{d}r = \sec\chi \, \mathrm{d}r. \tag{8.113}$$

于是相路程为：

$$P_p = \int_{R_E}^{r_v} n(r, \theta, \theta', t) \sec\chi \, \mathrm{d}r,$$

$$P_p = \int_{R_E}^{r_v} U \mathrm{d}r. \tag{8.114}$$

其中设 (r_v, θ_v) 为飞行体的位置，且

$$U = n(r, \theta, \theta', t) \sec\chi. \tag{8.115}$$

将（8.114）式代入（8.101）式，得

$$\Delta f = \frac{f}{c} \left[\left(U \frac{\mathrm{d}r_v}{\mathrm{d}t} \right)_{r=r_v} + \int_{R_E}^{r_v} \frac{\partial U}{\partial t} \mathrm{d}r + \int_{R_E}^{r_v} \left(\frac{\partial U}{\partial \theta} \frac{\partial \theta}{\partial t} + \frac{\partial U}{\partial \theta'} \frac{\partial \theta'}{\partial t} \right) \mathrm{d}r \right]. \tag{8.116}$$

将（8.116）式应用到（8.111）式中去，

$$f_b = \frac{p f_1}{c} \left[(U_2 - U_1)_{r=r_v} \frac{\mathrm{d}r_v}{\mathrm{d}t} + \int_{R_E}^{r_v} \frac{\partial}{\partial t} (U_2 - U_1) \mathrm{d}r \right.$$

$$\left. + \int_{R_E}^{r_v} \left(\frac{\partial U_2}{\partial \theta_2} \frac{\partial \theta_2}{\partial t} - \frac{\partial U_1}{\partial \theta_1} \frac{\partial \theta_1}{\partial t} \right) \mathrm{d}r + \int_{R_E}^{r_v} \left(\frac{\partial U_2}{\partial \theta'_2} \frac{\partial \theta'_2}{\partial t} - \frac{\partial U_1}{\partial \theta'_1} \frac{\partial \theta'_1}{\partial t} \right) \mathrm{d}r \right]. \tag{8.117}$$

在火箭的探测中，天顶距离 χ 是很小的，可以认为：

$$\left. \begin{aligned} \frac{\partial \theta}{\partial t} &\approx 0, \\ \frac{\partial \theta'}{\partial t} &= \frac{\partial}{\partial t} \left(r \frac{\partial \theta}{\partial r} \right) \approx 0, \end{aligned} \right\} \tag{8.118}$$

因而（8.117）式变为：

$$f_b \approx \frac{p f_1}{c} \left[(n_2 - n_1)_{r_p} \frac{\mathrm{d}r_p}{\mathrm{d}t} + \int_0^{r_p} \frac{\partial}{\partial t} (n_2 - n_1) \mathrm{d}r \right], \tag{8.119}$$

r_p 为地面观测站至火箭位置的距离.

发射机所发射的频率远比射线路径上任何点的临界频率大得多,因此,一般说来,可以认为是准纵传播的情况(参考前一章).当略去碰撞项时,按照(7.35)式,注意此时 $Y \ll 1$,于是可将它展为幂级数:

$$n^2 = 1 - \frac{X}{1 \pm Y},$$

$$n \approx 1 - \frac{1}{2} \frac{X}{1 \pm Y},$$

$$n \approx 1 - \frac{1}{2} X(1 \mp Y + Y^2 \mp Y^3 + \cdots). \tag{8.120}$$

应用(8.109)式,我们就有:

$$n_2 - n_1 \approx \frac{e^2 N}{2\pi m f_1^2} G = K \frac{N}{f_1^2} G, \tag{8.121}$$

$$G = \left(1 - \frac{1}{p^2}\right) \mp \left(1 - \frac{1}{p^3}\right)\frac{f_H}{f_1} + \left(1 - \frac{1}{p^4}\right)\left(\frac{f_H}{f_1}\right)^2 \mp \cdots, \tag{8.122}$$

$$K = \frac{e^2}{2\pi m}, \tag{8.123}$$

式中负正符号分别代表寻常波和非常波.此时(8.119)式可化为:

$$f_b \approx \frac{pK}{cf_1}\left[(GN)_{r_p}\frac{\mathrm{d}r_p}{\mathrm{d}t} + \bar{G}\int_0^{r_p}\frac{\partial N}{\partial t}\mathrm{d}r\right], \tag{8.124}$$

其中 $\bar{G}$ 为 G 在 $0 - r_p$ 的中值.上式方括号中的第二项显然比第一项小得多,因而可以把它略去,则

$$N_{r_p} \approx f_b \frac{cf_1}{\left[pKG\dfrac{\mathrm{d}r_p}{\mathrm{d}t}\right]_{r_p}}, \tag{8.125}$$

这就是我们所要求的关系式.角标 r_p 表示,被标明的量指的是火箭所在位置的数值.利用这个关系式可以获得火箭到达最高点以下区域中的电子浓度资料.表 17 列出利用多普勒差拍方法的某些火箭测量实验.在下一章里将给出其测量的部分结果.

表 17　某些火箭的多普勒差拍测量

年　份	火箭名	高度/公里	频率/兆赫	参考文献
1946—1947	V-2	150	4.27 和 25.62	[29]
1954	海盗-10	220	7.75 和 46.50	[30]
1956	空蜂-Hi	220	7.75 和 46.50	[31]
1958	(苏联)	470	24、48 和 144	[32]
1959	空蜂-Hi	220	7.75 和 46.50	[33]
1961	ARGO D-4	620	12.27 和 73.62	[34]

利用同步卫星进行测量[35]，则(8.117)式中右边第二项占绝对优势，其他三项都是不重要的. 于是

$$f_b = \frac{pf_1}{c} \int_{R_E}^{r_v} \frac{\partial}{\partial t}(U_2 - U_1) \, \mathrm{d}r. \tag{8.126}$$

此时可以认为两个信号有相同的射线路径. 于是

$$f_b = \frac{pf_1}{c} \int_{R_E}^{r_v} \sec\chi \frac{\partial}{\partial t}(n_2 - n_1) \, \mathrm{d}r. \tag{8.127}$$

将(8.121)式代入上式，并注意到同步卫星的高度几乎不变，于是

$$f_b = \frac{pK}{cf_1} \overline{G} \overline{\sec\chi} \frac{\partial}{\partial t} \int_{R_E}^{r_v} N \, \mathrm{d}r. \tag{8.128}$$

所以用同步卫星的多普勒差拍测量，能得到积分电子浓度的变化率.

最后，我们讨论利用近于圆形轨道的人造卫星进行多普勒差拍测量的情形. 此时卫星的径向速度不大，而且观测的时间不超过十分钟，因而(8.117)式中右方的前二项较之后两项小得多. 在这种情况下，只保留后两项进行计算也是相当复杂的，经常采用另一种换算的方法.

重新考虑(8.101)和(8.114)式，对于较低的频率，

$$\Delta f_1 = \frac{f_1}{c} \frac{\mathrm{d}}{\mathrm{d}t} \int_{R_E}^{r_v} U_1 \, \mathrm{d}r; \tag{8.129}$$

对于较高的频率，

$$\Delta f_h = \frac{pf_1}{c} \frac{\mathrm{d}}{\mathrm{d}t} \int_{R_E}^{r_v} U_2 \, \mathrm{d}r; \tag{8.130}$$

因而

$$f_b = \Delta f_1 - \frac{\Delta f_h}{p} = \frac{f_1}{c} \frac{\mathrm{d}}{\mathrm{d}t} \int_{R_E}^{r_v} (U_2 - U_1) \, \mathrm{d}r. \tag{8.131}$$

在进行这种测量时，接收机接收的高频信号被 p 次分频后，再与低频信号差拍(以前是低频信号 p 次倍频后与高频信号差拍). 对(8.131)式进行积分，并注意到(8.115)式，则有：

$$\int f_b \, \mathrm{d}t + C = \frac{f_1}{c} \int_{R_E}^{r_v} (n_2 \sec\chi_2 - n_1 \sec\chi_1) \, \mathrm{d}r.$$

$$\int f_b \, \mathrm{d}t + C = \frac{f_1}{c} \left[\int_{R_E}^{r_v} (n_2 - n_1) \sec\chi_2 \, \mathrm{d}r - \int_{R_E}^{r_v} n_1 (\sec\chi_1 - \sec\chi_2) \, \mathrm{d}r \right].$$

$$\tag{8.132}$$

上式中右边第二个积分项比第一个积分项小得多. 令

$$e_r = \int_{R_E}^{r_v} n_1 (\sec\chi_1 - \sec\chi_2) \, \mathrm{d}r \Big/ \int_{R_E}^{r_v} (n_2 - n_1) \sec\chi_2 \, \mathrm{d}r,$$

则根据(8.121)式，(8.132)式可化为：

$$\int_0^{h_s} Ndh \approx \frac{f_1 c}{KG}\,\overline{\cos\chi}(1+e_r)\left(\int f_b\,dt + C\right), \tag{8.133}$$

其中 h_s 为卫星离地面的高度. 用这个表达式能获得积分电子浓度的资料. 常数 C 可用最小二乘方的方法, 或者同时进行观测的其他资料加以确定.

图 124 和图 125 是利用卫星测量积分电子浓度的部分结果[36]. 随着地理纬度的减小, $\int Ndh$ 逐渐增大. 其昼夜变化与各层电子浓度的昼夜变化是相类似的, 夜间电离度最低, 中午附近有最大值.

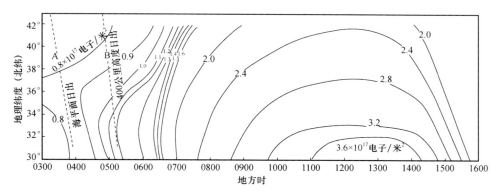

图 124　1960 年 7 月和 8 月静日中 $\int_0^{1000} Ndh$ 的平滑等值线

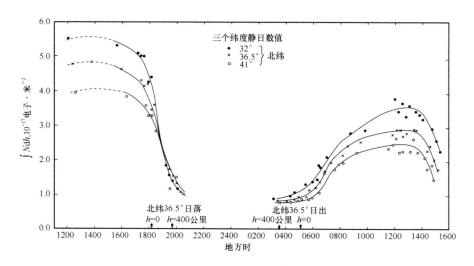

图 125　磁静日期间三个纬度的 $\int Ndh$ 昼夜变化

§8.7 探针方法

以上介绍的几种电离层探测方法都是利用无线电传播的办法来取得数据.在这个意义上说来,都是属于间接探测的范畴.探针方法是直接探测电离层的方法.

大家知道,从 1920 年开始,气体放电的研究获得了巨大的进展.1921 年朗缪尔(Langmuir)等开始用探针测量放电管中的电子和离子浓度.他们成功地进行了各种等离子体的研究.在电离气体中,存在着各种不同符号的离子和负电子.如果伸进一探针,使此探针对气体的电位为负,则显然在其周围将出现一正离子层.相反地,如果探针的电位为正,则在其周围将出现负离子和负电子层.在动态平衡时,探针就吸收周围粒子而形成电流.此电流大小不仅与探针的形态、大小及电位有关,而且与电离气体的电子浓度、正离子浓度等有关.从探针上的电流就可以推算出周围电离气体的电离度.

最早用朗缪尔探针方法测量电离层电离度的是 1949 年安装在 V-2 火箭上的锥形圆筒探头[37].这个探头安装在火箭的顶端,在火箭本体与探头之间进行电绝缘隔离,并且加上锯齿形电压差.火箭本体的电位与周围电离层气体的电位差别不大,因此这个锯齿形电压实际上是使探头电位不断改变,以便测出朗缪尔伏安特性曲线.从伏安曲线可以推算出电子浓度和电子温度.

锯齿电压的重复周期大约是秒的量级,为了得到一条伏安曲线,或者一个电子浓度的数值,火箭已飞行了好几百米.在这段路程上,介质的性质可能已发生很大的改变,因此所测得的结果是相当粗略的.

在苏联第三颗人造卫星上,安装了一种改进了的仪器,它称为正离子捕捉器[38].这个捕捉器是由一个带有很多网眼的金属球壳和一个位于球心的金属球组成的.在金属球与卫星体之间加一负电压,金属球将捕获周围的正离子而形成电流.从这个电流可以测出电离层中正离子浓度的大小.在绝大部分电离层高度上,正离子浓度几乎等于电子浓度.为了得到卫星体的电位,在金属球壳与卫星体之间,定时地加上一个双向脉冲锯形电压,它从 −20 伏线性地改变到 +20 伏左右,重复频率为 2 秒.在非脉冲持续期内,金属壳与卫星体同电位.这就是说,每隔 2 秒钟校正一次卫星体的电位.除此之外,金属球壳还起了屏蔽的作用.

为了测量微弱电离度的星际介质,格林高兹(Грингаус)在月球 1,2,3 号宇宙飞船上,安装了三极带电粒子捕获器,取得了星际空间介质带电粒子基本参量的宝贵资料[39],并且发现了最外辐射带(这个辐射带又称之为第三辐射带,现在有人认为它是磁层的边界,而不是辐射带).

日本曾利用铅笔火箭上的探针对电离层进行过一系列的观测,其中仿效质谱仪原理所做的共振探针所取得的资料，是较为可靠的[40,41].

参 考 文 献

[1] Breit, G., Tuve, M., 1925, *Terr. Magn. Atmos. Elect.*, 30, 15.

[2] Beynon, W. J. G., Brown, G. M., 1957, Annals of the I. G. Y., Pergamon Press, 3, 71.

[3] Алъперт, Я. Л., 1960, Распространение радиоволн и ноносфера, Москва.

[4] Appleton, E. V., Beynon, W. J. G., 1940, *Proc. Phys. Soc.*, 52, 518.

[5] Booker, H. G., Seaton, S. L., 1940, *Phys. Rev.*, 57, 87.

[6] Rydbeck, O. E. H., 1942, *J. Appl. Phys.*, 13, 577.

[7] Ratcliffe, J. A., 1951, *J. Geophys. Res.*, 56, 463.

[8] Kelso, J. M., 1952, *J. Geophys. Res.*, 57, 357.

[9] Kelso, J. M., 1957, *J. Atmos. Terr. Phys.*, 10, 103.

[10] Budden, K. G., 1961, Radio waves in the Ionosphere, Cambridge.

[11] Silberstein, R., 1954, *Trans, IRE*, April 2, 56.

[12] Silberstein, R., 1958, *J. Geophys. Res.*, 63, 335.

[13] Peterson, A. M., 1959, *Proc., IRE*, 47, 300.

[14] Dieminger, W., 1951, *Proc. Roy. Soc.*, B64, 142.

[15] Ratcliffe, J. A., 1959, The Magneto-ionic Theory and its Applications to the Ionosphere, Cambridge.

[16] Appleton, E. V., Piggott, W. R., 1954, *J. Atmos. Terr. Phys.*, 5, 141.

[17] Appleton, E. V., 1953, *J. Atmos. Terr. Phys.*, 3, 282.

[18] Little, C. G., Leinbach, H., 1959, *Proc. IRE*, 47, 315.

[19] Hultquist, B., 1962, Radio Satellite Studies of the Atmosphere.

[20] Briggs, B. H., 1951, *J. Atmos. Terr. Phys.*, 1, 345.

[21] Jakson, J. E. J., Seddon, J. C., 1958, *J. Geophys. Res.*, 63, 197.

[22] Little, C. G., Lawrence, R. S., 1960, *Space Res.*, Ⅰ.

[23] Garriott, O. K., 1960, *J. Geophys. Res.*, 65, 1139.

[24] Yeh, K. C., Swenson, G. W. Jr., 1961., *J. Geophys. Res.*, 66. 1061.

[25] Lisgka, L., 1960, *Planet, Space Sci.*, 5, 173.

[26] Bauer, S. J., Daniels. F. B., 1958. *J. Geophys. Res.*, 63. 439.

[27] Brown, I. C., 1956, Proc. *Phys. Soc.*, 69, B. 441, 901.

[28] Mass, J., 1962, *J. Atmos. Terr. Phys.*, 24, 549.

[29] Seddon, J. C., 1954, *J. Geophys. Res.*, 59, 463.

[30] Jackson, J. E., 1956, *J. Geophys. Res.*. 61, 107.

[31] Jackson, J. E., Seddon, J. C., 1958, *J. Geopky. Res.*, 63, 197.

[32] Gringauz, K, I., Rudakov, V. A., 1961, *Planet. Space Sci.*, 8, 183.

[33] Kane, J. A., Jackson, J. E., Whale, H. A., 1962, *NASA., Technical Note*,

D-1098.

[34] Jackson, J. E. , Bauer, S. J. , 1961, *J. Geophys. Res.* , 66, 3055.

[35] Garriott, O. K. , Little, C. G. , 1960, *J. Geophys. Rcs.* , 65, 2025.

[36] de Mendonça, F. , 1962, *J. Geophys. Res.* , 67, 2315.

[37] Hok, G. , Spencer, N. W. , Dow, W. G. , 1953, *J. Geophys. Res.* , 58, 235.

[38] Krassovsky, V. I. , 1959, *Proc.* , *IRE*, 47, 289.

[39] Gringauz, K. I. , 1961, *Space Res.* , Ⅱ .

[40] Miyazaki, S. et al. , 1960, *Rep. Ionosph. Space Res. Jap.* , 14, 148.

[41] Takayama, K. et al. , 1960, *Phys. Rev.* , 5, 238.

第九章 电离层的若干探测结果

§9.1 电子浓度的高度分布

电子浓度的高度分布,随昼夜、季节和纬度而变化,利用电离层频高特性曲线整理的结果,如图 126—图 128 所示[1]. 在白天,不论在哪个纬度,都可以较清楚地觉察到 E 层、F_1 层和 F_2 层的存在. F_1 层的极大值很不明显,有时称之为"F_1 缘". 可以看到,E 层和 F_1 层的电子浓度比 F_2 层小很多. 在晚上,E 层和 F_1 层的电子浓度下降得很低,以致在电离层频高特性曲线上,无法觉察出它们的存在. 因此,有时说在晚上只存在 F 层,而晚上 F 层电子浓度也下降很多. 在赤道,白天的 F_2 层特别高,最大电子浓度也特别大,与其他层相比也特别厚. 因此,F_2 层往往是表征整个电离层基本特性的重要区域.

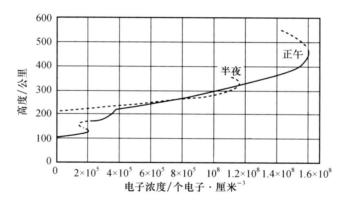

图 126 赤道带 $N(h)$ 曲线

用电离层垂直投射测高仪的装置,不太容易得到 D 层的记录. D 层的电子浓度比其他层低 2—3 个数量级,而且能使在这个层中反射的无线电波遭到较大的吸收. D 层处于 E 层底下,约在 60—90 公里之间.

在电离层垂直探测的记录中,最直观的和最确切知道的是各层的最大临界频率,即穿透频率和最小虚高度. 对于 E 层和 F_1 层而言,最小虚高度的变化一般可以表征其最大电子浓度高度的变化. 因此,从图 129 也能直观地了解到有关电子浓度的高度分布. 从这个图上所得出的结论,与图 127 和图 128 基本上

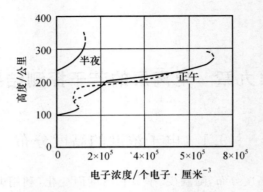

图 127　　中纬度冬季 $N(h)$ 曲线

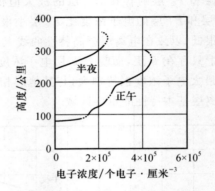

图 128　　中纬度夏季 $N(h)$ 曲线

是一样的. 总的说来, 白天各层的电子浓度都增大了, E 层和 F_1 层电子浓度约在中午有最大值, 而它的高度却为最小值. F_2 层则有各种异常现象, 我们将在后面单独地加以讨论.

　　正如上一章所指出的, 用电离层垂直投射测高仪对电离层的"凹谷"是无能为力的. 因此, 人们最初对于"凹谷"的深度只能限于各种猜测, 并且由此而产生的真高度换算过程的误差也无法完全消除. 自从直接进入电离层的飞行工具发明以后, 对电离层电子浓度的高度分布进行了一系列的探测, 发现电离层"凹谷"并不如原先所想象的那么深. 图 130 和图 131 分别是苏联和美国火箭探测的结果[2,3]. 从图 130 上看到, 整个电离层好像是只有一个最大电子浓度的单层. 图 131 是在不同季节不同时刻探测的结果. E 层的最大电子浓度相当显著, 它的高度也较稳定. F_2 层最大电子浓度及其高度的昼夜变化很大.

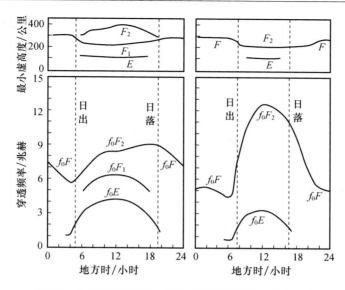

图 129　中纬度各层最小虚高度和穿透频率的昼夜变化

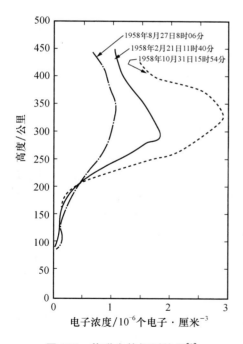

图 130　苏联火箭探测结果[3]

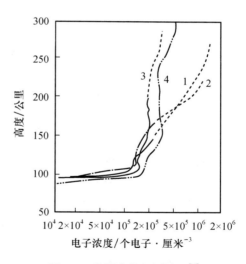

图 131　美国火箭探测结果[2]

（1. 1949 年 9 月 29 日 10 时 00 分，

2. 1950 年 11 月 21 日 10 时 18 分，

3. 1954 年 5 月 7 日 10 时 00 分，

4. 1956 年 6 月 29 日 12 时 09 分）

火箭的探测结果与地面电离层垂直探测的结果是可以互相验证的. 图 132 中的实线是火箭探测的结果,虚线是地面电离层垂直探测得到的频高特性曲线所整理的结果. 由图中可见,这两条曲线是相当好地吻合的.

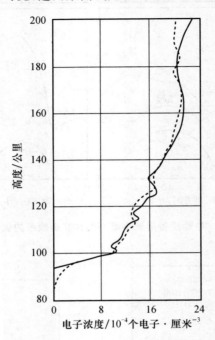

图 132　火箭探测(实线)和频高特性曲线分析结果(虚线)的比较

(1954 年 5 月 7 日 10 时 00 分)

地面电离层垂直投射测高仪除了不能揭示"凹谷"的秘密之外,对 F_2 层以上的高度也是无能为力的. 目前对于 F_2 层高度以上的区域,有如下几种观测方法. 首先是前一章所介绍的、直接利用火箭和人造卫星进行探测的一些方法. 在图 130—132 的几次探测中,只有图 130 的曲线给出了 F_2 层高度以上一百多公里电子浓度的高度分布. 图 133 和 134 却是专门为测量 F_2 层高度以上电子浓度的分布而进行的两次火箭探测的结果. 近几年来,加拿大等国家还利用人造卫星进行顶端探测,即在卫星上安装微型化了的地面电离层探测仪,从巨大高度上向下对 F_2 层以上区域进行类似的观测. 利用这样的探测装置也取得了肯定的结果(见图 135). 此外,还有两种有前途的地面观测方法. 一种是所谓不相干返回散射雷达的探测. 这种装置与垂直探测装置的不同之处在于:地面上所接收到的电离层回波,不是分层化介质的反射波,而是个别电离体的散射波. 它所发射的电波频率很高(几百兆赫),功率也很大. 从电离层散射回地面的散射波功率与

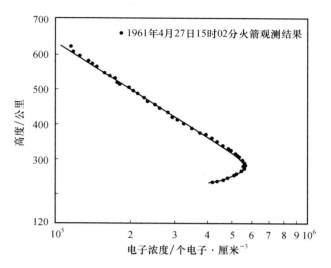

图 133　白天 F_2 层以上电子浓度的分布曲线[4]

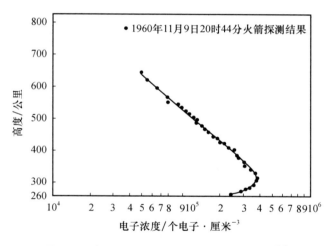

图 134　晚上 F_2 层以上电子浓度的分布曲线[5]

散射点的电子浓度有关,因而从返回的散射波强度可以推算出电离层的电子浓度.图 136 是这种探测装置得到的电子浓度分布曲线.必须指出,在这种装置中,需要很高的发射功率和庞大的天线阵,因而带来了一定的局限性.另一种有希望的地面观测方法,是利用所谓天电哨声的现象(参阅本书第十二章)来获得巨大高度上电子浓度分布的资料.它的装置比较简单,且可能观测达好几个地球半径高度区域的电子浓度.图 137 是这种探测装置得到的结果.从这个图中我们可以看到,带电粒子散布在地球周围,直至离地面好几个地球半径的星际空间. F_2 层最大电子浓度是一个很尖锐的顶峰. 大约在离地面约为一个地球半径的高度处,其电子浓度与 D 层的最大电子浓度相仿.

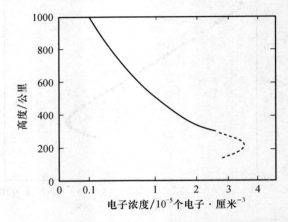

图 135 人造卫星顶端探测的电子浓度分布曲线[6]

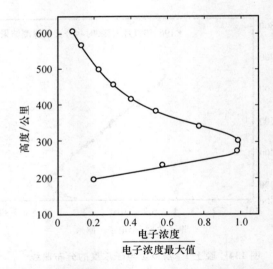

图 136 不相干返回散射雷达观测的电子浓度分布曲线[7]

图 133—137 上的探测结果,是在不同时间、不同地点所得到的,因而在数值上有较大的偏离. 然而,这些结果都表明, F_2 层以上的电子浓度随高度的减小,比原先所预计的要缓慢得多.

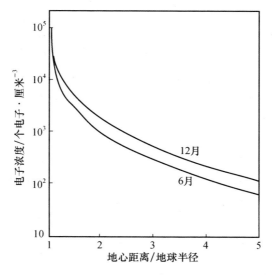

图 137　从天电哨声现象推导出电子浓度分布曲线[8]

§9.2　正常 E 层

在电离层的一些分层中,正常 E 层是具有比较简单变化规律的一层. 它的行为基本上接近于下一章里要讨论的卡普曼层. 最大电子浓度或穿透频率(最大临界频率)f_0E 随太阳天顶距离 χ 的变化为:

$$f_0E = K_E \cos^b\chi, \tag{9.1}$$

其中 b 近似地等于 $1/4$. 图 138 是 E 层穿透频率随地方时变化的实验值[9]. 其变化规律基本上遵循(9.1)式. 日出后,电子浓度逐渐上升,中午达最大值,日落后迅速消失.

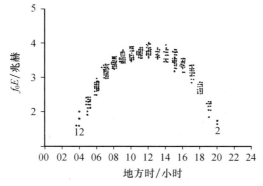

图 138　E 层穿透频率的昼夜变化

这里应当提出的是 E 层在日出时的情况. 首先,必须确切地规定日出的时间. 当太阳光水平地投射至地平面观测点的时刻,被称为"民用日出". 但是,在地面上空较大高度处,却先受到太阳光的照射. 当地球阴影的边缘到达此层时,在 E 层就"日出"了. 这种日出被称为"几何日出". 当民用日出之前,太阳辐射线穿过 E 层以下高度的大气层,因而已经失去了有效的、使 E 层电离的紫外线部分. 只有在通过大气较低层未被吸收的那些辐射线,才能到达 E 层,当太阳天顶距离逐渐增大时,到达 E 层的辐射线穿过低层的最小高度不断上升,被低层吸收而引起的辐射线损失不断减少,于是到达 E 层的辐射线向紫外部分伸展. 当辐射线不再穿过臭氧层时,太阳辐射线立即伸展至 2000Å 附近区域. 观测表明,E 层的电离在民用日出以前就已开始. 在几何日出以后,电离度缓慢增加,其穿透频率几乎直线地上升. 在民用日出以后,则以较快速率增大. 在民用日出以前的"预电离",可能是此高度上的负离子吸收了长波紫外辐射的一种分离过程的结果. 在民用日出以后,太阳辐射线到达 E 层之前的路线全在 E 层高度之上. 其穿透频率的变化近似地如(9.1)式所表示.

从(9.1)式还可以理解这样的观测事实,即在中纬度夏季中午的 f_0E 值比冬季中午大.

但是,进一步分析观测的结果发现,(9.1)式中的 b 并不准确地是 $1/4$,K_E 也不是一个不变量. 将(9.1)式取对数,

$$\ln f_0 E = \ln K_E + b\ln\cos\chi, \tag{9.2}$$

f_0E 和 χ 为观测值. 从 $\ln f_0E \sim \ln\cos\chi$ 的图解中,很容易得到 $\ln K_E$ 和 b 值. 表18给出这两个量在连续十年内的年平均值. $\ln K_E$ 年复一年地改变着,这是 f_0E 随太阳活动性正常变化的反映. 黑子数较大的 1947—1949 年期间,$\ln K_E$ 有较大值. 另一方面,不论在哪个年份,$\ln K_E$ 随纬度的增大而减小.

表 18 $\ln K_E$ 和 b 值的变化[12]

| 年份 | 地理纬度 | | | | | |
| | 0° | | 45° | | 90° | |
	$\ln K_E$	b	$\ln K_E$	b	$\ln K_E$	b
1944	0.534	0.284	0.520	0.266	0.484	0.216
1945	0.564	0.287	0.550	0.269	0.514	0.219
1946	0.601	0.294	0.586	0.276	0.551	0.226
1947	0.624	0.296	0.609	0.278	0.574	0.228
1948	0.624	0.291	0.609	0.273	0.574	0.223
1949	0.607	0.285	0.592	0.267	0.557	0.217
1950	0.587	0.287	0.572	0.269	0.537	0.219
1951	0.570	0.295	0.550	0.277	0.520	0.277
1952	0.553	0.301	0.538	0.284	0.503	0.233
1953	0.535	0.299	0.521	0.281	0.485	0.231

　　显然,K_E 表示太阳当顶位置所产生的 f_0E 最大值.一般地说,E 层的 f_0E 在前后两天起伏的幅度,不超过 ±6%.最大电子浓度约在 10^4—$1.5×10^5$ 个电子/厘米^3 内变化.有人发现,在南北半球的某一纬度处,b 有最大值[10].这个纬度的位置,对应于 S_q 电流体系(后面将要加以介绍)的焦点上.

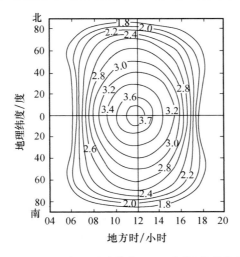

图 139　1945 年平分点期间 f_0E(兆赫)的等值线

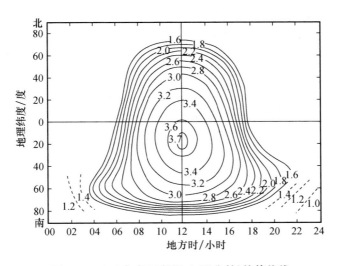

图 140　1945 年冬至期间 f_0E(兆赫)的等值线

　　图 139 和 140 表示在不同季节中,f_0E 随地理纬度和昼夜的变化[11].从图中可以看到,不论在哪个季节,f_0E 近似地以正午时刻为对称点.但是,仔细的研

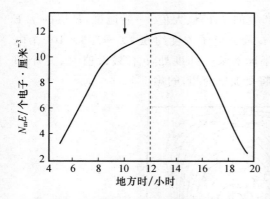

图 141　夏季在英国斯劳 N_mE 的昼夜变化

究观测资料发现, f_0E 或 N_mE 呈现微小的不对称性[12]. 图 141 中的箭头处, 标明 N_mE 在午前有一明显的缩减效应. 这大约也是由于 S_q 电流系所引起的. 从图 139 中还可以看出, 在平分点期间, 最大电离度处在赤道带的中午附近. 中午的 f_0E 值随纬度的增大而减小. 在赤道带, 电离度的上升和下降比高纬度迅速得多. 在冬至期间, 从图 140 中看到, 似乎整个等值线图向南移动. 中午最大的 f_0E 不在赤道, 而在南纬十几度的位置. 对于夏至期间的图形正好将此图形绕赤道线转 180°.

E 层的高度也表现出有规则的变化. 一般在日出后随着电离度的增大, h_mE 逐渐下降, 在中午下降至最低高度, 此后又逐渐升高, 至日落时约升至日出时的高度. 通常认为 E 层的高度在 100—130 公里高度上, 其半厚度约为 15—22 公里. E 层的位置比较稳定.

马丁指出, E 层高度的昼夜变化也随季节而改变[13]. 这种季节的变化非常微弱, 以致要利用很长时间的资料才能把它分析出来. 结果表明, 这种微弱的季节变化也是由于 S_q 电流系所引起的.

最后必须指出, E 层的电离度与太阳活动性有着明显的相关性. 图 142 和 143 很明显地表示出夏季和冬季电离度与太阳黑子数的相关性[12].

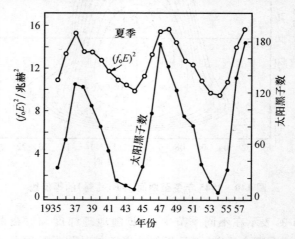

图 142　$(f_0E)^2$ 夏季中午值和太阳黑子数的逐年变化

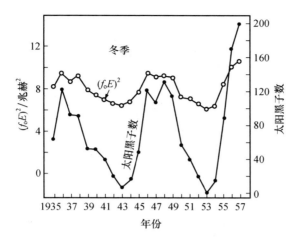

图 143　$(f_0E)^2$ 冬季中午值和太阳黑子数的逐年变化

§9.3　正常 F 层

夏季白天 F 层分裂为一个较高的 F_2 层,和一个较低的 F_1 层.F_1 层电子浓度最大值的高度在中午时刻约为 160 公里.它具有卡普曼层的主要性质,它的穿透频率的昼夜变化和季节变化都具有(9.1)式的形式.自然,这时(9.1)式中相应的 K_{F_1} 和 b 值都与 E 层的值不同.然而这个层在春、秋季较少出现,中纬度地区的冬季经常观测不到 F_1 层.在近赤道处,无论在什么季节,几乎都可以观测到 F_1 层.图 144 和 145 画出 f_0F_1 的等值线[11].从图 144 可以看出,它实际上与卡普曼层仍然有微小的偏离.等值线 f_0F_1 对于正午点并不从完全对称.另一方面,按照卡普曼理论,卡普曼层的高度变化应当按照下列公式:

$$h_m = h_{m0} + H\ln\sec\chi,\tag{9.3}$$

其中 h_{m0} 为 $\chi=0$ 的 h_m 值.如同 E 层一样,F 层在日出后其高度逐渐下降,中午达最低高度,此后又逐渐升高.然而,大量计算 F_1 层最小虚高度表明,它也具有系统性的非卡普曼特性.马丁指出,F_1 层的非卡普曼特性也是 S_q 电流系所引起的.

与 E 层相类似的,F_1 层与太阳活动性也具有很好的正相关性.

F_2 层的形态比较复杂,它与卡普曼层有较大的偏离.f_0F_2 的异常现象可用 f_0F_2 的等值线图来加以表示.图 146 是按照地磁纬度画出的 f_0F_2 的昼夜变化[14].f_0F_2 不仅随季节变化,而且还明显地随着太阳活动性而改变.因此,这里给出了太阳活动性较高年份(1947 年)和较低年份(1943—1944 年)的等值线图.

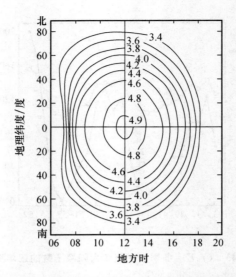

图 144　1945 年平分点期间 f_0F_1(兆赫)的等值线

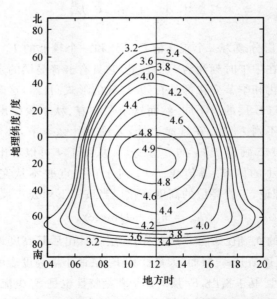

图 145　1945 年冬至期间 f_0F_1(兆赫)的等值线

对于高年和低年,又分别画出了平分点和冬至点的图形.对于夏至点的图形则完全与后者相仿,只要将冬至点的图形倒过来就行了.

为了与卡普曼层的特性进行比较,在图 147 中画出了卡普曼层 f_0F_2 的理论曲线.

从图 146 和 147 上我们看到，f_0F_2 的变化大体上也具有卡普曼层的形象. 然而，必须承认，它与卡普曼层有很大的偏离.

首先，在平分点期间，f_0F_2 相对于地磁赤道对称，而不是如图 147 所示的相对于地理纬度的对称. 如果我们将图 146 的地磁纬度换成地理纬度，则得到的将是一个极为零乱的等值线图. 因此可以推想，F_2 层受到地磁场相当大的控制.

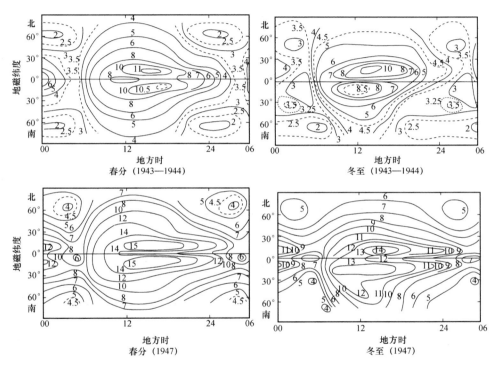

图 146 f_0F_2 (兆赫) 的等值线

(1943—1944 年为低年，1947 年为高年)

其次，在磁赤道 f_0F_2 的等值线出现一槽形形状（见图 146）. 这是磁赤道的特有现象. 与此现象相关的就是在同一子午面上的南北纬 $10°$—$30°$ 处，有两个 f_0F_2 极大值的双驼峰现象（见图 148）. 这表明在磁赤道有某种重要的动力学过程，使电子浓度减小.

第三，将图 146 和 147 相比较就会发现，f_0F_2 的南北向梯度较大，东西向梯度较小. 后一效应在中低纬度更为明显.

第四，中纬度至高纬度有一很突出的季节异常，冬季白天的 f_0F_2 一般大大高于夏季的数值.

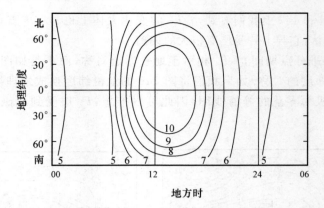

图 147　卡普曼层的 f_0F_2(兆赫)理论曲线

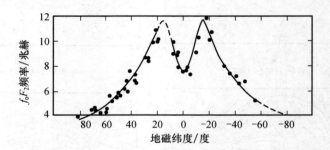

图 148　f_0F_2 地磁纬度分布的双驼峰现象

第五,高纬度 f_0F_2 在午后出现一极大值. 随着纬度的减少,极大值的出现时间逐渐向前移,最后出现在午前,同时在午后出现第二个极大值. 夏季的第二个极大值甚至出现在子夜. 为了更直观地看出这个特点,在图 149 上画出了中纬度台站所观测到的 f_0F_2 逐月平均的昼夜变化[9]. 其中纵坐标是 f_0F_2(兆赫),横坐标是地方时,左边标明月份. 在这里我们又一次看到 f_0F_2 的另一双驼峰现象. 但是必须注意到,这种双驼峰与纬度分布的双驼峰现象,在意义上完全不相同. 在 F_2 层高度必定存在着某种动力学过程,从而使 f_0F_2 产生这种季节性昼夜变化的异常现象.

F_2 层的高度 h_mF_2 的资料还不太多. 通常以考察其最小虚高度来表征 h_mF_2 的办法是值得怀疑的,特别是当 f_0F_2 与 f_0F_1 相差不多时,其最小虚高度将大大高于 h_mF_2 的数值. 有限的资料表明 h_mF_2 的变化特性与卡普曼层也有重大的偏离. h_mF_2 与天顶距离 χ 并不存在如(9.1)式那么简单的关系. 在冬季,子夜的高度高于中午值,而在夏季,却相反地是中午的高度高于子夜的高度. 其次,夏季中午 h_mF_2 比冬季中午的高度大. 磁赤道中午 h_mF_2 大大高于低纬区域的高度.

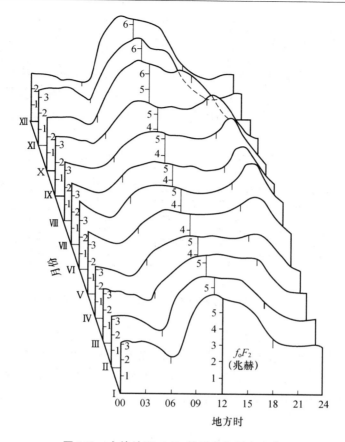

图 149 中纬地区 $f_0 F_2$ 的季节和昼夜变化

一般说来，F_2 层的位置处于 200—400 公里之间，它的半厚度约为 70 公里.

F_2 层的穿透频率 $f_0 F_2$ 和高度 $h_m F_2$ 均随太阳黑子数出现的周期性而变化. 图 150 是 F_2 层电离指数 Q 与太阳黑子数 R 的相关曲线[9]. 其中电离指数 Q 表征每天平均的电子浓度，

$$Q = \frac{1}{24} \sum_{t=00}^{24} \overline{f_0 F_2(t)^2}. \tag{9.4}$$

图中下半部的曲线是上半部曲线的平滑值. 这个图是根据华盛顿多年来的观测结果画出的. 在这些年份中，Q 的变化很大，但与黑子曲线几乎平行. 这些曲线从 1934 年的最小值开始，在 1937—1938 年达第一个极大值. 第二个极小值在 1944 年. 此后又在 1947—1949 年出现第二个极大值. 从这个图中可以看出，$f_0 F_2$ 与太阳活动性密切相关. F_2 层的这种相关性是这样的明显，以致它能用在预报上. 通过相对的黑子数的预测，可以预报 F_2 层的电离状态.

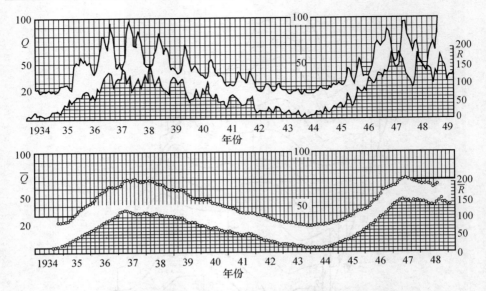

图 150 F_2 层电离指数 $Q, \bar{Q}$ 与太阳黑子数 $R, \bar{R}$ 的相关性

F_2 层的高度也随黑子循环而改变. 即使在磁静日, 它的高度也随着黑子数的增大而上升. 在黑子数最大期间, F_2 层的高度比黑子数最小期间的高度要高得多. 例如在黑子数最大值期间, 中纬度白天的 $h_m F_2$ 比平均高度要高出 30 公里左右. 在赤道区约升高 70 公里左右.

§9.4   正常 D 层

最低的 D 层比其他层较难以进行观测. 电离层测高仪以 1 兆赫以上的无线电脉冲进行垂直探测时, 通常接收不到从此层反射的回波. 由于它的电子浓度很低(约 10^3 个电子/厘米^3), 即使用更低的频率(例如 200 千赫)也观测不到回波, 因为在夜间 D 层对它是透明的, 而在白天则遭到强烈的吸收.

有人曾用超长波成功地接收到在 D 层反射的回波[15]. 例如用 16 千赫的载波信号, 发现白天的平均反射高度为 74 公里, 晚上为 92 公里. 因而可能利用这一波段获得有关此层的情报. 随着频率的降低, 电波被吸收的程度将降低, 这就是为什么这一波段的电波能在这一层反射的主要原因. 曾在 50 千赫的脉冲信号发现白天的反射高度为 74—81 公里, 晚上为 80—82 公里, 而黄昏时刻接近 90 公里.

在 1—5 兆赫频段内, 也曾发现从 D 层高度反射回来极弱的回波. 这表示 D 层的结构较为复杂.

从各种观测结果可以认为,D 层的高度约处于 60—90 公里附近. 由于此层的高度较低,中性分子的浓度较其他层大得多,因而通过此层的电磁波能量大部分损耗于电子与中性分子的碰撞过程之中.

§9.5　E_s 层[16]

E_s 层是一种较为稳定的电离层不均匀结构(见本书第十一章). 在中纬度,它相当稳定地处于 E 层的高度. 有时称为偶现 E 层.

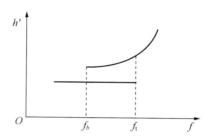

图 151　半透明层在频高图上的记录

E_s 层在频高图上经常表现出半透明的特性. 从图 151 上可以看到,在 f_b—f_t 之间,电波除了在 E_s 层有反射回波之外,还部分地穿过 E_s 层,而在更高层(例如 F 层)遭到反射. 这一频段的频高特性就是半透明区域部分反射和部分穿透的结果. 当 $f < f_b$ 时,更上层的图象完全被遮蔽,即 E_s 层不再是透明的,所以称 f_b 为遮频. E_s 层的半透明性一直至 f_t 为止,所以称 f_t 为顶频. 在图上我们看到,E_s 的 h' 在相当大的频带中几乎保持不变. 这即表明,它可能是一电离度相当大的薄层. 在 f_t 以下的频段,E_s 层象一面镜子似的把电波反射回地面. 但是,一般说来,除了层很薄(小于一个波长) 之外,层不会有透明性. 由某些观测表明,E_s 层虽然很薄,但至步也有几个波长的厚度. 这似乎不能解释 E_s 层的半透明性. 然而,如果假设 E_s 薄层是一种不均匀的结构,它对于电波来说就好像一个"栅"一样,入射波部分遭到反射、部分穿透过去. 这就能解释 E_s 薄层的半透明性.

在频高图上,并不是所有 E_s 层都表现有如图 151 那样的半透明性. 它有时也由于在 E_s 层内的不均匀电离体对电波的多次反射作用,而表现出扩散状回波的痕迹. 除此之外,随着地磁纬度的变化,E_s 层在频高曲线上的形式是不同的. 托马斯(Thomas)在国际地球物理年期间,总结了 E_s 所表现的类型. 这对于研究工作者提供了很大的方便(图 152).

从图 152 中可以看到,温带的低型类似于图 151 所示的类型. 极区的 E_s 层是扩散状回波的痕迹. 平型可能是由于很大电离梯度的层所引起的. 高型和突

起型可能是在 E_s 层中还有一些细微的分层或"缘"的结果. 因此在中纬度的 E_s 层内部,似乎并没有更细小的不均匀结构存在. 从这个意义上说,中纬度的 E_s 层

地区	频高图	类型
赤道带		q　赤道型
		s　斜型
温带(中纬度)		h　高型
		c　突起型
		e　低型
		f　平型
极区		a　极光型
		f　平型
		p　时延型
		s　斜型

图 152　E_s 层按频高图的分类

似乎与一般的不均匀结构有所区别. 然而,由于 E_s 层的出现毕竟不如正常层那样规则,它们的出现是偶然的,没有很固定的时刻,尽管它们在一定时间内具有较好的稳定性(几分钟至几天). 最值得注意的是 E_s 层的尺度一般为 0.1—10 公里的量级. 因此,即使层中没有更细小的不均匀结构,但它与正常层的尺度相比要小得多了. 因此有人将 E_s 层划入为电离层不均匀结构研究的对象之一. 事实上,目前有好多台站对 E_s 层的研究也大多用作为研究不均匀结构的工具,例如图 180 所示的三点式空间接收装置,并且已经积累了大量的资料.

图 153 是北京(中纬度)上空出现的 E_s 层频高图. 它们正是图 152 中所出现的类型.

除了利用电离层测高仪和返回脉冲信号的衰落方法,来研究 E_s 层之外,近几年来,还广泛运用了反散射和火箭等的探测装置.

E_s 层的昼夜、季节和纬度变化,如图 154 所示[16]. 在北极光带[图 154(a)],E_s 层主要在晚上出现,子夜之前达最大值,称之为"夜 E 层". 它的季节变化很

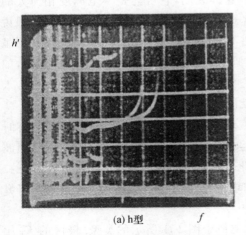
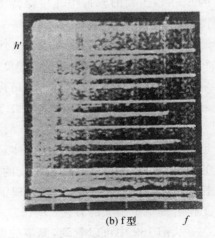

(a) h 型　　　　f　　　　　　(b) f 型　　　　f

图 153　北京(中纬度)上空出现的 E_s 层频高图

小. 极区 E_s 层给出地面的图象是各向异性的, 相关椭圆轴比约为 4:1. 长轴在东西向. 中纬度 E_s 层主要在夏季出现. 图 154 中的 (d) 是南温带的曲线. 这里横坐标移动了六个月, 这是为了与图 154 的 (b) 相对照, 因为南温带的夏季正是 11 月至 2 月. 在中纬度的白天, E_s 层出现的几率和晚上相差不大. 而且在这里 E_s 层基本上是各向同性的. 赤道带的 E_s 层主要在白天出现. 这正好与北极光带的情况相反. 而且, 赤道 E_s 层的各向异性也与极光带相反, 其相关椭圆轴比为 10:1, 然而其长轴却在南北方向.

除了在极区, E_s 层的出现似乎与太阳活动性和磁扰没有很密切的相关性.

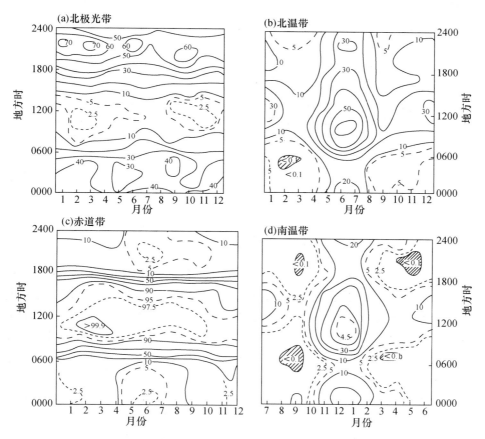

图 154　fE_s 超过 5 兆赫的 E_s 层出现时间的百分率[16]

(曲线上标明的数值)

E_s 层除了有纬度效应之外, 还发现有经度效应. 根据全世界电离层台站, 关于 E_s 层的资料进行分析的结果, 在菲律宾 E_s 层的出现有最大值, 在非洲南部有最小值 (见图 155)[16].

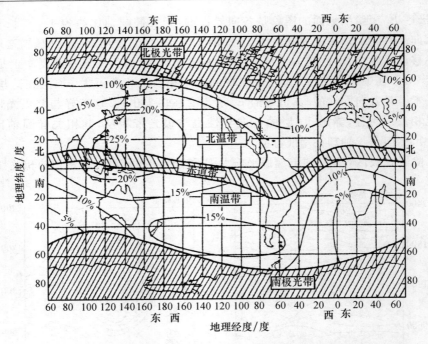

图 155 fE_s 超过 5 兆赫的 E_s 层一年中出现的百分率[16]

（曲线上标明的数值）

§9.6 电离层的突然骚扰

电离层突然骚扰现象,是由于太阳的耀斑或喷焰效应所引起的.当太阳色球层发生耀斑时,电离层低部——主要在 D 层高度——经常发现电离度突然剧烈地增加,因而在地球的向阳半面,短波和中波无线电信号立即衰落甚至完全中断,而长波和超长波的信号强度突然增强. 骚扰时间为数分钟至一小时左右. 这种骚扰常在低纬地区中午时刻出现. 1927 年—1930 年期间发现了这一现象. 1935 年迪林格(Dellinger)再加以肯定,并把它与太阳活动性联系起来加以初步的解释,所以这种现象又叫迪林格效应[17]. 有时按照电离层的突然骚扰一词的英文原名(Suddenly Ionospheric Disturbance)又简称为 SID 现象.

图 156 给出了各层的虚高度和穿透频率的 SID 过程. SID 现象的出现非常突然. 这时 $h'E$ 和 $h'F$ 突然不见了,回波的最低频限大大提高,甚至超过 f_0F_2 的值. 这表明电离层对短波及中波的吸收作用大大增加了. 在骚扰前后,f_0E 和 f_0F_2 均没有大变动. 只有 $h'E$ 和 $h'F_1$ 稍微上升. 骚扰期间内不出现 $h'E$ 和 $h'F_1$. 骚扰快到终了时,在频高图上先看到 F_2 层,然后依次看到 F_1 层和 E 层的反射波. 骚扰终了以后,各层立即又恢复正常状态.

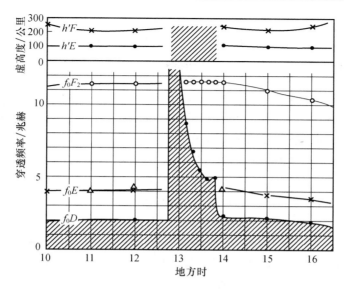

图 156 各层虚高度和穿透频率的 SID 过程[3]

SID 反映在无线电通讯方面是很显著的. 这时向阳半球上短波信号突然消逝, 长波的信号却相反地得到加强. 另一方面, SID 使长波段的天波相位发生突然变化(Suddenly Phase Anomaly), 又简称为相位突然异常(SPA)现象. 在正常的情况下, 天波和地波之间有一定的相位差. 当 SID 来临时, 长波的天波反射高度突然改变, 因而引起相位的突然变化. 实验表明, 用 SPA 来发觉太阳耀斑的出现, 远比用短波通信中断的现象更为灵敏.

在短波中断期间, F_2 层所受到的骚扰似乎并不显著, 现在已经查明, SID 现象主要是由于 D 层高度电离度突然增加而引起的.

当太阳发生耀斑以后, 它辐射出大量的紫外线和 X 射线. 它们将穿过高层而达到 D 层的高度, 因而使 D 层电离度突增, 对于穿透过此层又返回地面的短波, 受到强烈的吸收, 所以出现短波通讯中断的现象. 但是, 对于长波而言, 由于 N 的剧烈增加, 投射波透入此层的深度很小, 对于超长波而言, 甚至类似于镜面反射而返回地面, 因此它们所受到的吸收较小, 故长波和超长波的强度增强. 在骚扰终了以后, 由于电子浓度逐渐减小, 所以在频高图上先看到 F_2 层的反射波, 然后才依次看到 F_1 层和 E 层的反射波.

当太阳耀斑出现时, 太阳的能谱如图 157 所示. 在紫外部分具有额外的强辐射线. 实验表

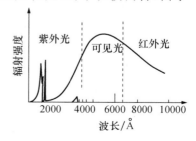

图 157 太阳出现耀斑时的辐射能谱分布

明,氢谱线 H_α (6563Å) 的强度有突然增大的现象. 它的宽度与耀斑强度似乎有密切的关系,并且其宽度变化和 SPA 的时间变化也极其相似. 因此可以合理地认为,在耀斑出现时,与 H_α 强度突增的同时,还爆发了氢的莱曼(Lyman)线系. 根据大量气球和火箭的观测,在 SID 期间, L_α 线常常剧增几十倍. 因此 L_α 可能是产生 SID 的主要来源. 与此同时,也曾在 SID 期间,观测到 X 射线的突增现象[18]. 这时甚至在 30—50 公里高度上,都可以测量到相当强的 X 射线. 因此,这两种辐射线都可能是产生 SID 的重要原因.

当太阳耀斑爆发时,伴随着紫外线和 X 射线的,还有大量相对论性的高能粒子. 也并这些高能粒子对于 SID 现象也有重要的贡献. 一个令人感兴趣的相关现象是当 SID 到来时,也同时观测到宇宙线强度的突然增强. 因此,宇宙线的观测资料有时也常用来互相订正 SID 的现象.

D 层电离度突增的结果,使该区域的电导率亦突增,这样便加强了大气的发电机效应,而使 S_q 电流突增,结果导致地面上地磁强度和地电的突然变化. 地磁强度的这种瞬间变化称之为钩扰.

如上所述, SID 现象几乎关联到无线电通信和地球物理学中的许多电磁现象. 因此它是直接关系到人类生活的一件大事. 除此之外,在 SID 期间,还伴随着太阳射电的爆发等其他现象.

§9.7　电离层暴[19—22]

电离层暴是由于太阳局部地区发生扰动时,抛出大量的带电粒子流或等离子体"云". 这些粒子流穿入磁层边界,与高层大气发生相互作用,正常的电离层状态遭到破坏,于是产生了电离层暴. 这种暴在 F_2 层高度表现得最为明显,故又称之为 F_2 层暴. 它常常伴随着磁暴和极光现象的发生. 在近代磁暴理论中,有人认为从太阳来的这种等离子体"云"中冻结有太阳磁场,所以又叫磁性云.

中纬度负相型电离层暴到来时, $f_0 F_2$ 急速下降,其虚高度急剧增大. 由于变化非常迅速,在某些高度上引起电子"云"的堆积,于是在频高图上出现更小的分层. 图 158 画出了磁扰日和磁静日的频高特性曲线. 在这个图上,可以很明显地看出上述的特点. 在中纬地区,当电离层暴发生时,经常很难决定 $f_0 F_2$. 有时发现 $f_0 F_1$ 也有所减小.

在电离层暴期间,短波无线电通信受到强烈的破坏,在电离层低部成为一强烈的吸收区域,经常在很宽频段内,接收不到从电离层反射回来的回波.

图 159 给出了强烈磁扰期间,各层最大电子浓度随时间的变化. 可以看到,电离层暴时的电离层结构遭到严重的破坏, E 和 F 层的最大电子浓度变化很大,有时干脆完全接收不到回波. 可以想象,此时电离层中的电离体剧烈而无规

则地运动着,各层互相搅混.有时在频高图上看到一片模糊的痕迹.在较弱的电
离层暴或强暴初期,经常出现很明显的 E_s 层.

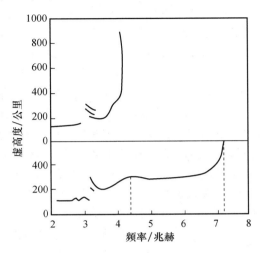

图 158　中纬地区磁扰日和磁静日的频高特性曲线[3]

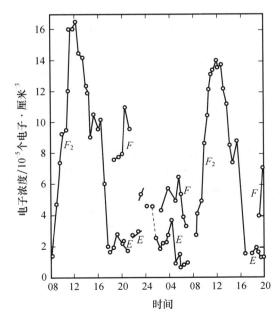

图 159　强烈磁扰期间各层最大电子浓度的时间变化过程[3]

电离层暴最经常出现在极光带.这是由于这种扰动与磁暴、极光的机制基本

上是一样的. 它们都是由于太阳风所引起的. 然而在赤道带也经常出现电离层暴. 这大约是由于太阳风的尺度很大, 因而使得地球上的大部分地面都同时受到骚扰. 然而必须指出, 在磁赤道带的电离层暴有其独特的特点. 例如在电离层暴时, 这里的 f_0F_2 不是急剧地减小, 相反地, 经常是观测到 f_0F_2 的增加.

详细地研究电离层暴的规律性发现, 在中纬度磁扰日的早晨发生电离层暴时, f_0F_2 比静日减小, 称之为负相型的电离层暴; 在午后或夜间出现时, f_0F_2 比静日增大, 称之为正相型的电离层暴. 当然, 这样的规律只具有统计意义. 个别暴的分析表明, 其特性依赖于出现磁扰的时间. 例如, 在夜间开始的磁扰动, 通常具有负相型; 如果开始在 8—13 时, 则主要是正相型的. 中纬度地区某些时刻开始的磁扰动, 通常观测不到正相型, 而只有负相型; 赤道地区则主要是正相型.

电离层暴的强度和出现的频率, 与太阳黑子数的变化有密切的相关性. 除了有 11 年的周期性之外, 还有显著的年变化. 在春秋分附近, 电离层暴的数目增多. 同时还发现它具有 27 昼夜的重现性.

有关电离层暴的理论目前还很不完善. 但可以肯定地说, 电离层暴、磁暴和极光, 主要是由于太阳来的带电粒子和可能存在的冲击波或磁流波所引起的. 这样就不难解释电离层暴与太阳活动的关系. 在春秋分期间, 地轴对太阳黄道面的倾斜最有利于微粒落入地球大气层中. 当考虑到太阳自转的周期大约是 27 昼夜时, 就不难理解电离层暴也具有 27 昼夜的重现性.

电离层暴时 F_2 层状态是理论上需要加以解释的问题. 有人曾认为 F_2 层的抬高, 是由于进入地球大气的能量引起大气热膨胀的结果. 然而, 为了解释电离层暴时刻高度的迅速变化, 却需要这些能量有一很大的数值, 这个数值是不可能的, 何况有时还出现 F_2 层高度降低的事实, 这更是热膨胀假说所无法解释的. 也曾经有人认为电离层暴期间 F_2 层电子浓度的降低, 是由于臭氧分子的增加而形成快速的复合反应. 然而这种理论却不能解释 F_2 层的漂移. 近代较有希望的是马丁的漂移理论, 他认为电离层暴时的 F_2 层状态, 受电离层电流体系和电动力所引起的电子漂移的控制.

参 考 文 献

[1] Шапира, В. С., 1954, *Тр. НИИЗМ*, 7, 23.

[2] Gringauz, K. I., 1961, *Space Res.*, Ⅱ.

[3] Альперт, Я. Л., 1961, *Искусственные слустники земли*, 7, 127.

[4] Hanson, W. B., Mckibbin, D. D., 1961, *J. Geophys. Res.*, 66, 1667.

[5] Jackson, J. E., Bauer, S. J., 1961, *J. Geophys. Res.*, 66, 3055.

[6] Thomas, J. O., 1963. *Science*, 139, 231.

[7] Pineo, V. C. et al., 1962, Electron Density Profiles in the Ionosphere and Exosphere, London, Pergamon.

[8] Barrington, R. E. , Ibid.

[9] Rawer, K. , 1953, Die Ionosphäre, Holland.

[10] Beynon, W. J. G. , Brown, G. M. , 1956, *Nature*, 177, 583.

[11] Альперт, Я. Л. , 1960, Распространение радиоволн и ионосфера, Москва.

[12] Appleton, E. V. , 1959, *Proc. IRE*, 47, 155.

[13] Martyn, D. F. , 1948, *Proc. Roy. Soc.* , A194, 445.

[14] Martyn, D. F. , 1959, *Proc. IRE*, 47, 147.

[15] Best, J. A. , et al. , 1936, *Proc. Roy. Soc.* , A156, 614.

[16] Smith, E. K. , 1962, Ionospheric sporadic E, Pergaman Press.

[17] Dellinger, J. H. , 1935, *Science*, 82, 351.

[18] Biermann, L. , Lüst, R. , 1959, *Proc. IRE*, 47, 209.

[19] Appleton, E. V. , Piggot, W. R. , 1952. *J. Atmos. Terr. Phys.* , 2, 236.

[20] Медникова, Н. В. , 1957, Тр. Конференции по исслед. Солнца22—24, Ноября, 1955.

[21] Martyn, D. F. , 1954, *Rep. Ionosph. Res. Jap.* , 8, 11.

[22] Matsushita, S. , 1959, *J. Geophys. Res.* , 64, 305.

第十章 电离层形成理论及其动力学特征

§10.1 卡普曼的形成理论. 卡普曼层的性质

1925 年实验直接证实了电离层的存在以后[1,2]，对电离层进行了一系列的观测. 与此同时，也对电离层的来源进行了各种设想和探讨[3,4]，1931 年卡普曼首次提出较成熟的电离层形成理论[5,6].

卡普曼认为，大气的电离是由于太阳短波紫外辐射线所引起的. 高层大气主要成分的电离电位 ε_i 对应于太阳紫外辐射线部分（见表 19）[7]. 当这些辐射流穿过大气层时，中性分子或原子吸收其能量而电离. 由此可见，大气的电离度取决于很多因素，例如：辐射流强度、大气中性分子或原子的吸收本领、大气温度和大气成分等. 为了使问题简化和能够进行定量的分析，卡普曼作了如下几个主要假设：

① 太阳辐射流是单色光.

② 大气处于完全混合状态，因而它的平均分子量不随高度变化.

③ 在所有时间内，整个大气层的温度恒为常值.

④ 重力加速度 g 不随高度而变化.

表 19 电离层主要大气成分的电离电位 ε

大气成分 ε_i（电子伏）	O_2	O_1	N_2	N_1	H_e	H_2	NO
第一电离电位	12.5 (987Å)	13.5 (914Å)	15.8 (781Å)	14.5 (851Å)	24.5 (500Å)	15.4 (800Å)	9.5 (1304Å)
第二电离电位	16.1	16.9	18.7	—	—	—	—
第三电离电位	16.9	18.5	—	—	—	—	—

从②—④的假设中可以得到，中性大气的浓度 n 的高度分布为：

$$n = n_0 e^{-h/H}. \tag{10.1}$$

其中 H 为均匀大气的标高，n_0 为地面的大气的浓度，h 为从地面算起的高度.

⑤ 电子只以复合的形式消失，并且其复合系数不随时间和空间而改变.

⑥ 大气处于静止的状态.

在这些假设下,可以计算出单位时间内单位体积中大气中性粒子发生电离的数目 J,有时称之为电离速率.

设单色辐射流以天顶距离 χ 入射至高度为 h 的大气层. 此时它的强度为 S. 在 h 高度辐射流强度穿过 $\mathrm{d}h$ 大气层后的减少量为 $-\mathrm{d}S$,它显然与大气中性分子或原子的浓度 n、辐射流所走过的路程 $\mathrm{d}l$ 以及辐射流本身的强度 S 成正比(见图 160):

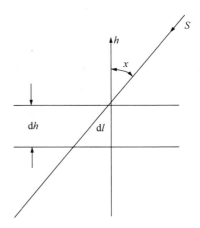

$$-\mathrm{d}S = A_\sigma n S \,\mathrm{d}l,$$

$$\mathrm{d}S = A_\sigma n S \sec\chi \,\mathrm{d}h,$$

图 160　太阳辐射流穿过大气薄层的几何关系

其中 A_σ 称为吸收截面,它表征气体的吸收本领. 将上式积分并注意到(10.1)式,则

$$S = S_\infty \exp(-A_\sigma n_0 H \sec\chi \mathrm{e}^{-h/H}), \tag{10.2}$$

其中 S_∞ 为 $h \to \infty$ 时的辐射流强度. 上式给出了单色辐射流强度随高度的变化.

在单位时间内、单位体积中发生电离的中性粒子的数目,即电离速率显然为:

$$J = \frac{1}{\varepsilon}\frac{\mathrm{d}S}{\mathrm{d}l} = \frac{1}{\varepsilon}\frac{\mathrm{d}S}{\mathrm{d}h}\cos\chi,$$

$$J = \frac{1}{\varepsilon}A_\sigma n_0 S_\infty \exp\left(-\frac{h}{H} - A_\sigma n_0 H \sec\chi \mathrm{e}^{-h/H}\right). \tag{10.3}$$

由此很容易从上式求出最大电离速率的高度 $h^{(\mathrm{m})}$,它满足 $\dfrac{\partial J}{\partial h} = 0$.

$$h^{(\mathrm{m})}(\chi) = H\ln(A_\sigma n_0 H \sec\chi). \tag{10.4}$$

代入(10.1)式显然有:

$$n^{(\mathrm{m})}(\chi) = \frac{1}{A_\sigma H}\cos\chi. \tag{10.5}$$

将(10.4)式代回(10.3)式,得:

$$J^{\mathrm{m}}(\chi) = \frac{S_\infty}{\varepsilon e H}\cos\chi. \tag{10.6}$$

式中的 e 是自然对数的底,即 $2.718281\cdots$,ε 是气体电离电位所对应的能量.

用(10.6)式表示(10.3)式,得到:

$$J = J^{(\mathrm{m})}\exp(1 - \zeta_1 - \mathrm{e}^{-\zeta_1}), \tag{10.7}$$

其中

$$\zeta_1 = \frac{h - h^{(m)}}{H}$$

是从 $h^{(m)}$ 算起以标高 H 为尺度的高度标量.

(10.7)式表示从某一天顶距离入射的辐射流,在各高度上产生的电离速率. 为了比较不同天顶距离情况下 J 的差别,以下角标"0"表示 $\chi = 0$(低纬度地区的中午时刻接近于这一条件)的物理量,则按照(10.4)—(10.7)式,

$$h_0^{(m)} = H\ln(A_\sigma n_0 H), \tag{10.4a}$$

$$n_0^{(m)} = \frac{1}{A_\sigma H}, \tag{10.5a}$$

$$J_0^{(m)} = \frac{S_\infty}{\varepsilon e H}, \tag{10.6a}$$

$$J = J_0^{(m)} \exp(1 - \zeta - \sec\chi e^{-\zeta}), \tag{10.7a}$$

其中

$$\zeta = \frac{h - h_0^{(m)}}{H}.$$

图 161 是电离速率 J 随天顶距离 χ 和导出高度 ζ 的变化.

由假设⑤和⑥,则有:

$$\frac{dN}{dt} = J - \alpha N^2, \tag{10.8}$$

其中 N 为电子浓度,α 为复合系数. 在准平衡的情况下,即电离速率与电子的消失率近似相等时,

$$\frac{dN}{dt} = J - \alpha N^2 \approx 0, \tag{10.9}$$

因而由(10.7a)和(10.9)式,则有:

$$N = N_{m0} \exp\frac{1}{2}(1 - \zeta - \sec\chi e^{-\zeta}), \tag{10.10}$$

其中

$$N_{m0} = \left(\frac{J_0^{(m)}}{\alpha}\right)^{1/2}$$

是 $\chi = 0$ 时的最大电子浓度. 在这里必须注意到最大电子浓度的高度 h_m,与最大电离速率的高度 $h_0^{(m)}$ 是不一样的. 事实上从(10.10)式可以得到:

$$h_m = h_0^{(m)} + H\ln\sec\chi. \tag{10.11}$$

当 $\chi = 0$ 时,$h_m = h_0^{(m)} = h_{m0}$. (10.10)式是卡普曼层的数学表达式. 其图解显然有与图 161 相类似的形状.

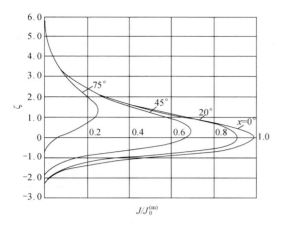

图 161　电离速率 J 随天顶距离 χ 和导出高度 ζ 的变化

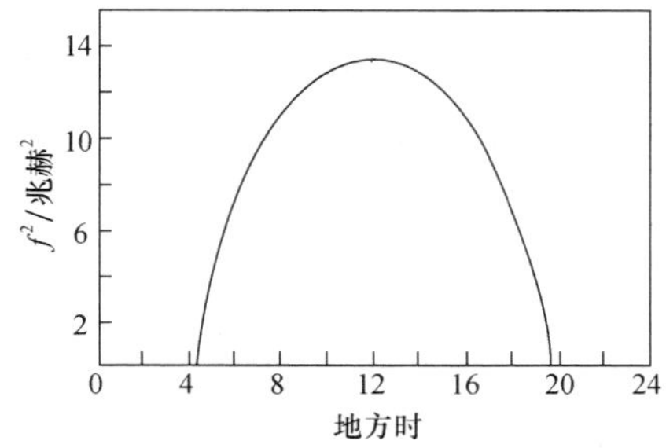

图 162　卡普曼层最大电子浓度随天顶距离的变化

由(10.10)和(10.11)式可以得出:

$$N_{\mathrm{m}} = N_{\mathrm{m0}} \cos^{1/2}\chi. \tag{10.12}$$

这是卡普曼层的一个重要的性质,即任何时刻电子浓度最大值 N_{m},正比于天顶距离余弦的平方根.图 162 是对于某一台站(10.12)式的图解.这一简单的关系是检验卡普曼理论是否正确的准则.正如第九章的图 129 中所看到的,E 层和 F_1 层的观测结果基本上接近于图 162 的形式.所以现在一般认为,E 层和 F_1 层(特别是 F_1 层)基本上是卡普曼层.这些层除了具有(10.12)式的变化特性之外,其最大电子浓度的高度变化,也基本上服从(10.11)式.当 $\chi = 0$ 时,层下降至最低的高度;当早晨和黄昏时刻,层上升至较高的高度.

卡普曼层的数学表达式(10.10)比较复杂.在很多理论和实际计算中常用一抛物层来加以代替.事实上,将(10.10)式在 $\zeta = 0$ 点附近展开,略去高于二次的项,当 $\chi \to 0$ 时,

$$N = N_{\mathrm{m0}}\left[1 - \left(\frac{h - h_{\mathrm{m0}}}{2H}\right)^2\right]. \tag{10.13}$$

图 163 是上式的图解.可以看到,在卡普曼层的下半部相当符合于抛物层的形式,上半部的偏离较大些.此抛物层的半厚度为 $2H$.

实际上,正如图 161 所看到的,电离速率的高度分布随天顶距离的变化而变化,因而电子浓度的高度分布也必然随时间而变化.为了更加精确地计算电子浓度随高度的分布,必须去掉(10.9)式的近似性.应用(10.8)和(10.7a)式,

$$\gamma_{\mathrm{m0}}\frac{\mathrm{d}\left(\frac{N}{N_{\mathrm{m0}}}\right)}{\mathrm{d}\tau} + \left(\frac{N}{N_{\mathrm{m0}}}\right)^2 = \exp(1 - \zeta - \sec\chi\, e^{-\zeta}), \tag{10.14}$$

其中

$$\frac{1}{\gamma_{m0}} = 1.37 \times 10^4 N_{m0} \alpha, \tag{10.15}$$

$$\tau = \frac{2\pi t}{86\,400}, \tag{10.16}$$

τ 称为时角,t 以秒为单位,假设当地日出时刻为 $\tau=0$. 图 164 是各种 τ 值的电子浓度随高度的分布. 其中近似地令 $\chi=0$.

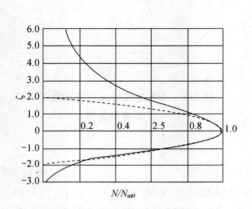

图 163　卡普曼层与抛物层的比较
（实线为卡普曼层）

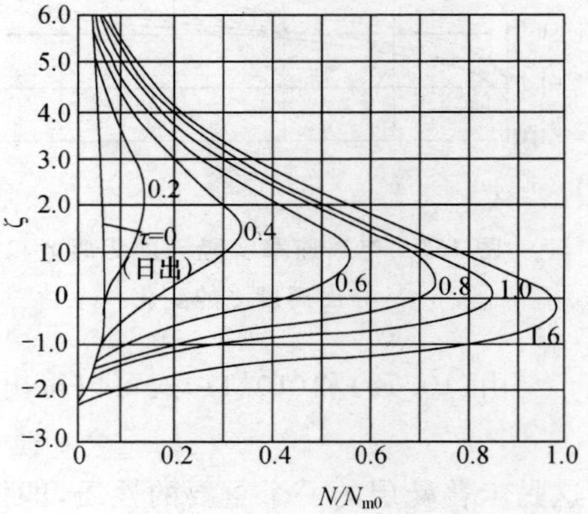

图 164　各种 τ 值的电子浓度随高度的分布（$\gamma_{m0}=0.2$）

　　最后必须指出,在以上的推导中,都认为某一时刻入射的辐射流在穿过整个大气层高度的过程中 χ 保持不变. 这实际上相当于加入电离层为平面分层化的假设. 然而,对于 χ 足够大的情形（例如日出或日落时刻）,应当考虑到地球曲率的影响,因为辐射流在通过电离层时,它的天顶距离的变化是不能忽略的. 用简单的几何关系作类似于上述的推导表明,这时需将(10.2)—(10.14)式中所有的 $\sec\chi$ 用下列函数来加以代替,

$$f(r^*, \chi) = r^* \sin\chi \int_0^\chi \exp\left[r^*\left(1 - \frac{\sin\chi}{\sin\psi}\right)\right] \csc^2\psi \, d\psi, \tag{10.17}$$

其中

$$r^* = \frac{R_E + h}{H}, \tag{10.18}$$

R_E 为地球半径. 对于 $\chi < (75°-80°)$ 的情形,$f(r^*, \chi) \approx \sec\chi$;对于较大的 χ 值的情形,$f(r^*, \chi)$ 与 $\sec\chi$ 有较大的偏离.

§10.2 关于卡普曼理论的若干讨论

从上一节的讨论我们看到,卡普曼理论本质上已解释了电离层的形成过程.理论的结果能够定量地解释一系列观测事实.但是,卡普曼理论在解释更复杂的现象时遇到了一些困难.这些困难是由于它的基本假设并不完全符合客观事实所引起的.

卡普曼理论正确地指出了在电离层中有一最大电子浓度的高度,它定量地给出这一简单层的形式.但是,在电离层中实际上存在更多的层.这是由于太阳的紫外辐射部分并不是单色光,大气中的分子也不是单一的,因而不同的气体分子将吸收不同的光量子而电离.这样一来,就有可能形成几个电离层的极大值.在整个高度上所表现出来的电子浓度,实际上是各种大气成分贡献的叠加.也就是说,在具体计算时,(10.3)式应当写为:

$$J = \sum_i \frac{1}{\varepsilon_i} A_{\sigma_i} n_i S_i. \tag{10.19}$$

因而必须知道 n_i, H_i, $S_{\infty i}$, ε_i 和 A_{σ_i} 的详细数据.

有关 $S_{\infty i}$ 的直接测量,只是在发明了火箭等高空飞行工具之后才实现的[8].太阳常数约等于 2 卡/(厘米² · 分).在紫外部分它对应于几千度的黑体辐射的分布.在 1450—1500Å 波段大约对应于 $T \approx 4050K$;在 $\lambda \approx 2200$Å 接近于 $T \approx 5000K$;直至 $\lambda \approx 3000$—3400Å 附近,它对应的温度达 6000K.火箭探测结果还表明,除了紫外辐射引起大气的电离之外,在 1—100Å 左右的 X 射线,对大气的电离有相当大的贡献.实验还定量地测定了它们的能谱分布.

表 19 已给出大气主要成分的 ε 值.有关 A_{σ_i} 的数值还没有很精确的数据.它依赖于入射光量子的能量或所对应的波长.整理某些实验的结果已得到了一些初步的数据[9-14].例如:

$A_\sigma[\mathrm{N_1}] \approx 0.9 \times 10^{-17}$ 厘米², 当 $\varepsilon \approx 14.5$ 电子伏时;

$A_\sigma[\mathrm{O_1}] \approx 0.45 \times 10^{-17}$ 厘米², 当 $13.55 \leqslant \varepsilon \leqslant 16.86$ 电子伏时;

1.1×10^{-17} 厘米², 当 $16.86 \leqslant \varepsilon \leqslant 18.54$ 电子伏时;

1.6×10^{-17} 厘米², 当 $18.54 \leqslant \varepsilon \leqslant 25.00$ 电子伏时;

$A_\sigma[\mathrm{NO}] \approx (2\text{--}6) \times 10^{-18}$ 厘米², 当 $\lambda \approx 1050$—1350Å 时;

在 X 射线的波段中,

$A_\sigma \approx (2\text{--}3) \times 10^{-19}$ 厘米², 当 $\lambda \approx 45$—51Å 时;

$A_\sigma \approx 8 \times 10^{-20}$ 厘米², 当 $\lambda \approx 10$—60Å 时.

卡普曼假设大气完全混合的状态显然与事实不符.正如本书开始就已经指出的,大约在 100—130 公里高度以上大气的各种成分呈扩散分离的状态,因此对于不同气体成分来说，n_i 随高度的分布是不同的.

假设③和④对于计算 J 有相当大的影响，因为与温度以及重力加速度所相关的标高 H，经常出现在指数因子之中. 实际上，在电离层大部分高度范围内，温度随高度递增而急速上升. 另一方面，重力加速度随高度的递增而减小，其减小的规律为 $g = g_0 \left(\dfrac{R_{\mathrm{E}}}{R_{\mathrm{E}} + h} \right)^2$. 总之，温度和重力加速度都使得标高随高度递增而增大. 因此，作为一个例子，假定大气标高随高度作线性增大，则

$$H = H_0 + \beta h, \tag{10.20}$$

其中 β 为标高梯度. 类似上节的推导，可以得出相应于(10.7a)式的结果[15]：

$$J = J_0^{(\mathrm{m})} \exp(1 + \beta)(1 - \zeta_2 - \sec\chi\, e^{-\zeta_2}), \tag{10.21}$$

其中

$$\zeta_2 = \int_0^h \frac{\mathrm{d}h}{H} - \int_0^{h_0^{(\mathrm{m})}} \frac{\mathrm{d}h}{H}.$$

假定电子只以复合的形式消失，则(10.12)式相应地变为：

$$N = N_{\mathrm{m0}} (\cos\chi)^{(1+\beta)/2}. \tag{10.22}$$

观测的结果表明，E 和 F_1 层也并不完全符合(10.12)式. 它们之间的偏离可以用(10.22)式来加以解释.

以上我们讨论了卡普曼主要假设对于 J 的影响. 对于电子的消失过程，假设⑤也过于简化. 事实上，在电离层中电子的消失以及其他过程是很复杂的. 其形式也是多种多样的[9−12]：

（1）电子和正离子的复合. 例如：

$$M^+ + \mathrm{e} \to M + \varepsilon,$$
$$M_2^+ + \mathrm{e} \to M' + M''.$$

前者为辐射复合反应，后者为分解复合反应. 在分解复合反应中，一个分子型正离子复合后，分解为两个激发态原子[16,17]. 这两种反应引起电子浓度的变化显然与中性粒子和电子的浓度成正比，它们分别为：

$$\left(\frac{\partial N}{\partial t} \right)_r = -\alpha_e N N_+,$$

$$\left(\frac{\partial N}{\partial t} \right)_{r'} = -\alpha_e' N N_+,$$

α_e 和 α_e' 分别为辐射复合系数和分解复合系数.

（2）电子附在中性粒子上变为负离子. 例如：

$$M + \mathrm{e} \to M^- + \varepsilon,$$

M^- 为某种气体成分的负离子. 令 N_- 和 n 分别表示负离子和中性粒子的浓度，则

$$\left(\frac{\partial N_-}{\partial t}\right)_a = -\left(\frac{\partial N}{\partial t}\right)_a = \beta_t n N,$$

β_t 称为电子的附着系数.

（3）正负离子的复合. 例如：

$$M^+ + M^- \rightarrow M' + M'',$$

M' 和 M'' 都是表示某种中性粒子的激发态.

$$\left(\frac{\partial N_-}{\partial t}\right)_r = \left(\frac{\partial N_+}{\partial t}\right)_r = -\alpha_i N_- N_+,$$

其中 α_i 称为离子的复合系数.

（4）负离子在紫外光的照耀下分离为中性粒子和电子. 例如：

$$M^- + \varepsilon \rightarrow M + \mathrm{e}.$$

这一过程正好与附着过程相反，

$$\left(\frac{\partial N}{\partial t}\right)_d = -\left(\frac{\partial N_-}{\partial t}\right)_d = I_d N_-,$$

I_d 称为光分离系数.

（5）负离子与中性粒子碰撞引起电子的脱落. 例如：

$$M^- + M \rightarrow M_2 + \mathrm{e}.$$

因而

$$\left(\frac{\partial N}{\partial t}\right)_c = -\left(\frac{\partial N_-}{\partial t}\right)_c = \gamma N_- n,$$

γ 称为脱落系数.

表 20 是各种反应过程的系数的大致数值. 必须注意，上面所列举的反应式只是同一过程中的一种例子.

表 20　各种微观过程的系数[7]

各种反应过程的系数	气体			
	O_1	O_2	N_1	N_2
光电离吸收截面 A_e（厘米^2）	0.26×10^{-17}	10^{-20}	0.9×10^{-17}	10^{-17}
电子辐射复合系数 α_e（厘米^3/秒）	$(1-2) \times 10^{-12}$	10^{-12}	—	10^{-12}
电子分解复合系数 α_e'（厘米^3/秒）	—	10^{-8}	—	—
电子附着系数 β_t（厘米^3/秒）	1×10^{-15}	10^{-16}	—	—
离子复合系数 α_i（厘米^3/秒）	$10^{-7} - 10^{-8}$	10^{-7}	—	10^{-7}
电子光分离系数 I_d（秒$^{-1}$）	$0.1 - 0.35$	0.44	—	—
电子脱落系数 γ（厘米^3/秒）	$10^{-15} - 10^{-16}$	$10^{-14} - 10^{-15}$	—	—

综合以上反应过程，代替卡普曼假设⑤和⑥或(10.8)式的将有：

$$\frac{\mathrm{d}N}{\mathrm{d}t} = J + I_d N_- + \gamma N_- \, n - \beta_t N n - (\alpha_e + \alpha'_e) N N_+,$$

$$\frac{\mathrm{d}N_-}{\mathrm{d}t} = \beta_t N n - I_d N_- - \gamma N_- \, n - \alpha_i N_- N_+,$$

$$\frac{\mathrm{d}N_+}{\mathrm{d}t} = J - \alpha_i N_- N_+ - (\alpha_e + \alpha'_e) N N_+. \tag{10.23}$$

由于电离层呈电中性，所以

$$N + N_- = N_+ = (1 + \lambda_i) N,$$

其中

$$\lambda_i = \frac{N_-}{N}.$$

由(10.23)式的最后一个方程得：

$$\frac{\mathrm{d}(1 + \lambda_i) N}{\mathrm{d}t} = J - \alpha_i \lambda_i (1 + \lambda_i) N^2 - (\alpha_e + \alpha'_e)(1 + \lambda_i) N^2,$$

$$\frac{\mathrm{d}N}{\mathrm{d}t} = J_0 - \alpha_0 N^2, \tag{10.24}$$

其中

$$J_0 = \frac{J}{1 + \lambda_i}, \tag{10.25}$$

$$\alpha_0 = \alpha_e + \alpha'_e + \lambda_i \alpha_i + \frac{1}{N} \frac{\mathrm{d}\ln(1 + \lambda_i)}{\mathrm{d}t}. \tag{10.26}$$

J_0 和 α_0 分别称为有效电离速率和有效复合系数. (10.24)与(10.8)式有相同的形式，但是其系数却不一样. 在相对稳定的条件下，$\dfrac{\mathrm{d}\lambda_i}{\mathrm{d}t} = 0$，于是

$$\alpha_0 = \alpha_e + \alpha'_e + \lambda_i \alpha_i. \tag{10.27}$$

从理论上说，利用(10.24)式对某一电离层高度的电子浓度进行观测，可以测出该高度的 J_0 和 α_0. 譬如，在相邻两个时刻 t_1 和 t_2，假定其时间间隔不大，J_0 和 α_0 几乎不发生变化，分别测出这两个时刻的 $N_1, \dfrac{\mathrm{d}N_1}{\mathrm{d}t}$ 和 $N_2, \dfrac{\mathrm{d}N_2}{\mathrm{d}t}$，就可以借 (10.24)式求出 J_0 和 α_0. 然而，$N(t)$ 的不规则性常使得实验资料的整理结果不够精确，因此人们力求选择 $N(t)$ 比较平稳，且没有复杂附加效应的那些时刻来加以观测. 这特别是在日蚀的时候最为合适[18]，此时 $J_0 = 0$. 本来在晚上决定 α_0 也是较简单的，此时电离源"黑掉"，$N(t)$ 曲线应当是：

$$N(t) = \frac{N_0}{1 + \alpha_0 N_0 t},$$

但是晚上的电离过程通常不遵守上式，因此这种办法只能在傍晚和日出之前来决定 α_0.

不论是在日蚀期间或是在傍晚和日出之前,由于到目前为止尚无法很精确地计算电子浓度的真高度,所以精确地获得某一高度的 α_0 值仍然是有困难的.对于各层的平均 α_0 值已得出了初步的结果[19,20].除此之外,人们还用其他的办法测量 α_0 值[21].

综合许多电子生成和消失的过程,可以以有效复合系数 α_0 写出类似于(10.8)式的形式(10.24),然而这两个式子在物理意义上却有本质上的差别.

用卡普曼简单层的理论,能够解释 E 层和 F_1 层的主要观测事实.然而,对于 F_2 层来说,卡普曼理论是不够充分的.除了订正卡普曼的假设⑥之外,对其他五个假设的订正,都没有希望能解释 F_2 层所表现的一系列特性.我们将在下面对假设⑥以及电子的生成和消失过程进一步加以讨论.

§10.3　连续方程

利用完整的连续方程可将(10.24)式变化后:

$$\frac{dN}{dt} = J - L - \nabla \cdot (N\boldsymbol{v}_d) - \nabla \cdot (N\boldsymbol{v}_t), \qquad (10.28)$$

其中 J 和 L 分别表示电子的生成和消失项,右边第三和第四项表示由于扩散速度 v_d 和电离体漂移速度 v_t 引起的运动项.这两项是卡普曼假设⑥的订正项.扩散速度是由于电离层并非是均匀介质所引起的,漂移速度是由于电动势和风场所引起的.

在高空大气模式中我们看到,大约从 100 公里左右的高度起,温度以每公里 4K 左右向上递增.所以在很厚的 F_2 层中,J 的表达式(10.21)大约比(10.7a)式更为确切些.

应用上节所讨论的方法和观测的数据,计算(10.24)式表明:高于 130 公里的高度太阳紫外辐射线使大气发生电离,其主要成分为 O,N_2 和 N_1.并且低于 200 公里的高度大约主要是 O_1 的电离.氧分子 O_2 吸收太阳紫外辐射,而电离主要发生在 70—130 公里的高度.但是有不少人关于 O_2 在这一高度范围对电离起主要贡献表示怀疑.因为 O_2 在 90 公里以上已开始分解为 O_1 了,并且对应于 O_2 所吸收的太阳紫外辐射部分可能已被上层的其它大气成分所吸收,因此,甚至在 90 公里以下的高度 O_2 电离的贡献也未必是重要的.在 90—100 公里高度,X 射线引起大气的电离可能起着重要的作用.由于缺乏关于各种大气成分对 X 射线吸收截面的知识,究竟哪一种大气成分在这种电离过程中起主要作用还不太清楚.在 D 层的高度,NO 吸收太阳紫外辐射而电离的过程起主要的作用.

关于电子消失项,在外电离层以至于行星际空间中,中性粒子几乎不存在,因而电子的消失过程主要是电子和正离子的辐射复合.在外电离层中,

$$L \approx 10^{-12} N^2 \ \text{秒}^{-1}. \tag{10.29}$$

在 F_2 层高度,电子消失主要过程是两极反应,即

$$O^+ + XY \rightarrow O + XY^+,$$

$$XY^+ + e \rightarrow X' + Y'.$$

在 F_2 层较低部分,分子 XY 很丰富,因而第一级反应很迅速.全部反应速率主要依赖于后一反应过程,即依赖于分子型离子和电子的浓度.离子浓度几乎与电子浓度相等,故在 F_2 层低部电子的消失速率与电子浓度的平方成正比.这时电子的消失是复合型的.相反,在 F_2 层较高处,XY 很少,第一级反应很慢,全部反应速率主要依赖于这一级反应中的 XY 和电子的浓度,因而消失的过程是附着型的.其附着过程因 XY 随高度的减少而减慢,亦即附着系数随高度作指数衰减.例如,晚上观测到 250—350 公里高度的消失过程得到[22,23]:

$$\beta_t = 10^{-4} \exp \frac{300 - h(\text{公里})}{50} \ \text{秒}^{-1}. \tag{10.30}$$

在 150—250 公里高度的 F_2 层低部,电子的消失变为复合型的.在 E 层高度,主要是分解复合的过程[16,17].此时,

$$L \approx 10^{-8} N^2 \ \text{秒}^{-1}. \tag{10.31}$$

下面我们来讨论连续方程中的运动项.我们希望,对于这一项的讨论能够解释 F_2 层的某些异常现象.

在电离层中,带电粒子的扩散与一般中性气体的扩散方式不一样.由于电离层经常保持电中性,所以正离子和电子是以同样的方式相对于中性气体粒子进行扩散的.这种扩散称为双极扩散.此时,可以认为离子和电子组成一种气体,用符号"1"表示;中性粒子为另一种气体,用符号"2"表示.按照气体分子运动理论,恒温大气扩散速度为:

$$\boldsymbol{v}_1 - \boldsymbol{v}_2 = -\frac{n^2}{n_1 n_2} D_{12} \left[\frac{\partial n_{10}}{\partial \boldsymbol{r}} + \frac{n_1 n_2 (m_2 - m_1)}{n\rho} \frac{1}{p} \frac{\partial p}{\partial \boldsymbol{r}} - \frac{\rho_1 \rho_2}{p\rho} (\boldsymbol{F}_1 - \boldsymbol{F}_2) \right], \tag{10.32}$$

其中

$$\rho_1 = n_1 m_1, \quad \rho_2 = n_2 m_2,$$

$$\rho = \rho_1 + \rho_2, \quad n = n_1 + n_2,$$

$$n_{10} = \frac{n_1}{n}, \quad p = nkT.$$

假定分子是直径为 d_0 的刚性球,则双极扩散系数为:

$$D_{12} = \frac{3}{8\pi d_0^2} \left[\frac{kT(m_1 + m_2)}{2\pi m_1 m_2} \right]^{1/2}.$$

费拉罗(Ferraro)[24,25]曾指出,为了与实验值一致,D_{12} 需加以静电场校正.校正后,得:

$$D_{12} = \frac{b_0}{n}, \tag{10.33}$$

其中

$$b_0 = 3.9 \times 10^{17} T^{3/2}/(T + 187).$$

在校正的过程中,曾引用 $d_0 = 3.5 \times 10^{-8}$ 厘米.

由于电子的质量比正离子或中性粒子的质量小得多,所以正离子——电子气体的平均分子量几乎只为中性粒子的一半. 故

$$\left. \begin{aligned} m_1 &\approx \frac{m_2}{2}, \\ H_1 &\approx 2H_2. \end{aligned} \right\} \tag{10.34}$$

另一方面,假定大气处于似稳状态,即通过气体中任一虚构平面没有净流

$$n_1 \, \boldsymbol{v}_1 + n_2 \, \boldsymbol{v}_2 = 0, \tag{10.35}$$

又

$$\nabla \cdot (N \boldsymbol{v}_d) = \nabla \cdot (n_1 \, \boldsymbol{v}_1).$$

假定电动势引起的扩散可以略去,则(10.32)中 $\boldsymbol{F}_1 = \boldsymbol{F}_2 = \boldsymbol{g}$,右边最后一项消失. 我们这里只考虑铅直方向的扩散. 应用(10.1),(10.34)和(10.35)式,简化后得:

$$\nabla \cdot (N \boldsymbol{v}_d) \approx -\frac{D_{12}}{H_2^2} \left(\frac{\partial^2 N}{\partial \zeta^2} + \frac{3}{2} \frac{\partial N}{\partial \zeta} + \frac{N}{2} \right). \tag{10.36}$$

在电离层中双极扩散的另一特点是,扩散过程受到地磁场的抑制. 如果在 F_2 层内的粒子密度这样低,以致在电子或离子相继两次碰撞的时间间隔里,它们已围绕磁力线转了很多圈,因而扩散只能沿磁力线进行. 这时需将 D_{12} 修正为 $D_{12} \sin^2 I$,其中 I 为磁倾角,于是(10.36)式变为:

$$\nabla \cdot (N \boldsymbol{v}_d) = -\frac{b_0 \sin^2 I}{n H_2^2} \left(\frac{\partial^2 N}{\partial \zeta^2} + \frac{3}{2} \frac{\partial N}{\partial \zeta} + \frac{N}{2} \right). \tag{10.37}$$

在 E 层和 F_1 层中,很容易估计出扩散项与电子消失项之比为 10^{-4}—10^{-3},故在这些高度上可以略去扩散效应. 费拉罗也曾指出,在 F_2 层也可以略去扩散项. 但是,他所使用的 n 值太大了. 近来火箭和卫星的探测表明,在 F_2 层高度,中性粒子的浓度比以前估计的值低得多,因而近几年来人们又重新考虑了 F_2 层的扩散效应.

值得注意的是,一般在白天,F_2 层的扩散效应也不太重要. 这一点可以从(10.37)式中直接看出来. 白天温度高,标高 H_2 较大,因而扩散效应减弱. 另一方面,在白天,高纬度 F_2 层的高度一般较低,n 值较大,因而扩散效应也减弱. 在晚间,F_2 层的扩散效应较为重要,此时 F_2 层的温度及高度正好与白天的情形相反,并且 $J=0$. 然而对于赤道地区来说,水平扩散在白天起着相当大的作用.

有些作者[26,27],就各种电离层模型进行了计算. 他们指出,达到扩散平衡的时间很短. 特别是原始分布为卡普曼层的情形,非均匀扩散效应甚至不改变整个层的形状. 晚间扩散效应降低了 F_2 层的高度. $h_m F_2$ 的降低值依赖于大气密度、

标高和磁倾角等因素. 例如, 对于给定的初始分布:

$$N(0,\zeta) = N_0 \exp \frac{1}{2}(1 - \zeta - e^{-\zeta}),$$

在扩散的作用下, 此分布变为:

$$\left.\begin{array}{l} N(t,\zeta) = \sqrt{\dfrac{1}{1+\dfrac{1}{2}a_0^2 t}} N_0 \exp \frac{1}{2}\left[1 - \zeta - \dfrac{1}{1+\dfrac{1}{2}a_0^2 t}e^{-\zeta}\right], \\[12pt] h_{\mathrm{m}} = h_0 - H_2 \ln\left(1 + \frac{1}{2}a_0^2 t \sin^2 I\right). \end{array}\right\} \quad (10.38)$$

其中

$$a_0^2 = \frac{b_0}{n_{20}H_2^2},$$

$$h_0 = 日落时的 h_{\mathrm{m}} 值.$$

但是日落后, $h_{\mathrm{m}}F_2$ 实际上并不一定降低, 并且反而经常是升高的. 这大约是由于其他效应更为显著, 从而把扩散效应的作用埋没了. 由此可见, 只考虑扩散效应不能全部地——甚至于部分地解释 F_2 层的异常.

胡伯特(Hulburt)[28] 和艾普利通[29] 分别提出了大气的加热假说. 他们认为高层大气夏季热、冬季冷, 因而夏季热膨胀、冬季冷收缩. 这样一来, 就有希望解释冬季的 $N_{\mathrm{m}}F_2$ 比夏季大、冬季的 $h_{\mathrm{m}}F_2$ 比夏季低的异常现象. 然而, 马丁(Martyn)等[30] 指出, F_2 层几乎在整年内维持 1000℃. 这一论断得到辐射平衡理论的支持[31,32]. 实际上, 夏季 $N_{\mathrm{m}}F_2$ 的减小只限于中高纬地区, 如果按照热膨胀的说法, 则在低纬区应当有更小的 $N_{\mathrm{m}}F_2$ 值, 实际上 并非如此. 另一方面, 热膨胀的说法也不能解释夏、冬两至点期间, 全世界最大的电离峰值为什么在夏半球的低纬度地区. 由此可见, 用加热理论解释 F_2 层异常的希望似乎不大.

尽管如此, 最近还有不少作者对胡伯特假说进行了新的探讨. 有人认为, 高层大气存在着各种效应的联合作用[33]. 从 F_2 层的观测资料中, 仍然可以考虑加热效应. 支持加热假说的另一种说法是皮丁顿(Piddington)[34] 的磁流波加热假说. 磁流波来自两个方面, 一方面来自外层大气, 另一方面可能来自电离层低部次声波的转化.

在解释 F_2 层的异常现象中, 马丁的漂移理论是较有成效的. 在连续方程(10.28)中, 最后一项就是电离体漂移的贡献. 我们将在下节中专门介绍马丁的漂移理论.

§10.4　马丁的漂移理论[35—38]

电离体的漂移速度是风场和摩托效应叠加的结果. 换句话说, 是由下列三部分组成的：

　① 中性粒子的风场带动电离气体的运动，

　② 电离气体在当地感应电场作用下的漂移，

　③ 电离气体在极化电场作用下的漂移.

　　类似于(7.3)式，电离层中带电粒子在风场和电场联合作用下的平均运动方程为：

$$m_i \frac{\mathrm{d}\boldsymbol{v}_i}{\mathrm{d}t} + m_i \nu_i \boldsymbol{v}_i = \frac{e}{c}\, \boldsymbol{v}_i \times \boldsymbol{H}_{\mathrm{E}} + \boldsymbol{F}_i. \qquad (10.39)$$

这里"i"表示第 i 种带电粒子的物理量. 假定离子都是一次电离. 下面我们将略去角标"i". 但是要记住，在计算整个电离气体的运动状态时，必须对 i 求和. $\boldsymbol{F}$ 为 $\boldsymbol{F}_W$ 和 $\boldsymbol{F}_E$ 之和：

$$\boldsymbol{F} = \boldsymbol{F}_W + \boldsymbol{F}_E,$$

其中 $\boldsymbol{F}_W$，代表风场作用在带电粒子上的力，$\boldsymbol{F}_E$ 代表电场作用在带电粒子上的力. 显然，

$$\left. \begin{array}{l} \boldsymbol{F}_W = m\nu\, \boldsymbol{v}_W, \\ \boldsymbol{F}_E = e\boldsymbol{E}. \end{array} \right\} \qquad (10.40)$$

对于正离子来说，e 则为正值. 如上所说，电场又可分为感应场（或称发电机场）$\boldsymbol{E}_I$ 和极化场 $\boldsymbol{E}_P$：

$$\boldsymbol{E} = \boldsymbol{E}_I + \boldsymbol{E}_P, \qquad (10.41)$$

并且

$$\boldsymbol{E}_I = \frac{1}{c}\, \boldsymbol{v}_W \times \boldsymbol{H}_{\mathrm{E}}. \qquad (10.42)$$

　　在电离层高度，中性气体的风场主要是由大气潮汐所引起的. 其主要谐波是半日分量. 在这样的振动频率的情况下，不难看出运动方程(10.39)左边第一项可以略去不计. 于是(10.39)变为：

$$m\nu\boldsymbol{v} = \frac{e}{c}\, \boldsymbol{v} \times \boldsymbol{H}_{\mathrm{E}} + \boldsymbol{F}. \qquad (10.43)$$

　　选取如图 165 的坐标系. 令 z 轴沿 $\boldsymbol{H}_{\mathrm{E}}$ 的方向，$\boldsymbol{F}$ 落在 x-z 平面，则(10.43)的解为：

$$\left. \begin{array}{l} v_x = \dfrac{F_\perp}{m} \cdot \dfrac{\nu}{\nu^2 + \omega_H^2}, \\[2mm] v_y = -\dfrac{F_\perp}{m} \cdot \dfrac{\omega_H}{\nu^2 + \omega_H^2}, \\[2mm] v_z = \dfrac{F_\parallel}{m} \cdot \dfrac{1}{\nu}. \end{array} \right\} \qquad (10.44)$$

现在分两种情况加以讨论.

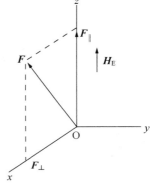

图 165　选取 $\boldsymbol{F}$ 的坐标

(1) $F = F_W$，即 F 只由风场所引起. 注意到(10.40)式，则(10.44)式变为：

$$
\left.
\begin{aligned}
v_x &= v_{W\perp} \frac{\nu^2}{\nu^2 + \omega_H^2},\\
v_y &= -v_{W\perp} \frac{\omega_H \nu}{\nu^2 + \omega_H^2},\\
v_z &= v_{W\parallel},
\end{aligned}
\right\}
\tag{10.45}
$$

其中 $v_{W\perp}$ 和 $v_{W\parallel}$ 分别表示风速垂直和平行于地磁场的分量.

在 x 和 z 方向不论哪一类带电粒子，都沿同一方向运动. 此时，运动主要是漂移的形式. 可以看出，沿磁场方向的风速将完全带动带电粒子一起运动；横跨磁力线的 x 方向的风速不能完全带走带电粒子，它受到磁场的抑制，其衰减因子是 $\nu^2/(\nu^2 + \omega_H^2)$.

在 y 方向，由于 v_y 表达式的分子中出现 ω_H，故正负带电粒子的运动方向正好相反，因而产生电流，即所谓发电机感应电流. 这里必须注意，现在考虑的是多种粒子，因而关于 ω_H 的定义与(7.6)式是不同的. 在这里

$$
\omega_H = \frac{eH}{mc}.
$$

由风场引起的感应电动势并不能完全决定电离层中的电流密度. 带电粒子的非均匀运输过程，必然引起空间电荷的堆积，从而出现极化电场. 本章最后将提到这个问题.

(2) $F = F_E$，即 F 只由电场力所引起. 注意到(10.40)式，则(10.44)式变为：

$$
\left.
\begin{aligned}
v_x &= E_\perp \left(\frac{e}{m} \cdot \frac{\nu}{\nu^2 + \omega_H^2} \right),\\
v_y &= -E_\perp \left(\frac{e}{m} \cdot \frac{\omega_H}{\nu^2 + \omega_H^2} \right),\\
v_z &= E_\parallel \left(\frac{e}{m} \cdot \frac{1}{\nu} \right).
\end{aligned}
\right\}
\tag{10.46}
$$

很容易看出，此时与情形(1)相反，在 x 和 z 方向主要产生电流，而在 y 方向主要产生漂移. 考虑到各类带电粒子的 ω_H 和 ν 在数值上的差别，在上面谈到产生电流或漂移的时候都是相对而言的. 例如，在 y 方向上也可以产生所谓霍尔(Hall)电流.

在电离层高度，由大气潮汐引起的风场主要沿水平方向. 设某处的水平向速度为 v_W，则按图166可以把它分解为沿磁力线方向分量 $v_{W\parallel}$ 和垂直于磁力线

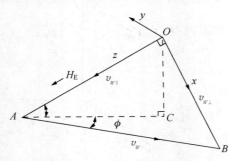

图 166　水平风速 v_W 的分解

方向分量 $v_{W\perp}$. I 为磁倾角, ϕ 为水平风速 v_W 的方位角, 它以北向为基线. OAC为磁子午面. 于是

$$\left.\begin{array}{l} v_{W\parallel} = v_W\cos(\phi+\pi)\cos I,\\ v_{W\perp}\cot\angle OAB = -v_{W\parallel}. \end{array}\right\} \tag{10.47}$$

如上所述, 对于风场我们只考虑(10.45)式的第一和第三式的贡献. 故风场对于垂直漂移的贡献为:

$$v_{t1} = v_z\sin I + v_x\cot\angle OAB\sin I$$
$$= v_{W\parallel}\sin I + v_{W\perp}\frac{\nu^2}{\nu^2+\omega_H^2}\cot\angle OAB\sin I.$$

注意到(10.47)式, 则上式可化为:

$$v_{t1} = -\frac{1}{2}v_W\cos\phi\sin 2I\frac{\omega_H^2}{\nu^2+\omega_H^2}. \tag{10.48}$$

当 $\phi<|\frac{\pi}{2}|$, 所有带电粒子都向上漂移; 当 $\phi>|\frac{\pi}{2}|$ 时, 则向下漂移.

引起漂移的另一个原因是极化场的作用. 对于 F_2 层来说, 此极化场来自较低的发电机区域, 它通过具有高导电性的磁力线传到这里来.

对于电场引起的漂移, 正如(10.46)式中所看到的, 只有第二式有所贡献. 这时 $\boldsymbol{E}_P$ 只有垂直于 $\boldsymbol{H}_E$ 且为水平的部分, 才对垂直漂移作出贡献,

$$v_{t2} = v_y\cos I = -\frac{e}{m}\frac{\omega_H}{\nu^2+\omega_H^2}\cos I\cdot E_{\perp P}. \tag{10.49}$$

于是总的垂直漂移速度为:

$$v_t = v_{t1} + v_{t2}. \tag{10.50}$$

(10.48)式中的 v_W 和(10.49)中的 $E_{\perp P}$ 都可以由潮汐速度势 ψ 求出.

$$\psi = \sum_{\sigma=0}^{\infty}\sum_{n=1}^{\infty}\psi_n^\sigma = \sum_{\sigma=0}^{\infty}\sum_{n=1}^{\infty}A_n^\sigma P_n^\sigma\sin[\sigma(\lambda+t)-\alpha_n^\sigma], \tag{10.51}$$

$$v_W = -\nabla\psi, \tag{10.52}$$

$$\boldsymbol{E}_P = -\nabla\psi_s, \tag{10.53}$$

$$\psi_s = \frac{H_E\sin I}{\cos\theta}\frac{\mathrm{d}\psi}{\mathrm{d}\lambda}\Big/ n\cdot(n+1). \tag{10.54}$$

其中 ψ_s 为水平静电场的势, θ 为余纬, P_n^σ 为勒让德函数. 假定地磁场为偶极场, 则

$$\tan I = 2\cot\theta. \tag{10.55}$$

综合这些关系后, 得:

$$v_t = \frac{\omega_H^2}{R_E(\nu^2 + \omega_H^2)(4 - 3\sin^2\theta)}$$

$$\times \sum_{\sigma=0}^{\infty} \sum_{n=1}^{\infty} A_n^\sigma \left[2\sigma\left(\cos^2\theta - \frac{\sigma}{n(n+1)}\right) P_n^\sigma - \sin2\theta \cdot P_n^{\sigma+1} \right] \sin[\sigma(\lambda + t) - \alpha_n^\sigma].$$

$$(10.56)$$

定义

$$F(\theta) = \frac{\left[2\dfrac{(n-\sigma)!}{(n+\sigma)!}\right]^{1/2}}{4 - 3\sin^2\theta} \left[2\sigma\left(\cos^2\theta - \frac{\sigma}{n(n+1)}\right) P_n^\sigma - \sin2\theta \cdot P_n^{\sigma+1} \right],$$

$$(10.57)$$

$F(\theta)$ 与 v_t 的振幅成比例. 图 167 表示 $F(\theta)$ 与 θ 的关系. 从图中清楚地看到,低纬区与高纬区的垂直漂移位相正好相反. ψ_2^2 所对应的半日潮汐项在赤道带有最大值.

马丁在总结了大量观测事实之后认为,半日潮汐项 ψ_2^2 和 ψ_3^2 起着主要的作用. 为了与观测结果符合得更好,他将图 167 上的曲线作了必要的修改. 在理论上是允许这样做的,因为现在略去了许多非半日潮汐项的小项. 修改后的曲线如图 168 所示.

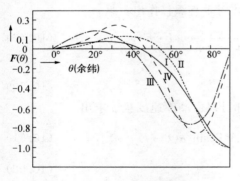

图 167　$F(\theta)$ 与 θ 的关系曲线

（Ⅰ：ψ_1^1；Ⅱ：ψ_2^2；Ⅲ：ψ_2^2；Ⅳ：ψ_3^2）

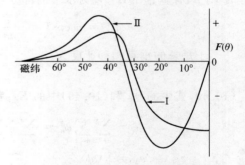

图 168　修正后的 $F(\theta)$ 与磁纬的关系
曲线（Ⅰ：ψ_2^2；Ⅱ：ψ_3^2）

图 168 只给出 $N_m F_2$ 变化（以下称 ΔN_m）的幅度和磁纬的相对关系,并没有给出给定磁纬昼夜变化的相位关系. 然而总结若干台站的观测资料,可能得出 ΔN_m 的相位关系.

马丁从澳大利亚和其他国家若干台站的观测资料的推论中,利用图 168 的曲线,总结得出如图 169 所示的日规图. 从观测资料中发现,在平分点期间,对于 ψ_2^2 而言,低于纬度 31° 的最大 ΔN_m 应当在 12 时,高纬度在 6 时. 因此日规图正中央的纵轴线便是平分点(图中用 E 表示)的最大 ΔN_m 的位置. 图中标明的磁纬与规心的距离是按照图 168 ψ_2^2 曲线的相应幅度来标度的. 这个距离即代表平分点期间各磁纬度最大 ΔN_m 的相对数值.

观测资料还表明, 在夏至期间, 对于 ψ_3^2 曲线而言, 低于纬度 33.5° 的最大 ΔN_m 应当出现在 3 时, 高纬度在 9 时. 因此在 3 时和 9 时的日规线上, 便是夏至期间 ψ_3^2 对应的最大 ΔN_m 的位置 (这里所指的夏季或冬季都是就南半球而言的, 在图中用 S 表示夏至, 用 N 表示冬至). 在 3 时和 9 时的横轴上, 也可按照图 168 ψ_3^2 的相对幅度, 来标记某一磁纬所对应的 ΔN_m 值的大小. 但是必须注意到, 夏至期间总的半日分量应当是 ψ_2^2 和 ψ_3^2 的贡献之和, 因而将这两部分分量按其幅度和相位叠加起来, 就得到图 169 的一支实线. 线上的数字标明磁纬的数值. 这样一来, 夏至期间出现 $N_m F_2$ 半日项的最大幅度、相位和地磁纬度的关系, 便可直接从日规图上看出来.

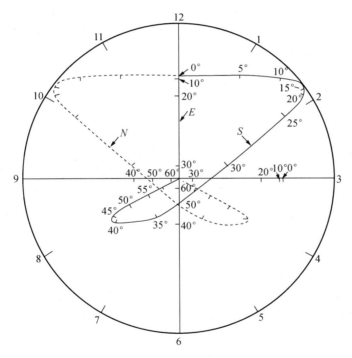

图 169　在各种季节 $\Delta N_m F_2$ 相位和幅度的昼夜变化

(曲线上数字表示台站的磁纬)

类似地, 在冬至期间, 由于 ψ_3^2 分量最大值的相位正好与夏至相反, 所以冬至的曲线便是虚线的一支.

马丁将这个日规图与澳大利亚等地的一些台站观测结果相比较, 发现它们之间相当符合.

图 168 表示漂移速度的磁纬变化；图 169 表征 ΔN_m 的磁纬和相位的变化. 从图 168 转化为图 169 时，实际上就是默认 F_2 层的 ΔN_m 完全由漂移引起的. 但是，直到现在为止，我们还没有讨论过漂移与 ΔN_m 之间的相位关系.

一般地说，从 F_1 层以上复合系数 α_0 随高度的递增而急速减小，因此 $N_m F_2$ 的昼夜变化与漂移速度的相位密切相关. 譬如，假定在日出后电离体漂移向上，在较低高度处产生的电离体将漂移至较高处，因而比起漂移不存在的情形来说，它更不容易消失，于是白天的 $N_m F_2$ 将有较大的值. 相反，如果在日出后漂移向下，则白天的 $N_m F_2$ 值较小. 一般认为，在 9 时发生最大向上漂移就是前一种情形；在 9 时发生最大向下漂移就是后一种情形. 整理观测结果表明，在全球上大于纬度 40° 的台站，夏季 $N_m F_2$ 值较低. 这就是说，在夏季高纬度区，最大向下漂移在 9 时，从而可以认为冬季的最大向下漂移在 3 时. 在高纬度地区，$N_m F_2$ 的观测证实了这一论断. 因此，最大向下漂移的时刻似乎和最大 ΔN_r 出现的时刻一致（参考图 169）. 这恰好能解释这样一个事实：即在中高纬度地区，冬季中午 $N_m F_2$ 大于夏季的数值. 但是，如果这种想法成立的话，则在低纬度的冬季 $N_m F_2$ 值将比夏季低得多. 这与观测事实不符. 对此可以作这样的解释：F_1 层漂移的相位与季节无关，因而在高纬度最大向上漂移为 3 时，低纬度为 9 时，它与夏季 F_2 层的情况一致，但与冬季 F_2 层的情况正好相反. 由此可见，冬季的漂移从 F_2 层至 F_1 层将有一零值，因此，冬季低纬度 F_2 层的向下漂移并不那么有效.

以上我们简短地叙述了马丁的漂移理论. 我们看到，它在解释 F_2 层的异常现象，特别是对 $N_m F_2$ 的昼夜异常和季节异常是颇有成效的. 马丁还仔细分析 E 层和 F_1 层的观测资料，发现它们也存在着漂移效应. 但是，由于它们的漂移效应很小，在分析的时候，至少要用 10 年以上的观测资料. 马丁等人用漂移理论也解释了 E 和 F_1 层的异常.

必须指出，在 F_2 层中还有一些现象没有得到完善的解释. 例如，在 F_2 层相对于卡普曼层的异常中，磁赤道异常是一个很令人注意的现象. 马丁曾用漂移和扩散的联合效应定性地加以解释[40]. 在磁赤道附近，存在着源于发电机区的垂直极化电场，它将产生水平方向的漂移（在以上介绍的漂移理论中，我们只讨论了垂直漂移）. 漂移的方向白天向西，晚上向东. 因此拂晓子午面为汇，日落子午面为源. 另一方面，从方程（10.37）可知，在赤道，垂直双极扩散为零. 但是，可能存在着相当大的水平扩散（上面也只介绍垂直扩散）. 水平扩散和水平漂移效应可能使得在同一子午面上南北纬度 10° 附近，$N_m F_2$ 有极大值，赤道区有极小值.

完整的电离层动力学理论必须在熟悉电子的生成、消失和各种运动形态（例如热膨胀、冷收缩、双极扩散和漂移等）的基础上，并对连续方程（10.28）严格求解来建立. 有些作者[33,39]曾作了某些有益的尝试，获得了某些与观测事实相符的结果. 一般来说，求解（10.28）式在数学运算上是比较复杂的.

§10.5 电离层的电导率和半周日电流体系

在上两节中,我们提到电离层中的发电机区域.现在我们简单地介绍一下有关发电机区域的某些知识.

首先考虑多种带电粒子的情形.电流密度的定义(7.2)式应改为:

$$\boldsymbol{j} = \sum_i N_i e \boldsymbol{v}_i. \tag{10.58}$$

采用类似于图 165 的坐标系,并注意到(10.46)式,可得:

$$\left.\begin{array}{l} \sigma_0 = \dfrac{j_z}{E_z} = \sum_i \dfrac{N_i e^2}{m_i} \cdot \dfrac{1}{\nu_i}, \\[2mm] \sigma_1 = \dfrac{j_x}{E_x} = \sum_i \dfrac{N_i e^2}{m_i} \cdot \dfrac{\nu_i}{\omega_{Hi}^2 + \nu_i^2}, \\[2mm] \sigma_2 = \dfrac{j_y}{E_x} = -\sum_i \dfrac{N_i e^2}{m_i} \cdot \dfrac{\omega_{Hi}}{\omega_{Hi}^2 + \nu_i^2}. \end{array}\right\} \tag{10.59}$$

σ_0 称为纵向电导率,它表示沿磁力线方向单位电场强度所激发的在该方向的电流密度;σ_1 称为横向电导率或珀德森(Perderson)电导率,它表示横截于磁力线的单位电场强度,在该方向所激发的电流密度;σ_2 称为霍尔电导率,它表示横截于磁力线的单位电场强度,在垂直于该方向和磁力线方向所激发的电流密度.

当电离气体只是一种正离子和电子组成时,则有:

$$\left.\begin{array}{l} \sigma_0 = e^2 \left(\dfrac{N}{m_e \nu_e} + \dfrac{N_+}{m_+ \nu_+} \right), \\[2mm] \sigma_1 = e^2 \left(\dfrac{N\nu_e}{m_e(\nu_e^2 + \omega_{He}^2)} + \dfrac{N_+ \nu_+}{m_+(\nu_+^2 + \omega_{H+}^2)} \right), \\[2mm] \sigma_2 = \dfrac{|e|c}{H_E} \left(\dfrac{N\omega_{He}^2}{\nu_e^2 + \omega_{He}^2} - \dfrac{N_+ \omega_{H+}^2}{\nu_+^2 + \omega_{H+}^2} \right). \end{array}\right\} \tag{10.60}$$

一般说来,地磁场在电离层不同高度上的方向是不同的.我们用下面的坐标来描写电离层电导率.取 z 轴沿铅直向上的方向,x 为磁南方向,y 为磁东方向.此时有:

$$\boldsymbol{H}_E = H_E(-\cos I \boldsymbol{i} - \sin I \boldsymbol{k}), \tag{10.61}$$

$$\boldsymbol{E} = E_x \boldsymbol{i} + E_y \boldsymbol{j} + E_z \boldsymbol{k}, \tag{10.62}$$

其中 $\boldsymbol{i}, \boldsymbol{j}, \boldsymbol{k}$ 分别为沿 x, y, z 轴的单位矢量. 平行和垂直于地磁场的电场分量分别为:

$$\boldsymbol{E}_\parallel = (E_x \cos^2 I + E_z \cos I \sin I)\boldsymbol{i} + (E_x \cos I \sin I + E_z \sin^2 I)\boldsymbol{k}, \tag{10.63}$$

$$\boldsymbol{E}_\perp = (E_x \sin^2 I - E_z \cos I \sin I)\boldsymbol{i} + E_y \boldsymbol{j} + (-E_x \cos I \sin I + E_z \cos^2 I)\boldsymbol{k}. \tag{10.64}$$

并且

$$\frac{\boldsymbol{H}_E \times \boldsymbol{E}}{H_E} = E_y \sin I \boldsymbol{i} + (-E_x \sin I + E_z \cos I) \boldsymbol{j} - E_y \cos I \boldsymbol{k}. \qquad (10.65)$$

总电流密度矢量为:

$$\boldsymbol{J} = \sigma_0 \boldsymbol{E}_\parallel + \sigma_1 \boldsymbol{E}_\perp + \sigma_2 \frac{\boldsymbol{H}_E \times \boldsymbol{E}}{H_E}$$

$$= [(\sigma_0 \cos^2 I + \sigma_1 \sin^2 I) E_x + \sigma_2 E_y \sin I + (\sigma_0 - \sigma_0) E_z \cos I_s \sin I] \boldsymbol{i}$$

$$+ [\sigma_1 E_y - \sigma_2 (E_x \sin I - E_z \cos I)] \boldsymbol{j}$$

$$+ [(\sigma_0 - \sigma_1) E_x \cos I \sin I - \sigma_2 E_y \cos I + (\sigma_0 \sin^2 I + \sigma_1 \cos^2 I) E_z] \boldsymbol{k}. \qquad (10.66)$$

由于电离层中铅直方向的电极化,因而此方向上的电流密度为零. 于是

$$E_z = \frac{\sigma_2 E_y \cos I - (\sigma_0 - \sigma_1) E_x \cos I \sin I}{\sigma_0 \sin^2 I + \sigma_1 \cos^2 I}. \qquad (10.67)$$

消去(10.66)式中的 E_z,可得

$$\left. \begin{aligned} j_x &= \sigma_{xx} E_x + \sigma_{xy} E_y, \\ j_y &= -\sigma_{xy} E_x + \sigma_{yy} E_y, \end{aligned} \right\} \qquad (10.68)$$

其中

$$\left. \begin{aligned} \sigma_{xx} &= \frac{\sigma_0 \sigma_1}{\sigma_0 \sin^2 I + \sigma_1 \cos^2 I}, \\ \sigma_{xy} &= \frac{\sigma_0 \sigma_2 \sin I}{\sigma_0 \sin^2 I + \sigma_1 \cos^2 I}, \\ \sigma_{yy} &= \frac{\sigma_0 \sigma_1 \sin^2 I + (\sigma_1^2 + \sigma_2^2) \cos^2 I}{\sigma_0 \sin^2 I + \sigma_1 \cos^2 I}. \end{aligned} \right\} \qquad (10.69)$$

现在讨论几种特殊情形.

(1) 在磁赤道,$I = 0$.

$$\left. \begin{aligned} \sigma_{xx} &= \sigma_0, \\ \sigma_{xy} &= 0, \\ \sigma_{yy} &= \sigma_1 + \frac{\sigma_2^2}{\sigma_1} \equiv \sigma_3. \end{aligned} \right\} \qquad (10.70)$$

这里令磁赤道的 σ_{yy} 为 σ_3. 显然,σ_2^2 / σ_1 项是铅直方向极化场所产生的.

(2) 在极区,$I = \pm \dfrac{\pi}{2}$.

$$\left. \begin{aligned} \sigma_{xx} &= \sigma_1, \\ \sigma_{xy} &= \sigma_2, \\ \sigma_{yy} &= \sigma_1. \end{aligned} \right\} \qquad (10.71)$$

(3) 除了磁赤道附近以外,一般有:

$$\sigma_0 \sin^2 I \gg \sigma_1 \cos^2 I. \qquad (10.72)$$

在这一条件下,得:

$$\left.\begin{array}{l} \sigma_{xx} \approx \dfrac{\sigma_1}{\sin^2 I}, \\[3mm] \sigma_{xy} \approx \dfrac{\sigma_2}{\sin I}, \\[3mm] \sigma_{yy} \approx \sigma_1 + \dfrac{\sigma_2^2}{\sigma_0}\cot^2 I. \end{array}\right\} \qquad (10.73)$$

图 170 是对于某个电离层模式,σ_{xx},σ_{xy} 和 σ_{yy} 随磁纬度变化的曲线[41]. 可以看出,在磁赤道附近,有一个高导电性的区域. 除了 σ_{xy} 之外,电导率 σ_{xx} 和 σ_{yy} 在赤道带比其他区域大 1—2 个数量级. 因而在发电机区有所谓赤道电急流.

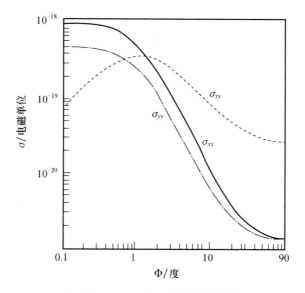

图 170　σ_{xx},σ_{xy} 和 σ_{yy} 随纬度的变化

电流体系将以总电流强度影响 F_2 层的漂移运动,因而我们需要知道沿全高度上的电流,它等于:

$$\int \boldsymbol{j}\,\mathrm{d}h = \int \boldsymbol{\sigma}\cdot\boldsymbol{E}\,\mathrm{d}h.$$

如果电场强度随高度变化不大,则

$$\int \boldsymbol{j}\,\mathrm{d}h \approx \left[\int \boldsymbol{\sigma}\,\mathrm{d}h\right]\cdot\boldsymbol{E}.$$

因此,常常需要计算积分电导率 $\int \sigma\,\mathrm{d}h$. 在计算时,首先要选取各种有关参量的大气模式,然后计算出各种电导率随高度变化的曲线,最后计算从地面至某一高度

的积分电导率. 图 171 是 σ_{xx}, σ_{xy} 和 σ_{yy} 随高度变化的曲线[42]. 图中画出地方时为 0,6 和 12 时某一台站的三条曲线. 图 172 是赤道带 σ_{yy}(或 σ_3)的高度积分曲线, 其中

$$\Sigma_3 = \int_0^h \sigma_3 \, dh, \tag{10.74}$$

$$\Sigma_3' = \int_0^h \sigma_1 \, dh + \frac{\left[\int_0^h \sigma_2 \, dh\right]^2}{\int_0^h \sigma_1 \, dh}. \tag{10.75}$$

从这些电导率曲线可以看出, 电导率的最大值在 E 层. 在这高度附近的电导率比其他高度大 1—3 个数量级, 因此在近代的发电机理论中较一致地认为, 高空电流体系主要集中在 E 层.

大气潮汐产生的风场半日分量, 除了引起发电机场 E_I(见(10.42)式)之外, 还由于带电粒子在空间的极化而产生极化场 E_P. 引入极化势 ψ_s, 在球坐标中有:

$$\left.\begin{aligned} E_{Px} &= -\frac{1}{R_E} \frac{\partial \psi_s}{\partial \theta}, \\ E_{Py} &= -\frac{1}{R_E \sin\theta} \frac{\partial \psi_s}{\partial \lambda}. \end{aligned}\right\} \tag{10.76}$$

引入流函数 Φ, 则

$$\left.\begin{aligned} j_x &= \frac{1}{R_E \sin\theta} \frac{\partial \Phi}{\partial \lambda}, \\ j_y &= -\frac{1}{R_E} \frac{\partial \Phi}{\partial \theta}. \end{aligned}\right\} \tag{10.77}$$

利用(10.68)式并注意到(10.41),(10.42),(10.76)和(10.77)式, 则

$$\left.\begin{aligned} \frac{1}{R_E \sin\theta} \frac{\partial \Phi}{\partial \lambda} &= \sigma_{xx}\left(\frac{1}{c}v_y H_{Ez} - \frac{1}{R_E} \frac{\partial \psi_s}{\partial \theta}\right) - \sigma_{xy}\left(\frac{1}{c}v_x H_{Ez} + \frac{1}{R_E \sin\theta} \cdot \frac{\partial \psi_s}{\partial \lambda}\right), \\ \frac{1}{R_E} \frac{\partial \Phi}{\partial \lambda} &= \sigma_{yy}\left(\frac{1}{c}v_x H_{Ez} + \frac{1}{R_E \sin\theta} \cdot \frac{\partial \psi_s}{\partial \lambda}\right) + \sigma_{xy}\left(\frac{1}{c}v_y H_{Ez} - \frac{1}{R_E} \frac{\partial \psi_s}{\partial \theta}\right), \end{aligned}\right\} \tag{10.78}$$

其中 H_{Ez} 为地磁场的铅直分量. 正如从(10.73)式所看到的, 除了磁赤道附近以外, σ_{xx}, σ_{yy} 与 σ_1 在数量级上是一致的; 而 σ_{xy} 与 σ_2 在数量级上相同. 为简化起见, 常用后者代替前者. 从(10.78)的两式消去 ψ_s 之后, 得到:

$$\frac{\partial^2 \Phi}{\partial \theta^2} + \cot\theta \frac{\partial \Phi}{\partial \theta} + \frac{1}{\sin^2\theta} \frac{\partial^2 \Phi}{\partial \lambda^2} = \frac{R_E \sigma_3}{c \sin\theta}\left[\frac{\partial(v_x H_E \sin\theta)}{\partial \theta} + \frac{\partial(v_y H_{Ez})}{\partial \lambda}\right]. \tag{10.79}$$

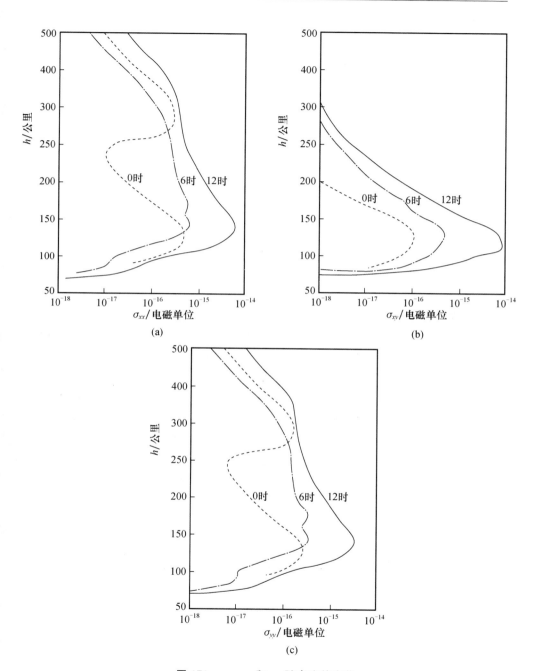

图 171 σ_{xx}, σ_{xy} 和 σ_{yy} 随高度的变化

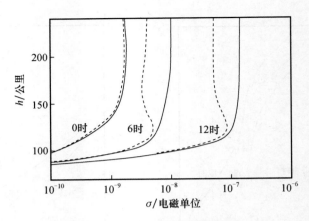

图 172　积分电导率随高度的变化

这个方程称为发电机场方程.方程中的 v_x, v_y 是 v_w 的分量,它可以由潮汐速度势 ψ 推导出来[参考(10.51)和(10.52)式].然而由于潮汐速度势的复杂性,这一方程只能用数值方法求解.对于半日太阳潮汐,则常利用第三章中所介绍的辛浦逊公式求速度势.从场方程可以分别对半日潮汐、全日潮汐以及太阳潮汐、太阴潮汐等分量求解.结果,可以得到各潮汐势分量所对应的电流体系.菲依尔(Fejer)曾求得半周日分量的一些结果[43](见图 173—175).图中相位指的是相对于气压半日波最大值时间(10 时)而言的.在本书下册十五章[①]中还将给出某些电流体系的大致图象.不过在那里的演绎方法与这里不同,前者利用地面地磁场的变化反推出高空的电流体系.自然,这两种方法描写是同一个客观事实.

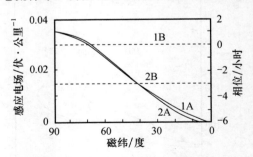

图 173　感应电场 E_I 与磁纬的关系

(1A 和 1B 分别为南向分量 E_{Px} 的幅度和相位;2A 和 2B 分别
为东向分量 E_{Py} 的幅度和相位)

---

① 重排注:本书下册因故未出版.

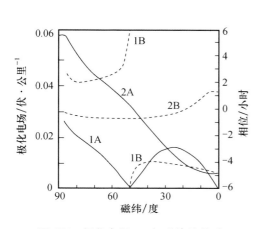

图 174　极化电场 E_P 与磁纬的关系
（说明同图 173）

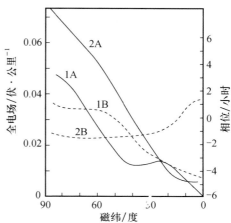

图 175　全电场 E 与磁纬的关系
（说明同图 173）

在电离层动力学的理论中,我们感兴趣的不是电流体系本身,而是发电机区的电场如何通过高导电性的磁力线传递到 F_2 层,从而引起 F_2 层电离体运动的问题.

参 考 文 献

[1] Appleton, E. V., Barnett, M. A., 1925, *Nature*, 115, 333.

[2] Breit, G., Tuve, M., 1925, *Terr. Magn. Atmos. Elect.*, 30, 15.

[3] Eccles, W. H., 1912, *Proc. Roy. Soc.*, A87, 79.

[4] Larmor, J., 1924, *Phil. Mag.*, 48, 1025.

[5] Chapman, S., 1931, *Proc. Phys. Soc.*, 43, 26.

[6] Chapman, S., 1931, *Proc. Phys. Soc.*, 43, 484.

[7] Алъперт, Я. Л., Распространение рапиоволн и ионосфера, Москва.

[8] Johnson, F. S., et al., 1954, Rocket Exploration of the Upper Atmosphere, London.

[9] Bates, D. R., et al., 1939, *Proc. Roy. Soc.*, 170. 322.

[10] Bates, D. R., et al., 1946, *Proc. Roy. Soc.*, 187, 261.

[11] Bates, D. R., et al., 1947, *Proc. Roy. Soc.*, 189, 1.

[12] Bates, D. R., et al., 1950, *Proc. Phys. Soc.*, B63, 129

[13] Mitra, A. P., 1954, *J. Atmos. Terr. Phys.*, 5, 28.

[14] Friedman, H., 1957, IAGA Bulletin, N156, 60.

[15] Gledhill, J. A., Szendrei, M. E., 1950, *Proc. Phys. Soc.*, B63, 427.

[16] Gerjuoy, E., Biondi, M. A., 1953, *J. Geophys. Res.*, 58, 295.

[17] Mitra, A. P., 1954, *Trans.*, *IRE*, Ap. 2, 99.

[18] Hulburt, E. H., 1939, *Phys. Rev.*, 55, 870.

[19] Bates, D. R., 1949, *Mon. Not. Roy. Astr. Soc.*, 109, 216.

[20] Seaton, S. L., 1947, *Phys. Rev.*, 72, 712.

[21] Waynick, A. H., 1955, Rep. of Physical Society Conference.

[22] Ratcliffe, J. A., et al., 1956, *Phil. Trans. Roy. Soc.*, 248, 621.

[23] Ratcliffe. J. A., 1956, *J. Atmos. Terr. Phys.*, 8, 260.

[24] Ferraro, V. C. A., 1945, *Terr. Magn. Atmos. Elect.*, 50, 215.

[25] Ferraro, V. C. A.. 1946, *J. Geophys. Res.*, 51, 427.

[26] Yonezawa, T., 1955, *J. Radio Res.*, *Lab.*, 2, 127.

[27] Dungey, J. W., 1956, *J. Atmos. Terr. phys.*, 9, 90.

[28] Hulburt, E. O., 1934, *Phys. Rev.*, 46, 822.

[29] Appleton, E. V., 1935, *Phys. Rev.*, 47, 89.

[30] Martyn, D. F., Pulley, O. O., 1936, *Proc. Roy. Soc.*, A154, 455.

[31] Godfrey, G. H., Price, W. L., 1937, *Proc. Roy. Soc.*, A163, 228.

[32] Woolley, R. v. d. R., 1946, *Proc. Roy. Soc.*, A187, 102.

[33] Shimazaki, T., 1959, *J. Radio Res. Lab.*, 6, 24.

[34] Piddington, J. H., 1956, *Mon. Not. Roy. Astr. Soc.*, 116, 314.

[35] Martyn, D. F., 1947, *Proc. Roy. Soc.*, A189, 241.

[36] Martyn, D. F., 1947, *Proc. Roy. Soc.*, A190, 273.

[37] Martyn, D. F., 1948, *Proc. Roy. Soc.*, A194, 429.

[38] Martyn, D. F., 1948, *Proc. Roy. Soc.*, A194, 445.

[39] Gliddon, J. E. C., Kendall, P. C., 1962, *J. Atmos. Terr; Phys.*, 24, 1073.

[40] Martyn, D. F., 1955, *Phys. Soc.*, *Rept.* Ionosphere Conf.

[41] Martyn, D. F., 1953, *Phil. Trans. Roy. Soc.*, A246, 281.

[42] Meada, K., Matsumoto, H., 1962, Rept. *Iontosph. Space Res.*, Japan, XVI, 1. 1.

[43] Fejer, J. A., 1953, *J. Atmos. Terr. Phys.*, 4, 184.

第十一章　电离层不均匀结构及其运动

§11.1　有关电离层不均匀结构的某些概念[1,2]

在第九章里,我们曾介绍了电离层电子浓度分布的某些探测结果,但是在整理实验资料得到这些结果的过程中,没有考虑在电离层空间尚存在局部的空间不均匀结构.因此第九章中所得到的结果,只代表平滑了的空间上电离层电子浓度的分布,当考虑到空间的不均匀结构时,前面所讲的电子浓度分布称为背景电子浓度.

更精确和多方面的实验资料表明,在这个背景电子浓度分布之上,还"飘浮"着各种大大小小的电离"云块".它们的电离度不同于背景电离度.电离层中这种"云块"状的结构称为电离层不均匀结构.

在电离层的日常观测中,经常在频高特性曲线上出现如图 176 所示的回波.频高特性曲线不再是清晰的而是持续时间相当长的许多脉冲的重叠.F 层的回波经常出现这种情况,它被称为扩展 F 回波.显然,扩展 F 回波与在 F 层很大范围内存在的不均匀结构相对应[3].除了 F 层之外,在整个电离层高度都发现有大大小小的不均匀结构.

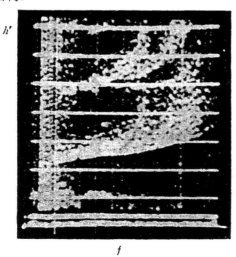

h'

f

图 176　北京上空电离层扩展 F 回波

(冬季夜间)

　　研究和发现不均匀结构的另一种实验观测,是射电星的闪烁[4].大家知道,在晴朗的晚上用肉眼看天上的星星时,总觉得星星在不断闪烁着.这是由于星星发出的光线在通过大气层时,受到大气层湍流的影响,大气气团作无规则的运动,而引起星光折射方向快速颤动的结果.类似地,射电星发出的电磁波在穿过电离层时,由于不均匀结构的湍流运动,因而当地面接收机接收从射电星来的电磁信号时,就产生了闪烁的现象.信号的强度和相位快速地改变着.

　　在实验的观测中,地面上安置了好几个接收机同时对某一射电源进行观测.它们相距几公里.当上空的不均匀体通过这些接收机上空时,如果它的形态变化不大,则这些接收机所观察到射电星闪烁的记录是类似的.然而它们之间有一时差.这个时差一部分是由于地球相对于星星转动而引起的,另一部分是由于不均匀体移动的结果.前一部分很容易通过一般的天文学知识加以消除,从剩余的时差以及接收机之间的距离,就可以推算出不均匀体移动的速度.射电星闪烁的现象主要发生在晚上,白天很少出现,因此它只能在夜晚进行观测.同时,这种方法主要用于观测 F 层较大的不均匀结构.接收机所使用的波长在米波波段内(30—100 兆赫).

　　电离层不均匀结构的另一证据是所谓“前向散射”的现象[5,6].大家知道,电离层不能反射大于最大可用频率的超短波.但是,实际上当超短波(譬如 50 兆赫)斜向投射至电离层时,由于不均匀结构的散射,发现它以相当大的振幅到达1200 公里以外的地面上,并且这种散射发生在 D 层或 E 层下部的高度.在 D 层和 E 层的高度,一部分不均匀结构是由流星尾迹所构成的.最初它是一枝像烟囱似的直径约为几米的电离柱,后来由于扩散效应或大气风场的作用而逐渐消失.通常在几秒至几分的时间内,可接收到从流星尾迹反射回来的信号[7—9].

　　当流星尾迹形成之后,从观测站至尾迹的距离将随时间而变化.因而就可以测出尾迹径向速度的变化.如果漂移是由于均匀水平运动引起的,则在地面两个台站以不同方向观测同一个尾迹时,将得到不同的径向速度,从而可以决定出其水平运动的方向和大小.

　　目前研究电离层不均匀结构最广泛使用的是无线电衰落现象的观测方法.由于电离层不均匀体的各种运动的影响,从它们反射回来的电波振幅表现出相当零乱的时间变化.这种变化称为衰落现象.但是,对返回脉冲振幅进行仔细的统计分析,将给出电离层不均匀结构的许多重要的特性.我们将在下面再较详细地加以讨论.

　　近十几年来,高空飞行工具的发明,也曾对不均匀结构的研究作出了新的贡献.例如利用火箭和人造卫星发射无线电信号来代替射电星的信号,这使得观测工作更为可靠和更便于控制.

　　在以上几种不均匀结构的观测方法中,最广泛应用的是无线电衰落的观测方法. 只要电离层中存在不均匀体, 就可以观测衰落现象来研究不均匀体. 实验表明, 整个电离层中经常存在大大小小的不均匀体, 因此衰落的观测方法基本上不受时间的限制. 其次, 改变所使用的无线电波的频率, 就能分辨出 E 层和 F 层而进行观测. 然而也必须理解到, 这种观测也有一定的局限性, 它所观测的结果代表反射点以下整个高度的积分效应. 这就使得我们难于确切知道某一高度上的实际状态. 其次, 在晚上除了有 E_s "云块" 之外, 就无法对 E 层进行观测, 在白天如果有很多 E_s "云块", 也无法观测 F 层的状态.

流星尾迹所散射的回波较强, 因而对流星尾迹的观测较为可靠. 然而流星尾迹主要出现在 85—100 公里的高度, 而且流星的出现几率无法人为地加以控制, 因此也带来一定的局限性.

射电星闪烁观测主要研究 300 公里以上不均匀体的运动. 地面上接收到的闪烁, 是整个电离层的积分效应. 同时这种观测只能在晚上进行. 火箭和人造卫星的运用, 消除了部分缺点. 然而必须指出, 射电星闪烁在研究较大尺度以及较高层的不均匀体的漂移方面是颇有成效的. 大多数不均匀体都有沿地磁场磁力线伸长的趋势. 射电星闪烁与扩展 F 回波有密切的相关[10,12]. 因此, 同时进行这两种观测, 对于研究 F 层的不均匀结构有相当大的意义. 事实上, 人们最初想象, 引起射电星闪烁的主要高度就是从这两者的相关性得到启发的.

尽管各种观测方法有一定的局限性, 然而综合所有观测的结果, 互相取长补短; 另一方面, 对新的观测方法进行新的探索, 一定会给电离层不均匀体的研究带来新的情报和更为系统的结果.

电离层的大大小小不均匀电离体时而生成, 时而消失, 各种不均匀电离体时时刻刻都在变化着. 背景电离层介质可能转化为不均匀电离体, 后者也可能逐渐扩散为均匀的背景电离层介质. 因此用简单的扩散模型可以很粗略地估计不均匀电离体的生存时间[13].

假设在 $t=0$ 时刻, 某一不均匀电离球有均匀电子浓度 KN', 这里 N' 为背景电离层介质的电子浓度, K 为大于 1 的常数. 按照扩散方程:

$$\frac{\partial N}{\partial t} = D\nabla^2 N, \tag{11.1}$$

其中 D 为扩散系数. 在球对称的情形下, 边界条件显然是:

$$N(r)\big|_{t=0} = \begin{cases} KN', & r \leqslant \xi_0, \\ N', & r > \xi_0, \end{cases} \tag{11.2}$$

则其解为:

$$\frac{2N(r,t)}{N'} = 2 + (K-1)\left[\psi\left(\frac{\xi_0 - r}{2\sqrt{Dt}}\right) + \psi\left(\frac{\xi_0 + r}{2\sqrt{Dt}}\right)\right]$$

$$- \frac{2\sqrt{Dt}}{\xi_0\sqrt{\pi}}(K-1)\left[\exp\left\{-\frac{(\xi_0 - r)^2}{4Dt}\right\} - \exp\left\{-\frac{(\xi_0 + r)^2}{4Dt}\right\}\right]. \tag{11.3}$$

在球中心电子浓度 $N(0, t)$ 的表达式为:

$$\frac{N(0, t)}{N'} = 1 + (K - 1) \left[\psi\left(\frac{\xi_0}{2\sqrt{Dt}}\right) - \frac{\xi_0}{\sqrt{\pi Dt}} \exp\left(-\frac{\xi_0^2}{4Dt}\right) \right]. \tag{11.4}$$

在(11.3)和(11.4)式中,

$$\psi(s) = \frac{2}{\sqrt{\pi}} \int_0^s e^{-x^2} dx. \tag{11.5}$$

如果粗略地认为电离气体相对于中性气体而扩散,且不考虑地磁场的效应,则扩散系数为:

$$D \approx \frac{3.8 \times 10^{20}}{n} \sqrt{T \frac{m}{M}}, \tag{11.6}$$

其中空气分子的平均有效碰撞截面为 4.3×10^{-16} 厘米^2. 对 E 层和 F 层高度的大气模型作一定的假设之后,则

$$D \approx \begin{cases} 3.6 \times 10^6, & \text{在 } E \text{ 层}, \\ 7.8 \times 10^8, & \text{在 } F \text{ 层}. \end{cases} \tag{11.7}$$

式(11.6)和(11.7)中 D 的单位是厘米^2/秒.

图 177 和 178 分别表示 E 层和 F 层各种尺度的不均匀电离体,球心电子浓度随时间的变化. 假定 $K = 2$,并且认为当

$$\frac{N(0, t)}{N'} = 1.03 \tag{11.8}$$

时的 t,便是其生存时间(当然,这种估计是极其粗略的). 由图中可以看到,不均匀体的尺度越大,其寿命越长;K 值越大,其寿命也越长. 例如,对于 F 层,小于 200 米尺度的不均匀体寿命小于 1 秒(图 178). 但是,同样大小和 K 值不均匀体在 E 层的寿命,则大了好几个数量级(图 177).

对比较大的不均匀电离体的观测表明,它经常沿磁力线方向伸长. 在磁赤道伸得最长. 这是由于电离体的扩散并不是各向同性的,而是沿磁力线方向有较优势的扩散.

目前,似乎希望将大不均匀体和小不均匀体分开讨论,因为这样做更便于研究它们的规律. 大不均匀体甚至可达几百至几千公里的尺度. 曾经观测到,在 F 层有大于 1000 公里尺度的大不均匀体,运行 3000 公里之后,它的形态变化不大[14]. 有些作者经常宣称 F 层存在"波纹"."波纹"的"波长"通常有一两百公里左右. 通常发现"波纹"是单个的,间或是双个的[15,16].

电离层中的不均匀电离体总是在作各种运动. 小尺度的不均匀电离体除了有一平均漂移运动之外,还有无规则的乱运动. 研究不均匀体的重要任务之一,就是要弄清运动的规律性. 直到目前为止,绝大部分的工作只研究了水平方向的漂移运动.

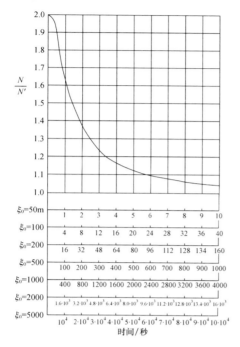

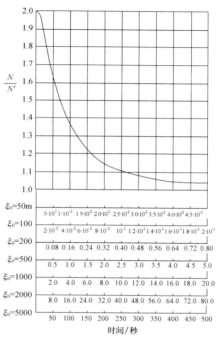

图 177　E 层不均匀体的寿命和
尺度的关系

图 178　F 层不均匀体的寿命和
尺度的关系

§11.2　从电离层返回的无线电波的统计特性[13]

按上一节所说,如果不考虑电离层的不均匀结构,则对于完全平静的电离层而言,某一频率的返回信号应当是稳定的. 然而,由于电离层不均匀结构的存在,并且它们总是处于不断运动之中,则信号的振幅将随着空间和时间而变化,这种变化是随机的. 下面我们来介绍如何从这种随机过程分析出电离层不均匀结构的某些特性.

单一反射信号的电场强度是由均匀反射的平面波场 $E_0\cos(\omega_0 t - \varphi_0)$ 和大量由不均匀结构散射的波场 $E_s\cos(\omega_s t - \varphi_s)$ 的叠加. 即

$$E(t) = E_0\cos(\omega_0 t - \varphi_0) + \sum_s E_s\cos(\omega_s t - \varphi_s), \qquad (11.9)$$

$$A(t) = \left\{\left[E_0 + \sum_s E_s\cos(\Omega_s t - \varphi_s)\right]^2 + \left[\sum_s E_s\sin(\Omega_s t - \varphi_s)\right]^2\right\}^{1/2},$$

$$\qquad (11.10)$$

其中　　　　　　　　　　　　　　$\Omega_s = \omega_s - \omega_0,$ 　　　　　　　　　　(11.11)

$A(t)$是返回脉冲信号的振幅. 我们希望知道, $A(t)$出现的几率服从于什么形式的分布.

由概率论知道, 如果有大量可能的振动 $a_s\cos\psi_s$, 则同时出现其中 N_0 个振动, 即出现

$$a = \sum_{1}^{N_0} a_s\cos\psi_s \tag{11.12}$$

的几率是

$$W(a) = \frac{1}{\left(\pi \sum \overline{a_s^2}\right)^{1/2}} e^{-a^2/\sum \overline{a_s^2}}. \tag{11.13}$$

这个几率分布称为高斯(Gauss)分布.

借助于位移定律, 出现

$$b = \sum_{1}^{N_0} (a_0 - a_s)\cos\psi_s \tag{11.14}$$

的几率是:

$$W(b) = \frac{1}{\left(\pi \sum \overline{a_s^2}\right)^{1/2}} e^{-(b-a_0)^2/\sum \overline{a_s^2}}. \tag{11.15}$$

让我们将(11.9)式改写为:

$$E = \left\{ E_0 + \sum_{1}^{N_0} E_s\cos(\Omega_s t - \varphi_s) \right\}\cos\omega_0 t$$

$$- \left\{ \sum_{1}^{N_0} E_s\sin(\Omega_s t - \varphi_s) \right\}\sin\omega_0 t, \tag{11.16}$$

其中令 $\varphi_0 = 0$, 则上式具有

$$E = a - b \tag{11.17}$$

的形式. 且其振幅

$$A = \sqrt{a^2 + b^2}, \tag{11.18}$$

其中

$$a = A\cos\phi, \tag{11.19}$$

$$b = A\sin\phi. \tag{11.20}$$

同时出现 a 和 b 的几率显然是:

$$W(a,b) = W(a)W(b). \tag{11.21}$$

从(11.13)和(11.15)式, 得:

$$W(a,b) = \frac{1}{\pi \sum \overline{E_s^2}} \exp -\frac{(a - E_0)^2 + b^2}{\sum \overline{E_s^2}}. \tag{11.22}$$

现在来求出现 A 的几率. 由(11.18)—(11.20)式有:

$$\mathrm{d}a\mathrm{d}b \approx A\mathrm{d}\theta\mathrm{d}A, \tag{11.23}$$

所以

$$W(A) = \frac{2A}{\sum \overline{E_s^2}} \exp\left(-\frac{A^2 + E_0^2}{\sum \overline{E_s^2}}\right) \mathrm{I}_0\left(\frac{2E_0 A}{\sum \overline{E_s^2}}\right), \tag{11.24}$$

其中 $\mathrm{I}_0(x) = \mathrm{J}_0(\mathrm{i}x)$，为虚变量的零级贝塞尔（Bessel）函数．当 $E_0 = 0$ 时，它即为大家熟知的部分振荡振幅的几率密度所满足的瑞利（Rayleigh）分布：

$$W(A) = \frac{2A}{\sum \overline{E_s^2}} \exp\left(-\frac{A^2}{\sum \overline{E_s^2}}\right). \tag{11.25}$$

可用实验的结果作出几率曲线，来验证（11.24）式的正确性．实验资料应给出的几率为：

$$W(A_i) = \frac{N_i}{\Delta A_i \sum N_i}, \tag{11.26}$$

其中 N_i 为处于 $A_i - A_i + \Delta A_i$ 之间的振幅数目，$\sum N_i = N_0$ 为所有 A_i 取样的数目．但是，为了画出相应的理论曲线［（11.24）式］，必须从实验中求得 E_0 和 $\sum \overline{E_s^2}$．

引入清晰度 β：

$$\beta = \frac{E_0}{\left(\sum \overline{E_s^2}\right)^{1/2}}. \tag{11.27}$$

它表示均匀反射波振幅与不均匀结构反射振幅的相对量．当 $\sum \overline{E_s^2} = 0$ 时，$\beta \to \infty$，这时电离层最清晰；当 $E_0 = 0$ 时，$\beta \to 0$，这时电离层最浑浊．因此也有人引入所谓浑浊度：

$$\alpha = \frac{1}{1+\beta^2} = \frac{\sum \overline{E_s^2}}{E_0^2 + \sum \overline{E_s^2}}. \tag{11.28}$$

另外，由（11.10）和（11.24）式不难证明：

$$\overline{A^2} = \int_0^\infty W(A)A^2 \mathrm{d}A = \overline{E_0^2} + \sum \overline{E_s^2} = \sum \overline{E_s^2}(1+\beta^2), \tag{11.29}$$

$$\overline{A} = \int_0^A W(A)A\mathrm{d}A = \sqrt{\frac{\pi \sum \overline{E_s^2}}{4}}\, \mathrm{e}^{-\frac{\beta^2}{2}}\left[(1+\beta^2)\mathrm{I}_0\left(\frac{\beta^2}{2}\right) + \beta^2 \mathrm{I}_1\left(\frac{\beta^2}{2}\right)\right], \tag{11.30}$$

其中 I_1 仍然为虚变量的贝塞尔函数．由以上两式得：

$$\frac{\overline{A^2}}{\overline{A}^2} = \frac{4(1+\beta^2)\exp(\beta^2)}{\pi\left[(1+\beta^2)\mathrm{I}_0\left(\frac{\beta^2}{2}\right) + \beta^2 \mathrm{I}_1\left(\frac{\beta^2}{2}\right)\right]^2}. \tag{11.31}$$

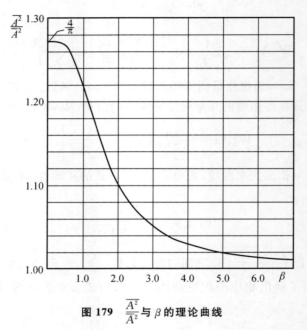

图 179 $\dfrac{\overline{A^2}}{\overline{A}^2}$ **与 β 的理论曲线**

图 179 是 (11.31) 式的理论曲线. 实际上可以从实验资料中求得 $\dfrac{\overline{A^2}}{\overline{A}^2}$, 然后借图 179 可以找到 β 值, 再借 (11.29) 式, 又可算出 $\sum \overline{E_s^2}$ 和 E_0 的数值. 这时就可以作理论上的几率曲线 [(11.24) 式] 了.

将理论上的几率曲线与实验所得到的几率曲线作比较之后, 发现它们之间相当符合. 这就证明了返回脉冲振幅的统计规律性是存在的.

§11.3 不均匀结构的相关分析[13]

对于固定位置所接收到的一系列返回脉冲振幅的数值, 可以利用自相关函数或者叫做时间相关函数的分析, 获得不均匀结构无规则运动的均方根速率 v_0.

定义自相关函数 $\rho_A(\tau)$,

$$\rho_A(\tau) = \frac{\overline{A(t)A(t+\tau)} - \overline{A(t)}^2}{\overline{A(t)^2} - \overline{A(t)}^2}. \tag{11.32}$$

此式表示 A 分别取 t 和 $t+\tau$ 时间的值来量度偏离. 可以看出, 当 $\tau \to 0$ 时, $\rho_A(\tau) = 1$, 这是完全预料之中的, 在同一时间坐标上、同一实验数据的平均值必然是相同的, 这时称为完全相关.

很容易将(11.32)式化为:

$$\rho_A(\tau) = 1 - \frac{\overline{(\Delta A)_\tau^2}}{2[\overline{A(t)^2} - \overline{A(t)}^2]},$$

$$(\Delta A)_\tau = A(t) - A(t+\tau).$$ 　　　(11.33)

其中

(11.32)式更一般的形式是:

$$\rho_A(\tau) = \frac{\int_{-\infty}^{\infty} A(t)A(t+\tau)dt - \left\{\int_{-\infty}^{\infty} A(t)dt\right\}^2}{\int_{-\infty}^{\infty} A(t)^2 dt - \left\{\int_{-\infty}^{\infty} A(t)dt\right\}^2}.$$ 　　　(11.34)

在实验探测装置中,对应于铅直向上投射到电离层的信号所返回的脉冲,是许多不均匀电离体散射的结果.正如前面所说的,这个不均匀电离体除了有规则的漂移运动之外,还叠加上无规则混乱运动.在这里,令 V 为散射中心的规则漂移速度的水平分量,v_s 为散射体至观测台站方向的无规则混乱运动速度的分量.由于这两种运动的存在,散射体散射的波频率 f_s 变为:

$$f_s = f_0 \pm \frac{2v_s}{\lambda} + \frac{2V}{\lambda}\sin\chi,$$ 　　　(11.35)

其中 f_0 和 λ 分别为投射波的频率和波长,χ 为散射体与观察站连线偏离铅直方向的角度.因此,接收到的散射波有一能谱分布 $W(f)$,相应地也有一角谱分布 $W(\chi)$.所以散射波的总能量为:

$$w_0 = \frac{1}{2}\sum \overline{E_s^2} = \int_0^{\infty} W(f)df = \int_0^{\pi} W(\chi)d\chi.$$ 　　　(11.36)

v_s 的几率分布服从高斯定律.能谱分布可由高斯分布加以计算.在计算时注意(11.35)式,结果是:

$$W(v_s) = \frac{1}{\sqrt{2\pi}v_0}\exp\left(-\frac{v_s^2}{v_0^2}\right), \quad v_0^2 = \overline{v_s^2};$$ 　　　(11.37)

$$W(f) = \begin{cases} \dfrac{W_0}{\sqrt{2\pi}\sigma_f}\exp\left(-\dfrac{(f-f_0)^2}{2\sigma_f^2}\right), \sigma_f^2 = \overline{(f-f_0)^2} = \dfrac{4v_0^2}{\lambda}, & \text{当 } V = 0 \text{ 时}, \\ \dfrac{w_0}{f_0 V}\sqrt{1 - \dfrac{(f-f_0)^2\lambda^2}{4V^2}}, & \text{当 } v_0 = 0 \text{ 时}; \end{cases}$$

　　　(11.38)

$$W(\theta) = \frac{W_0}{\sqrt{2\pi}\chi_0}\exp\left[-\frac{\chi^2}{2\chi_0^2}\right], \quad \chi_0^2 = \overline{\chi^2}.$$ 　　　(11.39)

在这些关系之下,可以证明[13],对于对称窄频谱的自相关函数 $\rho_A(\tau)$,在各种情形下为:

当 $\beta \ll 1$ 时,

$$\rho_A(\tau) = \frac{\left|\int_{-\infty}^{\infty} W(f+f_0)\,e^{i2\pi f\tau}\,df\right|^2}{\left|\int_{-\infty}^{\infty} W(f)\,df\right|^2} = \left\{ \begin{array}{l} \exp\left(-\dfrac{16\pi^2\tau^2 v_0^2}{\lambda_0^2}\right), \text{当 } V=0 \text{ 时,} \\[3mm] \dfrac{\left\{J_1\left(\dfrac{(4\pi V\tau)}{\lambda}\right)\right\}^2}{\left(\dfrac{2\pi V\tau}{\lambda}\right)^2}, \quad \text{当 } v_0=0 \text{ 时;} \end{array} \right.$$

$$(11.40)$$

当 $\beta \gg 1$ 时,

$$\rho_A(\tau) = \frac{\left|\int_{-\infty}^{\infty} W(f+f_0)\,e^{i2\pi f\tau}\,df\right|}{\left|\int_{-\infty}^{\infty} W(f)\,df\right|} = \left\{ \begin{array}{l} \exp\left(-\dfrac{8\pi^2\tau^2 v_0^2}{\lambda_0^2}\right), \text{当 } V=0 \text{ 时,} \\[3mm] \dfrac{J_1\left(\dfrac{4\pi V\tau}{\lambda}\right)}{\dfrac{2\pi V\tau}{\lambda}}, \quad \text{当 } v_0=0 \text{ 时.} \end{array} \right.$$

$$(11.41)$$

对于 β 不处于上速两极端情形和 V 与 v_0 均不为零的情形,求 $\rho_A(\tau)$ 是相当复杂的. 在以上这两种极端情形下,可能求出 V 和 v_0. 在(11.40)和(11.41)式中对于 $v_0=0$ 的情况下,从 $\rho_A(\tau)$ 的极值便可以决定 V. 为了寻找 v_0,我们只讨论 $\beta \ll 1$ 的情形. 此时 $W(A)$ 服从瑞利分布. 从(11.31)式不难得出:

$$\overline{A^2} = \frac{4}{\pi}\overline{A}^2. \tag{11.42}$$

振幅差 $(\Delta A)_\tau$ 的分布应当是高斯分布,因而有:

$$\overline{(\Delta A)_\tau^2} = \frac{\pi}{2}\,\overline{\lceil(\Delta A)\rceil}^2. \tag{11.43}$$

应用(11.42)和(11.43)式,则(11.32)变为:

$$\rho_A(\tau) = 1 - \frac{\pi^2}{4(4-\pi)} \frac{\overline{\lceil(\Delta A\tau)\rceil}^2}{\overline{A^2}}. \tag{11.44}$$

将(11.40)式的第一式按幂级数展开,并只取前两项,然后与(11.44)式加以比较,得:

$$v_0 = \frac{\lambda}{8} \frac{\overline{\lceil\Delta A\rceil}_\tau}{\sqrt{4-\pi}\,\tau\overline{A}}. \tag{11.45}$$

下面我们来介绍从 A 资料求 v_0 的另一种方法. 此时不用相关分析方法,而且可以去掉 $\beta \ll 1$ 的条件,即在 $E_0 \neq 0$ 时也是适用的.

由(11.10)式得:

$$\frac{d(A^2)}{dt} = -2E_0 \sum_s E_s\Omega_s \sin(\Omega_s t - \varphi_s)$$
$$- \sum_s \sum_p E_s E_p (\Omega_s - \Omega_p)\{\sin[(\Omega_s t - \varphi_s) - (\Omega_p t - \varphi_p)]\},$$

$$\overline{\left\{\frac{\mathrm{d}(A^2)}{\mathrm{d}t}\right\}^2} = 2E_0^2 \sum_s \overline{E_s^2 \Omega_s^2} + \sum_s \sum_p \overline{E_s^2 E_p^2 (\Omega_s - \Omega_p)^2}, \qquad (11.46)$$

其中 E_s, E_p, Ω_s 和 Ω_p 是相互独立的量. 应用(11.38)式的第一式,并注意到

$$\overline{(\Omega_s - \Omega_p)^2} = 2\overline{\Omega_s^2} - 2\overline{\Omega_s}^2 = 2\overline{\Omega_s^2},$$

则有:

$$\sum_s \overline{E_s^2 \Omega_s^2} = \sum_s \overline{E_s^2}\,\overline{\Omega_s^2} = 8\pi^2 \int_0^\infty W(f)(f-f_0)^2 \mathrm{d}f = 8\pi^2 \frac{4v_0^2}{\lambda^2} w_0$$

和

$$\sum_s \sum_p \overline{E_s^2 E_p^2 (\Omega_s - \Omega_p)^2} = 2 \sum_s \overline{E_s^2 \Omega_s^2} \sum_p \overline{\Omega_p^2}$$

$$= 8 \cdot 4\pi^2 \int_0^\infty W(f)(f-f_0)^2 \mathrm{d}f \int_0^\infty W(f)\mathrm{d}f$$

$$= 8 \cdot 4\pi^2 \frac{4v_0^2}{\lambda^2} w_0^2.$$

于是(11.46)式变为:

$$\overline{\left\{\frac{\mathrm{d}(A)^2}{\mathrm{d}t}\right\}^2} = 4 \cdot \frac{4\pi^2 \cdot 4v_0^2}{\lambda^2}(2w_0^2 + E_0^2 w_0). \qquad (11.47)$$

另一方面,直接作近似有:

$$\overline{\left\{\frac{\mathrm{d}(A)^2}{\mathrm{d}t}\right\}^2} \approx \overline{\left\{\frac{A_s^2 - A_{s+1}^2}{\Delta t}\right\}^2} \sim \overline{\left\{\frac{\overline{|A_s - A_{s+1}|}\,2\overline{A}}{\Delta t}\right\}^2}. \qquad (11.48)$$

其中 A_s 和 A_{s+1} 是实验资料以时间间隔 Δt 分开的两个相继的数据. 因此,

$$\Delta t = \tau,$$

$$\overline{|A_s - A_{s+1}|} = \overline{|\Delta A|}_\tau.$$

比较(11.47)和(11.48)式,则有:

$$v_0 = \frac{\lambda \overline{A}\,\overline{|\Delta A|}_\tau}{4\pi\tau \sqrt{2w_0^2 + E^2 w_0}} = \frac{\lambda \overline{A}\,\overline{|\Delta A|}_\tau}{2\pi\tau \sum_s E_s^2 \sqrt{2 + 2\beta^2}}. \qquad (11.49)$$

也可以将它简化为 $\beta \ll 1$,即 $E_0 \to 0$ 的情形. 此时 $w_0 = \frac{2}{\pi}\overline{A}^2$,

$$v_0 = \frac{\lambda \overline{|\Delta A|}_\tau}{8\sqrt{2}\tau\overline{A}}. \qquad (11.50)$$

与(11.45)式比较起来,它小了近三分之一.

以上讨论了根据单个接收机取得的数据,以自相关分析方法获得有关不均匀体运动的参数的可能性. 现在我们讨论另一种情形,即处理两组实验数据 A_i,这两组数据是在同时进行观测,但在相距为 ξ 的两个地点上所记录的. 作为一维的情形,我们假定这两地点的坐标分别为 x 和 $x+\xi$.

类似于(11.32)式,定义互相关函数为:

$$\rho_A(\xi) = \frac{\overline{A(x)A(x+\xi)} - \overline{A(x)}^2}{\overline{A(x)^2} - \overline{A(x)}^2}. \tag{11.51}$$

有时也称为空间相关函数. 可以证明, 当 $\beta \ll 1$ 时, 对于对称窄波束的相关函数可化为:

$$\rho_A(\xi) = \frac{\left| \int_{-\infty}^{\infty} W(\chi) e^{-i2\pi\frac{\xi}{\lambda}\sin\chi} d\sin\chi \right|^2}{\left| \int_{-\infty}^{\infty} W(\chi) d\sin\chi \right|^2}. \tag{11.52}$$

代入角谱函数, 并利用 $\sin\chi \sim \chi$, 则得:

$$\rho_A(\xi) = e^{-4\pi^2\xi^2\chi_0^2/\lambda^2}. \tag{11.53}$$

利用实验曲线 $\rho_A(\xi)$ 和 (11.53) 式, 能够决定波束离散角 χ 的均方根值 χ_0, 因而可大约估计一下形成返回脉冲的整个不均匀结构区域的尺度 $\chi_0 h$ (h 为不均匀体的地面高度). 然而这样做实际上是有困难的, 因为要画出 $\rho_A(\xi)$ 曲线必须要以各种 ξ 值同时测量振幅的数值.

但是, 根据相互靠得很近而使得 $\rho_A(\xi) \approx 1$ 的两个台站的测量结果, 可能决定出 χ_0. 当 $\beta \ll 1$ 时, 即瑞利分布的情形下, $\rho_A(\xi)$ 应当有类似于 (11.44) 式的分布:

$$\rho_A(\xi) = 1 - \frac{\pi^2}{4(4-\pi)} \frac{\overline{|\Delta A|_\xi^2}}{\overline{A}^2}. \tag{11.54}$$

将 (11.53) 式展开, 并与 (11.54) 式相比较, 得到:

$$\chi_0 = \frac{\lambda}{4\sqrt{4-\pi}\xi} \frac{\overline{|\Delta A|_\xi}}{\overline{A}}. \tag{11.55}$$

求得了 χ_0 之后, 还可以求得反射区域单个不均匀电离体的平均尺度. 实际上, 由于电离层不均匀结构的存在, 我们可以想象在地面有一相应的振幅分布, 它是投射波投射在电离层不均匀结构的"栅状屏"上受到衍射的结果. 有时这种振幅分布称为衍射图样. 因为反射区域的高度比波长大得多, 投射波波阵面几乎是一平面, 因而可观察到夫累涅尔的衍射图样. 如果不均匀电离体的尺度大于波长, 则相关函数在屏上和远离于屏的平面上是一样的. 因此定义不均匀电离体的尺度等于距离 ξ_0, 它满足等式:

$$\rho_A(\xi_0) = e^{-1}. \tag{11.56}$$

从 (11.53) 式我们有:

$$\xi_0 = \frac{\lambda}{2\pi\chi_0}, \tag{11.57}$$

其中 χ_0 即为 (11.55) 式所表示的. 有些工作者不采用 (11.56) 式的定义, 而用

$$\rho_A(\xi_0) = 0.5 \tag{11.58}$$

来决定不均匀电离体的尺度.

　　最后我们来简单地说明一下,如何测量不均匀
电离体的平均水平漂移速度 V. 利用(11.40)和(11.
41)式,可以在极端情形下(即极浑浊或极清晰,且 v_0
$=0$ 的情形下)求得 V. 在一般的情形下,布克等人
曾证明,利用自相关和互相关的联合分析可以求
得 V.

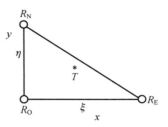

**图 180　测量水平漂移速
度的实验装置示意图**

　　实验装置如图 180 所示. 发射机 T 向电离层发
射的电脉冲由三个接收机 R_O,R_E 和 R_N 接收其返
回脉冲信号. 这三个接收机分别放置在直角三角形
三个顶点上,它们之间的距离约为一个波长. 为了简化计算,两个直角边分别置
于东西向和南北向.

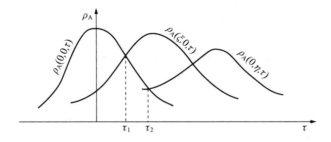

图 181　利用相关函数决定 τ_1 和 τ_2

　　从三个接收机的记录里,可得一个自相关函数 $\rho_A(0,0,\tau)$ 和两个互相关函
数 $\rho_A(\xi,0,\tau)$,$\rho_A(0,\eta,\tau)$. 这时存在着 τ_1 和 τ_2,它们满足

$$\left.\begin{array}{l}\rho_A(0,0,\tau_1) = \rho_A(\xi,0,\tau_1);\\ \rho_A(0,0,\tau_2) = \rho_A(0,\eta,\tau_2).\end{array}\right\} \qquad (11.59)$$

分析相关函数可以证明,这两个 τ 值与 V 的关系为:

$$V_x = \xi/4\tau_1,$$
$$V_y = \eta/4\tau_2.$$

因而

$$V = \sqrt{\left(\frac{\xi}{4\tau_1}\right)^2 + \left(\frac{\eta}{4\tau_2}\right)^2}. \qquad (11.60)$$

　　上面的计算实际上是很复杂的. 但当没有混乱运动时,地面的衍射图形基
本上可以看作是不变的. 此时在三个接收机的位置所接收到的返回脉冲振幅
记录中,具有同样的变化形状. 但是,它们之间有一时差. 如 R_E 比 R_O 时间推
迟 τ_x,R_N 比 R_O 时间推迟 τ_y,则视漂移速度分量为:

$$V'_x = \frac{\xi}{\tau_x},$$
$$V'_y = \frac{\eta}{\tau_y}. \qquad (11.61)$$

图 182 表示视漂移速度与真正漂移速度之间的矢量关系. 显然,

$$\frac{1}{V^2} = \frac{1}{V'^2_x} + \frac{1}{V'^2_y},$$

$$V = \frac{V'_x V'_y}{\sqrt{V'^2_x + V'^2_y}}. \qquad (11.62)$$

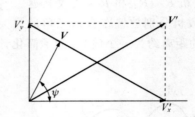

图 182　视漂移速度 V′ 与真正漂移速度 V 的关系

§11.4　不均匀结构的某些观测结果[1,2]

观测结果表明,在不同高度上的不均匀结构具有不同的特性.

D 层的不均匀结构的观测,大部分是借前向散射实验而进行的. 使甚高频波发生前向散射的是 D 层,而不是 E 层的不均匀结构. 在高频波段(例如 2 兆赫)的垂直投射中,也曾观测到不均匀结构的微弱反射回波. D 层高度不均匀结构的主要区域,主要集中在 10 公里高度间隔的厚度内. 晚上,这些高度抬高至 E 层的低部. 由 D 层反射回来的中频波(例如 70—200 千赫)的衰落特性表明,反射面的畸变是缓慢的,在水平方向的不均匀结构几乎是各向同性的. 在极光带具有特殊的形态(特别是磁扰期间),在接收人造卫星信号时,发现这里存在高吸收性的"云块". 这种"云块"的整个尺度约为 1000 公里[17]. 火箭直接对电子浓度的测量表明,这些"云块"是由于正常 D 层下面的额外电离所引起的,就像 SID 期间所引起的电离一样,它们的持续时间约为 10 分钟.

E 层的不均匀结构具有较明显的各向异性,它们有沿磁力线伸长的趋势. 无线电衰落分析方法的观测表明,在中纬度的平均椭圆率约为 $2:1$,在磁赤道附近约为 $5:1$. 尽管 E 层内具有湍流性,然而 E 层的不均匀结构还是相当稳定的. 在 E 层也曾观测到扩散回波. 在极光带和接近于磁赤道处较为经常看到它,在中纬度极其稀少. 在白天经常能在 E 层观测到很薄、而具有很大水平面积的分层. 在电离层垂直探测装置上观察到的、E 层下部多余的"缘"以及 E 层上部的"中间层"，就是属于这样的结构．它们的持续期约为 1 小时．火箭对 E 层局部区域电子浓度的测量，相当经常地发现这些"中间层"．这些"中间层"下落后经常变为 E_s 层．

F 层的不均匀结构通常可分为小、中和大尺度不均匀结构．研究小不均匀结构通常以回波的衰落、扩展 F 回波和穿透波的闪烁三种方法进行的．近磁赤道的小不均匀体沿磁力线的伸长大约为 8—10 倍，而且其相关椭圆相当准确地指向磁场的方向．在中纬度椭圆率减小，大约为 2∶1，晚上经常出现扩展 F 回波和射电星的闪烁现象，高纬度地区更为频繁．中纬度地区则出现不多，它大多数出现在冬季磁扰的晚上．在太阳活动性最小值的年份，中纬度的扩展 F 回波更为经常地出现．扩展 F 回波的最高几率（甚至达 90％）处于磁赤道附近 ±10° 的纬度内．太阳活动性增大时出现的几率下降[18]．这样看来，不论在低纬度或中纬度地带，扩展 F 回波似乎与太阳活动性是负相关．同时，高低纬度的扩展 F 回波有两方面的差别：低纬度区其最大出现几率在子夜前，高纬度区在子夜后；低纬度区与磁扰的相关性是负的，高纬度区是正的[19]．射电星闪烁的现象也如同扩展 F 回波一样，有相类似的昼夜变化和纬度变化．它也是晚上比白天出现得较频繁．高纬度地区子夜与中午的平均闪烁指数比值大约为 2，中纬度为 5，低纬度为 30[20]．出现最高几率的地带，也是在高纬度和近赤道带．同样，在低纬度区与磁扰的相关性也是负的，高纬度区是正的[21]．因此，目前认为射电星闪烁和扩展 F 回波有着明显的相关性．

中尺度的不均匀结构似乎是 F 层白天典型的状态．白天的 F 层经常发生扰动，其扰动次数每小时平均 5 次．这些扰动来自上方，曾经在频高特性曲线上很明显地显示出这种扰动（见图 183）[22]．它大约以 125 米/秒的速率下降．在 F 层的低部，晚上经常出现几百公里"波长"的大尺度不均匀结构．在相距几百公里的台站记录中，比较它们回波的重大畸变特性，可以发现这种大不均匀结构．它们的记录通常在时间上有一位移，常称为"行波扰动"．

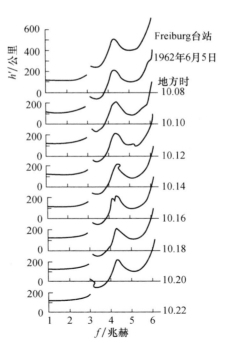

图 183　F 层不均匀结构的下降现象[22]

表 21 观测小尺度不均匀电离体漂移速度 V 的若干结果[13]

观测台站	观测时间	漂移速度 V /米·秒$^{-1}$			
		E 层		F 层	
		V 的变化范围	V 的最可几值	V 的变化范围	V 的最可几值
科隆（德国）	1942 年 8 月—10 月	15—200	80	15—215	100
剑桥（英国）	1949 年 1 月—1951 年 9 月	25—250	70—80	—	
华盛顿（美国）	1950 年 3 月—1950 年 12 月	0—200	70—100	未曾将 E 和 F 层分开测量	
渥太华（加拿大）	1950 年 6 月—1950 年 10 月	}10—300	80	20—330	100
蒙特利尔（加拿大）	1950 年 11 月—1951 年 7 月				
彭西尔维尼厄	1951 年 7 月—1952 年 3 月	50—300	90	—	—
布里斯本（澳大利亚）	1952 年—1954 年	0—200	50—60	0—200	60
哈尔科夫（苏联）	1955 年 10 月—1956 年 4 月	—	—	10—200	80—100
莫斯科（苏联）	1956 年—1957 年	—	—	20—280	60—80
阿什哈巴德（苏联）	1958 年	—	—	20—300	60—80
沃尔梯尔	1956 年—1958 年	—	—	30—150	$\begin{cases}60{-}70(F_1)\\90{-}100(F_2)\end{cases}$

表 22 观测大尺度不均匀电离体漂移速度 V 的若干结果[13]

观测台站	观测时间	观测方法	电离层区域	速度 V/米·秒$^{-1}$	
				变化范围	最可几值
悉尼（澳大利亚）	1948 年—1949 年	反射高度和临界频率的相似测量（观测距离 20—40 公里）	F	80—200	—
伯斯（澳大利亚）	1951 年 10 月—1952 年 11 月	同上	F	0—320	170
波士顿（美国）	1952 年 8 月—1953 年 12 月	反射高度无规则变化（观测距离 62—109 公里）	F	20—300	90

续表

观测台站	观测时间	观测方法	电离层区域	速度 V/米·秒$^{-1}$	
				变化范围	最可几值
斯劳(英国)	1951 年 6 月—1953 年 8 月	临界频率和等效高度的变化(观测距离 180—650 公里)	F_2	40—280	120—140
剑桥(英国)	1951 年	银河系射电星强度的闪烁(观测距离为若干公里)	F_2 峰值以上	30—1200	200
莫斯科(苏联)	1957 年	相位测量(观测距离 30—40 公里)	F_2	0—500	130—160
美国—加拿大	1946 年—1947 年	反射区域的移动	E_s	35—130	—
美国	1950 年	同上	E_s	48	—
布里斯本(澳大利亚)	1956 年	同上	E_s	0—240	80

从返回信号的衰落观测表明,几乎在所有电离层高度都存在不均匀体的无规则乱运动. v_0 的变化范围大约为 0—50 米/秒,较可几的 v_0 值约为 1—2 米/秒. 目前还没有关于 v_0 随昼夜、季节和高度等变化的完整资料.

不均匀结构的观测和研究,大部分集中在不均匀体的平均漂移运动方面.

表 21 和 22 分别给出了某些台站关于小不均匀体和大不均匀体漂移速度的平均数值. 从这些表中我们看到,漂移速度在相当大的范围内改变. 这是由于这些表中给出的数值没有考虑到漂移速度随昼夜、季节以及逐年的变化.

D 层的平均漂移速度主要通过无线电衰落的方法和流星尾迹的观测来加以决定. 但只有很少数的台站同时进行这两种观测. 在北半球中纬度的衰落观测中发现,除了在平分点的傍晚漂移方向突然向西之外,在这个高度上,主要是向东的漂移. 在南半球的流星尾迹观测中,发现其优势的分量也是东西方向的. 除此之外,还发现有全日分量和较小的半日分量.

布里格斯(Briggs)和斯彭塞(Spencer)[23]总结了 1949—1953 年间若干台站的观测资料. 他们发现,上述的几种观测方法所得到的结果基本上是互相符合的. 他们的结论是根据低年期间的资料得出的.

在 E 层,平均水平漂移速度随时间而变化. 其平均值大约为 80 米/秒. 其速度随高度变化的平均梯度 $\dfrac{\mathrm{d}V}{\mathrm{d}h} \approx 3.6$ 米/秒·公里. 在漂移速度中,有一个约 30 米/秒的旋转分量,它每天旋转两次. 这个旋转分量重叠于一个向东的不变分量之上. 此不变分量夏季约为 50 米/秒, 冬季则较小些. 在北半球的旋转分量顺时针转动, 且在 03：00 和 15：00 时指向北向; 在南半球的旋转分量反时针旋转, 且在 05：30 和 17：30 时指向南向. 在两个半球上, 非旋转分量在本地夏季都指向东.

在 F 层, 最可几漂移速度似乎比 E 层略大. 然而, 如果按照 E 层的漂移速度, 及其平均速度梯度而上升, 则在 F 层中的平均漂移速度应该不小于 500 米/秒. 但在实验中没有观测到这么大的数值. 由此可见, 速度梯度大约只有在有限区域中才有那么大的数值. 可能在电离层中, 存在着大速度梯度的狭窄区域. 按照某些观测结果, F 层中的速度梯度约为 1 米/秒·公里, 其速度约为 100 米/秒左右. 在 F 层中漂移运动主要在东西方向. 东西分量在白天向东晚上向西. 南北分量在夏季向极区冬季向赤道. 南北分量在白天较大, 晚上较小.

在 F 层 200 公里高度附近, 水平漂移与 E 层的情形差别不大, 近赤道处, 它们的 24 小时分量起主要作用. F 层较高处与电离层较低部分不同的是, 漂移速度随磁活动性增大而增大, 同时其水平漂移速度和无规则混乱速度 v_0 都有较大的值.

太阳活动高年期间 (1957—1958 年) 的水平漂移运动, 曾由日本工作者[24]加以讨论. 他们根据几个台站无线电衰落方法的观测结果进行分析, 这几个台站分别处于高、中和低纬度.

图 184 和 185 分别代表 E 和 F 层不均匀体平均水平漂移运动的优势分量 (不变分量)、半日分量和全日分量.

在 E 层, 较高纬度的半日分量比全日分量大得多, 而且前者随季节而变化, 冬季比夏季的振幅大且相位超前. 在北半球的高纬度显然可以看到, 半日分量顺时针旋转.

在低纬度和中纬度, 半日分量与全日分量振幅相差不大, 中纬度的半日分量振幅变化最大. 这些纬度半日分量的旋转椭圆率很大. 在所有季节内, 中低纬度旋转主轴和方向都是一样的. 在夏季和冬季其主轴为东北—西南向, 且顺时针旋转; 在秋季和春季其主轴为西北—东南向, 且反时针旋转. 在整个北半球全年的平均值, 都是顺时针旋转.

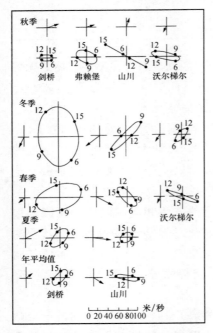

图 184　E 层漂移各季节的优势分量和半日分量

[箭头表示优势分量, 椭圆表示半日分量; 各台站地磁纬度：剑桥 (54.7°N), 弗赖堡 (49.4°N), 山川 (20.3°N), 沃尔梯尔 (9.5°N)]

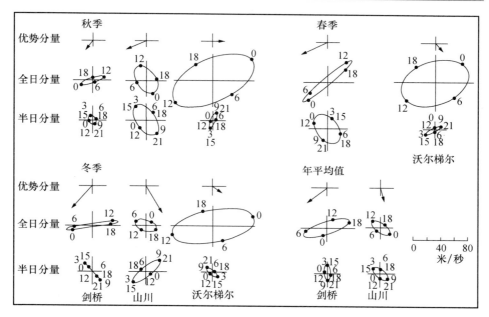

图 185 F 层漂移各季节的优势分量、全日分量和半日分量

(说明同图 184)

在 F 层,优势分量中的东西分量在高低纬度地区完全相反,高纬度区向西,低纬度区向东.可以从图中看到,在高低纬度地区全日分量比半日分量大得多.特别是在低纬度地区更是如此.全日分量在这两个地区的相位几乎相反,在全年中,高纬度区中午的速度矢量方向为东北,低纬度区为西南.

另一方面,中纬度的全日和半日分量几乎大小相当.全日分量的相位随季节而改变.

有时,E 和 F 层的漂移有明显的相似性,但不能由此断然地认为这些层的漂移具有相同的特性.

最后必须指出,在这里所引用的资料,也许不能完全描写或代表实际不均匀结构的状态及其运动,因为这些资料的积累时间不够长,所涉及的台站不够多.为了进一步揭示电离层不均匀结构的秘密,今后还需进行大量的观测和长期的积累资料.

§11.5 有关电离层不均匀结构的某些理论解释

不均匀结构的观测结果,在一定程度上阐明了电离层结构的不均匀性,及其运动的某些规律性.但是,这些现象还研究得不多.譬如,不均匀体的尺度分布还不清楚;衰落实验所取得的结果并不能完全表征反射高度处的行为.返回电波振幅的衰落是电波所经过的整个路程上的积分效应.因此用衰落实验的结果,来表征反射高度处的特性是值得怀疑的.同样地,直到目前为止,还没有得出无规则运动和漂移运动速度随高度分布的结果.因此,我们这里只限于介绍形成不均匀结构及某些特点的某些理论解释.至于判断哪一理论是否正确,则为时还过早.

形成电离层不均匀结构可能有许多原因,较被公认的一种机制是大气中的湍流所引起的,特别是在较低的电离层,例如 E 层高度,存在产生湍流的条件[25].曾用湍流的机制来解释 F 层的扩展回波(或相对应的射电星闪烁)为什么在晚上出现较多.这可能是由于白天有较大的温度向上增加的梯度,以致抑制了湍流的产生,晚上梯度下降,则非片流得到发展.但是在 F 层中,中性大气能否产生湍流是值得怀疑的.而且往往发现地磁变化和漂移速度有很好的相关性.中性气体显然不会受地磁场的控制,因此用湍流机制似乎不能完全解释 F 层不均匀结构的形成.如果在 E 层,由于某些湍流的影响形成不规则的电场,这些不规则的电场可能由高电导率的磁力线通向 F 层,而在 F 层形成不均匀结构.

F 层的混乱不均匀结构,曾认为是地球外的星际物质对地球大气的碰击所引起的,这些物质被太阳的引力所吸引,因而它们将碰击在背阴面,结果导致 F 层高度形成不均匀体.这样,能解释 F 层不均匀结构在晚上出现的较频繁的事实[12].然而这种理论也不完善.首先是入射的物质大多是氢原子,其能量不足以使高层大气中的中性粒子发生电离.其次,一般说来,星际气体每夜都必定侵入地球大气,但是并没有每夜都观测到扩展 F 回波或射电星闪烁.用这种理论更无法解释在白天观测到 F 层的不均匀结构的事实了.

不均匀体的运动是一个较为复杂的问题.不均匀电离体是"嵌"在背景电离气体和中性气体之中.当不均匀电离体或背景电离气体在地磁场中运动时,在它们之中都将产生电流,且发生电荷的重新分布.不均匀电离体与中性气体的运动,无论在方向上或数值上都可能不一样.甚至于不均匀电离体与周围电离气体也可能不一样.马丁[26]曾就圆柱状的不均匀电离体的漂移运动作了一些计算.至今,还没有完善的理论能够清楚地阐明这三者之间的运动关系.

在 D 层和 E 层高度电离体的运动中,似乎有与地磁半日变化相对应的大气潮汐,以及风场矢量每天旋转两次的分量.在今后的工作中,了解它们之间的联系自然是很有意义的.在 F 层的漂移,似乎是 E 层的极化电场作用的结果.

根据观测得到了漂移速度随高度变化的一些数据.例如,根据流星尾迹的观测,在 85—104 公里之间的漂移梯度约为 3.6 米/秒·公里,在 F 层的其他观测中,大尺度纹波结构的不均匀体的漂移梯度约为 1 米/秒·公里.近几年来,曾对大尺度纹波结构不均匀体的运动提出了某些看法,例如有人认为它是磁流体波的波动[27,28],也有人认为可能是重力波引起的波动[29,30].

直到目前为止,还没有很好建立无规则混乱运动的理论.一方面是由于缺少观测资料,另一方面是由于现在还弄不清楚电离体的运动是单独进行的,还是与中性气体一起运动的.

参 考 文 献

[1] Ratcliffe, J. A., 1955, The Physics of Ionosphere, The Physical Society. London.

[2] Rawer, K., 1962, Proc. Intern. Conf. Ionosphere, The Institute of Physics and the Physical Society, London.

[3] Reber, G., 1956, *J. Geophys. Res.*, 61, 157.

[4] Hewish, A., 1952, *Proc. Roy. Soc.*, A214, 494.

[5] Bailey, D. K., et al., 1955, *Proc. IRE*, 43, 1181.

[6] Pineo, V. C., 1956, *J. Geophys. Res.*, 61. 165.

[7] Manning, L. A., et al., 1950, *Proc. IRE*. 38, 877.

[8] Greenhow, J. S., 1952, *J. Atmos. Terr. Phys.*, 2, 282.

[9] Robertson, D. S., et al., 1953, *J. Atmos. Terr. Phys.*, 4, 255.

[10] Dagg, M., 1957, *J. Atmos. Terr. Phys.*, 10, 204.

[11] Davids, N., Parkinson, R. W., 1955, *J. Atmos. Terr. Phys.*, 7, 173.

[12] Dagg, M., 1957, *J. Atmos. Terr. Phys.*, 11, 133.

[13] Алъперт, Я. Л.,1960, Распространение радиоволи и ионосфера, Москва.

[14] Munro, G. H., 1953, *Proc. Roy. Soc.*, A219, 447.

[15] Munro, G. H., 1950, *Proc. Roy. Soc.*, A202, 208.

[16] Price, R. E., 1953, *Nature*, 172, 115.

[17] Aarons, J., et al., 1961, *Space Science*, 5, 169.

[18] Hutton, R., Wright, R. W. H., 1960, *J. Atmos. Terr. Phys.* 20. 100.

[19] Ratcliffe, J. A., 1959, *J. Atmos. Terr. Phys.*, 15, 21.

[20] Little, C. G., 1962, Radio Astronomical and Satellite Studies of the Atmosphere, North Holland.

[21] Lyon, A. J. et al., 1960, *J. Atmos. Terr. Phys.*, 19, 145.

[22] Bibl, Von K., 1953, *Z. Geophys.*, 8, 136.

[23] Briggs, B. H., Spencer, M., 1954, *Rep. Progr. in Phys.*, 17, 245.

[24] Shimazaki, T., 1959, *Rep. Ionosph. Space Res. Jap.*, 13, 1, 21.

[25] Blamont, J. E. et al., 1961, *An. Geophys.*, 17, 134.

[26] Martyn, D. F., 1953, Phil. *Trans. Roy. Soc.*, A246, 306.

[27] Akasofu, S., 1956, *Sci. Rep. Tohoku Univ.*, 8, 24.

[28] Akasofu, S., 1959, *J. Atmos. Terr. Phys.*, 15, 156.

[29] Hines, C. O., 1959, *Proc. IRE*, 47, 176.

[30] Hines, C. O., 1960, *J. Geophys. Res.*, 65, 141.

第十二章　哨声和甚低频发射现象

§12.1　哨声和甚低频噪声的分类

在无线电噪声研究中,甚低频噪声(几百至几千赫)的研究开展得较迟.其主要原因之一是在这种频段里,天电干扰和电源干扰特别强烈.在甚低频噪声的研究中,接收到富有音乐性的哨声和其他音调的甚低频噪声.如果把这些噪声仔细地加以分类,则发现它们的出现呈一定的规律性.并且与某些高空物理学现象密切相关.近十几年来,对于哨声和甚低频噪声的研究引起了人们普遍的重视,因为它为研究外电离层或磁层空间的基本特性,提供了新的工具.外电离层的哨声和甚低频发射现象,无疑地已成为高空物理学的一门新兴的学科.

天电的哨声现象研究得较早.1919年德国人巴克豪森(Barkhausen)[1]在研究地电时观察到哨声现象.它是一种富有音乐性的谐音,其频率随时间增大而慢慢下降,同时其下降速度也逐渐减低,在一两秒内经过八重音.图186就是哨声的典型频时曲线.较强的哨声还有好多次回声.以后的研究[2,3]表明,有些哨声经常在一些咔嚓声之后一两秒内出现;有些哨声则没有这样的现象.前者称为长哨,后者称为短哨.长短哨回声迟滞时间的比例,分别为 2:4:6··· 和 1:3:5···.而且回声的下降速率随着次数的增多而减慢.其频率 f 和出现时间 t(假定咔嚓声时刻 $t=0$),大约服从下列关系式.

$$tf^{1/2} = D_s, \tag{12.1}$$

D_s 称为色散常数.由上速情况可知,色散常数随着回声次数的增多而增大.

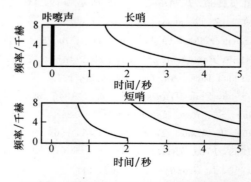

图 186　长短哨及其回声的典型频时曲线

1953 年斯托雷（Storey）提出哨声理论之后[4]，进一步引起人们对哨声研究的兴趣.除了观察到长短哨之外，还观察到一些类似于哨声的其他类型.其中较引人注意的是鼻哨和吱声.图 187 是鼻哨的频时曲线.由图中可见,鼻哨不仅具有长短哨的部分,即频率随时间增大而下降的部

图 187　鼻哨出现时的频时曲线

分,而且具有频率随时间增大而上升的部分.最小迟滞时间的点（图中 N 点）称为鼻点.其对应的频率称为鼻频 f_n.值得注意的是,鼻哨只在高纬度地区出现.另一种叫吱声,它在频时曲线上是一钩形轨迹,起初频率下降很快,最后趋向于1.7 千赫左右.在白天不大经常出现,在晚上最为清楚.

在哨声研究的过程中,曾在记录上发现有两类性质上与哨声和吱声不同的甚低频噪声,一类是嘶声,它在频时记录上是一片模糊的痕迹,占据相当宽的频带.耳朵听起来则是嘶嘶的叫声,这种在时间上和频率上均表现一定连续性的噪声,有时也有回声.

相对于嘶声来说,另一类噪声具有较清晰的频时曲线.图 188 给出这一类甚低频噪声的再分类.这样的分类也不是绝对的,有时记录上常出现介于两者之间的甚低频信号.出现次数最多的是上升型和准直型,它们的机会几乎相等.其次为准平音,根据统计看来,其出现次数大约为前两者的一半.这些类型的昼夜变化也各不相同,上升型和准平音在 24 小时内几乎平均分布.而准直型经常在黎明出现频次的最大值,有人把这种类型称为黎明合声.

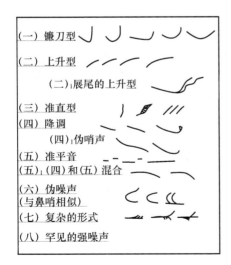

图 188　部分甚低频噪声的分类

这些甚低频噪声具有确定形状的频时曲线,有时甚至比最清晰的哨声还要清楚.这表明噪声源发射某些较确定的频率,这些频率随时间以相应的形式连续变化.观测还表明,对于同一类型的噪声经常可以重复地出现在记录之中.例如在几天（或更短些）内,可能得到形状完全一致的镰刀型.甚至对很罕见的类型,也可能在较长的时间间隔内,重复地出现.这就意味着甚低频发射的机制是相当确定的.

值得注意的是这些类型的噪声与地磁活动性有很紧密的相关.几乎在每个大磁暴期间,都有各种类型的甚低频噪声的出现,在磁暴恢复期内,经常出现嘶

声. 嘶声相当稳定,经常连续好几个小时. 在磁暴期间也经常出现镰刀型.

除了上述的一些哨声和甚低频噪声的类型之外,还有一些属于哨声和甚低频噪声相互作用的类型. 这一类虽然较复杂,但它们很少出现.

§12.2 哨声理论

一般接收机机外的无线电噪声,可以分为两大类. 一类是人为的噪声,在城市里这类干扰较大;另一类是自然噪声,它来自地球周围,以至于行星际空间. 前者可以尽量想办法加以消除. 对于后者,自然界存在的重要射电源之一,就是近地面的闪电. 在全球上,闪电的平均次数大约每秒钟 100 次,一般的闪电电流可达几十万安培,因此闪电脉冲所辐射的各种频率的电磁波能量是很大的. 在我们所关心的甚低频频段也是如此. 另一方面,在长哨之前总有一咔嚓声,它在频时曲线上是一铅直线,即在同一时刻所有频率的电磁波都来到接收机. 这样一来,就很自然地认为哨声是由于闪电所引起的.

大量观测哨声的资料表明,长哨在夏季出现得多,冬季较少. 这更进一步有力地支持这种假说. 因为闪电一般是夏季多,冬季少.

斯托雷进一步指出,闪电发生后,在其周围地面上的接收机,立即出现咔嚓声,接着有一部分闪电脉冲的低频波包,按非常波的方式沿磁力线进入电离层. 它们受到磁离子介质的约束,其射线方向保持沿磁力线的方向(见图 189). 假定在 A 点发生闪电后,A 点即听到咔嚓声,闪电脉冲的低频波包沿磁力线到达另一半球的 B 点后,又从 B 点地面反射,有一部分能量沿原来路线再返回 A 点. 在 A 点即听到第一次回声. 由于不同频率分量在磁离子介质中的传播速度不同,所以回声中不同频率分量到达的时间也就不同,这就是所谓色散现象. 如果第一次回声足够强,则又有一部分能量在 A 点反射后又沿原路线传播. 如此进行下去,就有二次、三次等的回声. 而且色散顺序地加倍增大.

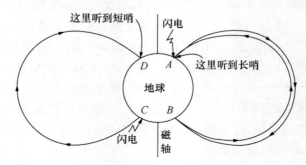

图 189 哨声沿磁力线传播

用这样的机制也能解释短哨. 短哨前面没有咔嚓声, 其余的形式和长哨一样. 这是由于闪电是在与接收机不同的半球发生的, 例如图 189 中 C 点上空发生闪电, 在 D 点听不到咔嚓声, 只有经过一段时间后, 闪电脉冲才沿着磁力线来到 D 点, 形成短哨的第一次回声. 此后所发生的过程与长哨完全一样. 这样, 就很容易解释长短哨迟滞时间的比例关系. 同时短哨出现频次的季节变化与长哨正好相反, 这更有力地支持这一论断.

我们现在来论证一下, 甚低频波包在磁离子介质中基本上沿磁力线传播的事实.

假定在时刻 $t=0$, 从坐标原点发出一波包, 其场量可写为:

$$F = \iiint A(k,\theta,\varphi)\exp \mathrm{i}k[ct - n(\theta)\{(x\cos\varphi + y\sin\varphi)\sin\theta + z\cos\theta\}]\mathrm{d}k\mathrm{d}\theta\mathrm{d}\varphi.$$

$$(12.2)$$

这里采用球坐标 (r,θ,φ), θ 是波矢与地磁场方向之间的夹角, z 轴为地磁场方向. 假定振幅 $A(k,\theta,\varphi)$ 在 k_0, θ_0, φ_0 有一最大值, θ_0, φ_0 即为原点处辐射出最大能量的方向. 在磁离子介质中, 射线方向与波矢方向并不一致. 波包的位置 (x,y,z) 是这样决定的: 即在 θ_0, φ_0 和 k_0 值附近, (12.2)式中的指数因子对于 θ, φ 和 k 的微小变化必须是稳定的. 将指数项分别对 φ 和 θ 求微商, 则

$$y\cos\varphi_0 = x\sin\varphi_0, \qquad (12.3)$$

$$\{z\cos\theta_0 + (x\cos\varphi_0 + y\sin\varphi_0)\sin\theta_0\}\left(\frac{\partial n}{\partial \theta}\right)_0 + n(\theta_0)$$

$$\cdot \{(x\cos\varphi_0 + y\sin\varphi_0)\cos\theta_0 - z\sin\theta_0\} = 0. \qquad (12.4)$$

方程(12.3)表示波包总在 $\varphi=\varphi_0$ 平面上, 因而波矢量、射线方向和地磁场共面. 所以我们可以选择 φ 的原点, 使 $\varphi_0 = 0$. 假定波包运行方向与波矢成 δ 角, 则射线与 z 轴的夹角便是 $\theta_0 - \delta$. 再令 r_0 是波包至原点的距离, 则

$$z = r_0\cos(\theta_0 - \delta),$$
$$x = r_0\sin(\theta_0 - \delta),$$
$$y = 0,$$

因而(12.4)式变为:

$$\{1 + \tan(\theta_0 - \delta)\tan\theta_0\}\left(\frac{\partial n}{\partial \theta}\right)_0$$
$$+ n\{\tan(\theta_0 - \delta) - \tan\theta_0\} = 0,$$

亦即

$$\tan\delta = \left(\frac{1}{n}\frac{\partial n}{\partial \theta}\right)_{\theta=\theta_0}, \qquad (12.5)$$

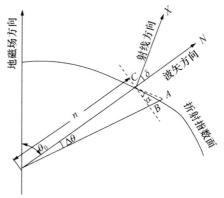

图 190　射线方向与地磁场方向等的几何关系

式中 $\dfrac{1}{n}\dfrac{\partial n}{\partial \theta}$ 是折射指数矢径与折射指数面法线之间夹角的正切,从图 190 中可以

看到这一点. 角 $\angle NCX = \angle ACB$,且 $\tan\angle ACB = \dfrac{\overline{AB}}{\overline{BC}} = \dfrac{\Delta n}{n\,\Delta\theta}$,因此射线方向(即

波包运行方向 $\theta_0 - \delta$)平行于折射指数面的法线.

考虑略去碰撞项的色散公式(7.29),则

$$n^2 = 1 - \frac{2X(1-X)}{2(1-X) - Y_T^2 \pm \sqrt{Y_T^4 + 4Y_L^2(1-X)^2}}.$$

对于甚低频信号,一般总满足:

$$X \gg 1,\ Y \gg 1, X \gg Y. \tag{12.6}$$

于是

$$n^2 \approx 1 - \frac{X}{\dfrac{Y_T^2}{2X} \pm Y_L},$$

$$n^2 \approx \mp \frac{X}{Y_L}. \tag{12.7}$$

只有正号才给出 n 的实数值,负号时 n 为虚数. n 为虚数的值不可能有前进平面
波. 由此可见,对于甚低频的电磁波来说,在磁离子介质中,如存在(12.6)式的条
件,则只有非常波传播的方式.(12.7)式又可改写为:

$$n \approx f_N \sec^{1/2}\theta (ff_H)^{-1/2}. \tag{12.8}$$

射线方向与地磁场的夹角为 $\theta_0 - \delta$,其中 δ 是由(12.5)式所决定的. 将(12.8)
式代入(12.5)式,则得:

$$\tan\delta = \frac{1}{2}\tan\theta_0, \tag{12.9}$$

因而

$$\tan(\theta_0 - \delta) = \frac{\dfrac{1}{2}\tan\theta_0}{1 + \dfrac{1}{2}\tan^2\theta_0}. \tag{12.10}$$

很容易求出,当

$$\theta_0 = 54°44' \tag{12.11}$$

时,$\theta_0 - \delta$ 有最大值. 此时

$$(\theta_0 - \delta)_{\max} = 19°29'. \tag{12.12}$$

这就是说,甚低频波包的运行方向与磁力线所成的夹角最多不超过 $19°29'$. 因此
它基本上是沿磁力线传播的. 在以后,我们近似地采用纵向传播的表达式:

$$n^2 = 1 - \frac{X}{1-Y} = 1 + \frac{f_N^2}{f(f_H - f)}.$$

群速度为：

$$v_g = \frac{c}{n_g} = \frac{c}{n + f\dfrac{\partial n}{\partial f}}$$

$$= 2c\frac{(f_H - f)^{3/2}[f^2(f_H - f) + ff_N^2]^{1/2}}{2f^3 - 4f^2 f_H + 2ff_H^2 + f_H f_N^2}. \tag{12.13}$$

当(12.6)式中，最后一个不等式得到满足时，则上式变为：

$$v_g = 2c\frac{f^{1/2}(f_H - f)^{3/2}}{f_H f_N}. \tag{12.14}$$

很容易算出，群速度最大值在 $f = \dfrac{f_H}{4}$ 的频率处、大于或小于 $\dfrac{f_H}{4}$ 频率群速都减小了，当 $f = 0$ 和 $f = f_H$ 时，群速减小至零值. 显然，沿哨声传播路线的磁旋频率最小值，将是可能传播的哨声频率的上限，这个值正好是哨声通过磁赤道平面交点处的磁旋频率. 如果高空地磁场是偶极磁场，则很容易算出哨声频率上限与磁纬的关系(见图191).

对于低纬度的哨声，在其传播路线上，(12.6)式的第二式较精确地成立，即 $f \ll f_H$. 于是(12.14)式又可简化为：

$$v_g = 2c\frac{\sqrt{ff_H}}{f_N}. \tag{12.15}$$

对于高纬度的哨声，在其传播路线上，(12.6)式的第二式不能很好的成立，故在考虑群速度时仍用(12.14)式.

现在我们来计算哨声在磁共轭点之间，整条路线上运行所需的时间为：

$$t = \int \frac{\mathrm{d}l}{v_g},$$

其中积分遍及整条路线. 在低纬度地区，应用(12.15)式，则

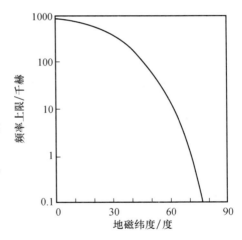

图 191　哨声频率上限与磁纬的关系

$$t = D_s f^{-1/2}, \tag{12.16}$$

$$D_s = \frac{1}{2c}\int \frac{f_N}{\sqrt{f_H}}\mathrm{d}l. \tag{12.17}$$

这正是观测结果所总结出来的(12.1)式. 对于同一路线而言，色散常数 D_s 与频率无关，只与这路线上的电子浓度和磁场强度的分布有关.

在高纬度地区，(12.6)式的第二式并不能很好的成立，因此(12.15)式不够确切. 应用(12.14)式，则有：

$$t = D_s f^{-1/2}, \tag{12.18}$$

$$D_s = \frac{1}{2c} \int \frac{f_H f_N}{(f_H - f)^{3/2}} dl, \tag{12.19}$$

其中 D_s 是频率的函数. 如果用 $f^{-1/2}$ 对 t 作图, 则在低纬度是一直线, 在高纬度则是一曲线. 当

$$f = f_n = \frac{f_{H\min}}{4} \tag{12.20}$$

时, t 最小, 其中 $f_{H\min}$ 就是哨声跨过磁赤道面交点的磁旋频率, f_n 称为鼻频. 这时记录中出现的就如图 187 中的鼻哨.

§12.3 吱 声

闪电脉冲除了有一部分能量沿磁力线传播之外, 尚有一部分能量向电离层投射, 由电离层反射回地面. 因为我们所关心的波包频率较低, 所以它在较低的

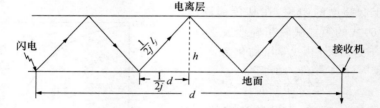

图 192 吱声的传播路线

电离层高度就被反射回来. 在白天反射高度大约是 70 公里, 晚上约为 90 公里. 图 192 表示吱声经三次反射的传播路线. 我们可以想象, 从电离层的一次反射以至于无穷多次反射的信号, 都可能到达一定地面跳跃距离 d 的点. 图中 d, h 和反射次数 j 的关系为:

$$\left(\frac{1}{2j} l_j\right)^2 = h^2 + \left(\frac{1}{2j} d\right)^2,$$

$$l_j^2 = (2jh)^2 + d^2, \tag{12.21}$$

l_j 是从闪电至接收机处吱声传播路线的总长度. 脉冲走过这一段路程所需的时间为:

$$t_j = \frac{l_j}{c} = \frac{1}{c} \sqrt{(2jh)^2 + d^2}. \tag{12.22}$$

在 t_j 时刻两相邻脉冲到达的时间间隔是 $t_{j+1} - t_j$, 其相应的频率是:

$$f = \frac{1}{t_{j+1} - t_j} = \frac{1}{\frac{1}{c} \sqrt{[2(j+1)h]^2 + d^2} - \frac{1}{c} \sqrt{(2jh)^2 + d^2}}. \tag{12.23}$$

从(12.22)和(12.23)式得：

$$f = \frac{1}{\{(2h + \sqrt{c^2t^2 - d^2})^2 + d^2\}^{1/2} - ct},\qquad(12.24)$$

这里略去了角标 j.

图 193 是按上式画出的吱声频时曲线. 正如前面所提到的, 不管 d 的数值如何, 吱声最后渐近于某一频率. 当反射高度 $h = 90$ 公里时, 渐近频率可以从(12.23)式中得到, 当 $j \to \infty$ 时, 它渐近于

$$\frac{c}{2h} \approx 1.7 \text{ 千赫}.$$

在白天, 整个电离层电子浓度较大, 因此脉冲将在较低的电离层高度反射. 当它进入电离层时, 它使得那里的自由电子以入射波频率而振荡. 因为是低频波, 电子在一个周期内与离子、分子发生多次的碰撞. 这样一来, 就产生对入射波较大的吸收作用. 在 70 公里高度, 中性粒子比较多, 电子的这种振荡可以耗费很大部分入射波的能量. 因此在白天, 吱声的频时曲线只有 j 比较小的部分.

在晚上, 在 70 公里高度, 电离度减小了, 脉冲将在更高的高度上反射（假定在 90 公里高度）, 在这里的中性粒子和离子比在 70 公里高度处少得多, 因而电子和它们相碰撞的次数大大降低, 入射波的能量损耗较少. 晚上的吱声则比白天强烈, 并且在吱声的频时曲线上, 可以出现 j 很大值的部分.

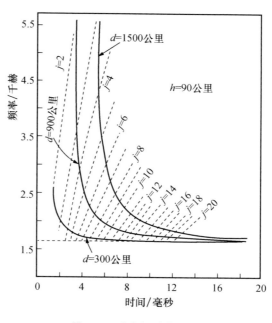

图 193　吱声频时曲线

§12.4　甚低频发射的行波管理论

甚低频噪声与磁扰密切相关, 在极光带内它出现得更频繁. 因此可以推想, 它们不是由于闪电而是由于太阳带电粒子入射至外电离层而引起的, 至少这些噪声是受太阳带电粒子与外电离层的互相作用而产生的.

甚低频噪声有时也出现多次的回声, 并且回声的时间间隔与长短哨为同一

数量级. 这就是说, 甚低频发射的信号与哨声有同样的传播路线, 即都是沿磁力线进行传播.

目前认为, 在外电离层激发甚低频信号主要有三种形式. 一种是热辐射, 即介质中的热骚扰引起的辐射. 另一种是共振辐射. 磁离子介质中的共振频率是 f_N 和 f_H, 在外来带电粒子的冲击下, 可能产生这两种频率的辐射. 但是, 频率为 f_N 的辐射, 并不能很好地沿磁力线传播, 因为在磁边界以内的高度, f_N 至少有几百千赫. 大约在大于 4 个地球半径的高度, f_H 的数值正好处于甚低频波段, 但在纬度小于 $60°$ 的磁力线上, f_H 仍然太大. 第三种是契楞科夫 (Черенков) 辐射[5], 即外来带电粒子的速度大于介质中的波速而激发的电磁辐射.

盖利特 (Gallet) 和黑利威尔 (Helliwell)[6] 曾提出关于甚低频发射的行波管理论. 这个理论认为: 热辐射等的微弱信号与外来的高速带电粒子互相作用, 微弱信号从高速粒子那里得到能量而被放大. 这种放大的机制与行波管的机制是一样的. 经过放大, 甚低频信号按哨声传播的方式沿磁力线到达地面. 由于行波的放大作用, 使得在地面上能够接收到这种信号.

按照行波管的理论, 电磁波与带电粒子互相耦合的条件是:

$$v_p = v_s, \tag{12.25}$$

v_s 是带电粒子的速度. 极光的观测表明, 产生极光的带电粒子速度大约 3000 公里/秒. 另一方面, 电离层介质对甚低频率电磁波有"慢波"的作用 (即它起着与行波管中的螺线圈同样的作用). 所以 (12.15) 式是可能得到满足的.

注意到折射指数等于:

$$n^2 = 1 + \frac{f_N^2}{f(f_H - f)},$$

因而相速度为:

$$v_p = c \left[\frac{f(f_H - f)}{f(f_H - f) + f_N^2} \right]^{1/2}. \tag{12.26}$$

将它代入 (12.25) 式, 并考虑 (12.6) 式, 则得:

$$f = \frac{f_H}{2} \left\{ 1 \pm \left[1 - \left(\frac{2f_N}{f_H} \frac{v_s}{c} \right)^2 \right]^{1/2} \right\}, \tag{12.27}$$

其中略去了 $\left(\frac{v_s}{c} \right)^2$ 项.

从 (12.27) 式得出了互相作用的条件. 这时 f 必须是实数, 亦即:

$$f_H \geqslant 2 f_N \frac{v_s}{c}. \tag{12.28}$$

从 (12.27) 式还可以看出, 最大相互作用的频率是 $f = f_H$. 当带电粒子到达 $f_H = 2 f_N \frac{v_s}{c}$ 的高度时, $f = \frac{f_H}{2}$ 的电磁波开始与带电粒子发生相互作用. 粒子穿

过这个高度以后,可能有两个频率的电磁波受到放大.当粒子进入至 4 个地球半径以内的高度时,磁旋频率增大,则

$$\frac{2f_N}{f_H}\frac{v_s}{c}\ll 1.$$

于是(12.27)式的两个频率近似地为:

$$f_1 = f_H\left[1-\left(\frac{f_N}{f_H}\frac{v_s}{c}\right)^2\right],\\ f_2 = \left(\frac{v_s}{c}\right)^2\frac{f_N^2}{f_H}, \tag{12.29}$$

f_1 趋近于 f_H.整理哨声的实验结果表明,外电离层中的电子浓度分布有如下的简单关系:

$$\frac{N}{H_E} = 常数. \tag{12.30}$$

亦即 f_N^2/f_H 的值在外电离层中维持不变.假定 v_s 在外电离层中变化不大,则 f_2 几乎维持不变.但是随着粒子接近地面时,电子浓度的增大比地磁场强度增大快得多,于是 f_2 迅速上升.图 195 就是对不同的粒子速度 v_s,按照图 194 的模式算出的频时曲线.大于 3000 公里高度的模式,则采用(12.30)式的形式.图 195 中曲线的较接近水平部分,就是在(12.30)式近似正确的空间,产生行波放大的频率变化.陡直上升的部分就是由于粒子冲入 N 急速上升的电离层区域,所引起的频率变化.

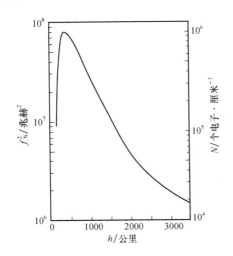

图 194　电子浓度分布模式

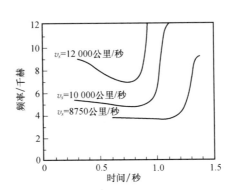

图 195　不同粒子流速度 v_s 所得到的甚低频噪声的理论曲线

从这里可以看出,用行波管理论能很好地解释那些频率陡然变化的镰刀型.

如果入射的粒子流在通过一段路程后,因为碰撞作用而受到强烈的能量吸收,则图 195 的陡直部分可能消失,因而出现准平音.不同音调的准平音,可能是由于许多粒子群,沿稍微不同的磁力线运动,或是其速度不同所引起的.对于占据相当宽频带的嘶声,大约是由连续的带电粒子流引起的.这时同时激发起许多产生行波放大的频率,这些频率的信号同时或不同时来到地面接收机的位置,因此在频时曲线上表现为占据一定频宽的模糊的痕迹.

在一些具有回声的哨声或甚低频噪声里,回声的振幅有时随着回声的次数增加而减少得很慢,有时甚至是增大的.这种反常的增大,可能是在噪声运行途中受到更强和更多的行波放大作用的结果.

§12.5　甚低频发射的回旋加速器辐射理论

在解释甚低频发射的时候,可以预计到,产生这种甚低频噪声一定不只是一种机制,噪声信号本身就是多种多样的.麦克阿瑟(MacArthur)考虑了质子多普勒频移的回旋加速辐射,以后这个理论又得到进一步的发展[6,7].

一个带电粒子沿地磁场磁力线作回旋加速运动时,假定它的速度为 v_s,沿磁力线的速度分量为 v_{sl},令:

$$v_s = \beta c, \quad v_{sl} = \beta_l c, \tag{12.31}$$

并且假定粒子离开观察者所在半球而运动.这时可以把这个带电粒子当作一个小型振荡器,其振荡频率为 f_H.除此之外,由于这"振荡器"远离观察者而运动,因此在观察者处所接收到的频率为:

$$f = \frac{f_H}{1 + \beta_l n}, \tag{12.32}$$

其中 $n \gg 1$,

$$n^2 = 1 + \frac{f_N^2}{f(f_H - f)} \approx \frac{f_N^2}{f(f_H - f)}. \tag{12.33}$$

将(12.33)式代入(12.32)式,则有:

$$(f_H - f)^3 = f_N^2 \beta_l^2 f. \tag{12.34}$$

假定采用(12.30)式的电离层模式,即

$$f_N^2 / f_H = a_m, \tag{12.34a}$$

则(12.34)式可写为:

$$\frac{(1 - f/f_H)^3}{f/f_H} = a_m \beta_l^2 / f_H. \tag{12.35}$$

利用这一个式子,可以求出在磁力线上各点带电粒子所辐射的频率 f.用代数方法求 f 是比较困难的.实际上可以将 f/f_H 对 $a_m \beta_l^2 / f_H$ 作图.假如电离层模式和带电粒子的速度已知的话,就可以得到磁力线上每一 f_H 值处的 f.

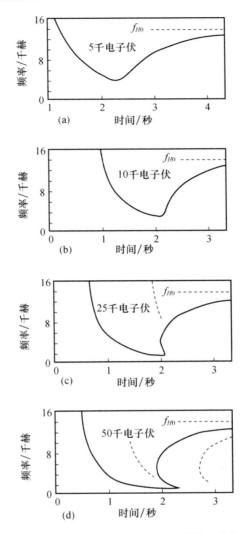

图 196　电子回旋加速辐射的频时关系曲线

带电粒子沿磁力线方向速度的变化,由磁矩不变性所决定:

$$\sin^2\psi / H_E = \sin^2\psi_0 / H_{E0}. \qquad (12.36)$$

沿磁力线的磁场强度分布是:

$$H_E = H_{E0}(1 + 3\sin^2\varPhi)^{1/2}\sec^6\varPhi, \qquad (12.37)$$

其中 ψ 是带电粒子对磁场方向的投掷角,$\varPhi$ 为地磁纬度,有"0"角标的物理量表示赤道平面的数值.这两个关系式的来源,将在本书有关地磁学部分加以推导.利用这两个关系式我们很容易求得:

$$v_{sl} = v_s\cos\psi,$$

$$\beta_l^2 = \beta^2 \cos^2 \psi = \beta^2 (1 - \eta \sin^2 \phi_0), \tag{12.38}$$

其中

$$\eta = (1 + 3\sin^2 \Phi)^{1/2} \sec^6 \Phi. \tag{12.39}$$

带电粒子回旋加速运动所辐射的功率与粒子的质量平方成反比. 因此电子的辐射功率大致是质子的三百万倍左右. 所以我们只对电子感兴趣.

假定电子从观察者所在半球的镜点运行至另一半球的镜点. 我们来推导一下地面观察者接收到辐射的频时变化. 这时信号到达地面的时间是电子运行速度和波的群速度的贡献之和.

$$t = t_e + t_g, \tag{12.40}$$

$$t_e = \int \frac{\mathrm{d}l}{v_{sl}} = \frac{1}{\beta c} \int \frac{\mathrm{d}l}{(1 - \eta \sin^2 \phi_0)^{1/2}}, \tag{12.41}$$

$$t_g = \int \frac{\mathrm{d}l}{v_g} = \frac{a_m^{1/2}}{2cf^{1/2}} \int \frac{f_H^{3/2}}{(f_H - f)^{3/2}} \mathrm{d}l + \frac{D_s}{f^{1/2}}, \tag{12.42}$$

其中积分是沿镜点之间的路线进行的,色散常数 D_s 所含有的积分(12.19)式,是沿镜点至地面的路线进行的. 必须注意,积分号中的 f 是在磁力线上不同位置所激发的,而这个位置将由(12.35)式加以确定,因此在(12.41)和(12.42)式中,积分下限必须取在这个位置. 由此可见,计算(12.42)式是相当麻烦的.

图 196 是用数值方法计算出来的频时关系曲线. 图中 f_{H0} 假定为磁力线交于赤道面的磁旋频率,电子速度 v_s 用动能来表征. 图中分别给出 5,10,25 和 50 千电子伏的四条频时关系曲线. 可以看到,它们与实际观察到的镰刀型形状是很一致的.

带电粒子从观察者所在半球向另一半球运动时,电子将辐射出减频的电磁波. 对于从北半球向南半球回旋前进(即向南走)的粒子,它将给北半球观察者递送一镰刀型的噪声;向北运动时将给南半球观察者递送另一镰刀型噪声. 因此,检验这种理论的最好办法是,比较磁共轭点的记录里是否存在相互迟滞时间为半周期的镰刀型噪声.

如果带电粒子在镜点间多次振荡,则将出现一连串镰刀型信号. 实际观测中有时出现双镰刀型的记录,这大约是带电粒子经过两次往复才消失的结果. 带电粒子的消失,可能是由于碰撞而引起的,也可能是由于扰动磁场使粒子群散失掉. 在靠近镜点处碰撞的机会最多,因此多次往复,即多镰刀型的出现机会较少. 带电粒子有时经过磁赤道平面,受到其他带电粒子群的冲击或扰动磁场的作用而散失,因此就只有镰刀型的一部分信号来到地面,这就是上升型或降调. 这种类型所出现的机会大一些.

最后必须指出,某些甚低频发射的噪声类型,至今尚没有在理论上得到圆满的解释. 观测似乎表明,某些甚低频噪声是由于哨声和带电粒子的相互作用所引起的. 这一类噪声比较复杂. 甚低频噪声的进一步观测及其发射机制的进一步探讨,肯定将会给这一学科带来新的进展.

§12.6　利用哨声和甚低频发射现象研究外层大气

哨声和甚低频噪声沿地磁场磁力线传播,其有效范围遍及整个磁层空间,地面上接收到的哨声和甚低频噪声,包含着整条磁力线上介质的积分效应.但是,这些噪声受到磁层介质作用的区域,主要在磁力线通过赤道面附近的区域,即所谓磁力线顶点附近的区域.从(12.14)式可以看出,当采用模式(12.30)时,噪声的迟缓时间主要是这一区域所贡献的.因此,利用哨声和甚低频噪声的观测来研究外电离层或磁层空间的基本特性是较为灵敏的.

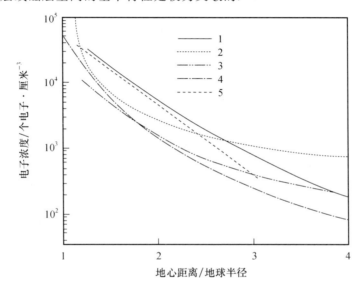

图 197　从哨声资料推导出磁层电子浓度的高度分布

［图中不同曲线是不同作者所得到的结果:1 为肖特-范尼克(Schoute-Vanneck)和米尔(Muir)的,2 为薛姆洛夫斯基(Schmelovsky)的,3 为施密斯(Smith)和黑利威尔(Helliwell)的,4 为波尔(Pope)的,5 为阿尔柯克(Allcock)的］

在哨声的研究中,人们对于鼻哨是很有兴趣的.因为鼻哨的特征点——鼻点直接给出磁力线顶点的磁场强度［见(12.20)式］.在不同纬度,进行同时观测,将定量地给出高空地磁场变化的数据,特别在磁暴期间的观测,将对磁暴形态及其机制的进一步了解,提供有力的实验数据.

从哨声资料中,可以推算出外电离层中电子浓度随高度的分布.图 197 是不同作者于 1960 年以来所得到的结果[8].

磁层的一个重要的特征是,太阳带电粒子与高空大气层发生强烈的相互作用.因此,对太阳带电粒子的基本特性,例如速度、尺度等的了解,也是很引人注意的问题.很清晰的甚低频噪声的出现（见图188)表明,粒子一群一群地穿入磁层,其尺度不超过 100 公里,速度大约为几千公里/秒.只有嘶声所对应的带电子粒子流的尺度较大.然而,一般认为,从太阳来的带电粒子是所谓具有巨大尺度的太阳风,它们被抑制在磁边界上,带电粒子如何穿过磁边界的问题,至今尚不太清楚.对甚低频噪声的进一步研究,可能提供这一方面的资料.

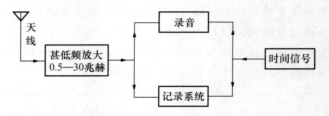

图 198　哨声与甚低频噪声接收设备方框图

火箭、人造卫星和宇宙飞船对磁层的探测,已取得了一些资料,但毕竟受到时间上和空间上的限制.哨声和甚低频噪声的观测,可以经常地在任一纬度进行,比起直接飞行工具的探测来说,其实验设置简单得多,其主要部分如图 198 所示.天线是用面积为 100 米^2 的环形天线构成的,它高出地面 30 米.天线面处于南北向.为了降低交流电源和天电的干扰,一般在紧贴着天线处接上低通滤波器,以便滤掉频率上限以上的噪声.前置放大器也与天线搁在一起.在主放大器等的安装中,应尽量降低机内噪声.近代磁带录音机的利用,是这几年来哨声和甚低频噪声研究取得巨大进展的重要因素之一.为了与其他台站和其他高空物理现象进行比较,在记录系统中,必须加入时间信号.记录系统中设有声谱仪和各种显示设备.

参 考 文 献

[1] Barkhausen, H., 1919, *Phys. Z.*, 20, 401.

[2] Eckersley, T. L., 1931, *Marconi Rev.*, 5, 5.

[3] Burton, E. T., Boardman, E. M., 1933, *Proc. IRE*, 21, 1476.

[4] Storey, L. R. O., 1953, *Phil. Trans. Roy.*, Soc., A246, 113.

[5] Ellis, G. R., 1957, *J. Atmos. Terr. Phys.*, 10, 302.

[6] Murcray, W. B., Pope, J. H., 1960, *J. Geophys. Res.*, 65, 3569.

[7] Dowden, R. L., 1962, *J. Geophys. Res.*, 67, 1745.

[8] Schoute-Vanneck, C. A., Muir, M. S., 1963, *J. Geophys. Res.*, 68, 6079.

内容索引

三　画

上升型噪声　301
大气平衡潮　73
大气的自由振荡　63
大气的强迫振荡　68
大气的等效深度　69
大气结构　1
大气模式　15
大气潮汐　50

四　画

太阳风　11
太阳活动性　237
太阳黑子数　241
太阳微粒辐射　2
太阳潮汐　49
太阴潮汐　49
不均匀结构　204，279
不均匀电离体　280
不相干返回散射雷达　230
无线电衰落　280
互相关函数　289
双极扩散　262
反散射探测　203
分解复合　258
日地空间物理学　2
长哨　300

五　画

电子线密度　129
电子浓度　167
电离层　11，167
电离层测离仪　192

电离层"凹谷"　228
电离层暴　248
电离层突然骚扰　246
电离指数　241
电离速率　253
电流体系　235，273
发电机场方程　276
发电机效应　265
半厚度　199
平流层　13
平面位置指示图　205
外层大气　14，33，40
对流层　13
正常 D 层　242
正常 E 层　233
正常 F 层　237
卡普曼层　252

六　画

扩散分离　20
扩散平衡　20
扩散判据　26
扩散交界层　26
扩展 F 回波　279
行波管理论　307
行波扰动　293
自相关函数　286
自动正压大气　65
地理纬度　239
地磁纬度　239
地磁钩扰　248
地磁异常　10
伪哨声　302

伪噪声　301

有效加热系数　113

全波解　186

全景式电离层测高仪　193

共振探针　224

宇宙线　9

寻常波　175

多普勒效应　217

多普勒频率　218

色散常数　300

色散公式　173

光分离系数　259

回声　300

回旋加速辐射　310

七　画

声波异常传播　86

声波下降角法　99

声压传感器　87

声线　87

完全混合　18

迟缓效应　195

角谱分布　287

均匀层　15

走时曲线法　101

纵向传播　174

纵向电导率　271

吱声　301

折射指数面　304

投掷角　311

极光带　244

附着过程　259

赤道电急流　273

八　画

空气帽　111

非均匀层　15

非常波　175

迪林格效应　246

顶端探测　230

顶频　243

质谱仪　224

垂直探测　192

法拉第旋转效应　215

波纹　282

降调噪声　301

九　画

相关椭圆　245

相位突然异常　247

相折射指数　174，187

相速度　187，308

前进平面波　172

前向散射　280

衍射图样　290

标高　17，253

标准大气　（CIRA）　17

结构关系式　168

复折射指数　172

甚低频发射　300

契楞科夫辐射　308

临界频率　194

临界碰撞频率　177

穿透频率　195，233

洛伦兹极化项　171

测速定位系统　217

浑浊度　285

十　画

流星辉迹　104，127

流星雨　104

臭氧层　136

臭氧光度计　141

臭氧的垂直分布　146，153

准纵传播　177

准直型噪声　301

准平型噪声　301

准横传播　177

射电是闪烁　280

射线方向　303

热层　33

热力势　75

热力激发因子　75，78

热丝传感器　87

逆转效应　148

逃逸层　14

逃逸锥体　41

逃逸速度　41

真高度　195

预电离　234

高斯分布　284

氦的逃逸　45

能谱分布　287

倾斜投射　205

积分电导率　273

调节系数　116

离子捕捉器　224

哨声　231，300

十 一 画

虚高度　193

虚路程　204

偶现 E 层　243

偶现流星　104

偏振度　172

探针　224

清晰度　285

脱落系数　259

十 二 画

等效高度　193

等效路程　204

等离子体　174

等离子体频率　169

温-克-布解　（W. K. B. 解）　184

短哨　300

最大可用频率　205

十 三 画

辐射带　9

辐射点　105

辐射复合　258

群折射指数　187

群速度　186

跳跃距离　207

频高特性曲线　193

瑞利分布　285

十 四 画

磁性云　248

磁流体波　298

磁层　2

磁离子介质　167，302

磁离子理论　168

磁旋频率　169，205

磁倾角　263，267

磁暴　2，10，248

慢变化介质　186

漂移理论　250，264

鼻频　301

鼻哨　301

十 五 画

摩托效应　264

遮频　243

黎明合声　301

嘶声　301

横向传播　175

横向电导率　271

十 六 画

霍尔电导率　271

霍尔电流　266

霍格函数　69

镜点　312

十 八 画

镰刀型噪声　301

主要人名中外文对照

三　画

万卡特斯瓦那 Vankateswarna, S. V.
门捷列夫 Менлелеев, Д. И.
马丁 Martyn, D. F.
马利思 Maris, H. B.
马赫 Mach, E.

四　画

开尔文 Kelvin, L.
开尔索 Kelso, J. M.
开塞尔 Kaiser, T. R.
戈达尔德 Goddard, R. H.
贝特曼 Bateman, H.
贝慈 Bates, D. R.
贝塞尔 Bassell, F. W.
比加 Peccard, G. W.
牛顿 Newton, I.
巴克豪森 Barkhausen, H.
巴比叶 Barbier, D. D.
巴特尔斯 Bartels, J.

五　画

布克 Booker, H. G.
布雷特 Breit, G.
布里格斯 Briggs, B. H.
布哀松 Buisson, H.
布登 Budden, K. G.
艾普利通 Appleton, E. V.
卡尔曼 Kallmann, H. K.
卡普曼 Chapman, S.
卡普斯 Chappuis, J.
兰姆 Lamb, H.

皮丁顿 Piddington, J. H.
尼克烈 Nicolet, M.
弗勒 Fowler, A.
加卡 Jacchia, L. G.

六　画

托马斯 Thomas, J. A.
西伯尔特 Siebert, M.
达朗伯 D'Alambert, J. R.
毕尔 Beer, A.
色吞 Sutton, W. C. L.
多布逊 Dobson. G. M. B.
多普勒 Doppler, J. C.
华叶特 White, M. L.
米尔涅 Milne, E. A.
米丹 Meetham, A. R.
买色尔 Meisser, O.

七　画

克拉索夫斯基 Красовский, В. И.
克雷格 Craig, R. A.
克尔茨 Kertz, W.
克努森 Knudsen, V. O.
克希霍夫 Kirchhoff, G. R.
麦克斯韦 Maxwell, J. C.
麦克唐纳 MacDonald, G. J. F.
麦克阿瑟 MacArthur, J. W.
麦尔芬 Malvin, E. H.
杨克 Jahnke, E.
来登柏格 Ladenburg, E.
狄斯勒 Desseler, A. J.
狄里希利 Dirichlet, P. G. L.
伯努里 Bernoulli, D.

纽菲尔德 Neufeld，E. L.

沃尔夫 Wulf，O. R.

沃尔腾 Walton，G. F.

亨特 Hunt，D. C.

辛浦逊 Simpson，G. C.

阿贝尔 Abel，F. A.

阿得尔 Adel，A.

阿保特 Abbot，C. G.

阿伏伽德罗 Avogadro，A.

八 画

拉曼奈然 Ramanathan，K. R.

拉莫尔 Larmor，J.

拉普拉斯 Laplace，P. S.

拉哀奇里 Laüchli，A.

林德曼 Lindeman，F. A.

苛布楞次 Coblenz，W. W.

苛努 Cornu，A.

范艾伦 Van Allen J. A.

范桑特 Van Zandt，T. E.

苛包 Goubau，G.

罗弗尔 Lovell，A. C. B.

帕左特 Paetzold，H. K.

帕格列斯 Pekeris，C. L.

帕泰特 Patat，F.

帕敏 Palmen，N.

坡印亭 Poynting，J. H.

图夫 Tuvl，M.

迪林格 Dellinger，J. H.

金斯 Jeans，J. H.

法西 Vassy，A.

法拉第 Faraday，M.

法布里 Fabry，C.

波尔曼 Pohlmann，R.

欧肯 Eucken，A.

欧凌格 Ohring，G.

九 画

威克斯 Weekes，K.

威尔克斯 Wilkes，M. V.

威尔逊 Wilson，C. T. R.

柯柏 Kopal，Z.

柯林 Cowling，T. G.

玻尔兹曼 Boltzmann，L.

珀德森 Perderson，V. E.

契楞科夫 Черенков，П. А.

胡伯特 Hulbert，E. O.

哈里斯 Harris，J.

哈特里 Hatree，D. R.

哈特莱 Hartely，W. H.

哈维茨 Haurwitz，B.

科里奥利 Coriolis，G. G.

科普斯 Copos，

派克 Parker，E. N.

洛伦兹 Lorentz，H. A.

施米特 Schmidt，A.

费拉罗 Ferraro，V. C.

费格罗斯克 Vigrocex，E.

十 画

哥尔德 Gold，T.

哥弟 Goody，R.

哥慈 Cöotz，F. W. P.

泰勒 Taylor，G. I.

泰特 Tait，P. G.

泰桑德博 T. de Bort.

格林豪 Greenhow，J. S.

格林高兹 Грингаус，К. И.

索尔柏格 Solberg，H.

埃凡斯 Evans，S.

埃泼司坦 Epstein，P. S.

莫尔恰诺夫 Молчанов，П. А.

班富特 Bamford，C. H.

恩德 Emde，F.

爱姆顿 Emden，R.

修马赫 Schamacher，H. J.

海潘 Heilpen，W.

海格派特生 Helge-Peterson.

高斯 Gauss, K. F.

朗谬尔 Langmuir, I.

莱曼 Lyman, W. J.

诺曼得 Normand, W. B.

诺伊曼 Neumann, F. E.

十 一 画

曼格 Mange, P.

曼查尔 Melchior, P. J.

勒让德 Legendre, A. M.

菲依尔 Fejer, J. A.

盖尔顿 Gerden, A.

盖利特 Gallet, R. M.

维雪特 Wiechert.

维尔诺夫 Вернов, С. Н.

萨宾 Sabine, E.

十 二 画

森 Sen, H. K.

惠泼尔 Whippli, F. J. W.

彭道夫 Penndorf, R. B.

斯托雷 Storey, L. R. O.

斯彭塞 Spencer, M.

斯帕洛 Sparrow, C. W.

斯涅尔 Snell, W.

斯必泽 Spitzer, I. J.

提瑟里奇 Titheridge, J. E.

琼斯 Jones, L. E.

葛旺 Gowan, E. H.

黑利威尔 Helliwell, R. A.

黑尔格鲁茨 Herglotz, W.

黑特尔 Hettner, G.

腊特克里弗 Ratcliffe, J. A.

焦耳 Joule, J. P.

傅里叶 Fourier, F. M. C.

普莱斯忒 Priester, W.

普朗克 Planck, M.

十 三 画

雷根纳 Regener, V. H.

雷诺 Reynold, S. O.

奥特曼 Alterman, Z.

奥辟克 Opik, E.

谬仑 Möllen, F.

道尔顿 Dalton, J.

瑞利 Rayleigh, L.

十 四 画

赫金斯 Huggins, M. L.

赫尔洛夫生 Herlofson, N.

十 五 画

墨加吐得 Murgatrogd, R.

十 六 画

霍格 Hough, S. S.

霍尔 Hall, E. H.

霍普 Hoppe, J.

薛定谔 Schrödinger, E.

十 七 画

魏思 Weiss, A. A.

重排后记

  《高空大气物理学》于 1965 年首次出版,出版后立即成为当时国内学习研究大气物理学方面重要的参考文献,极大地推动了当时此领域的人才培养工作。本书最初设计为上、下两册,上册顺利出版,下册也已完稿。但令人遗憾的是,由于"文革"的原因,下册未能出版,书稿散佚。在国家出版基金的资助下,我社的"中外物理学精品书系·经典系列"将本书收入,我们使用新技术重新排印,并遵照国家标准对书稿做了编辑加工工作,使本书以新的面貌重回人们的视野,再飨读者。

  在重排过程中,北京大学地球与空间科学学院的肖佐教授对本书进行了认真的校订,并更正了原来版本中的一些排版差错,在此表示诚挚的谢意。

  我们希望重排本的出版,能给如今的读者提供领略老一辈物理学家的风采,学习其严谨的治学态度和探索科学精神的良机,同时也是对他们最好的纪念。

北京大学出版社

2014 年 12 月